Haskell
入門
関数型プログラミング言語の基礎と実践

本間雅洋
類地孝介
逢坂時響
著

技術評論社

本書をお読みになる前に

- ●本書に記載された内容は情報の提供のみを目的としています。したがって、本書を参考にした運用は必ずお客様自身の責任と判断のもとおこなってください。
  これらの情報の運用の結果については、技術評論社および著者はいかなる責任も負いません。
- ●ソフトウェアに関する記述は特に断りのない限り、2017年8月現在のものです。

　以上の注意事項をご了承のうえで、本書をご利用ください。これらの注意事項をお読みいただかずにお問い合わせいただいても、対処いたしかねます。あらかじめご承知おきください。

サポート情報とサンプルファイルのダウンロード

サポート情報の確認と、サンプルファイルのダウンロードは https://gihyo.jp/book/2017/978-4-7741-9237-6 から行えます。

商標・登録商標について

本書に登場する製品名などは、一般に各社の商標または登録商標です。なお、本文中には™、®マークは明記しておりません。

はじめに

ようこそ、純粋関数型プログラミング言語、Haskellの世界へ。本書はHaskellの基礎から実践までを1冊で解説します。

純粋関数型プログラミング言語？　いきなり難しそうなフレーズがでてきました。

Haskellは現在主流の言語とは異なるパラダイムにあるため、考え方や文法規則、用語などが少々難解に感じられることはあります。しかし、本書を読み進めれば、ルールさえわかれば親しみやすい言語だとわかります。

学術的な言語と勘違いされることも多いですが、Haskellは実用性を重視して開発されています。Facebook*1やGREE*2はじめ国内外で採用され、Pandoc*3やxmonad*4といった人気OSSにも用いられています。関数型プログラミングの強力さや、マルチコアへの適正などから近年さらに注目を集めています。

Haskellはしっかりと学べば親しみやすく、実践に耐えるだけのポテンシャルを持つ言語です。本書でその魅力を感じ取ってもらえれば幸いです。

最後になりますが、本書を書き上げるにあたって多くの方にご協力いただきました。レビューを引き受けてくださった次の方々にお礼申し上げます。

@bleisさん	小浜翔太郎さん
@ryokayanさん	多治見真里さん
@sunotoraさん	日比野啓さん
赤塚大さん	樋村隆弘さん
大森一樹さん	廣瀬達也さん
小西祐介さん	山本悠滋（@igrep）さん

その他にも多くの方々にご協力いただきました。皆様には本書の内容を正確かつ充実したものとするためにたくさんのアドバイスをいただきました。

編集を担当された技術評論社の野田さんには、執筆に不慣れな著者らの草稿をわかりやすく整えて頂きました。お礼申し上げます。

読者のみなさんが、Haskellを使ってすばらしいソフトウェアを作る日がくることを、楽しみにしています。

著者一同

---

*1　http://simonmar.github.io/posts/2016-12-08-Haskell-in-the-datacentre.html など。

*2　http://labs.gree.jp/blog/2015/12/14786/ など。

*3　文書変換ツール　http://pandoc.org/

*4　ウィンドウマネージャ　http://xmonad.org/

はじめに iii

第1章　はじめてのHaskell 1

1.1　Haskell の特徴 2
　　　　Column　Haskellの歴史 2
　　1.1.1　関数型プログラミング言語 3
　　　　Column　ラムダ計算 4
　　1.1.2　静的型付け 4
　　　　Column　静的型付けの限界 5
　　1.1.3　純粋性 5
　　1.1.4　型推論 6
　　1.1.5　遅延評価 7

1.2　実行環境の構築 8
　　1.2.1　GHC 8
　　1.2.2　Stack 9
　　　　Column　その他の導入方法 10
　　　　Column　Windowsインストール時の注意点 10
　　　　Column　CabalとStack 11

1.3　REPL とスクリプトの実行 12
　　1.3.1　REPL を使う 12
　　1.3.2　Haskell スクリプトの実行 14
　　1.3.3　REPL にスクリプトを読み込む 14
　　　　Column　グローバルプロジェクト 15
　　　　Column　resolverのバージョン 16

1.4　プロジェクト作成とビルド 16
　　1.4.1　プロジェクトの作成 16
　　1.4.2　プロジェクトのビルドと実行 18
　　　　Column　単体テスト 19
　　　　Column　プロジェクト内でREPL 20

第2章　基本の文法 21

2.1　文法の特色 22
　　2.1.1　手続き型言語と関数型言語 22
　　2.1.2　式だけで意味のあるプログラムをつくる 23

2.2　基本のデータ型 23

| 2.2.1 | 数値 | 24 |

Column その他の数値 ……… 26

| 2.2.2 | 真偽値 | 27 |
| 2.2.3 | 文字・文字列 | 27 |

Column 文字表記のTIPS ……… 30

Column 文字のコードポイント ……… 30

| 2.2.4 | Unit型 | 30 |
| 2.2.5 | I/Oアクション | 31 |

Column I/Oアクションとモナド ……… 32

| 2.2.6 | ボトム | 33 |

Column ボトムの使いどころ ……… 34

2.3 変数 …… 34

| 2.3.1 | 変数の宣言方法 | 35 |

Column インデントとレイアウトルール ……… 36

Column do式におけるlet ……… 37

Column 変数の命名 ……… 38

2.4 関数 …… 38

| 2.4.1 | 関数の定義 | 38 |

Column 左右結合 ……… 40

| 2.4.2 | カリー化 | 40 |

Column カリー化されていない多引数関数 ……… 42

| 2.4.3 | 関数の型の読み方 | 42 |

Column ポイントフリースタイルによる可読性の悪化 ……… 44

| 2.4.4 | 遅延評価と非正格性 | 45 |

Column 非正格な関数の例 ……… 47

Column 先行評価の強制 ……… 48

| 2.4.5 | 中置演算子 | 49 |

Column 中置以外の演算子 ……… 52

2.5 main関数とdo式 …… 52

Column do式の記法 ……… 55

Column Debug.Trace ……… 55

2.6 条件分岐とパターンマッチ …… 56

2.6.1	if式	56
2.6.2	パターンマッチ	56
2.6.3	ガード節	61
2.6.4	case式以外でのパターンマッチ	62

2.7 データ構造 …… 63

| 2.7.1 | リスト | 63 |

2.7.2	タプル型	66
2.7.3	Maybe a型	67
2.7.4	Either a b型	68

2.8 ループの実現 — 68

2.8.1	再帰的な定義	68
2.8.2	リストの利用	70
	Column forM_を用いたリスト操作	70

2.9 モジュールとパッケージ — 71

2.9.1	モジュール	71
	Column REPLでモジュールを読み込む	72
	Column モジュールのwhere	74
	Column Preludeモジュールの読み込み規則	76
2.9.2	モジュール内の識別子	76
2.9.3	パッケージ	77
	Column Stackの--packageオプション	78
	Column パッケージのバージョニング	79
	Column コメント	79
	Column Haddock	80

第3章 型・型クラス — 81

3.1 型の記述 — 82

3.2 型システム — 83

3.2.1	型チェック	83
3.2.2	多相性	84
3.2.3	型推論	85
	Column 型推論と型の明記	86

3.3 型コンストラクタと型変数 — 87

| 3.3.1 | 型の組み立て | 87 |
| 3.3.2 | 型変数 | 90 |

3.4 代数的データ型 — 91

3.4.1	データコンストラクタ	92
3.4.2	データコンストラクタ名の規則	92
3.4.3	異なる形式のデータからの選択	93
3.4.4	正格性フラグ	94
3.4.5	Preludeにおける代数的データ型	95

3.5　レコード記法 —————————————————— 96

3.5.1　フィールドへのアクセス ———————————— 96

3.5.2　フィールドの値の差し替え ———————————— 97

Column 代数的データ型の定義で生成される識別子 ——————— 98

3.6　再帰的な定義 —————————————————— 99

3.6.1　二分木による辞書 ——————————————— 99

Column 代数的データ型としてのリスト ————————— 102

3.7　型の別名 ——————————————————— 103

3.7.1　type ———————————————————— 103

3.7.2　newtype ——————————————————— 105

3.8　型クラス ——————————————————— 107

3.8.1　型クラスの例 ———————————————— 108

3.8.2　用語の注意点 ———————————————— 109

3.8.3　型クラスとインスタンスの定義 ————————— 109

3.8.4　型クラスとカインド ————————————— 112

Column プロンプトの省略表記 ——————————— 112

3.8.5　Monoid型クラス ——————————————— 113

3.9　型制約 ———————————————————— 115

3.9.1　型への型制約 ———————————————— 115

3.9.2　class宣言における型制約 ——————————— 116

3.9.3　instance宣言における型制約 —————————— 117

3.9.4　型変数の曖昧性 ——————————————— 117

Column 型制約の制限 ————————————— 120

3.10　Preludeにおける型クラス ————————————— 122

3.10.1　Show と Read ———————————————— 122

3.10.2　比較演算子 ————————————————— 123

3.10.3　Enum型クラス ——————————————— 124

Column Enum型クラスとChar型 ————————— 125

3.10.4　数値計算の型クラス ————————————— 125

3.10.5　derivingによるインスタンス定義 ——————— 130

第4章　I/O処理 ———————————————————— 131

4.1　IO型 ————————————————————— 132

4.1.1　IO型と純粋な関数 —————————————— 132

4.1.2　I/Oアクションの組み立て —————————— 133

4.1.3　bind・return・do式 ————————————————————— 136
　　Column　純粋な関数からの隔離 ——————————————————— 137

4.2　コマンドライン引数と環境変数 ———————————————— 138

4.2.1　コマンドライン引数 ————————————————————— 138
4.2.2　環境変数の取得 ——————————————————————— 138
4.2.3　環境変数の設定 ——————————————————————— 139

4.3　入出力 ————————————————————————————— 139

4.3.1　標準入出力関数 ——————————————————————— 139
　　Column　標準入力とBufferMode ————————————————— 141
4.3.2　ファイル操作 ——————————————————————————— 142
4.3.3　標準入出力の遅延I/O ———————————————————— 143
　　Column　ファイル読み込みの遅延I/O ——————————————— 144
4.3.4　Handleを用いたI/O操作 —————————————————— 145
4.3.5　バイナリ操作 ——————————————————————————— 147

4.4　ファイルシステム —————————————————————————— 149

4.4.1　ファイルやディレクトリの基本操作 —————————————— 149
　　Column　特殊なディレクトリ ——————————————————— 150
　　Column　相対パスと絶対パス ——————————————————— 151
4.4.2　権限情報 ————————————————————————————— 151
　　Column　検索関数 ——————————————————————————— 153
　　Column　Windowsの実行ファイル対策 —————————————— 154

4.5　例外処理 ——————————————————————————————— 154

　　Column　I/O以外の処理から発生する例外 ———————————— 155
4.5.1　例外処理の基本 ——————————————————————— 155
4.5.2　例外に対する特殊な操作 —————————————————— 159
4.5.3　独自の例外を定義する ——————————————————— 160
　　Column　POSIXとWin32 ——————————————————————— 162

第5章　モナド ——————————————————————————————— 163

5.1　モナドアクション ————————————————————————— 164

5.1.1　Monad型クラス —————————————————————————— 165
5.1.2　Maybeモナド ——————————————————————————— 167
5.1.3　State sモナド ——————————————————————————— 168
　　Column　State sモナドから必要な値だけを取り出す ——————— 171
　　Column　ランダムに並び替える ————————————————— 172

5.2　Monadの性質を利用する —————————————————————— 172

5.2.1　Monadによる強力な関数 —————————————————— 172

5.3　Functor と Applicative 175

5.3.1　Functor 175
5.3.2　Applicative 176
5.3.3　Alternative型クラスとしてのMaybe 178

5.4　Either e モナドと Except e モナド 180

5.4.1　Either e モナド 180
5.4.2　Except e モナド 182

5.5　Reader r モナド 184

5.5.1　Reader r モナドの利用 185

5.6　ST s モナド 187

5.6.1　ミュータブルな変数 187
5.6.2　ミュータブルな配列 188
　　Column　ST sモナドの仕組み 190

5.7　リストモナド 191

5.7.1　Alternative型クラスとしての [] 192
5.7.2　リストの内包表記 192
　　Column　failの振る舞い 193
　　Column　その他のモナド 194

5.8　モナド変換子 195

5.8.1　モナド変換子と lift 195
5.8.2　モナド変換子の利用 196
5.8.3　モナド変換子とdo式 199
　　Column　モナド変換子の合成順序 201
5.8.4　モナドとモナド変換子 201
5.8.5　I/Oアクションの持ち上げ 202
5.8.6　複雑な操作の持ち上げ 202

第6章　関数型プログラミング 205

6.1　型とプログラミング 206

6.1.1　問題を型で表現する 207
6.1.2　ADT による表現 208
　　Column　遅延リストによってもたらされるミス 210
　　Column　Haskellを使うときに参考にすべきドキュメント 211

6.2　関数による抽象化 211

ix

6.2.1	テンプレート型プログラミング	212
	Column リソースの取り扱い	213
	Column コピペの危険性	217
6.2.2	Haskellのスタイル	218
	Column 高階関数との付き合い方	220
	Column 関数抽象化によるパフォーマンス問題	220

6.3 代入文と変数の局所性 ... 221

6.3.1	変数とスコープ	221
6.3.2	再代入不可の変数	222

6.4 型クラスと拡張性 ... 223

6.4.1	インスタンス宣言の独立	223
	Column Haskell以外の言語の拡張性の問題点	225
6.4.2	特定のモナドインスタンスを抽象化した型クラス	225
	Column FunctionalDependenciesによる制約	228

第7章 ライブラリ ... 229

7.1 標準ライブラリ ... 230

7.1.1	Prelude	230
7.1.2	Data.Bits	230
7.1.3	Data.Char	232
7.1.4	Data.List	233
7.1.5	Data.Array	234
7.1.6	その他のHaskell標準ライブラリ	236

7.2 GHCに付属するライブラリ ... 236

7.2.1	Data.Map.Strict	237
7.2.2	Data.Set	238

7.3 効率的な文字列操作 — ByteString・Text ... 239

7.3.1	ByteStringの利用	239
7.3.2	Textの利用	240
	Column 文字列の高度な操作	241

7.4 高速にランダムアクセス可能な配列 — vector ... 242

7.4.1	Vectorの基本	242
7.4.2	配列に対する破壊的操作	243
	Column MVectorの型	244
7.4.3	VectorとMVectorの変換	245
	Column UnboxedなVectorを使う	246

7.5 高速なパーサ —— attoparsec ———— 246

7.5.1 パーサコンビネータなしに日付を分解する ———— 246
7.5.2 パーサコンビネータ ———— 247
7.5.3 Applicative スタイル ———— 250
7.5.4 パースエラーの情報 ———— 252
7.5.5 足し算のパーサを作る ———— 254
Column 他のパーサコンビネータライブラリ ———— 255

7.6 型安全な JOSN 操作 —— aeson ———— 256

7.6.1 aeson の利用 ———— 256
7.6.2 JSON のデータ構造を直接操作する ———— 260
7.6.3 Options による制限の回避 ———— 260
Column インスタンスの自前実装 ———— 262
Column Genericsの利用 ———— 263

7.7 日付・時刻を扱う —— time ———— 264

7.7.1 現在のシステム日時を取得する ———— 264
7.7.2 日時の計算 ———— 264
7.7.3 日付と時刻の型 ———— 266

7.8 複雑なデータ構造への効率的なアクセス —— lens ———— 267

7.8.1 Lens を使う ———— 267
7.8.2 Lens アクセサによるデータの取り出し ———— 268
7.8.3 Lens アクセサを作成する ———— 268
Column State sモナドとLens ———— 270
Column Prismによるデータアクセス ———— 270

7.9 モナドによるDSLの実現 —— operational ———— 271

7.9.1 API を列挙する ———— 272
7.9.2 アクションの動作を記述する ———— 273

7.10 ストリームデータ処理 —— pipes ———— 275

7.10.1 pipes の実行例 ———— 275
7.10.2 ストリームデータに対する処理を書く ———— 276
7.10.3 Producer と Consumer の作成 ———— 277

第8章 並列・並行プログラミング ———— 279

8.1 並列と並行 ———— 280

8.1.1 それぞれの処理の目的 ———— 280
8.1.2 スレッドを用いたプログラムの実行 ———— 281

8.2　MVarによるスレッド間の通信 ──────── 284

8.2.1　スレッドの生成 ──────────── 284
8.2.2　MVarの利用 ──────────── 284
8.2.3　複数スレッドからのアクセス ──────── 288

8.3　STMによるスレッド間の通信 ──────── 289

8.3.1　スレッド処理とデッドロック ──────── 289
8.3.2　STMによるトランザクション ──────── 292

8.4　非同期例外 ──────────────── 294

8.4.1　非同期例外と純粋関数 ──────────── 296
8.4.2　非同期例外とマスク ──────────── 296
8.4.3　非同期例外とSTM ──────────── 299

8.5　より安全な非同期 ── async ──────── 300

8.5.1　基本の利用 ──────────── 301
8.5.2　より安全に書く ──────────── 301
8.5.3　同期例外と非同期例外の区別 ── safe-exceptions ── 303

8.6　並列性を実現するライブラリ ──────── 306

8.6.1　parallelパッケージ ──────────── 306
8.6.2　monad-parパッケージ ──────────── 307
Column より深く並列・並行を学ぶには ──────── 308

第9章　コマンドラインツールの作成 ──────── 309

9.1　開発の準備 ──────────────── 310

9.1.1　アプリケーションの概要・仕様 ──────── 310
9.1.2　プロジェクトの作成 ──────────── 310
9.1.3　ディレクトリ構成 ──────────── 311

9.2　HUnitによる自動テスト ──────── 312

9.2.1　cabalファイルの編集 ──────────── 312
Column -Wallオプション ──────── 313
9.2.2　基本のテスト ──────────── 313
9.2.3　複数テストの記述 ──────────── 314
Column QuickCheck ──────── 314

9.3　パーサの作成 ──────────────── 315

9.3.1　フィルタのデータ定義とテスト ──────── 315
9.3.2　フィルタ文字列のパーサを書く ──────── 316
9.3.3　クエリのデータ定義とパーサ ──────── 318

9.4	クエリの実行とIO処理	320

9.4.1	lens-aeson による JSON 操作	320
9.4.2	フィルタの実行関数	321
9.4.3	クエリの実行関数	323
	Column Haskellらしいスタイルで書く	324
9.4.4	処理のまとめと I/O	325

9.5	まとめ	326

第10章 Webアプリケーションの作成 — 327

10.1	Webアプリケーション環境の選定	328

10.1.1	アプリケーションサーバ	328
10.1.2	Webアプリケーションフレームワークの選定	328
10.1.3	選定技術の一覧	330

10.2	開発の準備	330

10.2.1	Webサービスの概要・仕様	330
10.2.2	プロジェクトの作成	332
10.2.3	パッケージの追加	332
10.2.4	テーブル定義	333
10.2.5	URL設計	334
10.2.6	ディレクトリ構成と全体像	335

10.3	モデルの開発	337

10.3.1	HDBC による DB 接続	337
10.3.2	HRR の導入	339
	Column メタパッケージの活用	339
10.3.3	RDBMS と対応するデータ型の定義	340
	Column 自動生成時の追加指定	341
10.3.4	SQL の生成	343
10.3.5	モデルの実装	345

10.4	コントローラの開発	350

10.4.1	コア機能の定義	350
10.4.2	各種操作の実装	354
10.4.3	体重入力の実装	356

10.5	ビューの開発	357

10.5.1	mustache パッケージ	357
10.5.2	テンプレートファイルの保存先	358

| | 10.5.3 | トップ画面の実装 | 359 |
| | 10.5.4 | メイン画面の作成 | 361 |

10.6 実行ファイルの作成 366

	10.6.1	ルーティング	366
	10.6.2	アプリケーション本体の完成	369
	10.6.3	Mainモジュールの実装	370
	10.6.4	ビルドと実行	372
	Column	単体テストの重要性	374

10.7 まとめ 374

第11章 サーバとクライアントの連携 375

11.1 開発の準備 376

| | 11.1.1 | サービスの概要・仕様 | 376 |
| | 11.1.2 | プロジェクト作成 | 377 |

11.2 クライアント・サーバシステムの簡易実装 379

	11.2.1	GADTs	379
	11.2.2	簡易実装の作成	383
	11.2.3	サーバサイドの実装	384
	11.2.4	クライアントの実装	386
	Column	GADTsによる実装の考察	387

11.3 オークションシステムの構築 388

	11.3.1	APIの定義	388
	11.3.2	サーバサイドの実装	391
	Column	深いインデントは悪か	394
	11.3.3	オークション進行の実装	397
	11.3.4	supervisorとロガー	398
	11.3.5	サーバの完成と起動	399

11.4 オークションシステムのクライアントプログラム 400

	11.4.1	クライアントサイドの実装	400
	11.4.2	対話型クライアント	404
	Column	ボット型クライアント	411

11.5 まとめ 412

索引 413

第**1**章

はじめてのHaskell

第1章　はじめての Haskell

本章では、Haskell のはじめの一歩として、言語の特徴と、ビルドツール**Stack**を中心とした開発環境の構築を解説します。

1.1　Haskellの特徴

純粋関数型プログラミング言語であるHaskell の設計思想を紹介します。

純粋関数型プログラミング言語と書くと、難しそうに感じるかもしれません。しかし、身構える必要はありません。Haskell は普通の、実用的なプログラミング言語です。

パラダイムに若干の違いはありますが、皆さんが今まで触れてきたであろうC言語やJava、JavaScript、Python…となんら変わることはありません。

実用面で考えれば他のプログラミング言語で開発できるアプリケーションは、当然Haskell でも開発できます。Haskell が推進する関数型プログラミング[*1]は、上で挙げたような言語が推進するパラダイムとは少し趣が異なっていますが、パラダイムが違うからといってアプリケーション開発ができなくなるわけではありません。

例えば、JavaScriptではプロトタイプベースという他の一般的な言語が提供するオブジェクト指向とは異なるパラダイムが用いられます。現在のJavaScript（Node.js）の成功を見れば、パラダイムが違っても作れるアプリケーションに違いがでるわけではないことはわかるはずです。

Haskell は関数型、静的型付け、純粋性、型推論、遅延評価などの特徴を持ちます。それぞれの特徴について見ていきます。

Haskellの歴史

Haskellは1990年、遅延評価を持つ関数型プログラミング言語のオープンな仕様（Haskell 1.0）として誕生しました。

その後もHaskell 98、Haskell 2010と仕様が公開され、広く参照されています。

Haskellは委員会で仕様を策定されました。そのためRubyのまつもとゆきひろ、PythonのGuido van Rossumに相当するような生みの親と呼ぶべき開発者は存在しません[*2]。

[*1]　Functional Programmingは関数型プログラミングの他、関数プログラミングなどと訳されることもあります。本書では関数型プログラミングをはじめ、関数型の表記を用います。

[*2]　GHCの開発者であるSimon Peyton JonesがHaskellの仕様、実装面での貢献からHaskellの開発者の一人として広く知られています。

1.1.1 関数型プログラミング言語

　関数型プログラミング言語[3][4]という言葉を字面から判断すると、関数がプログラミングの主役であることは想像がつきます。

　しかし、C言語に代表される手続き型のプログラミングパラダイムでも、関数定義は重要な言語機能です。Javaのようなオブジェクト指向言語におけるメソッドも関数の一種です。これらの言語も関数型プログラミング言語と呼んでもいいのでしょうか。

　関数型プログラミングの定義を知るとそうではないことがわかります。

■─── 関数型プログラミングの定義

　関数型プログラミングとは、引数に対して値が決まる、数学的な関数を中心に計算を表現するプログラミングスタイルを指します[5]。

　数学的な関数とはなんでしょうか。次のPythonで書かれた**square**関数を見てください。この関数は2を渡すと、必ず4が返ってくる関数です。引数だけで値が決まります。

```python
def square(n):
    return n ** 2
```

　このように、関数を同じ値となる式に対して呼んだときに必ず同じ結果となる性質を、**参照透過性**と言います。

　参照透過性を持ち合わせた関数が数学的な関数です。関数型プログラミングの主役は、このような数学的な関数を組み合わせて作った**式**です。

　次の**countup**関数は、同じ1を渡しても呼び出しを重ねるごとに返り値は1、2、3・・・と増えていきます。引数の値だけでは挙動が決まらない、参照透過性のない関数です。このような関数は数学的な関数とは言えません。

```python
counter = 0
def countup(n):
    global counter
    counter += n
    return counter
```

　一般に関数型プログラミング言語と呼ぶときは、数学的な関数の利用を推奨しているプログラミング言語を指します。

---

[3]　略して関数型言語とも。

[4]　関数型プログラミング言語としてはHaskellの他にOCamlなども広く知られています。

[5]　関数型プログラミング言語については第6章も参照。

第**1**章　はじめての Haskell

　手続き型の言語では、関数を実行すると言ったり、関数を呼び出すと言ったりしますが、関数型の言語の場合は**式を評価する**という言い回しもよく使われます。

Column

ラムダ計算

　Haskellをはじめ関数型プログラミング言語の多くは、言語設計の理論的背景に何らかの形で**ラムダ（λ）計算**が関わっています。

　ラムダ計算はコンピュータの計算をモデル化した体系の1つであり、ラムダ項[6]と呼ばれる記号の列を決められた規則に基いて変換していくことで計算を進めるものです。

　ここではラムダ計算の詳細については触れませんが、関数型プログラミング言語は背後にこのようなモデル化された体系を持つことでプログラムを数理的に分析できるようになります。

　LISPも関数型プログラミング言語であると言われることがありますが、背景にはこのようなラムダ計算の理論が存在します[7]。

1.1.2　静的型付け

　文字列や整数など、プログラムが扱うデータの種類のことを型と言います。

　プログラム内の変数や関数の引数・返り値について、型をプログラムの実行前にすべて決めることが**静的型付け**（**static typing**）です。

　C言語やJavaなどはコンパイル時にすべての変数の型が決まっており、これらは静的型付けを行う言語に分類できます。対してJavaScriptやPythonは変数に対して数字でも文字列でも任意のものを代入できます。これらの言語では実行時に型の誤りをチェックしており、動的型検査（dynamic typing、dynamic type checking）を行う言語と分類されます。

　すべてが決まっている状態の静的型付き言語に対して、動的型付き言語は、「とりあえず実行してみる」という方針の言語であるともいえます。

　プログラムにおけるバグには、単純な構文エラーや関数に渡す引数の型の間違い、仕様を満たさない実装などがあります。

　静的型付けを行うプログラミング言語では、それらのうち関数に渡す引数の型の間違いのような、型に関するバグを実行前に見付けられる利点があります[8]。

---

*6　λf.(λx.f(x x))(λx.f(x x))のようにλという記号から始まる記号列です。

*7　Haskellの背景にあるのは型付きラムダ計算であり、LISPの背景にあるのは型無しラムダ計算と呼ばれるものです。

*8　型に関するバグのあるプログラムをそもそもコンパイル、実行できません。

静的型付けの利点にはもう1つ、プログラムの実行速度が速いという点が挙げられます[9]。関数の型があらかじめ決まっているため、よりアグレッシブな最適化が可能になり、実行速度の向上につながります[10]。

Column

静的型付けの限界

静的型付き言語は、型システムによっていくつかの問題が起きないことを保証します。

ただし万能ではなく、型システムでは保証できない種類の問題も存在します。さらに、プログラムとしては一見間違ってないようでも型システムが原因でコンパイルできないこともあります。

例えば、次のJavaのコード片は実行だけ考えればなんの問題もないことは明らかですが、コンパイルできません。

```
int result = true ? 123 : "ABC";
```

これは、Javaの型システムが、3項演算子の第3項をこの場合は無視できることを判断できないために起きる問題です。

1.1.3　純粋性

すべての関数が参照透過性を持つような関数型プログラミング言語を、純粋関数型プログラミング言語と言います。Haskellは純粋関数型プログラミング言語です。

すべての変数はイミュータブル（変更不能）であり、代入による変更はできません。I/O（プログラムとのやりとり）を発生させるには**IOモナド**と呼ばれる仕組みを明示的に使う必要があります。代入による変更や外部とのやりとりといった参照透過性を妨げる要因を適切に制御して、プログラマが関数型プログラミングを行うことを強力にサポートします。

参照透過性は関数が**状態を持たない**ことを保証します。状態を持たない数学的な関数は、並列処理を実現するのに適しています。

Haskellの代表的な処理系であるGHCは軽量スレッドをサポートしており、大量のスレッドを扱えます。マルチプロセッサにも対応しており、コア数に応じてスケールするようなアプリケーションを、より安全に開発できます。

---

[9]　あくまでも一般論であることに注意してください。動的型付き言語でもJITコンパイルを用いて高速に動作する例もあります。

[10]　動的型検査の場合、実行時に変数の型を確認しなければならないため相応のオーバヘッドが発生します。関数はどんな型の値が入力されても対応できなければならないため、処理系が可能な最適化にも制限が出てきます。

第**1**章　はじめての Haskell

■──── I/Oと関数型プログラミング言語

　関数型プログラミングでは数学的な関数を組み合わせてプログラムを作りますが、それだけではファイルの読み書きやディスプレイへの表示などのように、外界とやりとりが必要な処理を直接は表現できません。このようなプログラムと外界とのやりとりを、**I/O（入出力）** と呼びます。

　計算するだけ、例えば**1 + 1**のようなプログラム内で完結する式の評価だけであれば、I/Oを記述できなくても問題ありません。しかし、実際のところはそうはいきません。現実のプログラムが達成すべきタスクは、キーボードを利用した入力、ファイルの読み出し、画面への情報の出力など外界とのやりとりの繰り返しによって実現されます。

　やりとりのできない、I/Oのないプログラムには、ほとんど利用価値はありません。

　非純粋な関数型プログラミング言語では、評価と同時にI/Oが発生する関数を設けることでI/Oを実現します。例えば、F＃[11]では`printfn "Hi."`を評価すると`()`という値が返り、画面に`Hi.`という文字列を表示するI/Oが発生します。

　一方、Haskellでは評価と同時にI/Oが発生する関数はありません。例えば`putStrLn "Hi."`という式を評価すると`IO ()`型の値が返されますが、この時点では画面には何も表示されません。返された`IO ()`型の値が、Haskellの処理系によって解釈されてはじめて画面に`Hi.`の文字が出力されます。

　Haskellでは、I/Oが行われる式にはすべて`IO`という型が付きます。逆に、`IO`という型が付かない式ではI/Oは発生しないため、参照透過性が崩れる心配をせずにプログラミングできます。

1.1.4　型推論

　Haskellには強力な型推論が備わっています。

　静的型付き言語では、プログラムを書くときに変数の型をすべて決定しなければなりません。しかし、変数が登場するたびにすべて型を明示するのは、プログラマにとっては退屈な作業です。

　プログラムの色々なところに型名が書かれると、型を変更したときの影響も大きくなってしまいます。これは、静的型付けによって提供される安全性と引き換えのストレスの1つです。

　通常、静的型付けを行う関数型プログラミング言語では、この問題を緩和するために型を処理系が自動的に付けてくれる**型推論**と呼ばれる機能を提供しています。

　型推論により、プログラマが変数などの型を明示する必要がなくなります。

　Haskellでも型を1つも明示しなくても処理系が適切な型を推論してくれます[12]。例えば、指定されたファイルの中身を画面に表示するプログラムは次のように書けますが、型を1つも書かなくても、プログラム中で型が矛盾している部分がないことや、`main`が`IO ()`型であることを

＊11　関数型プログラミング言語の1つ。Microsoftが開発し、現在はF＃ Software Foundation（http://fsharp.org/）が引き継ぐ。

＊12　Haskellは型が付けられるすべての式に対して、正しく型を推論できるわけではありません。高度な言語機能の使用によって型の推論ができなくなる場合があります。

コンパイラが調べてくれます[13]。

```
main = do
  let path = "readme.txt"
  body <- readFile path
  putStrLn body
```

1.1.5 遅延評価

Haskellの式の評価で特徴的なのが遅延評価です。他の多くの言語が関数を呼び出し時にすぐに実行するのに対し、Haskellでは必要になるまで実行されません。

f(1 / x)という関数呼び出しがあった場合に、通常の言語では1 / xを先に計算し、その結果を引数としてfを呼び出します[14]。一方、Haskellでは1 / xは計算されずにfに渡され、実際に引数を使うときまで1 / xの計算は遅延されます。

この振る舞いを**遅延評価**と呼びます。

使われない式は評価（計算）されません。そのため、遅延評価ではないプログラミング言語よりも実行時の計算の量が少なく済む可能性があります。また、引数1 / xを計算するとエラーが発生する場合でも、エラーとならずにfを呼び出して計算を継続できるという特徴もあります。

このようなメリットのある遅延評価ですが、この評価方法は式が計算されるタイミングを把握しにくいというデメリットもあります。

特に、I/Oの発生順序を細かく制御できないと、現実世界で動くプログラムを作るのは大変です。

次のコードは、10に関数fとgを順番に適用しその結果を出力するものです。traceはデバッグ用の関数で、関数f、gが呼び出されたときにそれぞれ"f"、"g"を表示します。

```
import Debug.Trace (trace) -- デバッグ用のモジュールをインポート

f x = trace "f" $ x ^ 2
g x = trace "g" $ x - 1

main = let x = f 10
           y = g x
       in print y
```

このプログラムを実行すると、次のような結果になります。直感に反し、後から呼び出したつもりの"g"の方が先に表示されています。

---

[13] ただし、トップレベルの型はきちんと書くことが推奨されます。詳しくは3.2.3を参照してください。

[14] この振る舞いを、遅延評価に対して先行評価と呼びます。遅延評価と先行評価については2.4.4で取り上げます。

```
Prelude> :main
g
f
99
```

　このように、遅延評価では評価の順番が予測困難なので、そのままでは書いた順に評価されて
ほしいI/Oとの相性がよくありません。これを解決するために、HaskellではIOモナドによって
I/O処理を直列化する（4.1参照）ことで、I/Oの発生順を制御します。

　また、遅延評価をするということは、引数をすぐには計算できないということでもあります。

　遅延評価のないプログラミング言語では**1 + 1 + ... + 1**のような巨大な数式をさっさ
と計算して**1000000**などというコンパクトな値にまとめられますが、遅延評価の元では、式の
計算はすぐには行われないため未評価の式がたまっていきます。このような巨大な未評価の式が
溜まってメモリを浪費することを、**スペースリーク**と呼びます。

　Haskellでは遅延評価が前提です。これによるメリットもありますが、他の言語にはないデメ
リットともうまく付き合っていかねばなりません。

1.2　実行環境の構築

　言語の特徴は押さえられたので、Haskellの実行環境を構築していきましょう[15]。本書ではコ
ンパイラとして**GHC**を、ビルドツールとして**Stack**を利用します。

　Haskellの基本的なコンパイルならGHCだけでも可能ですが、複数のパッケージを管理する
ような実践的な開発にはStackは欠かせません。

　ここではGHCをはじめとするコンパイラやStack自体の解説もします。

1.2.1　GHC

　Haskellではプログラミング言語の仕様[16]と、実装（処理系）は別々に提供されます[17]。

　Haskellの言語処理系は何種類か存在します[18]。本書では最もメジャーなクロスプラット

----

[15] インストール方法や回線速度にもよりますが、実行環境の構築は10分程度で完了します。ディスク容量は最低でも2.5GB程度は必
要です。今後の開発のために空き容量は多いほうが安心です。

[16] Haskell 2010 Language Report (https://haskell.org/definition/haskell2010.pdf) で定められています。以後書籍中で
（Haskellの）仕様と表記したものは、これを指します。

[17] 言語仕様と実装が別々に提供される例としては、仕様 (ISO C) に対して、gccやclang (llvm) など複数のコンパイラのあるC言語が
有名です。現在広く使われる言語は仕様と実装が別々に提供されるものが多いです。

[18] GHC以外のコンパイラとして人気があるものはUHC (http://foswiki.cs.uu.nl/foswiki/UHC) が挙げられます。https://wiki.
haskell.org/Implementationsでもさまざまな実装が紹介されています。

フォームの処理系であるGHC（The Glasgow Haskell Compiler）[19][20][21]を利用します。

　GHCは実用を重視し、実行速度の最適化に特に気を使っています。GHCを使うことで、動的型付けの言語と比べて遥かに高速に動作する実行ファイルを生成できる可能性があります[22]。積極的に独自の拡張機能を追加しており、Haskellの標準仕様に盛り込まれていない多種多様な機能を利用できます。

1.2.2　Stack

　GHCをそのまま利用してソフトウェア開発をするのは難しいため、GHCの上に、CLIビルドツールの**Stack**[23]も導入するのが近年では一般的です。

　https://docs.haskellstack.org/en/stable/READMEの指示にしたがってインストールしましょう。

●──── Linux/macOS

　`curl -sSL https://get.haskellstack.org/ | sh`を実行してインストールします。macOSの場合は`xcode-select --install`でツールを追加します。インストール成功後、`stack`コマンドが実行できるようになります。Stack本体のアップグレードは`stack upgrade`コマンドから行います。

```
$ curl -sSL https://get.haskellstack.org/ | sh
Using generic bindist...
..略..
NOTE: You may need to run 'xcode-select --install' to set
      up the Xcode command-line tools, which Stack uses.
```

```
$ stack
stack - The Haskell Tool Stack
..略..
```

---

[19] https://www.haskell.org/ghc/

[20] Glasgowは開発者のSimon Peyton Jonesが現在名誉教授を務めるグラスゴー大学（University of Glasgow）に由来するものです。

[21] Simon Peyton JonesとSimon Marlowが中心となって開発しています。

[22] GHC 8.0.1 Users Guideの8.2に　は「if a GHC compiled program runs slower than the same program compiled with NHC or Hugs（筆者注：Haskellのコンパイラ）、then it's definitely a bug.（筆者訳：GHCでコンパイルしたプログラムがNHCやHugsでコンパイルしたものより遅ければバグだ。）」と書かれているほどです。

[23] https://docs.haskellstack.org/

第**1**章　はじめての Haskell

> **Column**
>
> ## その他の導入方法
>
> 　macOS ではコンパイル済のバイナリを直接ダウンロードして設置する、あるいは Homebrew[24] からインストールしても導入できます。Xcode のコマンドラインツールが必要なので、`xcode-select --install` を実行してインストールしてください。Ubuntu では `apt` コマンドでインストールできます。詳細は Stack の Web サイトから確認してください。
>
> 　本書では、上述の `curl` を用いてインストールした環境を前提に解説します。

■———— Windows

　Stack のダウンロードページ[25]より、自分の環境に合わせてインストーラをダウンロードし、実行します[26]。インストール成功後、コマンドプロンプトや PowerShell から stack コマンドが実行できるようになります。

```
C:\Users\name>stack
```

> **Column**
>
> ## Windows インストール時の注意点
>
> 　Windows に Stack をインストールするときは、ユーザ名に注意が必要です。ユーザ名にひらがな漢字や全角記号などが含まれていると stack コマンドが実行できなくなります。ユーザ名に全角文字が含まれる場合は、半角英数だけのユーザ名のユーザを作成して対応してください。
>
> 　さらに Windows ではパスや実行できるコマンドの長さに制限があり、それによって `gcc: command not found.` という一見しただけではわかりにくいエラーが引き起こされることがあります。これを防ぐため、stack やプロジェクトが利用するディレクトリをルートディレクトリに近くしておくのが賢明です。環境変数 `STACK_ROOT` を、`c:\stack_root` という値にします[27]。

■———— GHC のインストール

　GHC をインストールします。`stack setup` コマンドを実行します。

---

[24] http://brew.sh/index_ja.html など参照。

[25] https://docs.haskellstack.org/en/stable/install_and_upgrade/#windows

[26] ビルド済の実行ファイルもダウンロードできます。インストーラと同様のページより、環境に合わせてダウンロードし、%PATH%の通ったディレクトリに設置します。

[27] Stack 提供元の fpcomplete のブログ記事（https://www.fpcomplete.com/blog/2015/08/stack-ghc-windows）を参照。

実行環境の構築 **1.2**

グローバルプロジェクトが現時点の最新の resolver（コラム「Cabal と Stack」参照）を使用するようにセットアップされ、対応する GHC がインストールされます。

```
$ stack setup
Writing implicit global project config file to: /home/vagrant/.stack/global-project/
stack.yaml
Note: You can change the snapshot via the resolver field there.
Using latest snapshot resolver: lts-9.2
Downloaded lts-9.2 build plan.
..略..
```

インストールが完了すると、REPL 実行など Haskell の学習に最低限必要な環境が構築できます。

---

column

Cabal と Stack

Cabal[28] は、Haskell のプログラムをパッケージ化し、配布するための枠組みです[29]。パッケージマネージャーの名前としても知られています。Stack では Cabal 形式パッケージが用いられます。GHC も Cabal をサポートしています。

10,000 以上の Cabal 形式のパッケージが、パッケージリポジトリの **Hackage**[30] で共有されています。

Cabal 形式のパッケージには .cabal というメタ情報を記録したファイルが用いられます。ビルド方法や依存するパッケージ、必要な外部ライブラリなどが記述されています。Cabal 形式パッケージを扱うために、cabal-install というツールが長年使われてきました。cabal-install は Cabal パッケージとともに開発されており、Cabal の公式ツールです。

cabal-install は依存性解決に問題があったため[31]、それを補う Stack が登場します。

Stack は Stackage を使い、問題を回避します。Stackage は主要パッケージのバージョンを固定して依存性解決を容易にするためのサービスです。このバージョンの集合を **resolver** と呼びます。resolver は履歴管理されており、nightly-2017-04-01、lts-7.1 のように名前が与えられています。resolver では GHC のバージョンも指定されます。

GHC と全パッケージのバージョンが固定されるため、resolver を指定したすべてのパッケージのビルドには再現性があります。これによって再ビルドの手間などが軽減されました。

かつては、Cabal（cabal-install）が広く使われていましたが、現在、Haskell でパッケージマネージャーとして主に利用されるのは Stack だと覚えておきましょう。

---

[28] https://www.haskell.org/cabal/

[29] 2003年の Isaac Jones による提案を起源としています。

[30] http://hackage.haskell.org/

[31] Cabal Hell と呼ばれる依存性問題、及びそれへの対処によるビルド時間の長大化など。

第1章 はじめての Haskell

1.3 REPLとスクリプトの実行

StackからREPLを起動したり、コードを直接実行したりできます[32][33]。次章以降のサンプル
コードを試すのに適しています。

ここではstackコマンドを用いた、REPLとプログラムの実行方法について説明します。

1.3.1 REPLを使う

プログラムを評価させる対話的な実行環境を**REPL**（Read-Eval-Print Loop）と呼びます。
Stackでは**stack ghci**でREPLを起動します[34][35]。

```
$ stack ghci
Configuring GHCi with the following packages:
GHCi, version 8.0.2: http://www.haskell.org/ghc/  :? for help
Loaded GHCi configuration from /tmp/ghci9185/ghci-script
Prelude>
```

REPLのプロンプトへ式を入力すると、式を評価して結果を表示してくれます。

```
Prelude> 1
1
Prelude> 1 + 2 + 3
6
```

Prelude内で定義している、関数も実行できます。lengthは文字列の長さを返す関数です。

```
Prelude> length "Haskell"
7
```

REPLでは記述が複数行に渡るときは:{と:}で宣言します。

```
Prelude> :{
Prelude| data RGB = RED
Prelude|         | GREEN
Prelude|         | BLUE
Prelude| :}
```

----

[32] これらはGHC自身にもある機能です。Stackがラッパーとして機能していると考えてください。GHCの機能なので1.2でGHCをインス
トールしておく必要があります。

[33] 実際にはプロジェクトを作成しての開発が一般的です。プロジェクトの作成は1.4で解説します。

[34] GHCではghciというコマンドによってREPLが提供されています。stackを使ってghciを呼び出しています。

[35] 起動時に表示されるPreludeはstack ghci時に読み込まれたモジュール（2.9参照）を示します。

■————— **よく使うREPLコマンド**

`:`から始まる入力は、REPLへの特殊な命令（コマンド）として認識されます。下表で確認します[36]。

コマンド（かっこ内は省略形）	説明
`:quit (:q)`	REPLの終了
`:type (:t)`	式の型を表示
`:kind (:k)`	カインドを表示（3.7.1 参照）
`:info (:i)`	識別子の情報を表示
`:module (:m)`	REPLから利用するモジュールを指定
`:show imports`	REPLで利用しているモジュール一覧
`:set prompt`	プロンプトを変更
`:set prompt2`	複数行入力時のプロンプトを変更
`:{ , :}`	複数行に渡る入力
`:help (:?)`	コマンドの一覧を表示
`:load (:l)`	スクリプトを読込
`:reload (:r)`	スクリプトを再読込

実際にコマンドを使ってみましょう。REPLを終了させるコマンドは`:quit`です。

```
Prelude> :quit
Leaving GHCi.
```

`:type`は式の型（第3章参照）を、`:info`は識別子[37]の情報を表示します。今後の章で情報を確認するときにはよく使います[38]。

```
Prelude> :type "Haskell"
"Haskell" :: [Char]
Prelude> :type length "Haskell"
length "Haskell" :: Int
```

```
Prelude> :info id      -- 変数の情報
id :: a -> a      -- Defined in 'GHC.Base'
Prelude> :info Bool    -- 代数的データ型（3.4参照）の情報
data Bool = False | True    -- Defined in 'GHC.Types'
..略..
Prelude> :info False  -- コンストラクタ（3.3参照）の情報
data Bool = False | ...     -- Defined in 'GHC.Types'
Prelude> :info Num     -- 型クラス（3.8参照）の情報
```

....

[36] REPLのコマンドは文字列すべてを入力する必要はなく、完全に一致するコマンドがなければ先頭一致でコマンドが選ばれます。先頭一致するコマンドが複数個ある場合は優先順位をもとに1つが選ばれます。表中にはよく使われる省略形も記載しました。

[37] 型や値、変数などについている名前を総称して識別子と呼びます。

[38] ここではコメントも交えて実行しています。`--`から行末まではコメント（第2章コラム「コメント」参照）とみなされます。

第1章 はじめてのHaskell

```
class Num a where
  (+) :: a -> a -> a
  (-) :: a -> a -> a
..略..
```

コマンドの一覧は、:helpまたは:?で表示します。

```
Prelude> :help
 Commands available from the prompt:

   <statement>                evaluate/run <statement>
   :                          repeat last command
   :{\n ..lines.. \n:}\n      multiline command
..略..
```

REPLの使い方は第2章コラム「REPLでモジュールを読み込む」でも解説します。

1.3.2 Haskellスクリプトの実行

stack runghcコマンドでスクリプトを直接実行できます。下記のhello.hsというファイルを作成しておき、実行します[*39]。

```
main = putStrLn "Hello!"
```

```
$ stack runghc hello.hs
Hello!
```

コンパイルして実行という手間がないので、ちょっとした動作確認に適しています。

1.3.3 REPLにスクリプトを読み込む

作成したファイルを読み込み、そのファイルで定義した関数などの内容を反映してREPLを実行できます。プログラムの開発中は、この機能を利用して挙動を確認しながら進めると便利です。
REPLを開始しておき、:loadで取り込みます[*40]。

```
-- number.hsをREPLを開始するディレクトリに保存
x100 x = 100 * x -- x100は引数に100を掛ける関数
```

```
Prelude> :load number.hs
[1 of 1] Compiling Main             ( number.hs, interpreted )
```

....

[*39] Hadkellのソースコードの拡張子は.hsです。

[*40] モジュール名が*Mainとなり、Preludeがプロンプトから消えます。この部分は読み込んでいるモジュールによって表示が変わります。

14

```
Ok, modules loaded: Main.
*Main> x100 5
500
```

　取り込んだファイル内の関数が利用できることがわかります。関数だけでなく読み込んだファイル内で定義された識別子を利用できます。

　REPLに読みんだ後に**number.hs**を変更しても、そのままではREPLに変更が反映されることはありません。ファイルをもう一度読み込むには、**:reload**を使います。

```
*Main> :reload
[1 of 1] Compiling Main             ( number.hs, interpreted )
Ok, modules loaded: Main.
```

　以降、本書では複数行に渡るサンプルコードはREPLへ読み込んで動かすものとします。コード例を試すときは、必要に応じて別のファイルに書き、**:load**で読み込んでください。

---

column

グローバルプロジェクト

　Stackを用いたHaskellの開発では、1.4で説明する**stack new**コマンドでプロジェクトを作成し、そのプロジェクト内の環境でビルドやREPLの起動を行います。しかし、プロジェクトのない場所でREPLやHaskellのコードを動かせないと不便です。

　そのため、**stack new**で個々に作るプロジェクトとは別に、1.2でGHCをインストールした**グローバルプロジェクト**が用意されています。プロジェクト外のディレクトリで**stack**コマンドを利用すると、グローバルプロジェクトの環境内でコマンドを実行したことになります。resolverやビルドオプションなどはすべてグローバルプロジェクトのものが使われます。

　stack path --project-rootコマンドでグローバルプロジェクトの保存先を表示します。グローバルプロジェクトの設定を変更するには、このディレクトリの**stack.yaml**を編集します。

```
$ stack path --project-root
/home/vagrant/.stack/global-project
```

　グローバルプロジェクトのresolverは、勝手に新しいものに更新されることはありません。そのため、長く利用し続けると、resolverが古くなってしまうことがあります。resolverを更新するには、グローバルプロジェクトの**stack.yaml**ファイルの**resolver**の項目を編集します。

　いきなりresolverを更新するのではなく、試しに新しいresolverで提供されるghcやパッケージを試したいときは、**--resolver**オプションで、個別にresolverを指定します。

第1章　はじめてのHaskell

> **column**
>
> ## resolverのバージョン
>
> Stackのresolverは大きく2つにわかれています。**LTS**（Long Term Support）が通常用いられます。`<major>`.`<minor>`というルールでバージョンが付けられています。LTSは安定版で、マイナー番号のバージョンアップであればAPIに互換性があることが保証されています。
>
> 一方の**Nightly**は日々更新されるパッケージ開発者向けのresolverです。LTSと違い、バージョンを上げると互換性は保証されません。

1.4　プロジェクト作成とビルド

Stackで実際にプロジェクトを作成し、ビルドしましょう[41]。

1.4.1　プロジェクトの作成

`stack new`コマンドで新しいHaskellのプロジェクトを作成します。`stack new` プロジェクト名と入力して実行するとプロジェクト名のディレクトリが生成され、中に必要なファイルが作られます[42]。

```
$ stack new myproject
```

■───── ディレクトリ構成

作成されたプロジェクトのディレクトリ構成は、次のようなものになります[43]。

```
$ cd myproject && ls -la
total 40
drwxr-xr-x  5 vagrant vagrant 4096 Apr 8 11:33 .
drwxrwxrwt 13 root    root    4096 Apr 8 11:35 ..
-rw-r--r--  1 vagrant vagrant 1528 Apr 8 11:33 LICENSE
-rw-r--r--  1 vagrant vagrant   12 Apr 8 11:33 README.md
-rw-r--r--  1 vagrant vagrant   46 Apr 8 11:33 Setup.hs
```

[41] 本書ではUNIX系のコマンドを表記として利用します。Windowsを使っている場合は`ls`の代わりに`dir`を使うなど、適宜読み替えてください。

[42] プロジェクトのテンプレートファイルに必要なパラメータが設定されてない旨の警告が出ますが、プロジェクト作成後に編集すれば問題はないので無視して構いません。気になる場合は警告メッセージにしたがい、指示された`config.yaml`を編集します。

[43] Windowsなら`dir`コマンドで一覧を表示。

16

```
drwxr-xr-x  2 vagrant vagrant 4096 Apr 8 11:33 app
-rw-r--r--  1 vagrant vagrant 1200 Apr 8 11:33 myproject.cabal
drwxr-xr-x  2 vagrant vagrant 4096 Apr 8 11:33 src
-rw-r--r--  1 vagrant vagrant 2172 Apr 8 11:33 stack.yaml
drwxr-xr-x  2 vagrant vagrant 4096 Apr 8 11:33 test
```

stack.yamlはビルド情報を記載するファイルです。ビルドに使うresolver、resolverに存在しないパッケージの情報、ローカルに存在する独自パッケージなどを記入します。

myproject.cabalとSetup.hs、LICENSEは、Cabal形式のパッケージの管理に使います。stackもCabalの枠組みでビルドを行うため、これらのファイルは欠かせません。myproject.cabalはmyprojectパッケージのビルド方法を定義します。依存パッケージの一覧やコンパイル対象となるファイルを指定します。

■─────── ソースコードの配置

プログラムのソースコードは、.hsという拡張子を持つファイルに記述します。srcとappというディレクトリにhsファイルを配置します[44]。

実行ファイル関連以外のすべてのモジュールを入れるsrcに対して、appが実行ファイル用のモジュールのディレクトリです。

srcディレクトリにはモジュールのソースコードが置かれます。プロジェクト生成直後はLibというモジュール(Lib.hs)のみが存在しています。

```
$ ls -la src/
total 12
drwxr-xr-x 2 vagrant vagrant 4096 Apr 8 11:33 .
drwxr-xr-x 5 vagrant vagrant 4096 Apr 8 11:33 ..
-rw-r--r-- 1 vagrant vagrant   88 Apr 8 11:33 Lib.hs
```

Libモジュールは、someFunc関数を提供します。

```
module Lib
    ( someFunc
    ) where

someFunc :: IO ()
someFunc = putStrLn "someFunc"
```

appディレクトリには、実行ファイルを生成用のコードが配置されます。プロジェクト生成直後はMain.hsのみが存在します。

---

*44 myproject.cabalを編集して任意のファイル配置に変更できます。

```
$ ls -la app/
total 12
drwxr-xr-x 2 vagrant vagrant 4096 Apr  8 11:33 .
drwxr-xr-x 5 vagrant vagrant 4096 Apr  8 11:33 ..
-rw-r--r-- 1 vagrant vagrant   61 Apr  8 11:33 Main.hs
```

Main.hsの内容も見てみましょう。Haskellでは、実行ファイルはMainモジュールにmain という名前の関数を1つだけ定義します。

```
module Main where

import Lib

main :: IO ()
main = someFunc
```

プロジェクトにはtestという名前の単体テスト用のディレクトリがあります。プロジェクト 生成直後はSpec.hsのみが存在します。

```
$ ls -la test/
total 12
drwxr-xr-x 2 vagrant vagrant 4096 Apr  8 11:33 .
drwxr-xr-x 5 vagrant vagrant 4096 Apr  8 11:33 ..
-rw-r--r-- 1 vagrant vagrant   63 Apr  8 11:33 Spec.hs
```

Spec.hsには、プロジェクト作成時は単体テストは実装されていません[45]。

```
main :: IO ()
main = putStrLn "Test suite not yet implemented"
```

1.4.2   プロジェクトのビルドと実行

プロジェクトの内容を確認できました。今度はビルドを試しましょう。stack buildで初期 状態のプロジェクトをビルドします。

```
$ stack build
..略..
Installing executable(s) in
/tmp/myproject/.stack-work/install/x86_64-linux-nopie/lts-8.8/8.0.2/bin
Registering myproject-0.1.0.0...
```

---

*45 テストスイートが実装されていないことを示すメッセージが表示されるだけです。

myproject-exeという実行ファイルが作成されます。実行ファイル名はmyproject.cabalファイル内で指定するもので、デフォルトでプロジェクト名が割り当てられます。

stack execコマンドで実行します。someFuncという文字列が表示されます。

```
$ stack exec myproject-exe
someFunc
```

stack installコマンドで~/.local/bin[*46]に実行ファイルをコピーします。このディレクトリにPATHを通しておけば、stack installコマンドでインストールしたプログラムをユーザが自由に使えるようになります。

```
$ stack install
Copying from /tmp/myproject/.stack-work/install/x86_64-linux-nopie/lts-8.8/8.0.2/
bin/myproject-exe to /home/vagrant/.local/bin/myproject-exe
..略..
```

Main.hsやLib.hsを編集して、自分の好きなプログラムを開発できます。ディレクトリの使い分けについては第9章、第10章、第11章も参照してください。

Column

単体テスト

Stackでは単体テストも実行できます。stack testと入力し、実行すると単体テストが走ります。

```
$ stack test
..略..
myproject-0.1.0.0: test (suite: myproject-test)

Test suite not yet implemented
..略..
```

単体テストが実装されていないため、初期状態ではテストがないというメッセージが表示されるだけです。テストの実装は第9章のサンプルコードも参照してください。

---

*46 バイナリが置かれるディレクトリは環境によって違います。Windowsでは%APPDATA%\local\bin以下に保存されます。ディレクトリはstack path --local-binで確認します。

プロジェクト内でREPL

プロジェクト内で`stack ghci`を実行すると、関連するコードを読み込んでくれます。

```
$ stack ghci
..略..
*Main Lib>
```

`Main`モジュール（`app/Main.hs`）と`Lib`モジュール（`src/Lib.hs`）が読み込まれました。
`:show modules`と入力すると、現在読み込まれているモジュールの一覧を表示します。`:show imports`と合わせて、今の状態を確認しておきます。

```
*Main Lib> :show modules
Lib              ( /tmp/myproject/src/Lib.hs, interpreted )
Main             ( /tmp/myproject/app/Main.hs, interpreted )
*Main Lib> :show imports
import Lib
:module +*Main -- added automatically
```

モジュールに定義されている識別子の一覧を見るには、`:browse`を使います。デフォルトの`Lib.hs`をそのまま使ったので、`someFunc`という関数のみが定義されています。

```
*Main Lib> :browse Lib
someFunc :: IO ()
```

`.hs`ファイルを書き換えた場合、`:reload`で変更を`ghci`に読み込みます。ただし、`stack.yaml`や`*.cabal`の変更があった場合は`stack ghci`を一度終了して読み直す必要があります。これらのファイルを変更したときは気を付けましょう。

第2章
基本の文法

第**2**章 基本の文法

この章では変数や関数、I/Oアクション、よく使われるデータ型といったHaskellの基本的な文法事項について説明していきます。実際に手を動かしながら理解していきましょう。

2.1 文法の特色

Haskellの文法上の特徴は**式を重視し、可能な限り式だけでプログラムを構成する**ことです。この点について理解するために、まずは読者の多くが使ったことのあるだろう手続き型言語との比較から、Haskellの特徴をとらえてみましょう。

2.1.1 手続き型言語と関数型言語

C言語やJava、JavaScript、Python、Rubyなどの現在使われている言語の多くは、手続き型の文法を持っています。

これらの言語には式（expression）と文（statement）が存在します。式とは、計算を実行して結果を得るための文法要素であり、加減乗除や関数呼び出しからなります。

文とは何らかの動作を行うようにコンピュータに指示するための文法要素です。条件分岐のif文、ループのfor文やwhile文などが言語仕様として含まれていることがほとんどです。言語によっては出力のprint文などもあります。

手続き型の文法では、式で必要な計算を進めつつ、文でコンピュータにやってもらうことを指示してプログラムを記述します。これらの手続き型言語で重要なのは文です。

それに対して、Haskellはじめ関数型言語の文法の主役は式です。関数型言語のプログラムは数多くの式で構成され、プログラムそれ自体も1つの式です。Haskellでもプログラムを書くのに文は原則使いません[1][2]。

関数型言語のプログラムの実行とは、この式の計算を進め、その結果として値（value）を得ることだと考えてください。式の計算のことを、**評価する**（evaluate）といいます。

手続き型言語ではコンピュータへの指示を文として上から順に並べて書くのに対し、関数型言語では細かな式をたくさん定義してそれらを組み合わせてプログラムを構築します。[3][4]。

....

[1] 多くの関数型言語では文はまったく、あるいはほとんど文法要素として存在しません。

[2] Haskellでは条件分岐のifはif式で、文ではありません（2.6.1参照）。外部モジュールを読み込むimport宣言は、仕様で文とも表現されていますが、プログラムそのものには影響を与えられない部分でしか宣言できません。

[3] Haskellでもわかりやすさのためにソースコード上でそれぞれの式を手続き毎に改行で区切った表記はよくあります。そのため、手続き型言語と全く違う書き方を強要されることはありません。実際にどのように書かれるかは2.5のdo式を参照してください。

[4] 関数型言語が式を組み合わせてプログラムを作成するといっても現段階では想像がつきづらいでしょう。本書の第9章、第10章、第11章では実際にHaskellでプログラムを作成しています。これらを参考にするとHaskellのような関数型言語におけるプログラムの構築が理解できるようになるはずです。

22

基本のデータ型 **2.2**

式と文の違いとして重要な点は他に、**型**があります。

式は`Bool`や`String -> Int`などといった型を持ちます。対して、文は型を持ちません。Haskellではプログラムがすべて式で構成されていることから、プログラムの全体が細部まで型付けされています。型付けが可能になることでプログラムがより堅固なものになります。

2.1.2 式だけで意味のあるプログラムをつくる

関数型言語では手続き型の言語のように文を使ってコンピュータに指示するという考え方はしません。式を評価するだけです。

コンピュータに指示を出さずに、コンピュータを動作させる実用的なプログラムが作成できるのかという疑問が出てくるかもしれません。もちろん、実用的なプログラムを作成するための仕組みはHaskellにも用意されています。

関数型言語では文による指示の代わりに、評価をするとなんらかのI/Oが発生する特殊な式を用います[*5]。Haskellにおいては、I/Oを表現する式を**I/Oアクション**と呼びます。I/Oアクションの例を見てみましょう。

- ファイルの読み書き
- コンソール上への文字出力や入力行の読み込み
- HTTPリクエストの送信とHTTPレスポンスの受信
- 日付の取得

これらの例からわかるようにI/OアクションはHaskellのプログラムの外に影響を与えたり、外から影響を受けたりするものです。I/Oアクションは頭に**IO**が付いた特別な型を持っており、I/Oを表さない型とは常に区別されます[*6]。

2.2 基本のデータ型

ここまでは関数型言語としてのHaskellの文法全体の特徴を紹介してきました。ここからはHaskellの個々の文法事項について解説していきます。

まずは標準的なデータ型を見ていきましょう。値を確認するためには式を評価します[*7]。第1章で紹介したREPLを使います。

....

[*5] I/Oを伴う式は手続き型言語における文と、本質的には、そこまで大きく違うものではありません。しかし、言語の設計方針やプログラマーの思考に大きな影響を与えます。

[*6] これらの型については2.2で紹介します。

[*7] Haskellで値とは式の評価の結果得られるものを意味します。REPLで1と入力し、Enterキーを押すことも式の評価です。

23

第**2**章 基本の文法

2.2.1　数値

数値はコンピュータにとって最も基本的な値です。次の数値型が用意されています。

値の例	型	説明
1、0xFF、0o777	Integer	任意の大きさの整数型
同上	Int、Int8、Int16、Int32、Int64	固定幅の符号付き整数型
同上	Word、Word8、Word16、Word32、Word64	固定幅の符号無し整数型
1.2、3.4e10	Float	浮動小数点数型、処理系依存
同上	Double	倍精度浮動小数点数型、処理系依存

　Integer型は任意の大きさの整数値を格納できます。Int型はサイズが決まっている整数です。Int型のサイズは環境によって32ビット、64ビットと異なりますが30ビット以上の大きさであることは保証されています。

　コンピュータが扱う自然な形式はIntです。そのためHaskellに最初から用意されている関数ではほとんどの場合、引数や返り値にIntが使われます。

　整数をREPL上で入力します。Haskellでは、式の後ろに::という記号、続いて型を書きます。::と型は、通常は省略できます[8]。省略時は、処理系が型を推測します。

```
Prelude> 1 :: Int
1
Prelude> 1
1
Prelude> 9223372036854775808 :: Integer
9223372036854775808
```

　Intがどの範囲の数を扱えるかは、minBoundとmaxBoundというInt型の値を参照します。

```
Prelude> minBound :: Int
-9223372036854775808
Prelude> maxBound :: Int
9223372036854775807
```

　整数型のリテラルは、先に示したように他の多くの言語と同様に数字を並べて1234などと書きます。16進数表記をしたい場合には接頭辞として0xまたは0Xを、8進数表記をしたい場合は接頭辞として0oまたは0Oを付けます。

---

[8]　省略できない例としては、3.9.4を参照してください。

24

基本のデータ型 **2.2**

```
Prelude> 1234 :: Int
1234
Prelude> 0xff :: Int
255
Prelude> 0o644 :: Int
420
```

FloatとDoubleは浮動小数点数型です。それぞれIEEE754[*9]で規定された単精度と倍精度の精度を持っています。浮動小数点数型のリテラルは.で1.0のように小数の形式で書きます。eは指数表記に使います。e2と書いた場合は10^2を意味します。

```
Prelude> 1.0 :: Double
1.0
Prelude> 1.23e2 :: Double
123.0
```

NaN値やInfinityの判定には、isNaNやisInfiniteなどの関数を利用します。

```
Prelude> 3.4028236e+38 :: Float   -- 桁あふれ
Infinity
Prelude> isNaN     (3.4028236e+38 :: Float)
False
Prelude> isInfinite (3.4028236e+38 :: Float)
True
Prelude> 0.0 / 0.0     :: Double -- 不定値
NaN
Prelude> isNaN     (0.0 / 0.0 :: Double)
True
Prelude> isInfinite (0.0 / 0.0 :: Double)
False
```

■———— 演算

足し算、引き算、掛け算はそれぞれ+、-、*、の中置演算子を使います[*10]。割り算については整数型と浮動小数点数型で演算子が違うので注意が必要です。それぞれ、`div`と/を使います[*11]。

```
Prelude> 1 + 1 :: Int
2
Prelude> 2.3 * 3.4 :: Float
7.82
Prelude> 3 - 13 :: Integer
-10
```

....

[*9]　浮動小数点計算のための規格。NaNやInfinityもこれに定められています。

[*10]　中置演算子とあえて書いているようにHaskellでは中置しない演算子もあります。ただし、Haskellにおける演算子はほぼすべてが2つの項（2引数）をとる中値演算子です。2.4.5で解説します。

[*11]　`div`はdiv 12 3のように書けます。divは演算子として使われることが多いですが、実際は関数です（2.4.5参照）。

25

第**2**章 基本の文法

```
Prelude> 12 `div` 3 :: Int
4
Prelude> 12 / 3 :: Int  -- エラーとなる

<interactive>:80:1: error:
    • No instance for (Fractional Int) arising from a use of '/'
    • In the expression: 12 / 3 :: Int
      In an equation for 'it': it = 12 / 3 :: Int
Prelude> 12.0 / 3.0 :: Double
4.0
```

その他の数値

　Int8、Int16、Int32、Int64はそれぞれ8ビット、16ビット、32ビット、64ビットの固定幅の整数です。これらの型はData.Intモジュール[12]に含まれます。符号無し整数型はWordです。Word8、Word16、Word32、Word64はData.Wordモジュールに含まれます[13]。

```
Prelude> import Data.Int
Prelude Data.Int> minBound :: Int8
-128
Prelude Data.Int> maxBound :: Int8
127
Prelude Data.Int> minBound :: Int64
-9223372036854775808
Prelude Data.Int> maxBound :: Int64
9223372036854775807
```

```
Prelude> 1234 :: Word
1234
Prelude> import Data.Word
Prelude Data.Word> minBound :: Word8
0
Prelude Data.Word> maxBound :: Word8
255
Prelude Data.Word> minBound :: Word64
0
Prelude Data.Word> maxBound :: Word64
18446744073709551615
```

----

[12] モジュールについては2.10を参照してください。ここではimportでモジュールを利用しています。

[13] 1234というリテラルがInt型としても、Word型としても使えます。これら数値リテラルの型のオーバーロードについては第3章で解説します。

基本のデータ型 **2.2**

2.2.2 真偽値

真偽値はBool型によって表されます。Bool型はTrueとFalseという2つの値からなります。

```
Prelude> True :: Bool
True
```

論理演算子として、not関数と、&&と||の中置演算子を用います。それぞれ論理否定、論理積、論理和を求めます。

```
Prelude> not False
True
Prelude> False && True
False
Prelude> False || True
True
```

値の同値性を調べるには==と/=の中置演算子を使います。それぞれ、イコール(同値)とノットイコール(非同値)を求めます。ノットイコールを検査する演算子が!=ではないことに気を付けてください。この記号は、≠を意識したものです。

==と/=はBool型の値を返します[14]。

```
Prelude> 1 == 1
True
Prelude> 1 /= 1
False
Prelude> (1 :: Int) == (1 :: Word) -- 型が違うと比較できない

<interactive>:136:16: error:
    • Couldn't match expected type 'Int' with actual type 'Word'
    • In the second argument of '(==)', namely '(1 :: Word)'
      In the expression: (1 :: Int) == (1 :: Word)
      In an equation for 'it': it = (1 :: Int) == (1 :: Word)
```

2.2.3 文字・文字列

文字の型と文字列の型はHaskellでは別物です。

文字(1文字)はChar型の値です。' 'で括って記述します。HaskellのChar型はUnicode文

---

[14] IntとIntegerをはじめとした型同士の関係は第3章で説明します。

第**2**章　基本の文法

字なので、日本語の文字も含まれます*15。

```
Prelude> ' ' :: Char
' '
Prelude> 'a' :: Char
'a'
Prelude> 'あ' :: Char -- エスケープ文字で表示される
'\12354'
```

' 'の中でエスケープ記号、\を使うことで、さまざまな種類の文字を表現できます。Haskell
では次のエスケープ文字をサポートしています。

記法	制御文字の意味	記法	制御文字の意味
\a	ベル	\t	タブ
\b	バックスペース	\v	垂直タブ
\f	フォームフィード	\\	バックスラッシュ
\n	改行	\"	ダブルクォート
\r	キャリッジリターン	\'	シングルクォート

\の後ろに10進数や16進数を付けて、そのUnicodeコードポイントの文字を表します。\の
後ろに^を書くと、制御文字をキャレット記法で記述できます。また、ESC、CR、LFなどの制
御文字の短縮語を直接書けます。

```
Prelude> '\32' :: Char
' '
Prelude> '\x61' :: Char  -- 16進数表記
'a'
Prelude> '\^[' :: Char
'\ESC'
```

文字列は`String`型の値であり、" "で囲んで文字を並べて記述します。

```
Prelude> "abcdeあいうえお" :: String
"abcde\12354\12356\12358\12360\12362"
Prelude> "a\98c" :: String
"abc"
```

JavaScriptやRubyなどの言語では、' 'も" "も文字列を表しますが、Haskellでは、' '
は文字、" "は文字列を表すと明確に区別されます。それぞれのクオート記号で一文字をくくっ
た場合の型の違いに注意してください。

---

*15　12354は、'あ'のUnicodeのコードポイントです。'あ'がREPL上でエスケープ文字として表示されるのは、REPLが印字に暗黙的
に利用している関数showの仕様です。showは印字可能なASCIIの文字列でデータを表そうとします。

```
Prelude> :t 'A'
'A' :: Char
Prelude> :t "A"
"A" :: [Char]
Prelude> 'ABC' -- 文法エラー

<interactive>:166:1: error:
    • Syntax error on 'ABC'
      Perhaps you intended to use TemplateHaskell or TemplateHaskellQuotes
    • In the Template Haskell quotation 'ABC'
```

"A"が[Char]と表示されています。これはStringの別名です。[Char]は、Char型の値を並べたリスト（2.7.1参照）を表す型です。StringがChar型のリストであるため、リストを操作する関数はすべてStringにも使えます。

```
Prelude> "ABCDE" :: [Char]
"ABCDE"
Prelude> head "ABCDE" :: Char
'A'
Prelude> map fromEnum "ABCDE" :: [Int]
[65,66,67,68,69]
```

リストによる文字列の実装は、リスト用のすべての関数を再利用できるという点で優れています。しかし、Haskellのリストは連結リストであり、速度とメモリ使用量の両面から見て決して効率がいいものではありません。そのため、Haskellでテキストファイルの解析やHTMLの生成など大きな文字列を扱う場合には、7.7で紹介するByteString型やText型を使う必要があります。

プログラム中のさまざまな値を文字列に変換して出力すると、人間が読めるようになります。show関数を使うと、さまざまな値を文字列にできます。ただし、関数やI/Oアクションなど、Haskellでは文字列にできない型もあります。showが使える型は、すべてShow型クラス（3.10.1参照）と呼ばれるグループに属しています。

```
Prelude> show True
"True"
Prelude> show ['a', 'b', 'c']
"\"abc\""
Prelude> show (12e3 :: Double)
"12000.0"
```

printはShow型クラスに属する値を画面に表示するI/Oアクションです。

```
Prelude> print (0.0 / 0.0)
NaN
```

第**2**章　基本の文法

> **Column**
>
> ## 文字表記のTIPS
>
> StringはCharで利用できたエスケープ文字に加えて、\&を利用できます。これは空文字列（""）を表す文字で、コンパイラに文字列を適切にパースさせるために利用できます。
>
> ```
> Prelude> "a\x62c" :: String -- \x62で一字だと認識されない
> "a\1580"
> Prelude> "a\x62\&c" :: String -- 空文字列によって区切られる
> "abc"
> ```
>
> 1個以上の改行や空白文字を\で囲むと、同様に空文字列として扱われます。この記法により、長い文字列を複数行に分けて書けます。
>
> ```
> Prelude> "a\    \b\  \c" :: String
> "abc"
> Prelude> :{
> Prelude|     "a\
> Prelude|     \b\
> Prelude|     \c" :: String
> Prelude| :}
> "abc"
> ```

> **Column**
>
> ## 文字のコードポイント
>
> 文字のUnicodeコードポイントを得るには、fromEnum関数を使います。Enumは列挙（enumeration）の略で、順に番号を振れるデータの型に対して使う関数です。
>
> ```
> Prelude> fromEnum ' '
> 32
> Prelude> fromEnum 'a'
> 97
> Prelude> fromEnum 'あ'
> 12354
> ```

2.2.4　Unit型

ここからは数値や文字列に比べるとやや特殊な型を解説します。

Unit型は値を1つだけ持つ型です。型も値も()で表します。

```
Prelude> () :: ()
()
```

30

Unit型は返り値が必要ない（特に意味するものを返さない）関数でよく使われます。

Javaでは、返り値がない関数を`void println(String x)`のように`void`を使って表しますが、Haskellではこのような返り値が必要ないケースではUnit型を用いて`putStrLn :: String -> IO ()`のように表記します[16]。

Unit型は式の結果ではなく発生するI/Oアクション（2.2.5参照）にのみ興味がある場合に使います。`IO ()`型[17]がそれです。

2.2.5 I/Oアクション

Haskellのプログラムは全体として見ると`IO`付きの型を持つ式`main`です。この式の評価によって一連のI/Oの実行を含む1つのI/Oアクションが得られます。

I/Oアクションは入出力などコンピュータへの指示を表す値で、`IO a`という型で表します。Haskellで型表記中に現れる小文字から始まる識別子（ここでは`a`）は型変数（type variable）であり、任意の型を当てはめられます[18]。`IO Integer`や`IO String`、`IO ()`のように記述できます。

Haskell全体の動作のしくみについては主に第4章で紹介します。ここではI/O型とI/Oアクションについての概要を押さえましょう。

I/Oアクションの値を作るには、はじめから用意されている組み込み関数を使います[19]。REPLで`IO a`型の式を評価すると、実際にI/Oアクションが発生します。

`putStrLn`の戻り値は`IO ()`型でI/Oアクションの結果としてUnit型の`()`が返ってきます。これは2.2.4で解説したように意味のない値です。`putStrLn`は返り値を返すのとは別に、指定した文字列を標準出力へ出力します。

画面に表示された「Hello, world!」という文字列は、**式の評価結果（返り値）ではなくputStrLnの評価によって引き起こされた標準出力への出力**です。関数が値を返すこと以外に「何か」していることに注意する必要があります[20]。

```
Prelude> -- 評価結果である文字列を表示
Prelude> "Hello, world!"        :: String
"Hello, world!"
```

---

[16] Haskellでも**base**パッケージの**Data.Void**モジュールに**Void**型が定義されています。しかし、これは関数の戻り値の型にできないなど他言語の**void**やUnit型とは異なるものです。**Void**は空集合を表す型であり、**pipes**パッケージ（7.11参照）などで型変数に代入して使われます。また、さらに別のものとして、**Control.Monad**モジュールには**void**関数があり、I/Oアクションの戻り値を明示的に捨てるために使われます。

[17] このような型表記については3.3で解説しています。

[18] 型変数に関して詳しくは第3章で説明します。

[19] 組み込み関数以外では、FFI（Foreign Function Interface）を使ってC言語など他の言語で書かれた関数を呼び出すときにIOを使います。FFIはHaskell内に実行が閉じていないため、`IO a`型の関数として扱います。Haskellが外部とやりとりするにはIOが欠かせないことを意識しておきましょう。

[20] 関数が値を返すこと以外に引き起こすことを副作用（side-effect）と呼びます。

第 **2** 章 基本の文法

```
Prelude> -- 印字するというI/Oアクションを実行
Prelude> putStrLn "Hello, world!" :: IO ()
Hello, world!
```

REPLはI/Oアクションの実行結果が印字可能な場合は画面に表示してくれます[21]。

System.Environmentモジュールの getEnv 関数は、環境変数の読み込みというI/Oアクションを行い、その結果を String 型で返します。この関数の場合、I/Oアクションの実行で画面に何か表示されることはありませんが、REPLが結果の String を表示してくれます。

```
Prelude> import System.Environment
Prelude System.Environment> getEnv "PATH" :: IO String
"/mnt/c/..略.."
```

return関数は、何もせずに値だけを返すI/Oアクションを生成します。

1を返すI/OアクションではREPLが評価によって得られた値を表示しますが、()を返すI/Oアクションでは値を表示しません。

```
Prelude> return 1 :: IO Int
1
Prelude> return () :: IO ()
```

I/Oアクションとモナド

IOは**モナド**と呼ばれるものの1つです。IOがI/Oアクションを提供するように、モナドはそれぞれモナドアクションを提供します。

実際にプログラムを書くには、大量のI/Oアクションを複雑に組み合わせ、適切なタイミングで実行していく必要があります。2.6で説明するdo式を使うと、手続き型の言語に近い感覚でI/Oアクションを順番に並べて書けます。

2つのモナドアクションは>>=という演算子によって組み合わせることができます。例えばI/Oアクションの場合は>>=で組み合わせることによって、アクションが並べた順に逐次実行するようになります。この組み合わせると逐次実行するという性質はIOモナド特有のものですが、この性質を使うことでI/Oアクションの実行制御が可能となるわけです。モナドアクションを>>=で組み合わせた際の振る舞いはモナドの種類によってさまざまあり、詳しくは第5章で扱います。

すべてのモナドはreturnという共通するモナドアクションを提供しています。returnはどんなモナドにおいても何もしないモナドアクションを提供します。ここではreturnの使い道がわかりづらいかもしれませんが、第5章でモナドを使うことで理解が進むはずです。

---

[21] Show型クラスのインスタンスで()以外の型だった場合は表示できます。型クラスのインスタンスについては3.8で紹介しています。

2.2.6　ボトム

　式の評価が正しく終わらないことを、**ボトム**といいます。評価中にエラーが発生したり、無限ループにより計算が終わらなかったりする式を指します。ボトムは任意の型を持てます。書籍やドキュメントなど、文中においてはよく⊥の記号で書かれます。

　Haskellでは、Preludeモジュールで定義されているエラーを発生させるためのundefinedやerrorといった式がボトムです。また、x=xと再帰的に定義されたxもボトムです。xを評価すると、無限ループとなって処理を終わらせられません。

　ボトムは、評価するとエラーになってしまいます[※22]。まずはREPLの:t命令を使って型を見てみましょう。

```
Prelude> :t undefined
undefined :: a
Prelude> :t error "some error"
error "some error" :: a
```

　ここでaは型変数というもので、任意の型を表します（3.3.2参照）。Int、Charを明示的に指定すると、その型になってくれます。

```
Prelude> :t (undefined :: Int)
(undefined :: Int) :: Int
Prelude> :t (error "some error" :: Char)
(error "some error" :: Char) :: Char
```

　ボトムを評価しても値を得られません。undefinedやerrorを評価するとエラーメッセージが表示されてプログラムは異常終了します。

```
Prelude> undefined :: Int
*** Exception: Prelude.undefined
CallStack (from HasCallStack):
  error, called at libraries/base/GHC/Err.hs:79:14 in base:GHC.Err
  undefined, called at <interactive>:251:1 in interactive:Ghci158
Prelude> error "some error" :: Char
*** Exception: some error
CallStack (from HasCallStack):
  error, called at <interactive>:254:1 in interactive:Ghci159
```

※22　ボトムを評価するとエラーが生じますが、Haskellは遅延評価（2.4.4参照）を採用しているためにボトムが式中にあっても評価しないで済む場合はエラーは生じません。

第**2**章　基本の文法

> column
>
> ## ボトムの使いどころ
>
> 　ボトムによって発生するエラーはコンパイラの型によるチェックで見付けられません。そのため、**ボトムは積極的には使うべきではありません。**
>
> 　しかし、undefinedやerrorを使うと便利な状況が2つあります。
>
> 　1つは、開発中に式の型だけを決めておいて、実装を後で行いたい時です。checkTypes :: Term -> Type -> Boolのように型だけ決めておき、実装はcheckTypes = undefinedとしておきます。こうすれば、実装が完了していなくてもコンパイラにプログラム全体の型チェックをしてもらえます。
>
> 　もう1つは、プログラマが起こりえないと思っているエラーについて、万が一発生してしまったときに調査に役に立つようなメッセージを埋め込むときです。
>
> 　yが0にならないことを知っていればx `div` yがエラーを吐くことはありませんが、yが0にならないことは型は保証してくれません。そこで次のようにメッセージを出すようにしておいて、将来何かの手違いでyが0になってしまったときに原因をより早く掴めるようになります。
>
> ```
> if y /= 0 then x `div` y else error "BUG: y was 0"
> ```

2.3 変数

　変数を宣言するには=を使います。=の左辺に変数名、右辺に式（つまり評価の結果値を返す）を配置して宣言するのは他の多くの言語と変わりません。

　変数を宣言してその内容を決めることを、Haskellでは**束縛**（binding）と言います。

```
x = 10 -- 変数xを10に束縛する
```

　Haskellでは=によって示した変数に対応するデータを後から変更できません。変更のできない変数のことを、一般的に**イミュータブル** (immutable) であると言います。本書はじめ多くのHaskellの入門者向けコンテンツでは、数学的な意味で変数と呼んでおり、C言語やJavaのそれとは異なります[23]。

　Haskellでは変数は必ず束縛されます。未初期化変数は存在しません。この時、Javaのnullに相当する空の値を束縛することはできません。そのため、原則としてはx :: Intの変数にはInt型の値が必ず入っています。Stringで定義されている変数はいつ参照しても必ず文字列が入っており[24]、その値を再代入によって書き換えられません。これは堅固なプログラムを書くう

---

[23] 変更できない特徴からイミュータブル変数 (Immutable variables) と呼ぶこともあります。

[24] 唯一の例外はボトムです。String型の式を評価しても、正常に値が得られないことがあります。そのため、堅固なプログラムを書くためにはボトムを極力排除することが重要になります。

34

変数 **2.3**

えで役立つ非常に強力な性質です。

2.3.1　変数の宣言方法

　変数の宣言に利用する＝は、単体では式ではありません。そのため、任意の場所には書けません。変数宣言ができる部分は限定されており、次の通りです。

■ ——— **トップレベル**

　各ファイルのトップレベルでは、変数を宣言できます[*25]。

```
x = 10
y = 20
main = print (x + y)
```

　このファイルが toplevel.hs という名前であるとすると、stack runghc を使って以下のように実行できます。

```
$ stack runghc -- toplevel.hs
30
```

　この例では、x は 10、y は 20、main は print (x + y) という式に束縛されています。

　変数を宣言するのは、トップレベル内では任意の位置で構いません。次のように順番を変えても先ほどの記述と意味は同じです。変数を利用した後でも問題ありません。

```
main = print (x + y)
x = 10
y = 20
```

■ ——— **where**

　where は＝による変数宣言の右辺において、その右辺でのみ参照できる変数（局所変数）を宣言するために使います。ここでは print (x + 20) でのみ有効です。

```
main = print (x + 20) -- 30を表示
  where
    x = 10
```

　where を使うと、局所変数を実際に宣言する前に、その変数を使えます[*26]。

....
*25　以後の例はすべて .hs ファイル上に記載したものとします。

*26　局所変数を先に宣言する記法、let ～ in ～式もあります。

第2章 基本の文法

これは、トップダウンで式を定義できる記法です。変数の細かな定義は後から書けるということで、書きやすさや関数の見通しの良さから、Haskellでは好んでwhereが用いられます。

whereの中には複数の宣言を書けます。{ と }で全体を囲い、定義を;で区切ります。

```
main = print (x + y) -- 30を表示
  where { x = 10; y = 20 }
```

> ## インデントとレイアウトルール
>
> 先ほどは{ }や;を使いましたが、これらの記号による記述はあまり用いられません。代わりに、インデントによってブロックを表現するレイアウトルールと呼ばれる記法が好まれます。
>
> レイアウトルールでは、インデントの変わり目に{ と }が挿入され、インデントが揃っている部分には;が挿入されたものとしてコードを処理します。先ほどの式はレイアウトルールを使って次のように書きます。
>
> ```
> main = print (x + y) -- 30を表示
>   where
>     x = 10
>     y = 20
> ```
>
> レイアウトのインデント幅はwhereの次の一文字（ここではx）の位置によって決まります。HaskellのインデントにはTab文字ではなくスペースを使うことに注意してください[27]。スペースの個数はいくつでも問題ありません。

■——— let〜in〜式

let〜in〜はwhereと同様に局所変数を宣言するときに使います。whereと違いlet〜in〜はそれ自体が式であり、評価すると値を返します。そのため式が書ける場所にはlet〜in〜による変数が使えます。

letの後ろに変数宣言を書き、inの後ろにはその変数を使った式を書きます。

```
Prelude> let x = 10 in x + 20 :: Int
30
```

letにおける変数宣言は、whereのときと同様に{、}、;で宣言を並べて書けますが[28]、ここでもほとんどの場合レイアウトルールが利用されます。

----

[27] 実際にはHaskellでレイアウトルールのインデントに使える文字はいくつかありますが、スペース以外の文字を使うとwarningが出ます。
[28] レイアウトルールを使わない場合はlet {x = 10; y = 20} in x + y。

36

```
Prelude> :{
Prelude| let x = 10
Prelude|     y = 20
Prelude| in x + y
Prelude| :}
30
```

letで宣言した変数は、inの中の式からしか参照できません。次の例では、+の第二引数で宣言されたxを第一引数で使おうとしているためエラーとなっています。

```
Prelude> x + let x = 10 in x :: Int

<interactive>:47:1: error: Variable not in scope: x :: Int
```

スコープがつくられるため局所変数の宣言に使えます。

```
Prelude> (let x = 100 in x) + (let x = 1 in x) -- xが2度宣言されている
101
```

もちろん、それ自体が式なので、inにおける式の中でもlet〜in〜を使えます。次のように入れ子上に表記できます。

```
Prelude> let x = 10 in let y = 20 in x + y :: Int
30
```

do式におけるlet

do式内では、letを単体で使って変数を束縛できます[29]。

```
main = do
  let x = 10
      y = 20
  print (x + y)
```

ここまで使ってきたstack ghciによるREPLはdo式におけるほとんどの記法をサポートしています。letによる束縛も使えます。letを省略し、直接＝を使った変数の束縛もできます。

```
Prelude> z = x + y; x = 10; y = 20
Prelude> x
10
Prelude> z
30
```

---

*29 do式については2.5を参照してください。

第2章 基本の文法

> **column**
>
> ## 変数の命名
>
> 　Haskellの変数名（および型変数名）は小文字から始まる必要があり、2文字目以降は小文字、大文字、数字、そして ' を使えます。さらに、アンダースコア（_）は小文字として使えます。
>
> 　x0、f''、imageWidth、baby'sName、_largoなどはすべて正しい変数名です。しかし、700yen、new〒、Japanなどを変数名としては使えません。
>
> 　プログラミング言語によって変数にはさまざまな文化や規則があります。変数名を可能な限り省略するため一文字の変数名が広く使われたり、定数を意味する変数は大文字にしたりといったものがそれです。
>
> 　Haskellの変数名には、PythonのPEP8のような広く使われる命名規則はありません。ここまでの例ではわかりやすさを優先して1文字の変数を多用しています。命名の実際については第9章、第10章、第11章を参照してください。

2.4 関数

　関数型言語において、関数はプログラムの主役です。数値や文字列のように、プログラムのいたるところで関数が登場します。Haskellの関数の基礎から、独自の考え方まで身に付けていきましょう。

2.4.1 関数の定義

　今まで、次のように関数を呼び出して利用してきました[30]。

```
関数 引数
```

呼び出しだけでなく、関数の定義を通じて、使い方や特徴を学びます。

　変数定義の左辺に関数名と引数を書くと、そのまま関数の定義となります。引数は関数名の後ろに空白を置いて並べます。

```
関数名 引数 = 式
```

　整数nを引数として受け取り、その次の整数を返す関数incrの定義は次のようになります。ここで、::Intはincrではなくn + 1の型を指定していることに気を付けてください。

---

*30 Haskellでは関数呼び出しのことを関数適用（function application）とも呼びます。関数を引数に適用（apply）すると表現します。

関数 **2.4**

```
Prelude> incr n = n + 1 :: Int
```

　定義した関数を呼び出すには、定義したときと同様に関数名と引数を空白で並べて書きます。関数呼び出しに他の言語で使うような ( ) は使いません。

```
Prelude> incr 10
11
```

　incrの型を確認しましょう。関数incrの型は->を使って表されます。->の左が引数で、右が返り値の型です。Int型の引数、Int型の返り値を持つ関数であることがわかります (3.1参照)。

```
Prelude> :t incr
incr :: Int -> Int
```

　複数の引数を持つ関数を定義する場合は、空白区切りで必要な数だけ引数を並べます。

```
Prelude> add m n = m + n :: Int
Prelude> add 2 20
22
```

■────── ラムダ式

　関数は名前を付けずに直接記述できます。これは**ラムダ式**、あるいは無名関数と呼ばれます。
　Haskellでは宣言に \ と -> を用います。->の左側に引数、右側に関数本体を書きます[*31]。先ほどのincrと同等の機能を持った関数をラムダ式を用いて定義しましょう。

```
Prelude> (\n -> n + 1 :: Int) 10 -- 引数を明示するのにラムダ式をかっこで囲んでいます
11
Prelude> :t \n -> n + 1 :: Int -- 出力結果が示す引数と返り値の型(右端)はincrと同様です
\n -> n + 1 :: Int :: Int -> Int
```

　ラムダ式に変数を束縛もできます。次の例はincr関数を定義するのと同じです。

```
Prelude> incr = \n -> n + 1 :: Int
Prelude> incr 10
11
```

　ラムダ式に関しても、複数の引数を持つ関数の定義は空白区切りで引数を並べます。

---

*31　ラムダ計算では λ と . を使って関数を表します。\ は λ と似ていることから、また、-> は関数の型と記号を揃える目的で使われています。

第**2**章 基本の文法

```
Prelude> add' = \m n -> m + n :: Int
Prelude> add' 2 20
22
```

> ## 左右結合
>
> 　今後の解説を読むうえで必要な、演算子の左右結合について確認しておきます。ここまでもいくつか出てきた演算子には右結合と左結合があります。
>
> 　右結合、左結合は◇を演算子としたとき、a◇b◇cがどう解釈されるかの分類です。(a◇b)◇cと解釈される、すなわち左側の計算が先に行われるとき◇は左結合の演算子です。対してa◇(b◇c)と解釈される、すなわち右側から先に計算されるときは◇は右結合の演算子です。
>
> 　例えば4 − 2 − 1という式があったとき、Haskellは左から評価していきます。これは−演算子が左結合であることを示します。左右結合は演算子の実行順や型の読み解きに必要になります。

2.4.2　カリー化

　一般的なプログラミング言語と違い、Haskellでは多引数の関数は**カリー化**された (curried) 状態で定義されます。

　カリー化 (currying) とは、多引数の関数を**関数を返す関数**として表現することです。

　これだけで理解するのは難しいので、実際にREPLで引数を2つとるaddの型を見ながら理解を深めていきましょう。addはadd 2 4で6を返す、加法の関数です。

```
Prelude> add m n = m + n :: Int
Prelude> :t add
add :: Int -> Int -> Int
```

　これは第一に引数の型がIntであることを、第二に返り値の関数の型がInt -> Intであることを示します[32]。

　返り値の型のInt -> Intは、この返り値が引数にIntをとり、Intを返す関数であることを示します。

　一見するとaddは2つの引数（IntとInt）をとって、返り値（Int）を返しているようですが、実際にはそうではありません。関数の呼び出しの仕組みと合わせて考えてみましょう[33]。

....

[32] Int -> Int -> Intに現れる->は右結合の型演算子です。かっこを省略せずに書くとInt -> (Int -> Int)となります。このように書くとカリー化された引数と返り値が理解しやすくなるはずです。

[33] 実用上はそのように読んでも差し支えはありません。ただし、部分適用などの概念を理解するためにはここで紹介する考え方をマスターしておくべきです。

関数の呼び出しは左結合です。よって関数addを呼び出すadd 2 20は、(add 2) 20と同等です。add 2は、続く引数に対して2を加えるというInt -> Int型の関数として成立しています。そして、後に並べられた20を引数として関数(add 2)を呼び出しており、その結果としてInt型の値22が得られます。

このようにaddは「関数を返す関数」であり、さらにその返ってきた「関数」に引数を渡して評価されるよう定義されています。

図1　addの型の読み方

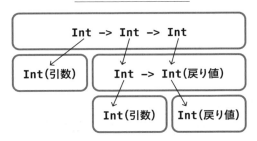

もう1つ、Intだけでは理解しづらいのでいくつかの型を組み合わせた例を見てみましょう[*34]。次の関数floatPlusStrは引数にFloatとStringをとり、最後にIntを返します。この関数はFloatを引数にString -> Intを返すと考えられます。

```
Prelude> floatPlusStr m n = round (m :: Float) + read n :: Int
Prelude> :t floatPlusStr
floatPlusStr :: Float -> String -> Int
```

■ ラムダ式を用いたカリー化の理解

カリー化を別の側面から見てみましょう。多引数関数をラムダ式で定義するとき、引数を複数個並べて書きました。実はこれはカリー化された関数定義の糖衣構文です。糖衣構文を使わずに書くとカリー化の意味がよりわかりやすくなります。

```
Prelude> add  = \m n -> m + n :: Int  -- 糖衣構文を使う場合
Prelude> add' = \m -> \n -> m + n :: Int
Prelude> add' 2 20
22
```

add'は、引数mに対してラムダ式\n -> m + nを返り値とする関数です。->は右結合の演算子なので、次の式と同等です。

[*34] ここで使っているroundは引数を整数値（ここではInt）にする関数、readは引数（String）を任意の型（ここではInt）にする関数です。

第**2**章 基本の文法

```
Prelude> add' = \m -> (\n -> m + n :: Int)
```

この定義にしたがえば、関数呼び出しadd' 2の結果は\n -> 2 + nという関数になります。さらに、この関数に20を適用して、最終的に22が返ってくるわけです。

■──── カリー化と部分適用

このようなカリー化された関数は、専用の構文を用意しなくても**部分適用**が簡単に実現できるという利点があります。

部分適用とは、多引数関数の一部の引数にのみ値を適用し、元の関数より引数が少ない新たな関数を作ることです。例えば、最初に定義したincrは2引数関数addに1だけを部分適用して簡単に作れます。

```
Prelude> incr = add 1
Prelude> incr 10
11
Prelude> incr 20
21
```

部分適用は関数同士の組み合わせやすさや、関数の再利用性を高めるのに活用できます。

Column

カリー化されていない多引数関数

カリー化されていない多引数関数は、タプル型 (,) (2.7.2参照) を利用して定義できます。

```
Prelude> add'' (m, n) = m + n :: Int
Prelude> add'' (2, 20)
22
Prelude> :t add''
add'' :: (Int, Int) -> Int
```

しかし、Haskellではほとんどの場合、先述の利点などを理由にカリー化された関数を利用します。

2.4.3 関数の型の読み方

実用上、本書でもカリー化された関数を多引数の関数と見なして解説します。カリー化された状態で定義された関数の型は、引数が多くなった場合に->がたくさん並ぶため、慣れていないとどれが引数でどれが返り値かわからなくなることがあるかもしれません。

関数 **2.4**

一般的に a -> b -> ... -> x -> y -> z という型を持つ関数があった場合、a、b、…、x、yが引数の型で、返り値の型はzと見なせます。

例として、次のような型を持つbreak関数を考えてみましょう。

```
break :: (Char -> Bool) -> [Char] -> ([Char], [Char])
```

型を多引数関数として読み解くと、この関数は2引数の関数で返り値はタプル（2.7.2参照）です[35]。第一引数はChar -> Boolという型の関数です。第二引数は[Char]というリスト型で、これは文字列型Stringの別名です。返り値は([Char], [Char])という型で、これは2つの文字列をタプルでまとめたものです。

Haskellの標準関数に、この型を持つbreakが定義されています[36]。実際に使って確かめてみましょう。break関数では文字列を2つに分割できます。分割する場所を判定するための関数とリストの2つを引数に取ります。次の例では'c'の部分で文字列を2つに分けています。

```
Prelude> break (\n -> n == 'c') "abcdef"
("ab","cdef")
```

■──── . による関数合成

. は2つの関数を1つに合わせる演算子です。f . g = \ x -> f (g x)と定義されます。(f . g) xはf (g x)を意味する、と覚えましょう。f . gと合成すると、引数に対してまずgを適用して、次にその返り値にfを適用する関数になります。

次の例では、引数の二乗を返す関数fと、引数に+1して返す関数gを合成しています。これらの関数が合成された結果として、引数に対して+1してから二乗して返す関数となります。

```
Prelude> f x = x ^ 2; g x = x + 1
Prelude> (f . g) 3  -- (x + 1) ^ 2 引数と区別するためにf . gにかっこを付ける
16
```

関数合成を使うと、引数を明示しなくても新しい関数が定義できるようになります。

```
Prelude> f x = x ^ 2; g x = x + 1
Prelude> twoFunc = f . g
Prelude> twoFunc 3
16
Prelude> h = (+ 2) . (** 4) -- h x = (x ** 4) + 2 と同じ。演算子をかっこで囲む
Prelude> h 2
18.0
```

----

[35] Haskellでは常に返り値は1つなのでタプルで複数個の返り値を表します。ここでも1つのタプルを介して、実質的には2つの返り値（[Char]と[Char]）を返しています。

[36] 正確にはbreakは多相（3.2.2）的な型を持っており、リスト全般で使えます。

第**2**章 基本の文法

引数を明示した定義は関数の1点1点に対して値を決めているのに対し、関数合成による定義は変数（ポイント）を使わないという意味で**ポイントフリースタイル**と呼びます。

関数合成演算子.は見た目もシンプルで使いやすく、複数の関数を組み合わせる利便性の高さも相まってポイントフリースタイルでの関数定義はHaskellの醍醐味とも言えます。

ポイントフリースタイルによる可読性の悪化

ポイントフリースタイルはこのように優れた利便性を発揮しますが、これにこだわり過ぎるのも考えものです。例えば、(. (3 +)) . (*) . (2 +)は\x y -> (x + 2) * (y + 3)をポイントフリースタイルで書いたものです。これをすぐに理解できる人はほとんどいません。ポイントフリースタイルは可読性を損ねない程度に使うべきです。

■────── $によるかっこの省略

Haskellでは関数の呼び出しにかっこは必要ありません。しかし、式の結合の優先順位を示すためのかっこは必要です。

```
Prelude> add 1 (add (add 2 3) 4) -- かっこなしで実行するとエラーが発生します
10
```

$中置演算子を使うと、かっこを省略できることがあります。$は次のように第一引数の関数を第二引数へ適用するだけの演算子として定義されています。

```
f $ x = f x
```

見てわかる通り、f $ xと書いてもf xと書いても意味するところはまったく同じです。

しかし、この演算子は右結合であり、結合順位[37]が一番低く設定されています。そのため、他の式に優先度0の演算子がなければ、(...) ((...) (...))の形式の式を... $ ... $ ...のようにかっこなしで書けます。

このテクニックは関数の可読性を高めるためによく使われます。

add 1 (add (add 2 3) 4)という式は、$を用いると次のように書けます。

```
Prelude> add 1 $ add (add 2 3) 4
10
```

$を使った書き方は頻繁に見かけますが、盲目的にかっこの代わりに$を使えばいいというも

---

*37 結合順位は四則演算で+より*が優先されるといった演算子同士の優先順位を示すものです。

のではありません。

例えば、真ん中のかっこも消したいと考えて add 1 $ add $ add 2 3 $ 4 と書いてしまうと、これは add 1 (add ((add 2 3) 4)) であり本来意図した式とは違うものです。そもそも、(add 2 3) 4 の部分は型があっておらず、コンパイルできません。闇雲な利用はこのようなエラーを招きます。

$ が特に効果的なのは、最後の引数がレイアウトルールを利用した複数行に渡る式で、かっこを使って書くと対応する閉じかっこが離れてしまうような場合です。

```
Prelude> :{
Prelude| add 1 $ let x = 10
Prelude|             y = 20
Prelude|         in x + y
Prelude| :}
31
```

末尾の引数が関数である場合も、記述が長くなりがちなので同様の理由で効果的です。先ほどの break を使った例で $ を使うと、かっこを使わずに書けます。flip は2引数関数の第一引数と第二引数を入れ替える関数で、末尾に関数型の引数を受け取れるように break の引数の順序を入れ替えています。

```
Prelude> flip break "abcdef" $ \n -> n == 'c'
("ab","cdef")
```

$ が連続する場合には、関数合成 . を使った書き方もできます。次の例では、4を add 3、add 2、add 1 という3つの関数に順番に適用しています。先に3つの関数を . で合成してから、4を適用しても同じことです。

```
Prelude> add 1 $ add 2 $ add 3 $ 4
10
Prelude> add 1 . add 2 . add 3 $ 4
10
```

2.4.4　遅延評価と非正格性

ここまでは文法上の記法に関する解説が中心でしたが、ここからは Haskell を学習するうえで同じく避けては通れない実行時の関数の評価順序について押さえましょう。

多くのプログラミング言語では、関数を呼び出す前に引数の式を計算します。このような順序で評価を進めることを、**先行評価**(または**正格評価**)と呼びます。一方、Haskell では**遅延評価**(または**非正格評価**)と呼ばれる順序で式を評価します。

第**2**章　基本の文法

　遅延評価では、関数の引数をその場では計算せずに未評価のまま関数へ渡します。この未評価部分を**サンク**と呼びます。そして、実際に値が必要になったタイミングでサンクを評価して値を取り出します。

　遅延評価には、エラーが発生したり評価に時間がかかる式の評価を先送りできるという利点があります。

■────── 先行評価と遅延評価の比較

　先行評価を行うJavaとの比較で、Haskellの関数が他の言語とどのように違うのかを見てみましょう。

　ボトムとなる式を関数へ渡すと先行評価と遅延評価の違いを確認できます。

　次のような関数jfをJavaで書いたとしましょう。この関数は受け取った引数に関係なく、常に1を返すはずです。

```java
private static int jf(final int x) {
    return 1;
}
```

　この関数に評価するとエラーが発生する0 / 0を渡すと、関数呼び出しの結果もエラーとなります。

```java
class StrictFunction {
    private static int jf(final int x) {
        return 1;
    }

    public static void main(String[] args) {
        System.out.println(jf(0 / 0));
    }
}
```

```
$ javac StrictFunction.java
$ java StrictFunction
Exception in thread "main" java.lang.ArithmeticException: / by zero
        at StrictFunction.main(StrictFunction.java:7)
```

　同等の関数、hfをHaskellでは次のように書きます。

```haskell
hf :: Int -> Int
hf x = 1
```

関数 **2.4**

Haskellで定義した`hf`に`0 `div` 0`を渡してもエラーは発生せず、他の引数を渡した場合と同様に`1`を返します。`0 `div` 0`は`hf`の中では使われておらず、評価されないのでエラーは発生しません。

```
-- main.hs
module Main (main) where

hf :: Int -> Int
hf x = 1

main :: IO ()
main = print (hf (0 `div` 0))
```

```
$ stack runghc main.hs
1
```

■——— 正格と非正格

関数にボトム（⊥）を渡したときの振る舞いは正格・非正格の2つに分類されます。

先ほどJavaで定義をした`jf`のように、引数に⊥を渡すと、結果が⊥となるような関数を、**正格な関数**（strict function）と言います。

先行評価では引数を最初に評価するため、⊥（ここでは`0 / 0`）を引数に関数を呼び出すと結果は⊥となります。そのため、先行評価においては関数は必ず正格になります。

一方、Haskellで定義をした`hf`は⊥を渡しても結果が⊥とはなりません。こちらは**非正格な関数**（non-strict function）です。

遅延評価では引数⊥の評価を先送りにできるため、関数は⊥ではなく、値も返せます。Haskellでは遅延評価によって非正格な関数を簡単に定義できます。

Column

非正格な関数の例

非正格な関数の例として、代数的データ型の値を作るために使うコンストラクタ（3.3.1 参照）が挙げられます。

コンストラクタはここではデータ型を生成するための関数だと考えてください。

例えば、`(,)`は2つの値から1つのタプル型の値を作るコンストラクタです。`(,)`に⊥である`undefined`を渡した`(1, undefined)`は`undefined`にはならず、`(1, undefined)`として機能します。

`undefined`と`(1, undefined)`が別の値であることは、タプルから1つめの値を取り出す`fst`をそれぞれに適用すればわかります。`fst`を`undefined`へ適用するとエラーが発生します。

47

一方、fstを(1, undefined)に適用すると、問題なく実行されて1が返ってきます。タプルの第2要素のundefinedはすぐには評価されずにサンクに積まれ、値が必要になるまで評価が遅延されます。そのため、1つめの値を取り出すときは評価の必要がなくエラーが生じません。

```
Prelude> fst undefined
*** Exception: Prelude.undefined
CallStack (from HasCallStack):
  error, called at libraries/base/GHC/Err.hs:79:14 in base:GHC.Err
  undefined, called at <interactive>:141:5 in interactive:Ghci91
Prelude> fst (1, undefined)
1
```

先行評価の強制

遅延評価には先に述べたような利点がありますが、一方で未評価のサンクが大量に貯まるとメモリを大量に消費したり（**スペースリーク**）、サンクのオーバーヘッドでパフォーマンスが悪化したりします。そのため、先行評価を強制させる方法がいくつか用意されています[*38]。

最も原始的な方法は、標準関数のseqを使うことです。seqは引数を2つ受け取り、第二引数のみをそのまま返します。ただしその際、先に第一引数が評価されます[*39]。

seqを利用すると、Javaで書いたjfのような正格な関数を定義できます。

```
Prelude> f x = seq x 1 -- xを評価後に1を返す
Prelude> f (0 `div` 0)
*** Exception: divide by zero
```

関数を呼び出す側での先行評価の強制もできます。$!演算子は$と使い方は同じです。第一引数の引数に第二引数の結果を渡します。ただし、関数の間に置くことで$!を用いると関数が評価される前に引数が評価される点で異なります。

```
Prelude> f x = 1
Prelude> f $ 0 `div` 0
1
Prelude> f $! 0 `div` 0
*** Exception: divide by zero
```

[*38] 正格な関数に渡した引数は必ず利用されるため、正格な関数の引数は先行評価を強制すべきです。ここで紹介した以外にも、GHCでは正格性解析という最適化によって、正格であることが確実な関数は先行評価で評価します。

[*39] seqの性質はボトムを用いてseq ⊥ x = ⊥と定義されます。seqの第一引数が⊥であるかを判定する必要があるため、第一引数がボトムではないことがわかるまで評価が進められます。

さらに、GHCは`BangPatterns`という拡張[40]を持っています。この拡張を使えば、関数を定義するときに引数の先頭に`!`を付けるだけで先行評価を強制できます。

```
Prelude> :set -XBangPatterns -- BangPatternsを有効にする
Prelude> f !x = 1
Prelude> f $ 0 `div` 0
*** Exception: divide by zero
```

`Strict`という拡張もあります。この拡張を有効にすると、コンストラクタも含めたすべての関数が、デフォルトで先行評価される関数として定義されます。引数の先頭に`~`を付けると、遅延評価にできます[41]。

```
Prelude> :set -XStrict
Prelude> f x = 1
Prelude> g ~x = 1
Prelude> f $ 0 `div` 0
*** Exception: divide by zero
Prelude> g $ 0 `div` 0
1
```

2.4.5　中置演算子

Haskellでは、一見すると言語の組み込み機能にも見える`+`や`-`、`==`や`/=`などの演算子もほとんどが関数として定義されています。さらに、ユーザは自由に新たな演算子を定義できます。

■――――中置演算子の定義

Haskellの演算子は四則演算のように2つの引数の間に演算子を書いて使うため、中置演算子と呼ばれます。中置演算子は特殊な命名規則にしたがったただの関数です。演算子の名前は記号を並べたもので、ほとんどの記号が使えますが`:`からは始められません。また、`..`、`=`、`\`、`|`、`<-`、`->`、`@`、`~`、`=>`は予約されているため使えません。

中値演算子は`(`と`)`で囲むことで通常の関数と同じように利用できます。第一引数が中値演算子の左側、第二引数が中値演算子の右側だったものになると覚えてください。

```
Prelude> (-) 5 4 -- 5 - 4 と同義
1
```

---

[40] GHC拡張とは、Haskellの仕様に含まれないGHC独自の構文や型の言語機能拡張です。

[41] コンストラクタだけを正格にする方法は、3.3.3を参照してください。

中置演算子を定義するには、(演算子名)という名前で関数を定義します。それだけで、()を除いた演算子の部分を中置で使えるようになります。

```
Prelude> add m n = m + n :: Int
Prelude> (.+.) s1 s2 = add s1 s2
Prelude> 8 .+. 6
14
```

はじめから()を付けずに演算子の状態での定義もできます。呼び出す時と同等の記法で書けるので、慣れてくるとこちらの書き方の方が直感的かもしれません。

```
Prelude> s1 .+. s2 = add s1 s2
Prelude> 8 .+. 6
14
```

通常どおりに定義した関数も中置演算子として使えます。関数名を`で囲みます。

```
Prelude> 8 `add` 6
14
```

関数名とそれを中置演算子として使う場合の対応関係は次の通りです。少しややこしいので、わからなくなった場合はこの表に立ち戻って考えるといいでしょう。

関数	中置演算子
add	`add`
(.+.)	.+.

関数には、中置で使われることを意識して命名されているものもあります。例えば、Data.Listモジュール（7.1.4参照）のisPrefixOf関数を中置で使うと、英語で読んだときに自然な文章となります。

```
Prelude> import Data.List
Prelude Data.List> "has" `isPrefixOf` "haskell"
True
```

■———— セクション

中置演算子には、部分適用を簡単にするための**セクション**という記法があります。セクションを使うと、第一引数と第二引数に対して直感的な書き方で部分適用できます。

まず、第一引数を適用する場合は、(第一引数　中置演算子)という書式を使います。2.4.3のincrをセクションと+演算子を使って書きなおしてみましょう。

関数 **2.4**

```
Prelude> incr = (1 +)  -- +の第一引数に1を適用する
Prelude> incr 10
11
```

セクションでは第二引数も適用でき、(中置演算子 第二引数) という書式になります。

```
Prelude> incr = (+ 1)
Prelude> incr 10
11
```

ただし、第二引数の適用の書式に限り、演算子−だけは利用できません。これは、単項の前置演算子−[42] との競合を防ぐためです。−に第二引数を部分適用したい場合には、代わりに subtract a b = b − aで定義されるsubtract関数を使って表現します。

```
Prelude> (- 1)  -- セクションとは見なされない
-1
Prelude> decr = subtract 1
Prelude> decr 10
9
```

中置演算子の部分適用についてまとめておきましょう。2.4.1のようにadd m n = m + nと定義されているとすると、次の定義はすべて同値です。

```
Prelude> incr n = 1 + n     -- 関数定義
Prelude> incr = \n -> 1 + n -- ラムダ式
Prelude> incr = (+) 1       -- (部分)適用
Prelude> incr = add 1       -- (部分)適用
Prelude> incr = (1 +)       -- セクション
Prelude> incr = (1 `add`)   -- セクション
```

同様に、以下はすべて同値の定義です。第二引数への適用は通常の関数適用では書けないことに気を付けましょう。

```
Prelude> incr' n = n + 1      -- 関数定義
Prelude> incr' = \n -> n + 1  -- ラムダ式
Prelude> incr' = \n -> add n 1 -- ラムダ式
Prelude> incr' = (+ 1)        -- セクション
Prelude> incr' = (`add` 1)    -- セクション
```

---

*42 − 5で、−5など数値を負の数にして返す。

第**2**章 基本の文法

Column

中置以外の演算子

Haskellの単項演算子は、数値の前に指定して負の数を作る（符号反転する）−のみです。また、3項以上の演算子はありません。Haskellで見たことのない演算子に出会った場合は、すべて2項の中置演算子と覚えておきましょう。

2.5 main関数とdo式

ここまでも何度か紹介した考え方ですが、HaskellはHaskellの外に作用するためにI/Oアクションを組み合わせていきます。

より具体的にはMainモジュールの`main :: IO a`という変数が束縛された式の評価を進めることでプログラムとして実行されます[43]。

`IO a`の型を持つI/OアクションをMonadと呼ばれる型クラスの演算で組み合わせて記述します。しかし、大量のI/OアクションをMonadの演算で組み合わせると、理論的には正しくても人間には理解しにくい記述になります。そのため、Haskellではdo式という糖衣構文が用意されています。

ここではまずdo式の使い方を覚え、I/Oアクションを扱ったHaskellのプログラミングを身に付けましょう[44]。

`do`の後ろに`{`、`}`、`;`でI/Oアクションを並べて書くと、Monad型クラスの演算を使い、それらを順番に実行してくれる1つのI/Oアクションを生成します。Haskellを実際に書くうえでは、今までと同じようにレイアウトルールによって、上記の記号の記述はあまり用いられません。

実際にコード例で確認しましょう。

```
-- sample1.hs
main :: IO ()
main =
  putStrLn "Hello, world!"
```

```
-- sample2.hs
main :: IO ()
main =
  putStrLn "Hello, world!"
  putStrLn "from first hs file."
```

---

[43] aは型変数なのでどんな型でも構いませんが、mainの返り値はプログラムの実行後に捨てられてしまう値のため通常（）を使います。

[44] Monadの演算については第5章で詳しく解説します。筆者の実感として、細かいMonadの演算に気を取られるよりも、do式をしっかりと手に馴染ませることのほうが、Haskellを書くうえでは重要です。

52

main関数とdo式 **2.5**

```
-- sample3.hs
main :: IO ()
main = do
  putStrLn "Hello, world!"
  putStrLn "from first hs file."
```

これらのファイルをそれぞれstack runghcから実行します。

```
$ stack runghc sample1.hs
Hello, world!
```

```
$ stack runghc sample2.hs
(エラーが発生する)
```

```
$ stack runghc sample3.hs
Hello, world!
from first hs file.
```

実行結果から、do式があることで、複数の**IO a**型の式（**putStrLn**）を実行できることがわかりました。**do**の役割が見えてきました[*45]。

do式があれば、複数のI/Oアクションが書けます。これによって、普段なじみのある手続き型言語のようなコードが書けるようになりました。

さて、今度はより実践的な例で確認してみましょう。ここではまだ紹介していない文法要素も使ってコードを書いているので、**main :: IO ()**以降の行を注目してください。

```
-- main.hs
module Main (main) where
import System.Environment

main :: IO ()
main = do
  let title = "Current User:"
  user <- getEnv "USER" -- Windowsの場合はUSERNAME
  putStrLn title
  putStrLn user
```

getEnvなど、値を返すI/Oアクションの実行結果を変数に束縛するには、変数名 **<- I/O**アクションという記法を使います。

また、do式の中では**let**を単体で使った変数の束縛もできます。右辺がI/Oアクションであるときは**<-**で束縛、そうでない普通の値の場合は**let ... =**で覚えておきましょう。

[*45] 同時にdo式がなくても単体のI/Oアクションを伴う式は実行できることがわかります。

53

第**2**章 基本の文法

　型の違いから、I/Oアクションをそのまま`putStrLn (getEnv "HOSTNAME")`のように渡せないことに気を付けてください[46]。**Monad**の演算に慣れるまでは、I/Oアクションを見付けたら冗長な記述に感じても必ず`<-`で別の変数を値に束縛させる癖を付けましょう。

　実際にI/Oアクションを起こすには`main`関数へ紐付ける（評価されるようにする）必要があります。変数を束縛するだけでは、I/Oは発生しません。`main`関数がエントリーポイントで、その中で必要となるまで評価されません。

　次の例では、束縛された`x`と`putY`が`main`関数のdo式以下に並べられていないため、`"X"`と`"Y"`は表示されません。

```
putW, putX :: IO ()
putW = putStrLn "W"
putX = putStrLn "X"

makePutY, makePutZ :: IO (IO ())
makePutY = return $ putStrLn "Y"
makePutZ = return $ putStrLn "Z"

main :: IO ()
main = do
  let w = putW
      x = putX

  w -- Wが表示される

  -- xがputXへ束縛されているが、mainに紐付けられていないのでXは表示されない

  putY <- makePutY -- 生成したYを表示するI/OアクションputYをmainへ紐付けていないので、Yは表示されない

  putZ <- makePutZ
  putZ -- 生成したI/OアクションputZをmainへ紐付けると、Zが表示される
```

　このように、I/Oアクションを実行したい関数は`IO a`型の値を返り値とし、その返り値をリレーのように`main`関数まで運んでもらう必要があります。

　したがって、I/Oアクションを実行する関数にいたる一連の関数呼び出しの返り値は、すべて`IO a`型になります[47]。

----

[46] `getEnv "USER" >>= putStrLn`と書けます。

[47] 利便性のため、GHCでは`unsafePerformIO :: IO a -> a`という関数が提供されており、これを用いると返り値が`IO a`型ではない関数でもI/Oアクションを起こせます。しかし、文字通り安全ではない関数なので、使う場合は自分がしようとしていることをしっかり理解したうえで使う必要があります。

54

Column

do 式の記法

他の構文と同様、do 式でも {、}、; を使った記述が可能です。

```
-- doblock.hs
main :: IO ()
main = do {putStrLn "Has" ; putStrLn "kell"}
```

可読性の観点から、普通はレイアウトルールを用いて記述します。本書でもレイアウトルールによる記述を使います。

Column

Debug.Trace

開発時にデバッグ用の情報として print 関数で変数の内容を表示させたいことがあるかもしれません。

残念なことに Haskell では、main :: IO () など IO () 型を返す関数内でしか print 関数を使えません。GHC は、print 関数に代わるデバッグの道具として、便利な Debug.Trace というモジュールを提供しています。

Haskell のプログラムは式を組み合わせて書かれます。このモジュールもそれに合わせて、対象とする式が評価されたタイミングでメッセージを出します。trace "表示するメッセージ" で対象とする式を包むと、その式が評価されたタイミングでメッセージが出ます。

```
Prelude> import Debug.Trace
Prelude Debug.Trace> const (trace "Evaluate 1" 1) (trace "Evaluate 2" 2)
Evaluate 1
1
```

const は定数関数を作る標準関数で、const 1 は何を渡しても常に 1 を返す関数です。

結果である 1 を表示するタイミングで式が評価され、trace で指定したメッセージが表示されます。しかし、const で生成された定数関数は非正格であるため、2 という式は評価されずこちらについてはメッセージは表示されません。

Debug.Trace の実装には unsafePerformIO が使われているため、プログラムの要件として必要なメッセージを出力するためにこのモジュールを使うべきではありません。Debug.Trace には他にも便利な関数が定義されていますので、必要に応じて調べてみてください。

第**2**章　基本の文法

2.6 条件分岐とパターンマッチ

Haskellでは他の言語と同様、ifによる条件分岐が可能です。さらに、パターンマッチと呼ばれるデータ構造に基づいて場合分けするための強力な機能を持っています。パターンマッチはガードと呼ばれる構文をサポートしており、ifを使うよりも簡潔な記述で条件分岐が実現できます。Haskellのプログラムでは、if式よりもパターンマッチやガードが多用されます。

2.6.1　if式

条件分岐は、if～then～elseを用いて表現します[48]。他言語のif文と似たところも多いので比較的覚えやすいです。

if式はどこにでも書けます。当然、式なのでif、then、elseは値を返し、型付けされます[49]。値を返す必要があるため、elseは省略できず、thenとelseの後ろでは同じ型の値を返す必要があります。

```
Prelude> checkAge n = if n < 30 then "Young" else "Adult"
Prelude> checkAge 30
"Adult"
```

2.6.2　パターンマッチ

パターンマッチは、値の形式によって処理を分岐する機能です[50]。case～of～式を用います。

caseの後ろに判定対象の式、of以降に{ }と;で**パターン**を並べて書きます。さらに各パターンに対して、当てはまった場合に評価する式を->を使って定義します。

case 判定対象の式 of {パターン1 -> 評価式1 ; パターン2 -> 評価式2...}

```
Prelude> x = False :: Bool
Prelude> case x of { True -> "x is True" ; False -> "x is False" }
"x is False"
```

....

[48] シェルスクリプトを書いたことがあればなじみ深いキーワードです。

[49] let～in～と同様の特徴です。ifが式として実装されているため記述が簡潔になっていることはサンプルからも読み取れます。

[50] Javaのswitch文を思い浮かべるとイメージしやすいです。

56

条件分岐とパターンマッチ **2.6**

ここでも、`{ }`と`;`ではなくレイアウトルールに基づいて書くほうが一般的です[*51]。

```
Prelude> :{
Prelude| case x of True  -> "x is True"
Prelude|         False -> "x is False"
Prelude| :}
"x is False"
```

パターンマッチは、パターンを並べた順に試行します。パターンにはリテラル以外にも変数やコンストラクタなどさまざまな指定を書けます。それらの使い分けや特徴を見ていきましょう。

■────── 変数パターン

パターンの部分に変数名を書くことで、その変数を`case`で指定した値で束縛できます。変数(ここでは`x'`)は任意の値(ここではここまでマッチしなかった4)にマッチします。

```
Prelude> x = 4 :: Int
Prelude> :{
Prelude| case x of 1  -> "1st"
Prelude|           2  -> "2nd"
Prelude|           3  -> "3rd"
Prelude|           x' -> show x' ++ "th"
Prelude| :}
"4th"
```

■────── ワイルドカードパターン _

変数を指定して値で束縛できますが、マッチさせるのが目的で束縛した値は使わないということもよくあります。この場合、変数の代わりに**ワイルドカード**(`_`)を指定して、新たな変数を導入せずに任意の値にマッチさせられます。

```
Prelude> :{
Prelude| myDiv x = case x of (0, 0) -> 1          :: Int
Prelude|                     (_, 0) -> maxBound
Prelude|                     (n, m) -> n`div`m
Prelude| :}
Prelude> myDiv (100, 10)
10
Prelude> myDiv (100, 0)
9223372036854775807
Prelude> myDiv (0, 0)
1
```

[*51] REPL上の表記で、`:{`で複数行表記の開始を、`:}`で終了を示します。

第**2**章　基本の文法

　ワイルドカードは、列挙したパターン以外の値だった場合に、それらをまとめてすべて捕まえるのに便利です。

```
Prelude> :{
Prelude| f x y = case (x, y) of (True, False) -> False
Prelude|                        _              -> True
Prelude| :}
Prelude> f True True
True
Prelude> f False True
True
Prelude> f True False
False
```

　パターンマッチは先に書いたパターンから順に試されるので、定義する順番は重要です。決してマッチしないパターンがあると警告が表示されますが、コンパイルと実行はできてしまいます。

```
Prelude> :{
Prelude| f x y = case (x, y) of _             -> True
Prelude|                        (True, False) -> False
Prelude| :}

<interactive>:81:24: warning: [-Woverlapping-patterns]
    Pattern match is redundant
    In a case alternative: (True, False) -> ...
```

■———— **アズパターン@**

　パターンを指定すると同時に、パターンにマッチした値を変数に束縛したいケースがあります。例えばタプルの**True**や**False**を見て処理を切り分けるような場合です。このようなケースでは**アズパターン@**（as patterns）を使います。

　実際にTrueとFalseで処理を切り替える確認してみましょう。

```
Prelude> :{
Prelude| divOrMyDiv x = case x of (x'@(_, 0), True) -> myDiv x'
Prelude|                          (   (n, m), _   ) -> n`div`m
Prelude| :}
Prelude> divOrMyDiv ((5, 2), False)
2
Prelude> divOrMyDiv ((0, 0), False)
*** Exception: divide by zero
Prelude> divOrMyDiv ((0, 0), True)
1
```

　x'@(_, 0)と指定すると、パターン**(_, 0)**にし、マッチした個所に**x'**が束縛されます。

58

条件分岐とパターンマッチ **2.6**

■────── 反駁不可能パターン～

case式を使ってコンストラクタを使ったパターンに値をマッチさせた場合、式の値がパターンにマッチするか判定をするために、コンストラクタが見えるまで式の評価を進めます。

そのため、マッチさせる値がボトムの場合はcase式全体の値もボトムとなります。つまり、正格の定義よりcase式は正格です。

```
Prelude> case undefined of (_, _) -> True
*** Exception: Prelude.undefined
CallStack (from HasCallStack):
  error, called at libraries/base/GHC/Err.hs:79:14 in base:GHC.Err
  undefined, called at <interactive>:103:1 in interactive:Ghci55
```

パターンの先頭に~を付けることで、これを非正格にできます。パターン内の変数を実際に使うタイミングまで評価を遅らせ、式がボトムに評価されるとしてもそのまま評価を継続できるようにします。これを**反駁不可能パターン**（irrefutable patterns、lazy patterns）と呼びます。

```
Prelude> case undefined of ~(_, _) -> True
True
```

反駁不可能パターンを使うということは式がどのような形式の値を持つかわからないということです。つまり厳密にはパターンマッチはできません。変数パターンやワイルドカード _ と同様に常にマッチに成功します。実際にはマッチしていなかった場合は、変数がすべてボトムに束縛された状態で本体の式を評価したのと同等の振る舞いとなります[*52]。

```
Prelude> :{
Prelude| h x = case x of ~(x, 0) -> x
Prelude|                  (_, y)  -> y
Prelude| :}

<interactive>:111:17: warning: [-Woverlapping-patterns]
    Pattern match is redundant
    In a case alternative: (_, y) -> ...
Prelude> h (1, 0)
1
Prelude> h (1, 1)
*** Exception: <interactive>:(110,7)-(111,27): Irrefutable pattern failed for pattern
(x, 0)
```

反駁不可能パターンは、マッチすることがわかっている値について、評価を遅らせるのに使えます。例えば、次の式でheavyPred関数が結果を返すまでにかなりの時間がかかるとします。

```
Prelude> f n = if heavyPred n then Just n else Nothing
```

....

[*52] 警告が表示されますが、ここでの実行時には無視します。

第**2**章　基本の文法

　nが10000ならheavyPred 10000がTrueであることが確実ならば、値を取り出すために
Just（2.7.3参照）に直接結果をマッチさせます。

```
Prelude> -- heavyPredの結果を待つため時間がかかる
Prelude> case f 10000 of Just n -> n
10000
```

　ところが、この書き方では、パターンマッチで取り出したnを後から使わない場合でも、処理
に時間がかかってしまいます。

```
Prelude> -- nは使わないが、JustであることをheavyPredが確認するため時間がかかる
Prelude> case f 10000 of Just n -> 0
0
```

　ここで反駁不可能パターンを用いると、パターンマッチをnを利用するまで遅らせて時間をか
けずに処理できます。

```
Prelude> -- 即座に結果が表示される
Prelude> case f 10000 of ~(Just n) -> 0
0
```

■──── コンストラクタパターン

　パターンマッチには条件分岐としての機能だけではなく、データ型から個々の値を取り出す、
フィールドへのアクセサとしての側面もあります。

　タプルを例に解説しましょう。(1, "one")は1と"one"という2つの値からなります[53]。そ
れぞれの値を取り出して新たな変数x1とx2を束縛するには、値を作るときに使ったのと同等の
書式（コンストラクタ）をパターンとして使って次のように書きます。

```
Prelude> x = (1, "one")
Prelude> case x of (x1, x2) -> print x2
"one"
Prelude> y = (1, 10)
Prelude> case y of (y1, y2) -> y1 + y2
11
```

　このパターンはHaskellでデータを取り扱ううえで非常に大事なものです。特にユーザが定義
する代数的データ型の利用には欠かせません。次章であらためて振り返ります。

---

[53] このデータ型については2.7.2で解説しています。ここで示したタプルの他、リストなどでも使えるので試してください。

60

2.6.3　ガード節

パターンマッチにはさらにガードという強力な機能が備わっています。パターンの後に|を書き、その後ろにBool型の式を置くことで、if文のように条件分岐ができます。条件分岐が多岐にわたる場合、if文を使うより便利です。すべての条件がFalseだった場合のために、otherwiseという値を使えます[*54]。余りを求めるmodを使います。

```
Prelude> :{
Prelude| f x = case x of n | n `mod` 2 == 0 -> putStrLn "even"
Prelude|                   | otherwise      -> putStrLn "odd"
Prelude| :}
Prelude> f 10
even
Prelude> f 11
odd
```

各パターンにつき、複数のガード節を付けられます。otherwiseがなければ、そのパターンは諦めて次のパターンにチェックが進みます。

```
Prelude> :{
Prelude| f x = case x of (x1, True) | x1 `mod` 2 == 0 -> x1 `div` 2
Prelude|                 (x1, _)    | x1 `mod` 2 == 0 -> x1
Prelude|                            | otherwise       -> x1 - 1
Prelude| :}
Prelude> f (10, True)
5
Prelude> f (11, True)
10
Prelude> f (10, False)
10
```

ガードで判定したい内容がパターンマッチの場合には、<-を使うことでガード内にさらにパターンを書けます。

これは、パターンを束縛した値になんらかの関数を適用した値が、さらに別のパターンにマッチした場合のみ分岐したい場合に便利です。divModは割り算をして商と余りをダブルで返す標準関数です。次の例では割り切れた場合のみ商を返しています。

```
Prelude> :{
Prelude| f x = case x of (x1, True) | (q, 0) <- x1 `divMod` 2 -> q
Prelude|                 (x1, _   )                           -> x1
Prelude| :}
Prelude> f (10, True)
```

[*54] Preludeモジュールにおいてotherwise = Trueと定義されています。

第**2**章　基本の文法

```
5
Prelude> f (10, False)
10
Prelude> f (11, True)
11
```

2.6.4　case式以外でのパターンマッチ

　パターンマッチを書くための構文がcase〜of〜ですが、Haskellでは変数を定義するさまざまな箇所でパターンマッチを利用できます。

■ 関数定義におけるパターンマッチ

　関数を定義する際、各引数に対してパターンを指定したり、定義全体にガード節を指定できます。先ほどのdivModを使った例は、caseを使わずに次のように書けます。関数定義でパターンを複数使う場合は、パターンだけではなく関数全体を繰り返し記述します。

```
Prelude> :{
Prelude| f (x1, True) | (q, 0) <- x1 `divMod` 2 = q
Prelude| f (x1, _   )                            = x1
Prelude| :}
Prelude> f (11, True)
11
```

　ガード部分が複数個ある場合については、関数名やパターンを重複して書く必要はありません。

```
Prelude> :{
Prelude| f n | n `mod` 2 == 0  = putStrLn "even"
Prelude|     | otherwise       = putStrLn "odd"
Prelude| :}
Prelude> f 19
odd
```

　ラムダ式でも引数にパターンは使えますが、複数のパターンにマッチさせたり、ガード節を使ったりはできません。

```
Prelude> f = \(x, y) z -> x + y + z
Prelude> f (1, 2) 3
6
```

■ 変数定義におけるパターンマッチ

通常の変数の定義にもパターンを指定できます。

62

データ構造 **2.7**

```
Prelude> (x, y) = 22 `divMod` 5
Prelude> x
4
Prelude> y
2
```

　1つ特殊なのは、変数定義でパターンを指定すると反駁不可能パターンとして扱われることです。実際のパターンマッチは変数が利用されるまで行われません。これは、関数の引数にパターンを指定した場合とは異なる挙動です。

```
Prelude> let (x, y) = undefined in 1
1
Prelude> let f (x, y) = 1 in f undefined
*** Exception: Prelude.undefined
CallStack (from HasCallStack):
  error, called at libraries/base/GHC/Err.hs:79:14 in base:GHC.Err
  undefined, called at <interactive>:236:23 in interactive:Ghci126
Prelude> let f ~(x, y) = 1 in f undefined
1
```

　変数定義でパターンを使う目的は値を分解することで、条件分岐ではありません。よって、急いで式を評価する必要はありません。
　この挙動の違いが問題となることは実際のプログラムを作成するうえではほとんどありません。

2.7 データ構造

　ここでは、はじめから定義されている代表的なデータ構造を紹介します。Haskellでは3.4で説明する代数的データ型によって既存の型から新たなデータ構造を定義できます。

2.7.1　リスト

　リスト（**list**）はHaskellにおけるもっとも基本的なデータ構造です。関連する機能や関数が数多く用意されています[*55]。
　[ ]で囲み、,で要素を並べて、リストを作ります。リストの要素は、すべて同じ型である必要があります。
　型も[と]を使って書きます。中身がIntのリストであれば[Int]とします。

---

*55 関数型言語の特徴としてリスト操作の強力さが挙げられることがありますが、Haskellはまさしくこの点で充実しています。

```
Prelude> [1,2,3] :: [Int]
[1,2,3]
```

連続する番号のリストを作るときは、..を使えます。[n,m..l]と書くと、nからlまでの数字をm − n間隔で含むリストとなります。,mと..lはそれぞれ省略できます。..lを省略すると、終わりのない無限リストとなります。

```
Prelude> [1..10]
[1,2,3,4,5,6,7,8,9,10]
Prelude> [1, 3..10]
[1,3,5,7,9]
```

!!はリストの指定した場所にある要素を取り出す演算子です。

```
Prelude> [1,3..] !! 10000
20001
```

Haskellにおけるリストは連結リストで、先頭から順番にたどらなければ要素を取り出せないため、効率はよくありません。頻繁に添え字によるアクセスが必要な場合は、vectorパッケージ(7.4参照)を使うべきです。

リストはコンストラクタ(:)と[]によって生成されています。[]は空リスト、(:)はリストの先頭に要素を追加して新たなリストを生成します。[1,2,3]を特別な記法を使わずに書くと、次のように書けます。

```
Prelude> 1 : 2 : 3 : []
[1,2,3]
```

このリストのイメージは次の図の通りです。(:)は要素と、次のリストを指し示すポインタの2つを保持し、リストの末端は[]がつなげられます。

図2　連結リスト

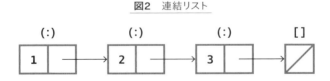

コンストラクタ(:)をパターンとして使うと、リストから先頭要素を取り出すことができます。慣例的に、xなどという文字とそれを複数形にしたxsなどの変数名がよく使われます。

```
Prelude> x:xs = [1,2,3]
Prelude> x
1
```

```
Prelude> xs
[2,3]
```

この操作はよく行う操作であるため、head と tail という関数が用意されています。どちらの関数も空の [] を渡すとボトムが返ってくるため、注意が必要です。

```
Prelude> head [1,2,3]
1
Prelude> tail [1,2,3]
[2,3]
Prelude> head []
*** Exception: Prelude.head: empty list
```

他のリスト型を扱う関数をみていきましょう。map は関数とリストを引数に取り、リストのすべての要素に対して関数を適用します。

```
Prelude> map (2 *) [1..10]
[2,4,6,8,10,12,14,16,18,20]
```

filter は Bool を返す関数とリストを引数に取り、True となった要素だけからなる別のリストを返す関数です。

```
Prelude> filter (\n -> n `mod` 3 == 0) [1..10]
[3,6,9]
```

要素をすべて集めるような処理をしたいときは、foldr と foldl[56] を使えます。2引数関数と初期値を渡すと、リストの値すべてを順に関数に適用し、最終的な結果を返します。

```
Prelude> foldr (-) 0 [1..10]
-5
Prelude> foldl (-) 0 [1..10]
-55
```

foldr の r は right、foldl の l は left を意味しており、それぞれ結合方向が違います。前者は $1 - (2 - (3 - .. - (8 - (9 - (10 - 0)))..))$ を計算しており、後者は $((..((0 - 1) - 2) - .. - 8) - 9) - 10$ を計算しています。

Haskell では String の実体は [Char] です。そのため、文字列にもリストと同様に操作できます。次の例では、一文字を大文字にする toUpper を map によって文字列の全要素に適用しています。toUpper 関数は Data.Char によって提供されます。

---

[56] Data.List が提供する foldl' という関数もあり、こちらはスペースリークを防ぐために初期値引数について正格に定義されています。しかし、最新の base パッケージでは foldl も最適化さえ働けばリークしないような実行ファイルを作れるように工夫されているようです。

第**2**章　基本の文法

```
Prelude> import Data.Char
Prelude Data.Char> map toUpper "abcde"
"ABCDE"
```

リストは++演算子で連結できます。もちろん、文字列にも使えます。

```
Prelude> "The list contains " ++ show [1,2,3] ++ "."
"The list contains [1,2,3]."
```

複数のリストを連結するときには、concat関数も使えます。この関数はリストのリストを引数にとり、連結して返します。

```
Prelude> concat ["The list contains ", show [1,2,3], "."]
"The list contains [1,2,3]."
```

2.7.2　タプル型

型の違う2つ以上の値を組み合わせたいときは、タプル型を使います。すでに見たように、全体をかっこで包み、値をカンマで並べることで生成できます。型も値と同様に、カンマで並べて表現します。

```
Prelude> x = (True, [1,2,3]) :: (Bool, [Int])
```

2値のタプルから値を取り出すには、fstとsndを使います。それぞれfirstとsecondの略で、第一要素、第二要素を取り出します。

```
Prelude> fst x
True
Prelude> snd x
[1,2,3]
```

3値以上のタプルも同様に( )と,で書けますが、fstやsndに相当する関数はありません。パターンマッチを使って取り出します[57]。

```
Prelude> x = (4, 5, 6)
Prelude> let (n, _, _) = x in n
4
Prelude> let (_, _, n) = x in n
6
```

---

*57　タプルの値はlens（7.8参照）でも取り出せます。要素数が多いときはlensの方が簡単です。

2.7.3　Maybe a型

　Haskellには他言語で`null`と呼ばれている値はありません。`Integer`を返す関数は必ず整数値を返します。しかし、処理においてなんらかの問題が発生して値が返せないときに、`null`のようなものを返したくなることがあります。`Maybe a`型はそのような場合に使います。

　`Maybe`には`Nothing`と`Just`という2つのコンストラクタがあります。`Nothing`は引数を取らないコンストラクタで、値がないことを示すのに使います。一方、`Just`は値を1つとるコンストラクタで、その値の存在を示すものです。

　例えば、0除算のエラーを`Nothing`で表現したい場合は、`Double`ではなく`Maybe Double`という型を返り値にします。エラーで値が返せない場合は`Nothing`を、値を返す場合は`Just`をコンストラクタとして利用します。

```
Prelude> :{
Prelude| percentage k n | n == 0   = Nothing              :: Maybe Double
Prelude|                | otherwise = Just (100.0 * k / n)
Prelude| :}
```

　定義した`percentage`関数を使う場合は、パターンマッチを使って`Nothing`の値を場合分けして書く必要があります。`Nothing`を返す可能性がある場所ではパターンマッチが必要なため、エラー処理の書き忘れを予防できます。

```
Prelude> :{
Prelude| case percentage 20 50 of Nothing -> "UNKNOWN"
Prelude|                          Just x  -> show x
Prelude| :}
"40.0"
```

　パターンマッチを直接使わなくても、`Maybe`型に関する操作は、`Data.Maybe`モジュールに多数登録されています。`Data.Maybe`モジュールの`isNothing`関数は、値が`Nothing`かを判定します。`fromJust`関数は、`Maybe a`型が`Just x`の値を持っていれば`x`を取り出します。ただし、`Nothing`から`fromJust`で値を取り出そうとするとボトムを返します。つまり、他の言語で`null`チェックを省いてしまった状態と同じリスクを産んでしまうわけです。

```
Prelude> import Data.Maybe
Prelude Data.Maybe> p = percentage 20 50
Prelude Data.Maybe> if isNothing p then "UNKNOWN" else show (fromJust p)
"40.0"
```

　`fromJust`はランタイムエラーの危険があるため、より使われることが多いのは`maybe`関数です。この関数は、`Nothing`のときの値と`Just`のときに返す値を作る関数を渡すと自動で条件分岐してくれます。次の例では、`Nothing`の場合には文字列`"UNKNOWN"`を返し、`Just x`の場合には`x`から文字列を作る関数である`show`を適用して結果を返します。

第**2**章　基本の文法

```
Prelude Data.Maybe> maybe "UNKNOWN" show (percentage 20 50)
"40.0"
```

2.7.4　Either a b型

　Either型はエラーが発生するかもしれない処理の返り値として使われます。Either型の値を作るコンストラクタは2つあり、正常時の値はRight、異常時の値はLeftで包んで表現します。

　先ほどの0除算の例をEitherを使って書きなおしてみましょう。エラーメッセージを戻せるようになっています。

```
Prelude> :{
Prelude| percentage k n | n == 0    = Left "Illegal division by zero"
Prelude|                | otherwise = Right (100.0 * k / n) :: Either String Double
Prelude| :}
Prelude> :{
Prelude| case percentage 20 50 of Left err -> err
Prelude|                          Right x  -> show x
Prelude| :}
"40.0"
```

　Data.Eitherに、Either型を操作する関数が定義されています。パターンマッチではなくeither関数を使ってみましょう。次の例では、Either String Double型の値がLeft errのときはStringをStringのまま返す恒等関数id、Right xの場合はDoubleをString型の値に変えるshowによってEither e a型より値を得ています。

```
Prelude> import Data.Either
Prelude Data.Either> either id show (percentage 20 50)
"40.0"
```

2.8　ループの実現

　forやwhileのような、ループのための構文は存在しません。
　再帰的に式を定義して間接的に繰り返し処理を行うか、リストを扱う関数を利用します。
　最初は戸惑うかもしれませんが、他言語で一般的なループと同様のことは問題なくできますし、コードを書いていくうちに慣れてしまいます。

2.8.1　再帰的な定義

　再帰とは、変数や関数の定義の中で、定義しようとしている変数や関数を参照することです。

例えば階乗を計算する fact n は、n に n − 1 までの階乗をかければいいので次のように定義できます。fact の定義の中で fact が使われています[58]。これが再帰です。

次のコードでは再帰を離脱する条件として n <= 1 = n が指定されていることに注目しましょう。

```
Prelude> :{
Prelude| fact n | n <= 1    = n
Prelude|        | otherwise = n * fact (n - 1)
Prelude| :}
Prelude> fact 10
3628800
```

I/O アクションを繰り返したい場合も、再帰的な定義で書けます。20 までの FizzBuzz のプログラムを Haskell で愚直に書いてみました。

20 以下の数字については、Fizz や Buzz を表示して、do の末尾で loop I/O アクション[59] を再帰的に実行して次の数字に処理を進めます。20 を超えたら何もせずに処理を終了します。

```
-- fizz-buzz.hs
module Main (main) where
import Control.Monad (when)

main :: IO ()
main = loop 0
  where
    loop n | n <= 20   = do
               when (n `mod` 3 /= 0 && n `mod` 5 /= 0) (putStr $ show n)
               when (n `mod` 3 == 0) (putStr "Fizz")
               when (n `mod` 5 == 0) (putStr "Buzz")
               putStrLn ""
               loop (n + 1)
           | otherwise = return ()
```

```
$ stack runghc fizz-buzz.hs
FizzBuzz
1
2
Fizz
4
Buzz
Fizz
7
8
Fizz
Buzz
11
```

---

[58] 数学の教科書で見た帰納的な定義そのままです。

[59] 再帰する部分には、慣例的に loop や go といった名前がよく使われます。

第**2**章 基本の文法

```
Fizz
13
14
FizzBuzz
16
17
Fizz
19
Buzz
```

再帰するときは再帰を終了する条件を意識することが重要です。factの例ではn <= 1が終了条件でした。FizzBuzzではn > 20が終了条件で、終了条件に近づくようにnをそれぞれ増加、減少させながら再帰処理が進みます。

2.8.2 リストの利用

他言語ではループを行う動機に、リスト内の要素をすべて処理したいというものが多くあります。Haskellではリストの要素を使ってなんらかの計算をしたいだけであれば、2.7で取り上げたmap、filter、foldl、foldrの関数も使えます。

```haskell
module Main (main) where

main :: IO ()
main = foldr f (return ()) $ map fizzbuzz [1 .. 20]
  where
    fizzbuzz n | n `mod` 15 == 0 = "FizzBuzz"
               | n `mod` 3  == 0 = "Fizz"
               | n `mod` 5  == 0 = "Buzz"
               | otherwise      = show n
    f str act = do putStrLn str
                   act
```

forM_ を用いたリスト操作

計算が目的ではなく、それぞれの要素に対してなんらかのI/Oアクションを起こしたいケースが考えられます。この場合、map関数をはじめとする先ほど紹介した関数は使えません。

このとき、forM_関数が役立ちます[60]。forM_はリストを第一引数にとり、第二引数にリストの各要素に対して実施するI/Oアクションを返す関数を取ります。これによって繰り返しI/Oアクションを実行してくれます。

forM_を使うと、手続き型の言語に近い感覚でループを書けます。

....

[60] Control.Monadモジュールに定義されています。

```
module Main (main) where
import Control.Monad (forM_)

main :: IO ()
main = do
    forM_ [1..20] $ \i -> do
        putStrLn (fizzbuzz i)
  where
    fizzbuzz ..略..
```

2.9 モジュールとパッケージ

1つのファイルにプログラム全体を書くというやり方は、プログラムが大きくなってくるとすぐに破綻します。そのような事態を防ぐためプログラムを分割する手段が提供されています。ここまでもモジュールをいくつか使ってきました。

Haskellにはプログラムを複数のファイルに分割して書くための単位として、モジュールとパッケージがあります。GHCにおいては、**モジュール**はファイル単位でのプログラム分割、**パッケージ**は複数のモジュールをまとめたライブラリの単位でのプログラム分割を担います。

2.9.1 モジュール

モジュールは変数定義や型、型クラスを区分けする名前空間の役割を果たします。ここまでもモジュールをいくつかのコード例で使ってきました。

まずは基本的なモジュールの宣言を見てみましょう。1行目がモジュールの宣言です。

```
module Main(main) where

main :: IO ()
main = ...
```

module モジュール名(公開する識別子) where

module句に続いてモジュール名、モジュール外に公開（エクスポート）する識別子[61]を書き、最後に**where**を書きます。

---

[61] Haskellの識別子は変数（関数含む）、型変数、型コンストラクタ、コンストラクタなどです。型コンストラクタなど一部の識別子は第3章で解説します。

第**2**章 基本の文法

　ここで定義しているMainというモジュール名はHaskellのプログラムにとって特別な意味を持ちます[62]。このモジュールの**main :: IO a**という式がHaskellの実行ファイルのエントリポイントとなります。

Column

REPLでモジュールを読み込む

　REPLからモジュールを利用するには、**:module**コマンドを使います。
　モジュール名**Data.Char**[63]の先頭に+を付けて**:module**コマンドへ渡すと、以後REPLでそのモジュールが提供する識別子を参照できます。

```
Prelude> :module +Data.Char
Prelude Data.Char> toUpper 'x'
'X'
```

　:moduleの代わりに、Haskellのコードとして**import**句を使えます。上の**Data.Char**の読み込みは、次のように書いても同じことです。

```
Prelude> import Data.Char
```

　モジュール名の先頭に−を付けると、そのモジュールをREPLから見えない（利用できない）状態に戻します。
　+も−も付けずにモジュール名だけを渡すと、現在REPLで利用可能なモジュールの一覧を渡したモジュールの一覧に差し替えます。
　ただし、**Prelude**モジュールは自動的にインポートされることに注意してください。**Prelude**はHaskellにおける組み込み関数の集まりのようなモジュールで、基本的な関数が定義されています。現在REPLから利用可能なモジュールの一覧は、プロンプトの文字列を見ることでわかります。

```
Prelude Data.Char> :module +Data.Void
Prelude Data.Char Data.Void> :module −Data.Char
Prelude Data.Void> :module Data.Map.Strict Data.Set
Prelude Data.Map.Strict Data.Set>
```

　:show importsコマンドを使うと、利用可能なモジュールについてもう少し細かい情報を見れます。

```
Prelude Data.Map.Strict Data.Set> :show imports
import Prelude -- implicit
import Data.Map.Strict
import Data.Set
```

---

[62] Mainモジュールの定義時にはmain関数をエクスポートする必要があります。

[63] ここで読み込んでいるData.Charは基本ライブラリであるため、特に外部からダウンロードしなくてもそのまま使えます。

モジュールとパッケージ **2.9**

2

■───── モジュールの定義

モジュールの定義をより詳細に見ていきましょう。

GHCにおいては、モジュール名とファイル名は一対一で対応します。モジュール名は大文字から始まり、2文字目以降は変数名と同様Unicodeまで含めた英数字と `'` が続きます。そして `.` で区切ることで階層化できます。`MyApp.MyModel.MyUtil`のようなものをモジュール名として使えます。

UNIX系のシステムでは、`.`を`/`と読み替え、末尾に拡張子`.hs`を付けたファイルへモジュールの定義を記述します[64]。例えば`MyApp.SomeModule`モジュールは`MyApp/SomeModule.hs`というファイルに定義します。

例外としてエントリポイントとなるファイルは任意の名前にできます。実行ファイル名`.hs`という名前のファイルに`Main`モジュールを定義することがよくあります。

モジュールを定義するには、ファイルの先頭に`module`句でモジュール名とモジュールが提供する識別子の一覧を書きます。省略すると、すべての識別子を外部へ提供します。識別子が複数ある場合は `,` で区切って記述します[65]。

例えば次の例ではすべての識別子が公開されます。

```
-- Params.hs
module Params where -- ()は書きません
x = "100"
y = "200"
z = "300"
```

```
-- myapp.hs
module Main(main) where import Params

main :: IO ()
main = do
    putStrLn x
    putStrLn y
    putStrLn z
```

モジュールから他のモジュールを使うには`import`を使います。`myapp.hs`というファイルに`Main`モジュールの内容を書き、そこから`Params`モジュール内の`x`、`y`、`z`を呼んでみます。

`myapp.hs`を`stack runghc`コマンドで実行します。`myapp.hs`の`import`により、同じディレクトリにある`Params.hs`という名前のファイルが参照されます[66]。

```
$ stack runghc myapp.hs
100
200
300
```

....

[64] Windowsなら`\`(¥)です。

[65] 識別子のインポート、インポートした識別子の宣言などについては次項で解説します。

[66] このとき、xとyとzはモジュール名をつけずにxなどもともとのモジュール内の名前そのままでアクセスできます。そのため、インポートしたプログラム内で識別子名が衝突してしまうこともあります。

73

もう少し現実的な例で確認してみましょう。次の例ではhelloMyApp関数とbyeMyApp関数は外部に公開されますが、helloMessageとbyeMessageを外部からは参照できません。

```haskell
-- MyApp/SomeModule.hs
module MyApp.SomeModule (helloMyApp, byeMyApp) where

helloMyApp :: String -> IO ()
helloMyApp name = putStrLn (helloMessage name)

byeMyApp :: String -> IO ()
byeMyApp name = putStrLn (byeMessage name)

helloMessage :: String -> String
helloMessage name = name ++ ", hello!"

byeMessage :: String -> String
byeMessage name = name ++ ", bye!"
```

```haskell
-- myapp.hs
module Main (main) where

import MyApp.SomeModule

main :: IO ()
main = do
  helloMyApp "Haskell"
  byeMyApp "Others"
```

myapp.hsをstack runghcコマンドで実行します。MyApp.SomeModuleのimportにより、MyApp/SomeModule.hsという名前のファイルが参照されます。

```
$ stack runghc myapp.hs
Haskell, hello!
Others, bye!
```

---

column

モジュールの where

変数宣言で使ったwhereはモジュールを定義するためにも使われます。

モジュールの定義を見てみると、トップレベルでの宣言もwhereによってモジュール内の局所変数を宣言しているとみなせます。

```haskell
module Main (main) where
main = ..略..
```

インポートする識別子を選ぶ

`import`句でさまざまな指定をして、参照できる名前を制御できます。以下、モジュールA.B
がxとyという識別子を公開しているものとしましょう。

```
-- 何も指定しないとx、y、A.B.x、A.B.yが利用可能
import A.B
-- 識別子を指定した場合は指定した識別子（ここではx、A.B.x）のみ利用可能
import A.B (x)
-- hidingで指定した識別子以外（ここではxを指定したのでyとA.B.y）利用可能
import A.B hiding (x)
-- qualifiedで識別子にモジュール名明示が必須に、ここではA.B.xとA.B.yのみ利用可能
import qualified A.B
-- asでモジュールに別名を与える。ここではM.xとM.yのみ利用可能
import qualified A.B as M
```

利用するモジュールが多い場合、無秩序にインポートしてしまうと後から見たときにどの識別
子がどのモジュール由来のものなのかわからなくなってしまいます。`( )`で明示的に参照する識
別子を列挙するか、`qualified as`を使ってどのモジュール由来の識別子なのか区別できるよう
に修飾しておくのがいいでしょう。

コンストラクタのimport

値を生成するコンストラクタ（3.3.1参照）は、コンストラクタが所属する型を書いたうえで`(`
`)`内に識別子を書く必要があります。コンストラクタを裸で書けません。例えば、`Prelude`か
ら`True`と`False`をインポートするには、次のように指定します。

```
-- Bool型のTrueとFalseをインポート
import Prelude (Bool(True, False))
-- 次のようには書けない
-- import Prelude (True, False)
```

`(..)`を使うと、すべてのコンストラクタをインポートできます。

```
-- (True, False) と明示的に指定するのと同じ意味
import Prelude (Bool(..))
```

第**2**章　基本の文法

> ## Preludeモジュールの読み込み規則
>
> 　標準モジュールであるPreludeモジュールは、すべてのファイルにおいて自動的に読み込まれます。
> 　Preludeのimport宣言を省略しているときは、モジュール内でimport Preludeという宣言をしたのと同様にすべての識別子が参照可能になります。参照したくない識別子がある場合は、明示的にimport宣言を書く必要があります。
>
> ```
> -- Preludeのid関数を使わない
> import Prelude hiding (id)
> ```
>
> ```
> -- Preludeのid関数以外の識別子を使わない
> import Prelude (id)
> ```
>
> ```
> -- すべてのPreludeの関数をP.idのようにPで修飾して使う
> import qualified Prelude as P
> ```

2.9.2 　モジュール内の識別子

　Haskellの識別子には、次の表の6種類があります。

　これらはすべて、モジュールが提供する名前空間内で一意になります。このうち型コンストラクタと型クラスは、同一モジュール内で同じ名前が使えません。それ以外は、種類が違っていれば同じ名前を使えます[67]。

	先頭が小文字	先頭が大文字
式	変数（関数を含む）	コンストラクタ（3.3.1参照）
型	型変数（3.2参照）	型コンストラクタ（3.2参照） 型クラス（3.7参照）
モジュール		モジュール

　例えばJustという名前のモジュールを作ることを考えます。Justという識別子はMaybe型の値を作るコンストラクタの名前としてPreludeモジュールですでに使われています。しかしモジュール名とコンストラクタの名前空間は表の通り別のため、このPreludeモジュール内のJustコンストラクタとJustモジュールは別物と扱われます。

　もしJustというコンストラクタを自分でも定義したければ、Preludeとは別のUserModuleなどのモジュール内に置くことで、Prelude.JustとUserModule.Justを別に定義します。

----

[67] 実際に重複させるかは別として、これらの識別子が同じ名前だったとしても実用上の問題はほとんどないことは第3章でそれぞれの使い方を学べば理解できます。

2.9.3 パッケージ

　モジュールを再利用、再配布をできる単位でまとめたものがパッケージです。ライブラリの公開などに使われるものと考えてください。パッケージはCabal形式に則りファイルをまとめることで作成できます[68]が、多くの読者が作成よりも利用が主なパッケージとの接し方となることから、ここでは利用の観点からパッケージについて解説します。

　パッケージは仕様でサポートされているわけではありません。処理系やビルドツールが適宜パッケージ読み込みや管理を担います。Stack[69]などのビルドツールを使えば、これらの差異を意識することはないでしょう。第1章で述べたようにパッケージはHackage[70]で共有されています。Hackageはhaskell.orgが管理する公式のパッケージリポジトリ（ライブラリホスティングサービス）です。

　Hackageの中で、問題なくビルドできるパッケージのバージョンを集めてまとめたものが、Stackage[71]です。こちらはStackの開発元であるFP Completeが運営しています。パッケージ間の依存解決の簡便さなどの点でHackageよりも優れているため、基本的にはStackageを利用すべきでしょう。

　StackageのLTS Haskell向けのパッケージ一覧[72]にアクセスすると、StackでそのLTSを使ったときに利用できるパッケージの一覧が表示されます。このページにはHoogleというHaskellの識別子の検索エンジンがついています。目的のパッケージを探すのに便利です。試しにHoogleで`split`関数を検索すると、次のような結果となりました。`bytestring`パッケージの`Data.ByteString`に、そのような関数があるようです。

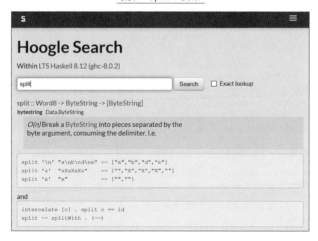

図3　splitの検索

---

[68] https://www.haskell.org/cabal/users-guide/developing-packages.html#creating-a-package
[69] 実際には中のCabalがこの部分を主に担当しています。
[70] https://hackage.haskell.org
[71] https://www.stackage.org
[72] https://www.stackage.org/lts

また、検索条件を::から始めると、型で検索ができます。ghcパッケージのUtilパッケージが、StringをCharでリストに分割するsplit関数を提供していることがわかります。

図4　型による検索

> ## Stackの--packageオプション
>
> GHCに同梱されていないパッケージが提供するモジュールを使いたい場合には、stackコマンドでインストールする必要があります。REPLを起動する際のオプションに--packageを指定すると、stackが自動的にそのパッケージをグローバルプロジェクトへインストールしてくれます[*73]。
>
> ```
> $ stack ghci --package HUnit
> ..略..
> HUnit-1.5.0.0: download
> ..略..
> Prelude> :module +Test.HUnit
> Prelude Test.HUnit> runTestTT $ TestCase (assertEqual "I know it" (1 + 1) 2)
> Cases: 1  Tried: 1  Errors: 0  Failures: 0
> Counts {cases = 1, tried = 1, errors = 0, failures = 0}
> ```
>
> stack runghcでもstack ghciと同様、スクリプトの中で利用しているパッケージがある場合は、--packageを指定して実行すると必要なパッケージを自動でインストールさせられます。

---

73 stack newによって作成したプロジェクト内で使うには、1.4で見たように.cabalファイルのbuild-dependsの項目に、依存パッケージとして記述した上で、stack buildコマンドでビルドをすると、自動的にダウンロードされます。*.cabalファイルを利用した依存パッケージの管理は、第9章、第10章、第11章でアプリケーションを作成するときに実際に見ていきます。

モジュールとパッケージ **2.9**

2

column

パッケージのバージョニング

　パッケージにはドット区切りのバージョン番号が振られます。最初の2桁が同じでそれ以降が異なる場合は、後方互換性のあるバージョンです。

　最初の2桁が異なるバージョン同士は、互換性は期待できません。例えば、aeson-1.1.0.0をaeson-1.1.2.0にバージョンを上げても互換性があると期待できますが、aeson-1.2.0.0に上げる場合には互換性はあまり期待できません。

column

コメント

　ここまでもコメントを利用してきましたが、あらためてコメントを復習しましょう。

　Haskellでは行コメントを書くには、--を使います。その場合、--から行末までに書かれた部分がコメントとなります。

　複数行プログラム内にコメントを書くには、{-と-}を使います。{-と-}で囲まれた部分がコメントとして扱われます。

```
Prelude> pi {- 円周率 -} = 3.14
Prelude> pi = 3.14 -- 円周率
```

　{- -}は入れ子で使えます。コードをコメントアウトするのに便利です[74]。

```
main = do
  {-
  print "DEBUG" {- デバッグ用出力 -}
  -}
  putStrLn "Hello, World!"
```

---

[74] コメント内の文字列はプログラムとしては扱われず、{-と-}だけが意味を持ちます。そのため、"{-"や"-}"という文字列を含むコードや、-- {-や-- -}という行末コメントを含むコードは、{-と-}の対応がうまくとれず、正しくコメントアウトできないこともあります。

第**2**章 基本の文法

Column

Haddock

Haskellにはソースコードにコメントでドキュメントを書くHaddockという仕組みがあります。

決められた書式で記述しておくと**stack haddock**でHTMLのドキュメントを生成できます。

-- |や-- ^で始まる行はHaddock向けのコメントです。

```
-- |Module      : Main
-- |
-- |MainモジュールのHaddock用ドキュメント
module Main (main) where

main :: IO ()
-- ^main関数のHaddock用ドキュメントです
main = do
  -- これはコメント行です
  putStr "Hello, "
  {-
     これもコメントです。
     複数行書けます。
  -}
  putStrLn "World!"
```

Haddockの詳しい書式については、Haddockのマニュアル[75]を参照してください。

----

*75 https://www.haskell.org/haddock/doc/html/index.html

第3章
型・型クラス

第**3**章 型・型クラス

本章ではHaskellの静的型付き言語としての側面、すなわち型について詳しく見ていきます。

Haskellの型は簡単に言ってしまえば、1 :: IntのInt部分に相当するものです。ここまでもコード中に書いてきましたが、あらためて学んでいきましょう。

型クラスについてもこの章で解説します。他の言語では聞かない概念ですが、Haskellの柔軟さのために欠かせない要素です。

3.1 型の記述

型とは、式をどのように組み合わせられるかを規定するものです。

例えば、f :: Int -> Intは引数にInt型を、返り値にInt型を必要とする関数です。

このように引数に使える式が返すべき値の型が規定され、式をどう組み合わせられるかが決まっていきます。パズルのピースをピッタリはめるようなものと考えてみてください。読者の多くが経験のあろう動的型付き言語では、このような式の組み合わせは規定できません。

型は**データの種類**を規定するものと表現すると、より直感的かもしれません。1 :: Int、2.14 :: Floatなどは型でデータを規定する典型的な例です。ただし、式をいくつも組み合わせていくHaskellにおいては、先述のように**型とは式をどのように組み合わせられるかを規定するもの**と定義しておくことが理解を助けます。よって本書ではこの定義を用います。

Haskellでは次のように型を記述します。式と型の間を::で区切り、引数間、引数と返り値の間を->でつなげます。型の対応関係を明示するために式と型をかっこで囲むこともあります。

```
式 :: 型
```

型を実際に書いてみましょう。

```
-- 引数を持たない式の場合
-- 式 :: 型
1 :: Int

-- 引数が1つの式の場合
-- 式 :: 引数の型 -> 返り値の型
putStr :: String -> IO ()

-- 引数が2つの式の場合
-- 式 :: 第一引数の型 -> 第二引数の型 -> 返り値の型
(||) :: Bool -> Bool -> Bool

-- 引数がn個ある式の場合
-- 式 :: 第一引数の型 -> ... 第n引数の型 -> 返り値の型
```

型システム **3.2**

3.2 型システム

式に型を割り当てて、正しく組み立てられているか確かめる仕組みのことを、**型システム**（type system）と呼びます。Haskellの型システムには柔軟性を高める、いくつかの特徴があります。それらをコードを確認しながら見ていきましょう。

3.2.1 型チェック

JavaScriptやRubyなど、動的型付き言語では、実行時に型を確認します。そのため、型が合わずにエラーが発生する可能性があるプログラムも実行できてしまいます[*1]。

Haskellをはじめとした**静的型付け**を行う言語では、プログラムをコンパイルする時点ですべての式の型が決まります。型が合わなければ、コンパイルできません。そのため実行時には原則として型に起因するエラーは発生しません。

式を組み合わせるには、型に基づいた**型付け規則**（typing rules）にしたがう必要があります。型付け規則にしたがっているかを確認することを、**型チェック**（type check）と呼びます。

型付け規則とは`f :: Char -> String`という関数と`x :: Char`という式があるとき、関数適用した`f x`の型は`String`であるというようなルールです。型チェックでは式がそれら規則に則っているか否かを確認します。実際に型チェックがどのように機能するか、動的型付き言語のPythonとの比較で確認してみましょう。

```python
# 指定した長さの配列を特定の数字で埋めて返す
def int_to_array(i, l):
    return [i] * l

int_to_array(3, 4) # [3, 3, 3, 3]

# 整数が入るべき引数lに小数が入ったため実行時にエラーが発生する
int_to_array(5000, 12.04)

# エラーは発生しないが想定している用途（数字の配列）に合致しない
# エラーを返すには型をチェックするコードを追記する必要がある
int_to_array('a', 2) # ['a', 'a']
```

```haskell
-- Main.hsに書き、`stack runghc -- Main.hs`で実行
-- Int型の第一引数、Int型の第二引数、Int型のリストの返り値
intToArray :: Int -> Int -> [Int]
```

[*1] 動的型付き言語のこの性質は、「70%の完成度でリリースできる」と言い換えられます。また、「正しく実行できるが型付け規則に合わない式」も残念ながら存在しています。動的型付き言語では当然そのような式を実行できます。静的型付き言語では、型付け規則の表現力を日々高めることでそのような式を減らす努力をしています。

第3章 型・型クラス

```
-- リストからl分取り出す
intToArray i l = take l (repeat i)

main :: IO ()
main = do
  -- 型に合致するため実行できる
  print (intToArray 3 4) -- [3, 3, 3, 3]
  -- 第二引数の型が一致しないためコンパイルエラーが発生する
  print (intToArray 5000 12.04)
  -- 第一引数(i :: Int)の型が一致しないためコンパイルエラーが発生する。repeat自体は引数にChar型も ⏎
許容するがintToArrayの型を明示しているためここでは利用できない
  print (intToArray 'a' 10)
```

型チェックのおかげで、静的型付き言語では型に関して不備のあるプログラムが実行されることはありません。この点において、静的型付き言語は動的型付き言語より安全と言えます[*2]。

3.2.2　多相性

型チェックは正しいプログラムを書くために役立つ機能ですが、作った式が`Integer`や`String`などある特定の型にしか使えないとなると、コードの再利用性を著しく損ねてしまいます。

Haskellの型システムは多相性を提供してコードの再利用性を高めます。また型推論も多相性をサポートしています。

■───── パラメータ多相

例えば、`sample x = x`と定義された`sample`関数は、任意の型に対して適用できます。

```
Prelude> sample x = x
Prelude> :t sample
sample :: t -> t
Prelude>  -- 2引数の場合はt、t1
Prelude> sample2Params f x = f x
Prelude> :t sample2Params
sample2Params :: (t1 -> t) -> t1 -> t
```

ここでの`t`型、`t1`型はその関数を扱う際に任意の具体的な型に置き換えられることを示しています。

[*2]　ここでは比較のためにPython側を最小の処理で書いていますが、Pythonでも引数のチェックや外部ツールの導入でHaskellの`intToArray`と同等の機能は実現できます。

このように一つの式に汎用の型を表す型変数tを割り当て、複数の具体的な型で利用できるようにした型システムは**パラメータ多相**（**parametric polymorphism**）を持つといいます[3][4]。

■———— アドホック多相

Haskellでは**型クラス**（type class）という仕組みを利用して、型によって全く異なる実装の式を使えます。記述だけ見ると同一の式に見えても、型によって柔軟に処理を変えられます[5]。

例えば`1 == 1`と`"OCaml" == "OCaml"`の式のそれぞれの`(==)`関数では、関数名は同じですが、まったく別の実装が使われます。型クラスによる多相は、必要に応じて型ごとに場当たり的に違う実装を追加できるため、**アドホック多相**（ad-hoc polymorphism）と呼ばれます[6]。アドホック多相は、オブジェクト指向言語におけるオーバーロードに相当します。

3.2.3　型推論

Haskellは強力な**型推論**（**type inference**）を備えた言語です。

型推論は型を書かなくても処理系が自動的に型を決定してくれることを指します（1.1.4参照）。これによってHaskellは静的型付き言語でありながら、ほとんど型を書かずにプログラミングできます。

静的型付き言語は実行前に型に起因するエラーを避けられるなど優れた特徴を有します。反面、動的型付き言語では記述することのない型を書くため、それが煩雑に感じられてしまうことがあります[7]。Haskellでは型推論によって静的型付き言語としての特徴を生かしつつ、型を書く煩雑さを回避しています。

次のような`hello`という関数があったとします。型はまったく書かれていませんが、`"Hello, "`と`name`が結合できることから、`name`は文字列（`String`）で`hello`の返り値も文字列でなければなりません。そのため、`hello`は次のような型の関数となります[8]。

```
Prelude> hello name = "Hello, " ++ name
```

```
Prelude> :t hello
hello :: [Char] -> [Char]
```

---

*3　言語によってはジェネリクスとも呼ばれます。

*4　多相、多相性はいずれもpolymorphismの訳語です。polymorphismはそのままにポリモーフィズムと訳されることもありますが、Haskellの文化圏では多相あるいは多相性と訳されることが多いです。多相は、1つの式が複数の型として利用されることを指します。

*5　型クラスについては3.8で解説します。

*6　オブジェクト指向の言語では、サブクラスでスーパークラスのメソッドが呼べたり、返り値を実際の返り値のクラスのスーパークラスのインスタンスとして受けられたりします。これを部分型多相と呼びますが、Haskellには部分型多相の機能はありません。

*7　C言語やJavaで型を書くことになれていると、JavaScriptやRubyを書くとき型を書かずに済む軽快さを感じるのではないでしょうか。

*8　関数の型は->を用いて、引数 -> 返り値という形式で表したことを思い出してください。

第**3**章　型・型クラス

Haskellでは、型が不明な式に対してなるべく汎用的な型を割り当てます。例えば、f x = x /
3という関数があった場合、xと3に求められるのは割り算/ができることです。そのためfには、
割り算ができることを意味するFractional型クラスに属するすべての型について利用できる
ような型を割り当てます*9。

```
Prelude> f x = x / 3
Prelude> :t f
f :: Fractional a => a -> a
```

Float型やDouble型は割り算ができるのでfを使えます。分母分子が整数であるような分数
を表すRatio Int型も割り算ができます。%は分数値を作る関数で、10 % 3は$\frac{10}{3}$を意味します。

```
Prelude> f 10.0 :: Double
3.3333333333333335
Prelude> import Data.Ratio
Prelude Data.Ratio> f 10 :: Ratio Int
10 % 3
```

Column

型推論と型の明記

　Haskellの型システムは、Hindley-Milnerによって提唱された型システムを基にしています。
OCamlやStandard MLなどML言語の基礎にもなっています。Hindley-Milnerの型システムと型
推論は、全く型を明示しなくても正しいプログラムならば型を推論できるという性質を持っていました。
Haskellではその型システムを基にしており原則、型を書かなくても多くの式の型を決定できます*10。
　現実のプロジェクトではトップレベルの定義についてはすべて型を書くよう推奨されているた
め*11、実際はプログラマは型をある程度は書きます。
　機械なら高速に型を推論できますが、人間が式をパッと見て型を推測するのは難しいことです。
明示された型は、人間にとって優れたドキュメントになります。
　GHCの拡張機能によっては、型が推論できなくなることがあります。そのリスクを可能な範囲で
防ぐために型を明記する意味合いもあります。
　型を明示しないとプログラマが意図したよりも多相的な型に推論されてしまい、その結果コンパ
イラの最適化が妨げられる可能性もあります。ここでも最適化のために型を書くこともありえます。

....

＊9　Fractional型クラスにはFloatやDoubleが属します。型クラスに属するという状態については、3.8で解説します。

＊10　型クラスの実装が定まらない（ambiguous）ときや単相性制限と呼ばれる制約を避けるときなど、型を明示しなければ書けない式も
　　　一部存在します。また、GHCにおけるRankNTypes拡張などで型システムを拡張する場合にも、型を明示します。

＊11　GHCは警告を表示する-WallオプションのもとでTop-level binding with no type signatureという警告を出します。

3.3 型コンストラクタと型変数

今まで単純に**型**と呼んできた型の識別子は、正確には**型コンストラクタ**と呼びます。型コンストラクタは単体で使う他、**型引数**という引数をとるものもあります[*12]。

3.2で紹介した単純な型の利用から一歩進んで、型を組み合わせてより複雑な型を表現するための方法を学んでいきます。

3.3.1 型の組み立て

型の記述に使われる識別子を**型コンストラクタ**（type constructor）と呼びます。型とは型コンストラクタの組み合わせで構成されます[*13]。

IntegerやBoolのような単体で型となる型コンストラクタの他に、他の型コンストラクタを引数としてとるものもあります。このとき型コンストラクタに引数として渡す型コンストラクタを、**型引数**と呼びます。

IO（2.5参照）、Maybe、->、(,)などは型引数をとる型コンストラクタで、それぞれIO Integer、Maybe Int、String -> Bool、(Double, Double)のように他の型コンストラクタと組み合わせて使います[*14]。

型コンストラクタと型引数の組み合わせにはルールが必要です[*15]。型コンストラクタにInt、型引数にDoubleを用いたInt Doubleという（奇妙な）型を使ってこのルールを体験しましょう。

ボトムのundefinedは任意の型の式として使えました。この式の型としてInt Doubleを指定してみます。undefinedへ::で任意の型を指定した場合、ボトムの性質から常に型付けは成功するはずです。実際に評価しなければ:typeコマンドで型も確認できるでしょうし、エラーも発生しないはずです。

```
Prelude>:t undefined :: Int Double

<interactive>:1:14: error:
    • Expecting one fewer argument to 'Int'
      Expected kind '* -> *', but 'Int' has kind '*'
    • In an expression type signature: Int Double
      In the expression: undefined :: Int Double
```

[*12] 前者はChar型、後者はIO a型などを今まで使ってきました。

[*13] IOやMaybeはカインドが＊ではないので正確には型ではありませんが、便宜上「IO型」や「Maybe型」のようなくだけた言い方が日常的に使われます。本書では読者の誤解を避けるため、基本的には「IO a型」のように型aとあわせて表記しています。同様にモナド（第5章参照）についても、「Stateモナド」を「State sモナド」のように表記します。

[*14] 型引数は1つとは限らず、->や(,)のように2つ以上の引数をとるものもあります。

[*15] 型に応じて式の組み合わせが決まるのと同様です。

第**3**章　型・型クラス

undefinedへの型指定にも関わらずエラーとなってしまいました。:tによる型情報の表示も行われていません。undefinedはボトムの性質を利用しただけなので、このエラーの発生の原因は型に起因するものでしょう。

エラーメッセージを読むと、Intのkindというものが* -> *と推測されたことに対して、実際のIntのkindは*であり食い違っていると読み取れます。Intのkindが* -> *と推測された理由は、Intが型引数Doubleを取っているためです。この後すぐに確認しますが、型引数を取るにはkindが* -> *といったものでなければなりません。つまりInt Double型の組み合わせに問題があるようです。これは型のカインドが合わないために起きる問題です。

■——— カインド

型を組み合わせる際のルールを規定するために使うものを**カインド**（kind）と呼びます[16]。

カインドは基本的には*（star）と->だけで表され、型コンストラクタと型引数の組み合わせを規定します。型よりもかなり単純な構造です[17]。

式に対する型、型に対するカインドという構造を考えてください。

図1　式と型とカインドの関係

式に対する型を:typeで確認できたように、型コンストラクタに対するカインドを:kindで確認できます[18]。いくつかの型コンストラクタのカインドを確認してみましょう。カインドは、式に対する型と同じく、型コンストラクタに対して::で区切られて表示されます。カインドの表記は型表記と似ていることがわかります。

```
Prelude> :k Int
Int :: *
Prelude> :k String
String :: *
Prelude> :k IO
IO :: * -> *
```

----

[16] 式を組み合わせる際のルールを規定するために使うものが型でした。

[17] 現在、カインドにも型と同程度の表現力を持たせる試みがなされており、GHC8.0ではTypeInTypeという拡張が実装されています。

[18] カインドは:kindの命令でも確認できます。

IntやStringのような*だけのカインドを持つものは、型引数をとらない型コンストラクタです。よって、先ほどのInt Doubleのような型は、カインドに反するため作成できません。

IOは型引数を1つ必要とする型コンストラクタです。カインドも関数の型と同様に、型引数と返り値を->で区切って書きます。IO ()などの型を使ってきたことからも推察できますが、* -> *のカインドを持つものは型を1つとる型コンストラクタです。カインド*の型コンストラクタを1つ渡すと、結果としてカインド*の型コンストラクタを得られるという意味です。

また、*のカインドを持つ型コンストラクタや、型コンストラクタの組み合わせは一般に**型**と呼ばれます[19]。

そこで、Maybeという型を試してみます。

```
Prelude> :t undefined :: Maybe

<interactive>:1:14: error:
    • Expecting one more argument to 'Maybe'
      Expected a type, but 'Maybe' has kind '* -> *'
    • In an expression type signature: Maybe
      In the expression: undefined :: Maybe
```

この組み合わせ方もできないようです。

エラーメッセージにはMaybeへの型引数が1つ足りないことが示されています。型（つまり*というカインド）を期待しているのにMaybeのカインドは* -> *であると書かれています。

先述のように->を含むカインドを持つものは型引数をとる型コンストラクタです。

```
Prelude> :k Maybe
Maybe :: * -> *
```

Maybeに*の型引数を1つ渡せば、結果カインドは*となって型として認められることがカインド表記からわかります。ここではMaybeにIntを渡してみましょう。これはエラーが出ません。

```
Prelude> :t undefined :: Maybe Int
undefined :: Maybe Int :: Maybe Int
```

* -> * -> *のカインドを持つものは型を2つとる型コンストラクタです。関数を表す型コンストラクタの->には、型を2つ渡す必要があります。

```
Prelude> :k (->) -- かっこで囲む必要がある
(->) :: * -> * -> *
Prelude> :k Maybe Int -> Int
Maybe Int -> Int :: *
```

---

[19] GHCにおいては特殊なカインドとして#があり、プリミティブな型を表現する際に用いられます。

3.3.2　型変数

　型の表記にも、変数が使えます。常の式の中で使う変数と区別するために、これを**型変数**（type variables）と呼びます。

　型変数は通常の変数と同様に小文字から始まる識別子を使えますが、a、b、f、mなどの小文字一文字を使うことがほとんどです[20][21]。型変数には型コンストラクタを代入できます。

　id、headなど、型が異なっても同じ実装を使いまわせる関数は、型変数を用いて定義されています。

```
Prelude> :t id
id :: a -> a
Prelude> :t head
head :: [a] -> a
```

　型変数を持つ型の関数では、型変数の具体化は関数適用時に行われます[22]。

■────── 型制約

　これらの型変数には制約をかけられます。制約とは名前の通り、型変数の型を限定することです。特定の型クラス[23]に所属する型のみに型を限定できます。

　これを**型制約**（type constraints）と言います。

　型制約と型を => で区切ります。=> の左側に型変数が満たすべき条件を書いて、それを満たすように制約を課します。

```
式 :: 型制約 型変数 => 型
```

　show関数の型を見てみましょう。=> の左側の Show a は、「型変数aに代入できるのはShow型クラスというグループに属する型だけである」ことを意味します。これによって型変数を用いながらも任意の型すべてではなく、適切な型のみを使うことを明示できます。

```
Prelude> :t show
show :: Show a => a -> String
```

....

[20]　aとbは一般的に任意の場面で使われる型変数名。fはFunctor、mはMonadといった型クラス（第5章参照）に由来する型変数名です。

[21]　3.2.2で紹介した任意の型を示すtやt1も型変数です。

[22]　GHC拡張であるRankNTypesを指定した場合はそうとは限りません。

[23]　型クラスについては3.8で解説します。

■──── 型変数のカインド

型変数にも型コンストラクタと同様にカインドがあります。型変数のカインドは * とは限らず、
* -> * などのように引数を1つ以上とる型コンストラクタである場合もあります。

例えば、Functor 型クラスに定義されている fmap :: Functor f => (a -> b) -> f
a -> f b という関数は f と a と b という3つの型変数を持っています[24]。a と b は関数の引数と
返り値に用いられているためカインドは * です。f のカインドは f a や f b というように、a や
b を型引数にとれることから、* -> * だとわかります。

```
Prelude> :t fmap
fmap :: Functor f => (a -> b) -> f a -> f b
```

型変数 f には Functor 型クラスに属する型コンストラクタ(カインドは * -> *)である
Maybe や IO、[] などが入りえます[25]。

次の例では fmap を型変数 f に [] を、a と b に Int を代入して利用しています。この場合、
fmap は Int 型のリストに対する map 関数として振る舞います。

```
Prelude> fmapIntList = fmap :: (Int -> Int) -> [Int] -> [Int]
Prelude> fmapIntList (* 10) [1, 3, 5]
[10,30,50]
```

3.4 代数的データ型

型はユーザが独自に作り出せます。新しい型を作るのに必要なのが、**代数的データ型**(algebraic
data type、**ADT**)です。

代数的データ型を用いると、型同士を組み合わせて新しい型とすることができます。複数の型
を1つの型に集約することができるということなので、これで複雑な型も表現可能です。また、
既存の型とは関係なく新しい型も作り出せます。ひとまず他言語の構造体やクラス定義と同等の
機能を提供するものと考えてください[26]。

代数的データ型と 2.6.2 で説明したパターンマッチは密接に関係しています。代数的データ型
を引数にとる関数では、異なる形式を持つデータをパターンマッチによって場合分けします。代
数的データ型が持っている値を参照するには、パターンマッチを使って各フィールドの値で変数
を束縛します。

---

[24] fmap 関数はリストで活用した map 関数をより広範に使えるようにしたもので、よく使う関数の1つです。5.3.1 で解説しています。

[25] Int や Bool など、カインドが * である型コンストラクタを f への代入はできません。

[26] 一般的に構造体やクラスのフィールドには名前が付けられますが、Haskell の代数的データ型でフィールドに名前を付けるには、3.5
のレコード記法を用いる必要があります。

第**3**章　型・型クラス

3.4.1　データコンストラクタ

　代数的データ型を定義するには、**データコンストラクタ**を使います。左辺に**data**キーワードと型コンストラクタ名(型名)、右辺にデータコンストラクタ名と各フィールドの型を指定します。

```
data 型コンストラクタ名 = データコンストラクタ名 フィールドの型1 フィールドの型2 ...
```

3.4.2　データコンストラクタ名の規則

　データコンストラクタ名は自分で決められます。型コンストラクタ名と同様に大文字から始まる識別子を使います。型コンストラクタ名と同じ識別子を使うことが多く[27]、Bike型の、データコンストラクタ名Bikeのように使われます。

■────　データコンストラクタの実例

　実際に代数的データ型を定義してみましょう。ここではサンプルとして会社員のためのEmployee型を定義します。Employee型はInteger型の年齢、Bool型による管理職フラグ、そしてString型の名前の3つのフィールドを持つものとします[28]。ここでは型コンストラクタ名とデータコンストラクタを区別できるようにNewEmployeeという名前を使います。

```
Prelude> data Employee = NewEmployee Integer Bool String
```

　REPL上で表示するために、末尾にderiving (Show)を追加します[29]。

```
Prelude> data Employee = NewEmployee Integer Bool String deriving (Show)
```

　定義したデータコンストラクタは関数として使えます。REPLで型を表示させてみると、フィールドであるInteger、Bool、Stringの3つの引数を受け取り、Employee型を生成する関数であることがわかります。

```
Prelude> :t NewEmployee
NewEmployee :: Integer -> Bool -> String -> Employee
Prelude> employee = NewEmployee 39 False "Subhash Khot"
Prelude> employee
NewEmployee 39 False "Subhash Khot"
```

．．．

[27] 型コンストラクタ名とデータコンストラクタ名は重複が許されています。

[28] Employee型が保持できる値は、3値のタプル(Integer, Bool, String)に相当します。

[29] deriving句といいます。これについては3.10.5で解説します。以後も同様にderving句を指定します。Show型クラスについては3.10.1を参照してください。

Employee型の値の各フィールドにアクセスするには、パターンマッチを使います。データコンストラクタ**NewEmployee**は、そのままパターンとして利用できます。**age**、**isManager**、**name**という3つのローカル変数を導入して、それぞれのフィールドの値へ束縛します[30]。

```
Prelude> NewEmployee age isManager name = employee
Prelude> age
39
Prelude> isManager
False
Prelude> name
"Subhash Khot"
```

データコンストラクタはコンストラクタとも呼ばれます。**Just**などがそうでした。本書では以降、単にコンストラクタと書いた場合はデータコンストラクタを指すものとします。

3.4.3　異なる形式のデータからの選択

代数的データ型は、「複数のコンストラクタのいずれか1つを使う」という定義もできます。代数的データ型の宣言時に複数のデータコンストラクタを指定し、生成時にいずれかを利用します。

複数のコンストラクタから新しい型を定義するには、|で定義を複数並べます。

```
data 型コンストラクタ名 = データコンストラクタ名1 フィールドの型1-1 フィールドの型1-2 ...
             | データコンストラクタ名2 フィールドの型2-1 フィールドの型2-2 ...
```

Integer、**Bool**、**String**のいずれもコンストラクタのフィールドにできる代数的データ型**CmdOption**を定義しましょう[31]。

```
data CmdOption = COptInt Integer
               | COptBool Bool
               | COptStr String
               deriving (Show)
```

CmdOptionが型の名前、**COptInt**、**COptBool**、**COptStr**の3つがコンストラクタです。コンストラクタが複数必要となるため、型の名前と同名の**CmdOption**をコンストラクタ名にするだけでは名前が足りなくなります。そのため、ここでは接頭辞**COpt**を持つ名前を3つ、コンストラクタとして定義しました。

値の生成は、コンストラクタが1つだった時と同様に各コンストラクタを関数として使うだけです。

---

[30] データコンストラクタのフィールドは型1つでも問題ありません（例：data Slack = NewSlack String deriving Show）。パフォーマンス上の理由からこのような場合はnewtypeを用います。

[31] 1.3.3で説明したように外部のファイルを記述して、:loadで読み込んでください。

第**3**章 型・型クラス

先ほどと同様、コンストラクタは関数として働きます。コンストラクタを使い分けることで、Integer型の値からもString型の値からもCmdOption型が作られることがわかります。

```
Prelude> :t COptInt
COptInt :: Integer -> CmdOption
Prelude> :t COptBool
COptBool :: Bool -> CmdOption
Prelude> :t COptStr
COptStr :: String -> CmdOption
Prelude> opt1 = COptInt 120
Prelude> opt2 = COptStr "0x78"
Prelude> :t opt1
opt1 :: CmdOption
Prelude> :t opt2
opt2 :: CmdOption
```

CmdOption型の値は複数の形式を持っているため、CmdOption型を扱う関数ではパターンマッチによって場合分けをします。コンストラクタが3つあったので、それぞれについてIntを取り出す式を定義します。COptBoolについては、Bool型はdata Bool = False | Trueと定義されているので、持っているBool型の値についてさらにコンストラクタによって場合分けをして定義します。

```
coptToInt :: CmdOption -> Int
coptToInt (COptInt  n    ) = fromIntegral n
coptToInt (COptStr  x    ) = read x
coptToInt (COptBool True ) = 1
coptToInt (COptBool False) = 0
```

この関数により、CmdOptionをIntに変換できます。opt1はInteger型、opt2はString型というようにそれぞれ別々の型を元に作った値ですが、どちらもInt型へ変換できます。

```
Prelude> coptToInt opt1
120
Prelude> coptToInt opt2
120
```

3.4.4　正格性フラグ

コンストラクタはデフォルトではすべての引数について非正格です。コンストラクタの定義において型の前に正格性フラグ！を付けると、その引数について正格になります[32]。

....

[32] ここでは例にレコード記法を用いています。3.5を参照してください。

代数的データ型 **3.4**

```haskell
data LazyAndStrict = LazyAndStrict
                       { lsLazy   :: Int
                       , lsStrict :: !Int
                       }
```

```
Prelude> lsStrict $ LazyAndStrict undefined 2 -- 第1引数は非正格
2
Prelude> lsLazy $ LazyAndStrict 1 undefined    -- 第2引数は正格
*** Exception: Prelude.undefined
CallStack (from HasCallStack):
  error, called at libraries/base/GHC/Err.hs:79:14 in base:GHC.Err
  undefined, called at <interactive>:87:26 in interactive:Ghci5
```

　コンストラクタを非正格にしておくと、サンクが溜まってスペースリークの原因となることがあります。特に理由がなければ正格性フラグを付けておきます[*33]。

3.4.5　Preludeにおける代数的データ型

　すでに見たPreludeのMaybe、Bool、Either型は代数的データ型として定義されています。MaybeとEitherはdata定義の左辺に型変数が伴う形で定義されています。

```haskell
data Bool = False | True
data Maybe a = Nothing | Just a
data Either a b = Left a | Right b
```

　また、Haskellの文法で記述ができない型でも、代数的データ型として振る舞うべきと定められているものが多くあります[*34]。

```haskell
-- 擬似コード。文法として正しくない
data Int = minBound ... -1 | 0 | 1 ... maxBound
data Char = ... 'a' | 'b' ... -- ユニコード文字も含む
data () = ()
data (a,b) = (a,b)
data [] a = [] | a : [a]
```

[*33] GHCのStrictData拡張はデフォルトでコンストラクタを正格にしてくれます。

[*34] 次のHaskellのコードは文法上は正しくありません。ここで書いたような振る舞いが求められていることを説明するためのものです。

第**3**章 型・型クラス

3.5 レコード記法

他の多くのプログラミング言語で構造体やクラスを扱う場合、フィールドには名前を付けられます。Haskellでは、**レコード記法**で、代数的データ型のフィールドに名前を付けます。

レコード記法は、{ }内にフィールド名 :: 型名という形式で並べます。実際に書いてみましょう。

```
data 型コンストラクタ名 = データコンストラクタ名 { フィールド名1 :: 型名1, フィールド名2 :: 型名2 }
```

```
data Employee = NewEmployee { employeeAge :: Integer
                            , employeeIsManager :: Bool
                            , employeeName :: String
                            } deriving (Show)
```

それぞれのフィールドに、employeeAge、employeeIsManager、employeeNameという名前を付けました[35]。定義したフィールド名は、コンストラクタを呼び出すときに利用します。

```
employee :: Employee
employee = NewEmployee { employeeName      = "Subhash Khot"
                       , employeeAge       = 39
                       , employeeIsManager = False
                       }
```

コンストラクタの呼び出しには、=を利用します[36]。この時、コンストラクタに渡す順番が定義した順番と違っても構いません。

3.5.1 フィールドへのアクセス

レコード記法によって定義されたデータ型では、パターンマッチの代わりにフィールド名を関数として使い、その値へアクセスします。

employeeAgeの型を見てみると、Employee型の値をとってInteger型の値を返すことがわかります。

```
Prelude> -- あらかじめ代数的データ型`Employee`を定義しておく
Prelude> :t employeeAge
employeeAge :: Employee -> Integer
```

---

[35] Haskellの文法ではフィールドの定義の最後に余分なカンマを入れられず、カンマを行末に書くと最後の要素だけカンマを除いて書く必要があります。そのため、カンマを行の先頭に書くことがよくあります。こうしておくと、末尾に新たなフィールドを加えるときも既存の行のカンマを編集しなくて済みます。

[36] ちょうど::の部分に=を入れるイメージです。

フィールドはただの関数であり、特別な糖衣構文は用意されていません。そのため、他の一般的な言語とデータとアクセサの語順が逆、すなわち**アクセサ　データ**の順になります。この点は注意が必要です。

```
Prelude> -- あらかじめ代数的データ型を定義し、生成しておく
Prelude> employeeAge employee
39
Prelude> employeeIsManager employee
False
Prelude> employeeName employee
"Subhash Khot"
```

関数であるが故の注意がもう1つあります。フィールド名は普通の関数と同じように、モジュール内で共有される名前空間に置かれます。他の一般的なプログラミング言語のように、型名が名前空間で別れるようなことはありません。

例えば、次のように2つのデータ型AとBでxというフィールドを定義しようとしたとします。

```
data A = NewA { x :: Int }
data B = NewB { x :: Int }
```

このプログラムをビルドしようとすると、エラーが発生してビルドできません。

```
chap03/src/sec04-field_error.hs:2:17: error:
    Multiple declarations of 'x'
    Declared at: chap03/src/sec04-field_error.hs:1:17
                 chap03/src/sec04-field_error.hs:2:17
```

そのため、`age`や`name`のような一般的な名前を付けると、同じようなデータ型を作ったとき名前衝突の可能性があります。フィールドの命名には注意すべきです[37]。

3.5.2　フィールドの値の差し替え

代数的データ型の値の一部のフィールドのデータを差し換えたい場合にも、フィールド名を使えます。ただし、Haskellのデータはすべてイミュータブルなので、生成した値の書き換えはできません。代わりに、指定したフィールドのみ別のデータを持つ値を、コピーして生成します。

フィールドを差し替えるには、コンストラクタのときと同様に`{ ... = ... }`の書式を使います。ただし、コンストラクタ`NewEmployee`の代わりに差し替える対象となる値を指定します。`employeeAge`フィールドについては、元の値に1を加えて更新します。

---

[37] GHCでは、`DuplicateRecordFields`という言語拡張を有効にするとこのような定義が可能になります。

第**3**章 型・型クラス

実際に書いてみましょう[38]。

```
employee' :: Employee
employee' = employee { employeeIsManager = True
                     , employeeAge = employeeAge employee + 1
                     }
```

```
Prelude> employeeAge employee'
40
Prelude> employeeIsManager employee'
True
Prelude> employeeName employee'
"Subhash Khot"
Prelude> employeeAge employee -- 元のデータは書き換わらない
39
```

Column

代数的データ型の定義で生成される識別子

　代数的データ型を定義すると、式と型を表す識別子が多数生成されます。生成されている識別子を正しく把握することは重要です。一度ここで整理しておきましょう。

　型変数とレコード記法を使って作った次のような定義を考えてみます。この定義に出てくるそれぞれの識別子は、式と型どちらでしょうか。続きを読む前に、答えを考えてみてください。

```
Prelude> data A = B
Prelude> data C d = E { f :: d, g :: A }
Prelude> data H = I A (C A)
```

　答えは、A、C、d、Hが型で、B、E、f、g、Iが式となります。

　ただし、型dは型変数なので識別子としては公開されません。識別子BとE、Iはコンストラクタであり、パターンマッチ内で使えます。

　また、fとgはフィールド名であり、C　d型の同名のフィールドの差し替え時のレコード記法などで利用できます。きちんとすべて答えられましたか。

```
Prelude> :k A
A :: *
Prelude> :t B
B :: A
Prelude> :k C
C :: * -> *
Prelude> -- dは型変数だが、トップレベルの識別子ではない
Prelude> :t E
E :: d -> A -> C d
```

....

[38] ここでも適当なファイルにコード片を書き出した後、:loadを用いてREPLに読み込ませましょう。

```
Prelude> :t f
f :: C d -> d
Prelude> :t g
g :: C d -> A
Prelude> :k H
H :: *
Prelude> :t I
I :: A -> C A -> H
```

名前先頭の大文字・小文字に注目しても、型か式かはわからないことに注意が必要です。dは小文字ですが型であり、また、コンストラクタBとE、Iは大文字ですが式です。

data定義の右辺には式と型の両方が入り混じって登場しますが、特に大文字の識別子は式と型の命名規則が似ており、間違いやすくなっています。

型Hの定義の右辺を注意して見なおしてみてください。それぞれの識別子が何であるかは、識別子の定義のされ方や利用のされ方を見て判断しなければなりません。

3.6 再帰的な定義

data宣言の右辺で、定義しようとしている型(左辺に書いた型)を用いると、再帰的な代数的データ型を定義できます。

3.6.1 二分木による辞書

再帰的な定義によって任意の大きさを持つコンテナを表現できます。コンストラクタが非正格なため、有限ではない大きさのデータ構造であっても自然に扱えます。

まずは基本的なものを木構造を使った辞書を例に解説します。

辞書にはキーと値が必要です。これらの型をそれぞれk、vという型変数を用い、辞書の型をTreeDict k vとします。この辞書は、キーと値を持つノードからなり、これをTDNodeというコンストラクタで表します。

各ノードには2つの枝があり、自分よりも小さいキーを左側に、大きいキーを右側に持つようにします。枝が存在しない末端については、TDEmptyコンストラクタで表すことにします。

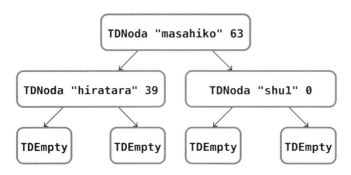

図2　TreeDict String Int型

これを元に定義を書きます。TDNodeの中、第三引数と第四引数で自分の型TreeDict k vが2回参照されています。これがそれぞれ左の枝と右の枝を表します。この再帰構造によって、任意の個数のエントリを格納できるようになります。

```
data TreeDict k v = TDEmpty
                  | TDNode k v (TreeDict k v) (TreeDict k v)
                  deriving (Show)
```

■──── データの格納

辞書にデータを入れるための関数insertを定義します。insertは、登録するキーと値、そして挿入先のTreeDictの3つの引数を取り、新しいTreeDictを返す関数です[39]。

```
-- k(Ordの型制約)、v、TreeDict型を引数にTreeDict型を返す
insert :: Ord k => k -> v -> TreeDict k v -> TreeDict k v
-- 第三引数のTreeDictの型でinsertの実装を分ける
-- TDEmptyコンストラクタの場合
insert k v TDEmpty = TDNode k v TDEmpty TDEmpty
-- TDNodeコンストラクタの場合
insert k v (TDNode k' v' l r)
  | k < k'    = TDNode k' v' (insert k v l) r
  | k > k'    = TDNode k' v' l              (insert k v r)
  | otherwise = TDNode k' v  l              r
```

重要なポイントは既存のTreeDictに要素を追加して上書きするのではなく、新しく生成する点です。Haskellのデータはイミュータブルなので、引数に指定したTreeDictをコピーした新しいTreeDictの生成が必要です[40]。

---

[39] 型制約中のOrd aは、aが==、<、>で比較できるような型であることを意味します(3.10.2の比較演算子を参照)。

[40] データの格納のたびにコピーすると書くとパフォーマンスが気になりますが、イミュータブルであるデータは安全に複数の箇所から共有できるため、データの大部分は実際にはコピーされず、コピー元とコピー先で共用されます。

全体を見てみましょう。`TreeDict`型の再帰構造に沿って、`insert`も再帰的な定義となっています。

挿入先（`insert`関数の第三引数）が`TDEmpty`であれば、新しい`TDNode`を生成してそこにキーと値を格納します。挿入先が`TDNode`の場合は、既存のノードのキー`k'`の値の大小を見て、左の木`l`か右の木`r`（それぞれ`TreeDict`型）のどちらかへ`insert`を使って値を登録します。`k`と`k'`の値が同じ場合[*41]は、もともとのキーである`k'`をコピーし、値のみ新規に設定しています。

■——— データの取り出し

データを取り出す関数も作りましょう。`TreeDict`とキーを受け取って、値を返す`lookup'`関数を作成します[*42]。

まずは辞書を用意します。`$`で`TDEmpty`を定義したら、キーと値をどんどん登録していきます。`insert`に`k`と`v`を部分適用すると、`TreeDict`に値を登録して変換する関数になり、`.`で合成できます。

```
dict :: TreeDict String Integer
dict = insert "hiratara" 39
     . insert "shu1"       0
     . insert "masahiko" 63
     $ TDEmpty
```

`lookup'`関数を作成します。`insert`関数を参考にすると、わかりやすいコードです。辞書内に値が存在しないことがあるので、返り値に`Maybe v`型[*43]（2.7.3参照）を採用しています。作った辞書を`lookup'`で検索すると値が取り出せます。存在しない場合は`Nothing`が返ってきます。

```
lookup' :: Ord k => k -> TreeDict k v -> Maybe v
lookup' _ TDEmpty = Nothing
lookup' k (TDNode k' v' l r)
  | k < k'    = lookup' k l
  | k > k'    = lookup' k r
  | otherwise = Just v'
```

```
Prelude> lookup' "hiratara" dict
Just 39
Prelude> lookup' "pinnyu"   dict
Nothing
```

[*41] ここでは、`k`と`k'`を比較して大小がない、すなわち`k == k'`のケースを`otherwise`で表現しています。包括的なパターンマッチであることを示すために、残りすべてのケースを示す`otherwise`を最後に置いています。

[*42] `lookup`は`Prelude`モジュールがエクスポートする識別子です。代わりに`lookup'`と命名しました。

[*43] ここでは`TreeDict k v`に合わせて型変数`v`としています。

第**3**章 型・型クラス

　なお、ここで実装したような辞書はよく使われるデータ構造であるため、GHCに同梱されているcontainersパッケージの中に、Data.Mapという効率のいい実装が定義されています。普段はこちらを使います*44。

```
import qualified Data.Map.Strict as M

dict' :: M.Map String Integer
dict' = M.insert "hiratara" 39
      . M.insert "shu1"       0
      . M.insert "masahiko" 63
      $ M.empty
```

```
Prelude M> M.lookup "shu1" dict'
Just 0
```

代数的データ型としてのリスト

　リスト（2.7.1参照）は、再帰的な代数的データ型として振る舞うべきとされている型です。次のように定義されているものとして振る舞うことが求められます。

```
-- 擬似コード。文法として正しくない
data [a] = [] | a : [a]
```

　コンストラクタ[]は、先ほどのTreeDictの例のTDEmptyの役割をします。:はa型の値と、定義しようとしている[a]型の値からなります。aが先頭要素で、[a]がリストの残りの部分を表します。リストのパターンマッチで[]と:を用いるのも、このような定義だと考えると自然です。

```
Prelude> xs = 1:2:[]
Prelude> xs
[1,2]
Prelude> let _:x:[] = xs in x
2
```

----

*44 モジュール名にLazyやStrictの記述があるものは、一般的に非正格であるか正格であるかを表します。どちらを使っても構いませんが、扱うデータが小さかったり、データ構造のほとんどにアクセスする必要がある場合はStrictな実装のほうが一般的に効率的です。

型の別名 **3.7**

3.7 型の別名

　型名が長過ぎて可読性を損ねていたり、同じ形式であってもデータの持つ意味が違ったりする場合、型に別の名前を付けられると便利です。前者の目的では type キーワードを、後者の目的では newtype キーワードを使います。

3.7.1　type

　type キーワードを使うと、型に別名を付けられます。これを、**型シノニム**（type synonym）と呼びます。

　型シノニムは、煩雑な型に簡単な別名を付けてコードの見通しをよくしたり、一般的過ぎる名前の型に具体的な別名を与えて人間へのドキュメントとして使ったりされます。

　legalDrink :: Integer -> Bool という型の関数を考えてみましょう。この関数は飲酒の可否を確認するもののようですが、このままでは第一引数に何を渡せばいいのか自明とは言えません。このような場合に型に別名を付けて、型にこの関数の仕様を説明させます。Integer 型に Age 型という別名が付いたことで年齢が求められていることがわかります。

```
type Age = Integer -- typeに続き左辺に新しい型名、右辺にもともとの型名を書く

legalDrink :: Age -> Bool
legalDrink age | age >= 20 = True
               | otherwise = False
```

　type キーワードはあくまでも別名を付けるだけで、名前以外 Age と Integer は完全に同じ型です。そのため、legalDrink には年齢以外の数字も渡せてしまいます。型エラーでは弾けません。ケアレスミスを防ぐ用途には不十分です。

```
Prelude> age = 24 :: Age
Prelude> n   = -1 :: Integer
Prelude> legalDrink age
True
Prelude> legalDrink n
False
```

　型シノニムは実は今までもよく目にしています。Prelude で定義されている String 型です。String は、単なる [Char] の別名です。そのため、リストに用いる関数がそのまま文字列でも使えるのでした。

```
type String = [Char]
```

103

第3章 型・型クラス

■——— 部分適用を施した型シノニム

type宣言では型変数も使えます。これを用いて、型引数が多い型コンストラクタの一部の型を部分適用して新しい型を作るのもよくあるtypeの使われ方です。

例えば、Either a b型（2.7.4参照）ととともにアプリケーション内で自前で定義したAppErr型をエラーとして使うケースを考えます。これで毎回Either AppErrと型コンストラクタを記述するのは手間です。Either型[*45]にAppErrを部分適用したAppResultという型シノニムを用いることで型の表記を簡潔にできます。

```
data AppErr = NewAppErr deriving Show
type AppResult a = Either AppErr a
```

定義されたAppResultは、型コンストラクタとして型を適用して利用します。型コンストラクタなので、カインドも持っています。

```
Prelude> :k AppResult
AppResult :: * -> *
```

AppResultを用いた、[]に関してもボトムを返さないようなより安全なheadの定義を書けます。

```
safeHead :: [a] -> AppResult a
safeHead [] = Left  NewAppErr
safeHead xs = Right (head xs)
```

```
Prelude> safeHead [1,2,3]
Right 1
Prelude> safeHead []
Left NewAppErr
```

typeでは、dataやnewtype（3.7.2参照）と違って右辺にコンストラクタ名は書きません。

data定義の最初においた識別子NewAppErrは新たに導入したコンストラクタです。これは式として用います。type定義の最初に現れる識別子Etherは既存の型コンストラクタです。これは式ではなく型です。型定義に用いるキーワードを見て、式と型をきちんと区別できるようにしましょう。

....

*45 Either a b型でエラーの可能性がある関数の返り値を表せました。

3.7.2　newtype

typeと似たキーワードに、newtypeがあります。こちらもtypeと同様に型に別名を与えます。ただし、newtypeで定義された型は、元の型とは別の型となります。文字通り新しい型を作るわけです。そのため、typeと違って右辺にはコンストラクタ名が必須です。

> newtype 型コンストラクタ名 ＝ データコンストラクタ名 型

実際に型を作ってみましょう。コンストラクタを用いて、NTIndexed型の値を作ります。内部的な値は(10, "ten")のままですが、型が変わります。

```
Prelude> newtype NTIndexed a = NewNTIndexed (Integer, a) deriving Show
Prelude> x = NewNTIndexed (10, "ten")
Prelude> :type x
x :: NTIndexed [Char]
```

typeで定義した場合と違って、NTIndexed [Char]型は(Integer, [Char])型ではないため、タプルとしては操作できません。

```
Prelude> fst x

<interactive>:61:5: error:
    • Couldn't match expected type '(a, b0)'
                   with actual type 'NTIndexed [Char]'
    • In the first argument of 'fst', namely 'x'
      In the expression: fst x
      In an equation for 'it': it = fst x
    • Relevant bindings include it :: a (bound at <interactive>:61:1)
```

NTIndexed [Char]型を(Integer, [Char])へ戻すには、パターンマッチを使います。

```
Prelude> NewNTIndexed x' = x
Prelude> :t x'
x' :: (Integer, [Char])
Prelude> fst x'
10
```

newtypeを使うと、型の別名だけを外部に公開し、その詳細を外部から隠蔽できます。こうしておけば、後々もっと効率のいい別の内部表現を使った実装に差し替えるなど各種変更がしやすくなります[46]。

---

[46] スクリプト言語とは違い、内部構造が変わるとコンパイルし直す必要があります。あくまでもコードを書き換えずにそのまま使えるというだけです。

第**3**章 型・型クラス

■————— レコード記法を用いた型の変換

　型を変換するのに毎回パターンマッチを使うのは大変です。そこで、data句のときに利用したレコード記法を使って型を変換する関数を作ります。

　data句の場合はレコード記法によってフィールド名を付けましたが、newtypeの場合はレコード名として型名にunやrunを付けたものを利用し[47]、型コンストラクタを剥がして元に戻すのだという意図を現すことが慣例的に行われます。ここではunNTIndexedという名前を使うことにします。

```
newtype NTIndexed a = NewNTIndexed { unNTIndexed :: (Integer, a) }
                         deriving Show
```

　この定義により、2つの関数NewNTIndexedとunNTIndexedが定義されます。この2つの関数は同値な型であるNTIndexed aと(Integer, a)を行き来するための関数で、NewNTIndexed (unNTIndexed x) = xと、unNTIndexed (NewNTIndexed (n, x)) = (n, x)という性質を満たします[48]。平たく言えば、2つの型の間を何度変換しても値は変わらないということです。

```
Prelude> -- 引数xがそのまま返される
Prelude> NewNTIndexed (unNTIndexed x)
NewNTIndexed {unNTIndexed = (10,"ten")}
Prelude> -- 引数(2, "two")がそのまま返される
Prelude> unNTIndexed (NewNTIndexed (2, "two"))
(2,"two")
```

unNTIndexedにより、パターンマッチなしに簡単にタプルを取り出せるようになりました。

```
Prelude> y = NewNTIndexed (12, "twelve")
Prelude> snd (unNTIndexed y)
"twelve"
```

　このように互いの型を変換する関数が簡単に作れるため、newtypeでのレコード記法は多用されます。一見馴染みにくい書き方ですが、しっかりと意味を理解して慣れましょう。

----

[47] runは主にnewtypeで作った型がMonad型クラスに所属しているときに使う命名です。Monad型クラスに属していると、do式で計算を記述できます。runはそれを実行したうえで、newtypeから結果を取り出すという意味合いを持ちます。

[48] この事実は、newtypeの定義におけるコンストラクタはdataの場合と違って正格、つまりNewNTIndexed ⊥ = ⊥であることによります。

106

型クラス **3.8**

■──────── newtypeのコスト

newtypeは型が区別される以外はtypeと同等であるため、値の変換コストがまったくないことが保証されています。

NewNTIndexed と unNTIndexed は関数呼び出しに見えますが、呼び出しコストはまったくありません[*49]。

型チェック後にそのまま取り除かれます。

3.8 型クラス

型クラス（**type class**）はHaskellでアドホック多相を実現するための機構です。ひとまず、型クラスは型制約に使える、複数の型を一定の規則の元にまとめるための型のカテゴリや分類だと考えてください[*50]。

アドホック多相とは型に応じて場当たり的に異なる実装を適用することです（3.2.2参照）。そうはいっても、すべての型に対して適用できる関数をつくるわけにはいかないので、ある程度は型を限定する必要が出てきます。そこで型変数に制約を課しました（型制約、3.9参照）。型制約を可能にするのが型クラスによる型の分類です。型クラスに所属する型を、その型クラスの**インスタンス**（**instance**）と呼びます。

Haskellでは言語の中核といえる、重要な演算が型クラスとして表現されています（3.10参照）。

- 値の比較を扱うEqやOrd
- 数値の加減乗除を扱うNum、Integral、Fractional
- データと文字列の変換を規定するShowとRead
- I/Oアクションをはじめとしたdo式のサポートに必要なFunctorとMonad

型クラスを積極的に利用した設計により、+や−など、他のプログラミング言語では組み込みの演算子として用意されていることが多いものまで、Haskellでは自由にオーバーロードできます。

オブジェクト指向でいう継承関係を持たないHaskellにおいて、型クラスは拡張性のある設計を行うための強力な道具です。

[*49] 直接の変換コストはありませんが、例えば、[(Integer,String)]を[NTIndexedString]に変換するのにmap NewNTIndexedを使ってしまうとmapのコストがかかります。このような内部表現が同じデータを効率よく変換したい場合は、Data.Coerceというモジュールを利用します。詳細はData.Coerceのドキュメントを参照してください。

[*50] ここでのカテゴリとは圏論（category theory）とは関係ない一般的な用法です。

第**3**章 型・型クラス

3.8.1 　型クラスの例

型クラスの例を、型制約を通して見てみましょう。

```
Prelude> :t (+)
(+) :: Num a => a -> a -> a
```

Numが型クラスです。Numによる型制約があるためIntやFloatなどのNum型クラスに所属する型（インスタンス）は引数に指定できますが、Charなど属さないものは指定できません。

次のエラーでは、エラー原因としてChar型がNum型クラスにないことが記載されています。

```
Prelude> (+) 1 2
3
Prelude> (+) 'a' 'b'

<interactive>:25:1: error:
    • No instance for (Num Char) arising from a use of '+'
    • In the expression: (+) 'a' 'b'
      In an equation for 'it': it = (+) 'a' 'b'
```

REPL上では、型クラスに所属するインスタンスを:infoで一覧できます。

```
Prelude> :info Num
class Num a where
  (+) :: a -> a -> a
  (-) :: a -> a -> a
  (*) :: a -> a -> a
  negate :: a -> a
  abs :: a -> a
  signum :: a -> a
  fromInteger :: Integer -> a
  {-# MINIMAL (+), (*), abs, signum, fromInteger, (negate | (-)) #-}
      -- Defined in 'GHC.Num'
instance Num Word -- Defined in 'GHC.Num'
instance Num Integer -- Defined in 'GHC.Num'
instance Num Int -- Defined in 'GHC.Num'
instance Num Float -- Defined in 'GHC.Float'
instance Num Double -- Defined in 'GHC.Float'
```

instanceから始まる行を確認してください。WordやFloatなどNum型クラスのインスタンスとして指定されている型が確認できます。

3.8.2　用語の注意点

　Haskellでは型クラス（クラス）やインスタンスなど、他言語で少し聞き覚えのある用語が使われています。これらの用語の用法は、Haskellと他言語で異なっています。混同を防ぐために、ここでは用語の相違点や関係を一旦まとめます。

　オブジェクト指向では、クラスはデータ構造の定義で型に近いもの、インスタンスはクラスが定義する構造を実際に持つデータを指します。Haskellの型クラスとインスタンスは、かなりニュアンスが違います。Javaでたとえるなら、型クラスはインタフェースに、インスタンスは具象クラスにそれぞれ該当します。まとめると表のような対応関係になります[51]。

Java	Haskell	備考
インタフェース	型クラス	型が持つべきメソッドを規定
具象クラス	インスタンス	規定されたメソッドの実装
インスタンス	値	個々のデータ

　型クラスで定義され、任意の型によって具体的に実装される、型クラスに紐付いた関数を**メソッド**と呼びます。オブジェクト指向における用語と近いです。3.8.1を見れば、Num型クラスでは(+)やnegate関数が型クラスのメソッドとして定義されていることが読み取れます。Haskellの型クラスが定義するメソッドは、Javaはじめその他のオブジェクト指向言語のようにデータに紐付いた関数というものではありません。メソッドの属する型を第一引数とする必要もなく、第二引数でも、返り値やコールバック関数の引数がメソッドの属する型となるような定義も許されます。StringやIntegerのような型引数のない型だけではなく、MaybeやIOのように型引数をとる型コンストラクタについてもメソッドを規定できます。メソッド定義は非常に柔軟性が高く、この仕組みがHaskellの型の表現力を高めています[52]。

3.8.3　型クラスとインスタンスの定義

　型クラスはメソッドと、どの型がその型クラスのインスタンスかで特徴づけられます。Num型クラスは(+)などのメソッドを持ち、インスタンスにはInt型やDouble型が確認できます（3.8.1参照）。型クラスの使い方を実際に試して覚えましょう。オブジェクト指向の解説で伝統的に用いられることが多い、動物ごとに異なった挨拶をさせるという例を書きます。

---

[51]　根本的にはこれらは異なる概念なので違いは多々あります。用語のイメージを捉えるためにはある程度役に立ちます。

[52]　FunctorとMonadはそのような型クラスの1つで、引数を1つとる* -> *というカインドを持つ型についてメソッドを規定します。MaybeやIOはFunctor型クラスとMonad型クラスの両方に属しています（第5章参照）。

事前にDog、Cat、Humanの3種類の動物をdataで定義します。Humanだけは名前を持っているので、String型の値を保持できるようにします。

```
data Dog = Dog deriving Show
data Cat = Cat deriving Show
data Human = Human String deriving Show
```

■──── 型クラスの定義

型クラスはclassキーワードで定義します。型クラス名と型変数を用意し、where以下で型変数を用いてメソッドの型を定義します[*53]。それぞれの関数では型変数が使われていなければなりません。3.8.1のNumクラスの定義も参考にしてください。

```
class 型クラス名 型変数名 where
    関数名1 :: 型名1
    関数名1のデフォルト実装
    関数名2 :: 型名2
    ...
```

これをもとに3つのメソッドname、hello、byeを持つGreeting型クラスを定義します。

```
class Greeting a where
  name  :: a -> String
  hello :: a -> String
  hello _ = "..." -- hello関数のデフォルトの実装
  bye   :: a -> String
  bye   _ = "..." -- bye関数のデフォルトの実装
```

helloの型をREPLで見てみると、多相的な関数として定義されており、型変数aにはGreeting型クラスに属するという制約がかかっていることがわかります。class句で定義した型クラスが、where以下で定義した関数の制約となります。

```
Prelude> :t hello
hello :: Greeting a => a -> String
```

helloの定義にはデフォルトの実装がありますが、helloの型変数aに当てはめる型が、Greeting型クラスに属していない限りは呼び出せません。ここでインスタンスの必要性が出てきます。

```
Prelude> hello Dog
```

[*53] class定義において型だけではなく、関数のデフォルトの実装も提供できます。

```
<interactive>:40:1: error:
    • No instance for (Greeting Dog) arising from a use of 'hello'
    • In the expression: hello Dog
      In an equation for 'it': it = hello Dog
```

■──── インスタンスの定義

　型クラスの実装を提供する型を**インスタンス**と呼びます。型クラスのインスタンスの指定には、instance句を使います。

　instance句はclass句と同様の語順で使います。まず所属させたい型クラスの名前を書き、その後ろにインスタンスとしたい型名を書きます。ちょうど、class定義の型変数の部分に型名を当てはまる形になります。where句以下には実装を書きます。

```
instance 型クラス名 型名(インスタンス名) where
    関数名 = 式
```

　型はclass定義中の型変数をインスタンスにしたい型名に機械的に置き換えたものになります。instance宣言においてメソッドに型は書けません[*54]。

　Dog、Cat、Humanの3つの型をGreeting型クラスのインスタンスとして定義しましょう。

```
instance Greeting Human where
  name   (Human n) = n
  hello h          = "Hi, I'm " ++ name h ++ "."
  bye    _         = "See you."

instance Greeting Dog where
  name _ = "a dog"
  hello _ = "Bark!"

instance Greeting Cat where
  name _ = "a cat"
  bye   _ = "Meow..."
```

　それぞれGreeting型クラスのインスタンスになりました。それぞれの型（実際はコンストラクタ）に対してhelloとbyeを呼び出せます。定義を省略したDogのbyeとCatのhelloでは、class定義内で定義したデフォルトの実装が呼ばれます。

```
Prelude> hello (Human "takeshi")
"Hi, I'm takeshi."
Prelude> hello Dog
"Bark!"
Prelude> hello Cat
```

．．

[*54] GHCでは言語拡張InstanceSigsを指定することでインスタンスメソッドに型を記述できるようになります。

第**3**章 型・型クラス

```
"..."
Prelude> bye (Human "takashi")
"See you."
Prelude> bye Dog
"..."
Prelude> bye Cat
"Meow..."
```

3.8.4 型クラスとカインド

型クラスは、型や型コンストラクタと同じ名前空間に存在します。これらはGHCではカインドによって区別できます。

型のカインドは*でした。GHCでは型クラスは`Constraint`という特殊なカインドで定義されます。型クラスのカインドを見ることで、どのようなカインドを持つものが型クラスのインスタンスとなれるかがわかります。

```
Prelude> :k Greeting
Greeting :: * -> Constraint
```

`Greeting`は*というカインドを持つものを受け取って`Constraint`を作るので、*というカインドの型がインスタンスになれることがわかります。

`Functor`型クラスのカインドは次のように指定されています。* -> *というカインドを持つものを受け取ることが読み取れます。`Functor`型クラスのインスタンスになれるのは、* -> *というカインドの型コンストラクタであることがわかります。

```
Prelude> :k Functor
Functor :: (* -> *) -> Constraint
```

> **Column**
>
> ## プロンプトの省略表記
>
> `stack ghci`によるREPLはデフォルトの状態で複数のモジュールを読み込むと、表示が長くなり見にくくなってしまいます。
>
> プロンプトの表示は、`:set prompt`と`:set prompt2`で変更できます。
>
> 今後本書では、REPLのプロンプトの表記が長くなりすぎる場合に次のコマンドによって変更されたプロンプトを用いて表記します。本書の中で`ghci>`という記述を見かけたら思い出してください。
>
> ```
> Prelude> :set prompt "ghci> "
> ghci> :set prompt2 "ghci| "
> ```
>
> `prompt2`は式が複数行に渡る場合に利用されます。複数行に渡る式をREPLで指定するには、`:{`と`:}`の2つのコマンドが用いられます。

```
ghci> :{
ghci| let loop 0 = return ()
ghci|     loop n =
ghci|        do print n
ghci|           loop (n - 1)
ghci| in  loop 3
ghci| :}
3
2
1
```

3.8.5 Monoid型クラス

　型クラスへの理解を深めるために、Monoid[*55][*56]型クラスに触れてみましょう。この型クラス平たく言えば、加え合わせて1つにできる型の集まりです。Monoid型クラスは次のように定義されます。インスタンスとなるにはmemptyとmappendの2つのメソッドが必要です。mconcatはデフォルトの実装があるので、実装する必要はありません[*57]。

```
class Monoid a where
      mempty  :: a
      mappend :: a -> a -> a
      mconcat :: [a] -> a
      mconcat = foldr mappend mempty
```

　mappendは2つの値を加え合わせて1つにする関数で、足し算のようなものです。Data.Monoidモジュールでは<>という別名が用意されており、こちらを使うと簡単です。memptyは単位元、足し算における0の役割を果たすものです。
　Monoid型クラスのインスタンスで特に重要なのは、リストです。これは次のように空リストとリストの連結によって定義されます。

```
instance Monoid [a] where
      mempty  = []
      mappend = (++)
```

....

*55　第5章のモナドとモノイド（Monoid）は数学的には関連した概念ですが、Haskellの型クラスとしては直接の関連はなく、意識する必要はありません。

*56　GHCのbaseパッケージのData.Monoidモジュールで定義されています。PreludeでもMonoidがエクスポートされるため、とくにimportせずに使えます。

*57　型クラスのデフォルト実装についてはStackageやHackageで確認できます。パッケージ名などで検索してみてください。mconcatはmconcat ["Has", "kell"] -- "Haskell"のように使います。

第**3**章　型・型クラス

リストは++演算子によって結合できましたが、Monoid型クラスのインスタンスなので<>を使えます。

```
Prelude> import Data.Monoid
Prelude Data.Monoid> [1,2,3] <> [4,5] -- mappend [1,2,3] [4,5]と同じ
[1,2,3,4,5]
```

もちろん、[Char]である文字列でも同じように<>が使えます。

```
Prelude Data.Monoid> "AB" <> "C" <> "DE"
"ABCDE"
```

数値型はすべてMonoid型クラスのインスタンスです。<>の演算はここまで自明でしたが、数値型では足し算だけではなくかけ算も選べるので、newtypeによって足し算用のSumとかけ算用のProductの2つのインスタンス定義があります。

getSumとgetProductがそれぞれの型から数字を取り出すためのフィールド名であり、この関数を用いると<>を使って足し算とかけ算ができます[58]。

```
Prelude Data.Monoid> getSum     $ 3 <> 2 -- 足し算
5
Prelude Data.Monoid> getProduct $ 3 <> 2 -- かけ算
6
```

Text型やByteString型（7.3参照）もMonoidのインスタンスです。<>を使って文字列を結合させます。

```
ghci> -- GHCの言語拡張を有効にする。ここでは文字列の型を変更する拡張
ghci> :set -XOverloadedStrings
ghci> import Data.ByteString
ghci> ("A " :: ByteString) <> "ByteString"
"A ByteString"
```

少し変わったところでは、Maybe a型にはFirstとLastという2つのnewtypeによるMonoid型のインスタンスがあります。

前者は最初に現れたJustコンストラクタの値を、後者は最後に現れたJustコンストラクタの値を返します。getFirst、getLastはnewtypeを剥がすためのフィールド名です。

```
ghci> maybes = [Nothing, Just 1, Just 100, Nothing]
ghci> getFirst $ mconcat $ map First maybes
```

....

[58] 本来はこの式をgetSum $ Sum 3 <> Sum 2とSum型で包む（Sumコンストラクタに渡す）必要がありますが、SumがNum型クラス（3.10.4）のインスタンスなのでこのように略記できます。

114

```
Just 1
ghci> getLast $ mconcat $ map Last maybes
Just 100
```

　さらに、引数と返り値が同じ `a -> a` という型を持つ関数は関数合成によって `Monoid` 型クラスのインスタンスとなります。`Endo` という `newtype` で包んで使います。`appEndo` は `Endo` を剥がすためのフィールド名です。

```
ghci> f = appEndo $ Endo (subtract 1) <> Endo (^ 2)
ghci> f 3
8
```

　このように、`Monoid` 型クラスのおかげでさまざまな型に対して値を加え合わせる `<>` という演算を使えます。実装はそれぞれ別ですが、記法としては統一されています。

3.9 　型制約

　型クラスは型としては使えません。型変数を用意したうえで、その型変数へ**型制約**をかけるという方法で利用します。

　3.2.2ですでに見ましたが、型変数に型制約をかけるには、対象となる型変数を含む型定義の左側へ `=>` を書いたうえで、さらにその左側に `(`、`)`、`,` を用いて型制約を並べます[59]。型クラスは `Constraint` カインドをもちます。`=>` の左側には型クラスしか記述できません[60]。

　型制約を記述できる箇所は、いくつかあります。確認していきましょう。

> （型クラス1 型変数1, 型クラス2 型変数2）=> 型変数1 型変数2...

3.9.1 　型への型制約

　型クラスが定義する関数を使って別の多相的な関数を書くには、対象となる型クラスに属する式の型を型変数で定義したうえで、その型変数に**型制約**をかけます。

　`Greeting` 型クラスをサポートする型を受け取り、挨拶を画面に表示する関数の型は次のように書けます。`a -> IO ()` という型の型変数 `a` に型制約をかけます。この制約のおかげで、`a` 型の値である第一引数 `x` へ `Greeting` 型クラスの定義する `hello` メソッドを適用できます。

---

[59] 制約が1つしかない場合は、`( )` を省略できます。

[60] GHCでは、`TypeFamilies` 拡張によって有効となる同値制約 (`~`)、`ImplicitParams` 拡張で有効となる制約 `?x::Int` なども `Constraint` カインドを持ちます。

第**3**章 型・型クラス

```
-- 3.7のGreetingを定義しておく
sayHello :: Greeting a => a -> IO ()
sayHello x = putStrLn (hello x)
```

```
Prelude> sayHello (Human "takashi")
Hi, I'm takashi.
```

3.9.2 class宣言における型制約

class句では、導入する型変数に対して型制約を付けられます。これによって型クラスの親子関係が定義できます。この型制約に用いた型クラスを**スーパークラス**、型制約を受けた方の型クラスを**サブクラス**と呼びます。

型クラスに親子関係があるとき、子の型クラスのインスタンスとして定義可能な型は、スーパークラスのインスタンスのみです。よって、型クラスのインスタンスはスーパークラスのメソッドもすべて実装されていることが保証されます。

3.7で使ったGreeting型クラス(親)のメソッドに加えて、laughメソッドを提供するLaughing型クラス(子)を定義するには次のように定義をします。

```
class Greeting a => Laughing a where
  laugh :: a -> String
```

instance句で定義する(3.8.2参照)際には、Laughing型クラスのインスタンスとしてまとめては書けません。スーパークラスのインスタンスを、1つずつコツコツと実装していく必要があります。

3.8.3でHuman型はすでにGreeting型クラスのインスタンスとして定義されています。そのため、laughだけ実装すれば、このままLaughing型クラスのインスタンスとして定義できます。

```
instance Laughing Human where
  laugh _ = "Zehahahah...!!"
```

インスタンスの定義により、Laughing型クラスの型制約がかかっている型は、スーパークラスであるGreeting型クラスの型制約の明示なしにGreeting型クラスのメソッドをそのまま使えるようになります。次の例で型変数aにはLaughing型制約しかかけていませんが、Greeting型クラスのbyeメソッドも使えます。

```
leaveWithLaugh :: Laughing a => a -> IO ()
leaveWithLaugh x = do
  putStrLn (bye x)
  putStrLn (laugh x)
```

```
Prelude> leaveWithLaugh (Human "takashi")
See you.
Zehahahah...!!
```

3.9.3　instance宣言における型制約

instance宣言において型制約を使うと、型コンストラクタによって生成される型すべてを、帰納的にインスタンスにできます。

Greeting型クラスのインスタンスについて、[]でリストにしたときでも、helloなどのメソッドを呼び出せるようにしてみましょう。

instance句に続く型名に、型制約Greeting a =>を追加すると、メソッド定義時に型aの値に対してGreeting型クラスのメソッドを呼べるようになります。

これを利用して、[a] についてのGreeting型クラスのメソッドを定義します。instance定義中で定義しようとしている識別子を呼び出して再帰しているように見えますが、これは [a] を定義するためにaのメソッドを呼び出しているものです。再帰はしてないことに注意してください。

```
import Data.List (intercalate)

-- `f` で得られる文字列を改行で連結する関数の定義
-- intercalateは第一引数に連結に使う文字列、第二引数に連結したい文字列のリストをとる
liftGreet :: (a -> String) -> ([a] -> String)
liftGreet f = intercalate "\n" . map f

instance Greeting a => Greeting [a] where
  name  = liftGreet name
  hello = liftGreet hello
  bye   = liftGreet bye
```

```
Prelude> sayHello [Human "atsuhiko", Human "shingo"]
Hi, I'm atsuhiko.
Hi, I'm shingo.
```

3.9.4　型変数の曖昧性

3.9.3のhelloとbyeの例は、liftGreetの第一引数をJavaでいうthisであると考えるとオブジェクト指向に近い型クラスの使い方と言えます。

Haskellの型クラスでは、型変数を利用さえしていれば型変数の使われている位置に関わらず、どんな関数でもオーバーロード可能にします。次の型クラスの定義のbreedメソッドは文字列から値を生成するコンストラクタの役割をします。

第**3**章 型・型クラス

```
class Breeding a where
  breed :: String -> a
```

　型は、必要なだけ自由に任意の型クラスのインスタンスにできます。Humanはすでに
Greeting型クラスのインスタンスですが、Breeding型クラスのインスタンスにもできます。
Human型はもともと文字列を引数に取るコンストラクタ（Human）を持っているので、breed関
数としてそのままこれを使えます。

```
instance Breeding Human where
  breed = Human -- このHumanはコンストラクタ
```

　breedとhelloを組み合わせて使うときに注意が必要です。breedで作ったインスタンスは、
Human型ではなく型制約の付いた多相的な値となります。

```
Prelude> baby = breed "takeshi"
Prelude> :t baby
baby :: Breeding a => a
```

■──────── 適用の失敗

　このbabyに対してhelloを適用しようとすると、問題が起きます。式hello babyは
BreedingとGreetingの両方のインスタンスになっている任意の型で考えられる式ですが、型
を具体的に定められなければbreedとhelloの実装を決められません。

　hello babyの型は(Greeting a, Breeding a) => Stringという型になりますが、型
制約に含まれる型変数aが関数適用によって消えています。aを具体的な型に決めたくても、型
変数aが消えてしまっているために決められません。このような状況を型変数が曖昧
（ambiguous）であると言い、型チェックでエラーとなります。

```
Prelude> hello baby

<interactive>:55:1: error:
    • Ambiguous type variable 'a0' arising from a use of 'hello'
      prevents the constraint '(Greeting a0)' from being solved.
      Probable fix: use a type annotation to specify what 'a0' should be.
      These potential instances exist:
        instance [safe] Greeting Cat
          -- Defined at chap03/src/Sec07GreetingInstance.hs:15:10
        instance [safe] Greeting Dog
          -- Defined at chap03/src/Sec07GreetingInstance.hs:11:10
        instance [safe] Greeting Human
          -- Defined at chap03/src/Sec07GreetingInstance.hs:6:10
        ...plus one other
        (use -fprint-potential-instances to see them all)
    • In the expression: hello baby
```

型制約 **3.9**

```
    In an equation for 'it': it = hello baby

<interactive>:55:7: error:
    • Ambiguous type variable 'a0' arising from a use of 'baby'
      prevents the constraint '(Breeding a0)' from being solved.
      Probable fix: use a type annotation to specify what 'a0' should be.
      These potential instance exist:
        instance [safe] Breeding Human
          -- Defined at chap03/src/sec08-ambiguous.hs:13:10
    • In the first argument of 'hello', namely 'baby'
      In the expression: hello baby
      In an equation for 'it': it = hello baby
```

　曖昧な型変数は、型推論を諦めて型注釈を入れることで解決できます。本来、型の指定が不要なHaskellにおいて、型注釈が必要となる状況の1つです。

```
Prelude> hello (baby :: Human)
"Hi, I'm takeshi."
```

■──── 一般的過ぎる型

　もう1つ、別の例を見てみます。nameと文字列を任意の型で返すbreedを組み合わせて、同じ名前で同種の動物をコピーして生成するclone関数を定義します。

```
Prelude> clone = breed . name
```

　一見正しく動作しそうですが、この関数も曖昧性の問題を抱えています。Human型をコピーして挨拶をさせようとすると、型エラーによってコンパイルできません。これは、cloneの型が一般的過ぎるために発生している問題です。

```
Prelude> hello $ clone (Human "takeshi")

<interactive>:64:1: error:
    • Ambiguous type variable 'a0' arising from a use of 'hello'
      prevents the constraint '(Greeting a0)' from being solved.
..略..

<interactive>:64:9: error:
    • Ambiguous type variable 'a0' arising from a use of 'clone'
      prevents the constraint '(Breeding a0)' from being solved.
      Probable fix: use a type annotation to specify what 'a0' should be.
      These potential instance exist:
        instance [safe] Breeding Human
          -- Defined at chap03/src/sec08-ambiguous.hs:13:10
    • In the second argument of '($)', namely 'clone (Human "takeshi")'
      In the expression: hello $ clone (Human "takeshi")
      In an equation for 'it': it = hello $ clone (Human "takeshi")
```

119

引数の型は名前を取得するために`Greeting`型クラスをサポートしている必要があり、さらに返り値の型は新しい値を産み出すために`Breeding`型クラスをサポートする必要があります。しかし、引数と返り値の型の間には関連がありません。現在の`clone`の定義では、`Human`型を`Dog`型へコピーできるなど、上手に機能しません。

```
Prelude> :t clone
clone :: (Breeding c, Greeting a) => a -> c
```

そこで、先ほどと同じように型指定をして`let clone x = breed (name x) :: a`としたいところですが、Haskellでは式中で型変数を参照できません[*61]。そのためこのようには書けません。この問題は`asTypeOf`関数を用いると解決できます。`asTypeOf`は2引数の関数で、`... `asTypeOf` x`の形式で用いられることがほとんどです。`asTypeOf`は常に第一引数を返すという意味で`const`と同じ実装ですが、第一引数と返り値の型が第二引数の型となるように型を指定されています。`...`の部分の式の型を`x`の型となるように強要できます。型変数`a`を直接参照できないので、型`a`を持つはずの変数`x`の型を使って表現するというわけです。

```
Prelude> clone x = breed (name x) `asTypeOf` x
Prelude> :t clone
clone :: (Breeding a, Greeting a) => a -> a
Prelude> hello $ clone (Human "takeshi")
"Hi, I'm takeshi."
```

望む型を持つ式が得られました。この`clone`関数であれば、`Human`型を`Human`型へコピーできます。

型制約の制限

Column

Haskell 2010 Language Reportにしたがえば、`String`型を型クラスのインスタンスにはできません。文字列は文字列を元に生成できるので、`Breeding`クラスのインスタンスにできそうですが、試すと次のようなエラーが出るはずです。

```
Prelude> instance Breeding String where breed = id

<interactive>:79:10: error:
    • Illegal instance declaration for 'Breeding String'
        (All instance types must be of the form (T t1 ... tn)
         where T is not a synonym.
```

[*61] `a`は外部で使われている型変数とは全く別の新たな型変数と見なされます。GHCの`ScopedTypeVariables`という拡張が、外部で定義された型変数の参照を可能とします。

```
          Use TypeSynonymInstances if you want to disable this.)
    • In the instance declaration for 'Breeding String'
```

　仕様では、インスタンス宣言において、型シノニムを使えません。Stringは[Char]の型シノニムなので、これをインスタンス定義では使えません。これだとStringの実名の[Char]を使うことで問題を回避できるように思えますが、[Char]を使っても、インスタンスの定義はできず文法エラーが返ってきます。

```
Prelude> instance Breeding [Char] where breed = id

<interactive>:82:10: error:
    • Illegal instance declaration for 'Breeding [Char]'
        (All instance types must be of the form (T a1 ... an)
        where a1 ... an are *distinct type variables*,
        and each type variable appears at most once in the instance head.
        Use FlexibleInstances if you want to disable this.)
    • In the instance declaration for 'Breeding [Char]'
```

　今度は、インスタンス定義において型の名称が（先頭の識別子）1つしか現れてはいけないという制限に抵触します。今回の例では、[]とCharの2つの型名を用いた型をインスタンスにしようとしているため、制限に引っかかっています。この制限は、型制約のある型変数に対してインスタンスが必ず1つだけ定まるように設けられています。例えばここで[Char]がインスタンスとなることを許してしまうと、将来[a]のインスタンスが定義された場合、どちらのインスタンスを使うべきか曖昧になってしまいます。そのため、Haskell 2010 Language Reportの仕様では[a]のインスタンスだけが定義できるようになっています。

　この問題を解決する基本的な方法は、newtypeによってString型を別の型にすることです。BString型という、リスト型ではなく純粋に文字列としてのみ振る舞う型を定義しておけば、インスタンス定義時の制限に引っかかることはなくなります。

```
Prelude> newtype BString = NewBString { unBString :: String } deriving Show
Prelude> instance Breeding BString where breed = NewBString
Prelude> breed "a raw string" :: BString
NewBString {unBString = "a raw string"}
```

　GHCには型制約や型クラスの定義に関する拡張が多数存在しており、エラーメッセージの中でどの拡張を使うことで制限を回避できるか教えてくれることがあります。先の例では、TypeSynonymInstances拡張や、FlexibleInstances拡張を用いればいいことがエラーメッセージ内で示されています。他にも同値制約などいくつかGHC拡張による解決策があります。これらの拡張の詳細の説明はGHCのマニュアルに譲ります。

第**3**章 型・型クラス

3.10 Preludeにおける型クラス

　型クラスの実践的な利用を知るために、Haskellの**Prelude**に定義されているものを見ていきます。**Prelude**で定義される型クラスはHaskellの言語仕様の一部でもあり、データの印字や四則演算、等価判定など言語に不可欠の基本的な機能を提供しています。

3.10.1 ShowとRead

　ShowとReadはデータと文字列を互いに変換するために利用する型クラスです。さまざまなメソッドがあり、特によく利用されるのは**show**と**read**です。

■──────Show型クラス

　showはデータを文字列にします。**Prelude**で定義されているほとんどすべての型は、Show型クラスのインスタンスとなっており、**show**メソッドを使えます。生成される文字列は、多くの場合、Haskellのプログラム内で書ける式と同様のものになります。

```
Prelude> :t show
show :: Show a => a -> String
Prelude> show True
"True"
Prelude> show [1, 2, 3]
"[1,2,3]"
```

　I/Oアクションや関数はShow型クラスのインスタンスではありません。そのため**show**を使った、画面への値の表示はできません。

```
Prelude> show id -- エラー
```

　print関数はShow型クラスのインスタンスを表示するI/Oアクションで、**print = putStrLn . show**と定義されています。**print**は便利ですが、文字列を表示させたいときには注意が必要です。間に噛ませている**show**はHaskellのリテラルとして使えるような文字列を生成するため、文字列が**"**で囲まれてしまいます。

```
Prelude Data.List> print [1, 2, 3]
[1,2,3]
Prelude Data.List> print "Hello, World!"
"Hello, World!"
Prelude Data.List> putStrLn "Hello, World!"
Hello, World!
```

Read型クラス

readは、文字列をデータ型にします。readはRead型クラスのメソッドではなく、関数です。Read型クラスのインスタンスを引数にはしませんが、返すような型制約はかけられています。

```
Prelude> :t read
read :: Read a => String -> a
```

readは特に、文字列で書かれた数字を数値型に変換したいときに便利です。Haskellのリテラルとして書ける表現を読み込んで適切な型で返します。

```
Prelude> read "12345" :: Int
12345
Prelude> read "1.23e45" :: Double
1.23e45
Prelude> read "0xFF" :: Word
255
```

Read型クラスのインスタンスの型でも、ほとんどの場合読み取れるのはHaskellのソースコードに記述するリテラルの形式です。例えば、Char型として読み取れるのは、aではなく'a'という文字列です。

```
Prelude> read "'a'" :: Char
'a'
Prelude> read "a" :: Char
*** Exception: Prelude.read: no parse
```

Show型クラスとRead型クラスには、showとread以外の多くのメソッドが定義されており、設計の主役はむしろここで紹介していないメソッド達です。演算子の結合の優先度を考えた、かっこの扱いなど、パフォーマンスの最適化のために必要とされます。

後述するderiving句の存在もあり、これらのメソッドを直接扱う機会は少ないです。

3.10.2 比較演算子

EqとOrdは大小比較を行うメソッドを提供する型クラスです。すでに見た、等値性を調べるメソッドである==と/=はEq型クラスのメソッドです。Preludeのほとんどの型はこの型クラスのインスタンスで、==で比較できます。Ord型クラスは大小比較に必要なメソッドを定義します。Eq型クラスをスーパークラス(3.9.2参照)としており、この型クラスについてもPreludeのほとんどの型がインスタンスとなっています。

Ord型クラスは次のようなメソッドを持ちます。<や<=は等号、不等号の判定をします。max、minは2つの値のうちの、それぞれ大きい方と小さい方を返します。compareは第一引数の値が、第二引数の値と比べて大きいか小さいかを判断します。返り値の型であるOrdering

はLT、EQ、GTの3つの値を持つ型です。それぞれ、より小さい（Less Than）、等しい（EQual）、より大きい（Greater Than）を意味します。

```
class (Eq a) => Ord a where
  compare :: a -> a -> Ordering
  (<), (<=), (>=), (>) :: a -> a -> Bool
  max, min :: a -> a -> a
```

```
Prelude> 10 < 20
True
Prelude> Nothing <= Just (-123)
True
Prelude> (10, 20) <= (9, 21)
False
Prelude> max 10.2 10.1
10.2
Prelude> min "Haskell" "Scala"
"Haskell"
Prelude> compare 23 45
LT
Prelude> compare 23 23
EQ
Prelude> compare 45 23
GT
```

3.10.3　Enum型クラス

Enum型クラスは、型をInt型と対応させるためのメソッドを定義した型クラスです。

いくつかの色をまとめて、それを数字で呼び出すケースを考えてみましょう[62]。後述するderiving句を使ってEnum型クラスのインスタンスにします。

```
data Color = Red | Blue | White deriving (Enum, Show)
```

値を数字にするには、fromEnumを使います。fromEnumは、Enum型クラスのインスタンスからInt型の値へ変換するメソッドです。逆にInt型の値をEnum型クラスのインスタンスにしたければ、toEnumを用います。

```
Prelude> fromEnum Blue
1
Prelude> toEnum 2 :: Color
White
```

---

[62] C言語などでよく用いられる列挙型として定義すると考えてください。

Enum型クラスとChar型

Enum型クラスが実用上役立つ例を知りましょう。Char型もインスタンスの1つでfromEnumとtoEnumを使うことで、文字とコードポイントを相互に変換できます。

[1..100]のように..を使った記法でリストが作れますが、この記法はEnum型クラスが持つenumFromなどのメソッドの糖衣構文です。Enum型クラスのインスタンスであるCharでもこの記法を使えます。

```
Prelude> fromEnum 'A'
65
Prelude> toEnum 66 :: Char
'B'
Prelude> ['a'..'z']
"abcdefghijklmnopqrstuvwxyz"
```

3.10.4 数値計算の型クラス

IntやDoubleなどの数値型はすでに見ました。これらの数値型で可能な演算の多くは、型クラスのメソッドとして提供されています。

数値計算のための型クラスは複雑です。Preludeにおいて実に7つもの型クラスが定義されています。四則演算や数値計算をするだけであればこれらの型クラスを知っている必要はありません。しかし、数値型同士で型を変換する場合には、どのメソッドが使えるかを判断するために数値型の型クラスを一通り理解している必要があります。

■——— 数値計算型クラスの階層

数値型は、すべてNum型クラスのインスタンスです。この型クラスでは+、−、*、の演算を提供しており[63]、これらがすべての数値型の基本となります。

数値というと整数と浮動小数点数（いずれも第2章参照）を想像するかもしれませんが、無理数や超越数、複素数も数値として考えられます。Num型クラスに所属します。数値計算の型クラスは、これらの数を分類するように、Num型を起点に2通りの軸での階層を構成しています。

● 可能な演算

1つ目の軸が、可能な演算での分類です。

Num型は、かけ算は定義されていますが割り算が定義されていませんでした。この中で割り算

---

*63 REPL上で:info Numで確認できます。

第**3**章 型・型クラス

できるものを表すサブクラスがFractionalで、/メソッドを定義しています。Fractional
型クラスに属する型は、おおむね分数だと考えて間違いありません。そして、さらに四則演算で
は表せないsinやlogなどを定義した型クラスがFloatingです。Floating型クラスに属す
る型の代表は、複素数であるComplex a型です。この型はData.Complexモジュールに定義
されています。

● 実数

　階層構成のもう1つの軸は、実数であるかどうかです。

　Num型クラスにおいて、実数値のみを考えたサブクラスがRealです。実数であることは、順
序付けができるということで特徴付けられます。Real型クラスはOrd型クラスをスーパークラ
スとしています。そして、Numの代わりにRealを起点に、/が定義できるRealFrac、そして
sinなどの計算が定義できるRealFloatと、Num型と同様の階層を構成しています。
RealFracの代表的なインスタンスは、Integer型の分母分子を持つ分数であるRational型
です。Rational型は表舞台にはあまり出てこない型ですが、Haskellにおいて小数値を扱うの
に必須です。一方、DoubleやFloat型のような浮動小数点数型は、すべてRealFloatのイン
スタンスに所属します。整数については、整数ならではの演算であるdivやmodなどのメソッ
ドを定義するために、Integralという型クラスが用意されています。整数は実数で、/は定義
できないことから、Realのサブクラスとして定義されています。Integer、Intなどの整数の
型は、すべてこの型クラスに属しています。

● 数値型の分類

　数値型を数、実数値、整数値の縦軸と数、分数、浮動小数点数の横軸で分類しました。各セル
内は太字が型クラス名、通常の文字で記載されているのが代表的なメソッドです。

	数	実数値	整数値
数	**Num** +, -, * fromInteger	**Real** toRational	**Integral** div, mod toInteger
分数 （有理数）	**Fractional** / fromRational	**RealFrac** floor ceiling	—
浮動小数点数 （無理数の近似値も含む）	**Floating** sin, log	**RealFloat** isNaN	—

　Haskellでは大雑把に言うと整数はIntegral型クラス、小数はRealFloat型クラスのイン
スタンスとなっています。普通の数値計算をする分には、間にあるスーパークラスについて知ら
なくても、これら2つの型クラスが持つメソッドを把握していれば十分です。

数値型の変換

Haskellの数値リテラルは、理論的には2つの型によって表現されます。1つが整数を代表する Integer型、もう1つは小数を代表するRational型です。数値型の値を作りたい場合には、2つのいずれかから作ります。そのためのメソッドがfromIntegerとfromRationalです。

fromIntegerは、Num型クラスのメソッドです。そのため、すべての数値の型はInteger から作れます。Haskellのプログラムにおける整数リテラルは、fromIntegerを通して解釈されます。1と書いた場合は、fromInteger 1として解釈されるということです。つまり、整数 リテラルは任意の数値の型として使えます。

```
Prelude> :t 1
1 :: Num t => t
Prelude> {- 次の式は、単に1と書くのと同じ意味 -}
Prelude> :t fromInteger 1
fromInteger 1 :: Num a => a
Prelude> 1 :: Int
1
Prelude> 1 :: Double
1.0
Prelude> 1 :: Rational
1 % 1
Prelude> import Data.Complex
Prelude Data.Complex> 1 :: Complex Double
1.0 :+ 0.0
```

fromRationalはFractional型クラスのメソッドです。そのため、整数値をRational型 からは作れません。Haskellのプログラム中の小数リテラルはfromRationalを通して解釈され、例えば、1.0と書いた場合はfromRational 1.0という式と等価です。その結果として、小数 リテラルは整数として使えないことになります。

```
Prelude> :t 1.0
1.0 :: Fractional t => t
Prelude> {- 次の式は、単に1.0と書くのと同じ意味 -}
Prelude> :t fromRational 1.0
fromRational 1.0 :: Fractional a => a
Prelude> 1.0 :: Int

<interactive>:160:1: error:
    • No instance for (Fractional Int) arising from the literal '1.0'
    • In the expression: 1.0 :: Int
      In an equation for 'it': it = 1.0 :: Int
Prelude> 1.0 :: Double
1.0
Prelude> import Data.Complex
Prelude Data.Complex> 1.0 :: Complex Double
1.0 :+ 0.0
```

第**3**章　型・型クラス

　数値型同士を変換する場合は、Integer型かRational型を通して変換します。そのために、toIntegerとtoRationalのメソッドがあります。toInteger型はIntegral型クラスのメソッドです[*64]。整数の型同士を変換したければ、このメソッドを用いてInteger型を経由して変換します。

```
Prelude> fromInteger (toInteger (1 :: Int)) :: Word
1
Prelude> import Data.Int
Prelude Data.Int> fromInteger (toInteger (127 :: Int16)) :: Int8
127
Prelude Data.Int> fromInteger (toInteger (128 :: Int16)) :: Int8 -- 桁あふれに注意
-128
```

● **変換用の関数**

　他の言語でよくあるような、型を付け替えるだけのキャストはHaskellではできません。必ず、toIntegerなどのメソッドを介して型を変換していきます。

```
Prelude> (1 :: Int) :: Word -- エラー
```

　Integer型はすべての数値型を生成するために使えるのでした。よって、整数の型を小数にしたい場合にも全く同様の方法が使えます。fromIntegerとtoIntegerを利用したこの変換はよく使われるため、fromIntegral = fromInteger . toIntegerで定義される関数が用意されています[*65]。

```
Prelude> fromInteger (toInteger (1 :: Int)) :: Double
1.0
Prelude> :t fromIntegral
fromIntegral :: (Num b, Integral a) => a -> b
Prelude> fromIntegral (1 :: Int) :: Double
1.0
```

　toRationalはReal型クラスのメソッドです。実数すべて、つまり通常利用するIntやDoubleのような型はRational型に変換できます。小数同士の変換は、分数であるRational型を経由するのが自然です。整数と同じ方針で変換します。さらに、整数から小数を、Rationalを経由で変換もできます。Rational経由での変換もよく使われるため、realToFrac = fromRational . toRationalで定義される関数が用意されています[*66]。

....

[*64] メソッドがどの型クラスに所属するかは、REPL上で:tや:infoを使って確認します。

[*65] IntegerとIntegralは似たような命名の関数の存在もあって混同しやすいですが、前者が型で、後者が型クラスです。

[*66] realToFracとfromIntegralを使った数値型の変換を高速に実行できるよう、GHCではこれらの関数を基本型に対して適用した場合に、愚直な実装の代わりに別の高速な実装に差し替える最適化を行います。

```
Prelude> fromRational (toRational (1.23 :: Double)) :: Float
1.23
Prelude> fromRational (toRational (1 :: Int)) :: Double
1.0
Prelude> realToFrac (1 :: Int) :: Double
1.0
```

● 小数と整数の変換

　小数から整数への変換をまだ紹介していません。小数値はRational型にしか変換できず、整数値はInteger型からしか生成できないため、この2つの型を経由した変換はできません。そこで、実数の分数値を表すRealFrac型クラスが定義しているメソッドを利用します。この型クラスにはfloor、ceiling、truncate、roundの4つのメソッドが用意されており、それぞれ任意のIntegral型クラスのインスタンスに変換ができる仕組みになっています。floorはより小さい整数、ceilingはより大きい整数、truncateはより0に近い整数にそれぞれ変換します。roundはもっとも近い整数に変換します。四捨五入ではありません。0.5の場合は、偶数へ変換する決まりになっています。

```
Prelude> floor 1.25 :: Int
1
Prelude> ceiling 1.25 :: Int
2
Prelude> truncate 1.25 :: Int
1
Prelude> floor (-1.25) :: Int
-2
Prelude> ceiling (-1.25) :: Int
-1
Prelude> truncate (-1.25) :: Int
-1
Prelude> round 1.25 :: Int
1
Prelude> round (-1.75) :: Int
-2
Prelude> round 1.5 :: Int  -- 偶数になる
2
Prelude> round 2.5 :: Int
2
Prelude> round (-2.5) :: Int
-2
```

第**3**章 型・型クラス

3.10.5 derivingによるインスタンス定義

HaskellのPreludeではデータを現すほとんどの型がShowに属しています。自分で型を作るときも、デバッグなどのことを考えるとShow型クラスのインスタンスにしてメソッドを使うことが多いです。しかし、型を作るたびにいちいちinstance Show T whereと自分で定義をするのは面倒です。

本書でもすでに利用してきましたが、この手間を簡略化するためHaskellにはderivingという仕組みがあります。derivingはコンパイラがサポートしている特定の型クラスに対して、自動的にインスタンス定義を作ってくれる機能です。

data 型コンストラクタ = コンストラクタ deriving 特定の型クラス

自分で作ったHuman型をShow型クラスとEq型クラスのインスタンスにするには、末尾にderiving句を書き、自動でインスタンス定義を生成させたい型クラス名を( )と,を使って記述します。Human型はShow型クラスとEq型クラスのインスタンスとして利用できます。

```
Prelude> data Human = Human { humanName :: String } deriving (Show, Eq)
Prelude> taro = Human "Taro"; jiro = Human "Jiro"
Prelude> show taro
"Human {humanName = \"Taro\"}"
Prelude> jiro == taro
False
```

derivingで指定できる型クラスはPlerudeモジュールのEq、Ord、Enum、Bounded、Show、Read、そしてData.IxモジュールのIxです。計7つしかありません[67]。

....

[67] コンパイラにGHCを使う場合には、拡張機能を有効にしてderivingできるようになる型クラスも存在します。また、GeneralizedNewtypeDeriving拡張を有効にすれば、newtypeで作成した型に対し、元の型が属する任意の型クラスをderivingで指定できるようになります。

130

第4章
I/O処理

第**4**章 I/O処理

　ここまで、Haskellの基本的な考え方や、文法、型システム等について説明してきました。読者の皆さんは、Haskellのこれらの文法要素だけでは実用的なプログラムを行うには不十分であることにお気付きでしょう。

　Haskellは純粋さや強い型システムによって、手堅くプログラムを書けます。実用的なプログラムを書こうと思った場合にはそれだけでは足りません。標準入出力はもちろん、ファイル入出力やDBアクセス等、I/O処理が必要になります。Haskellでプログラミングしているからといって、I/Oを発生させることに対して躊躇する必要はありません。大切なのは、型を上手く利用してI/Oが必要な場所と必要の無い場所を明確に切り分け、I/O由来の問題が発生した場合にその原因となる箇所を特定しやすくすることです。

　本章では、Haskellを用いたI/O処理の書き方について学び、簡単な入出力を伴うプログラムを開発できるようになることを目標とします。

4.1 IO型

　Haskellのプログラムは、`Main`モジュールの`main :: IO a`を評価して実行されます。`main`内では、do式によってI/Oアクションを組み合わせて、手続き的にI/O処理を伴うプログラムを記述できます（2.5参照）。do式のおかげで、他言語の経験さえあれば問題なくプログラムが書けそうです。しかし、実際のところは考えなしにdo式を使うと、多くの場合は思わぬ型エラーに悩まされてしまいます。

　HaskellはI/O処理と純粋な関数を切り分けるのに型を利用しています。そのためJavaやPythonなど、よく知られた手続きプログラミング言語と同じ感覚で記述しようとすると型が合わずに実行できないプログラムになってしまいがちです。まずは、一旦do式のことは忘れ、I/Oアクションやそれを操作する関数／演算子の型を見て、その組み合わせで大きなプログラムを組んでいく手法を学んでいきましょう。

4.1.1　IO型と純粋な関数

　`Prelude`で提供されている代表的な標準入出力の関数を見てみましょう。

```
Prelude> :t putStrLn
putStrLn :: String -> IO ()
Prelude> :t getLine
getLine :: IO String
```

　`IO`はカインドが`* -> *`である型コンストラクタでしかなく、`Maybe`や`[]`となんら違いはありません。特筆すべきなのは、`IO`では次のように`IO a`から`a`を取り出す関数は基本的には提供

132

されていないということです（コラム「純粋な関数からの隔離」参照）。`IO a -> a`という関数が与えられてないということは、I/Oアクションから純粋な計算への移行ができず、ある意味でI/Oアクションが隔離されているということです。

　HaskellではI/OアクションはI/Oアクションでまとめてしまうという考え方のもとにプログラミングします。いくつかの小さな関数や演算子を使って、I/Oアクションを組み合わせて大きなI/Oアクションをつくります。このような仕組みによって、純粋な計算の中ではI/O処理を記述できなくなり、型を見れば計算が純粋かどうかを判別できます。

4.1.2　I/Oアクションの組み立て

　I/Oアクションを組み立てる方法を学びましょう。I/Oアクションを組み立てるのに必要な主な関数は`>>=`演算子[1]と`return`です。それぞれの型を見てみましょう。いずれも`Monad`型の型制約がかかっています。`m`は`Monad`型クラスのインスタンスでなくてはいけません[2]。

```
Prelude> :t return
return :: Monad m => a -> m a
Prelude> :t (>>=)
(>>=) :: Monad m => m a -> (a -> m b) -> m b
```

　`Monad`型クラスのインスタンスを見てみましょう。`IO`が`Monad`型クラスのインスタンスであることがわかります。

```
Prelude> :i Monad
..略..
instance Monad IO -- Defined in 'GHC.Base'
..略..
```

　`m a`や`m b`の`m`は、型制約から明らかなように`Monad`型クラスのインスタンスである`IO`で置き換えられます。この2つの型は次のように読み替えられます。

```
Prelude> :t return
return :: a -> IO a
Prelude> :t (>>=)
(>>=) :: IO a -> (a -> IO b) -> IO b
```

　`return`関数は見ての通り、与えられた値をそのままI/Oアクションとして返す[3]関数です。これだけで使うのは少しわかりづらいので、まずは、`>>=`演算子から見ていき、それに続けて解説します。

---

*1　`>>=`演算子はバインド（bind）演算子などとも呼ばれています。

*2　`Monad`がどのような型クラスなのかは第5章で詳しく述べます。

*3　引数の性質が何もわかっていない場合……例えば、`a -> a`という型の関数は与えられた値をそのまま返すことしかできないことに注目してください。`return`関数は仮引数に対していかなる計算もできません。

133

第**4**章 I/O処理

■——— >>=演算子

>>=演算子はI/Oアクションをつなげるための演算子です。(>>=)と表記して関数にすると、第一引数にIO a、第二引数にa -> IO bを取ります。第一引数の型変数aが第二引数でも使われるため、引数間でも型を適切に合わせる必要があります。

>>=演算子に対し、getLine :: IO Stringを式の左項、putStrLn :: String -> IO ()を右項に適用すると型が合います。getLine関数は標準入力から値を取得し、putStrLnは引数の文字列を標準出力に出力します。この2つの関数を>>=演算子でつなげると、標準入力した値をそのまま標準出力する1つのI/Oアクションになります。

```
Prelude> :t getLine >>= putStrLn
getLine >>= putStrLn :: IO ()
Prelude> let echo = getLine >>= putStrLn :: IO ()
Prelude> echo -- echo実行後文字列を入力
Hello, Haskell!!
Hello, Haskell!!
```

getLineの返り値"Hello, Haskell!!" :: Stringが、そのままputStrLn :: String -> IO ()関数に渡されて出力されました。>>=でI/Oアクションがつながりました。これが、**>>=によるI/Oアクションの組み合わせ**です。>>=によってIOを用いる関数同士の値(IO aのa)をつなげられます。

■——— >>=演算子をさらにつなげて組み立てる

>>=によって、I/Oアクションをつなげられることはわかりました。しかし、関数を1回つなげる程度では大した処理はできそうにありません。

do式では複数の処理を記述できます。>>=でも、同様に複数の処理をつなげられます。複数回関数をつなげてI/Oアクションをまとめるには、>>=の右辺をラムダ式にして、複数回の>>=をつなげます。getLineした結果をつないで1つの標準出力にしてみましょう。

```
Prelude> -- getLine >>= putStrLnはラムダ式を使うと次のように記述できる
Prelude> getLine >>= (\s -> putStrLn s)
Prelude> let joinLines = getLine >>= (\s -> getLine >>= (\t -> putStrLn $ s ++ ⏎
" : " ++ t))
Prelude> joinLines
Hello
World
Hello : World
```

この時、かっこは省略して次のように書いても構いません。

```
Prelude> let joinLines = getLine >>= \s -> getLine >>= \t -> putStrLn $ s ++ ⏎
" : " ++ t
```

少々読みづらいので実行順を追ってみましょう。手続き型言語のように順々に処理が進んでいくことがわかります。

(1) 1つめのgetLineを実行して"Hello" :: Stringが返る。変数sをこれに束縛する

(2) 2つめのgetLineを実行して"World" :: Stringが返る。変数tをこれに束縛する

(3) 変数sとtを引数にputStrLn $ s ++ " : " ++ tが実行され、結果が出力される

■——— returnによる組み立て

I/Oアクションをいくつもつなげられることはわかりました。今度は2回getLineした結果をつないで、さらにその結果を他のI/Oアクションと組み合わせて使えるようにします。

次のように2つの文字列をそのまま返却しようとすると、>>=の右辺の関数の型が合わないため、エラーになってしまいます。

```
Prelude> let joinLines = getLine >>= \s -> getLine >>= \t -> s ++ " : " ++ t

<interactive>:17:53:
    Couldn't match type '[]' with 'IO'
    Expected type: IO Char
      Actual type: [Char]
    In the expression: s ++ " : " ++ t
    In the second argument of '(>>=)', namely '\ t -> s ++ " : " ++ t'
    In the expression: getLine >>= \ t -> s ++ " : " ++ t
```

ここで、returnの使いどころです。入力された2つの文字列をreturn関数でI/Oアクションとして返せばいいのです。

```
Prelude> let joinLines = getLine >>= \s -> getLine >>= \t -> return $ s ++ " : " ++ t
Prelude> :t joinLines
joinLines :: IO [Char]
Prelude> joinLines >>= putStrLn
hello
world
hello : world
```

こうすれば、一度I/Oアクションを介して得た値が純粋な関数に影響を与えることはありません。returnを使ってI/Oアクション側に型を合わせるということをよく覚えておきましょう。

■——— I/Oアクションの結果を捨てる

最後に、putStrLn :: String -> IO ()のようなアクションの返り値が必要ない関数を他のアクションと組み合わせることを考えます。I/Oアクションはプログラムの外とのやりとりを行うものなので、アクションの結果を捨てるケースは度々発生します。この関数の返り値の型

第**4**章 I/O処理

はIO ()ですが、後続の計算に()は必要ありません。このような場合は>>=の左側の結果を捨てて、次のI/Oアクションを呼び出します。ここでは_で受けて捨てています。

```
Prelude>
Prelude> return ("Hoge", "Piyo") >>= (\(x, y) -> putStrLn x >>= (\_ -> putStrLn y))
Hoge
Piyo
```

このようなアクションの結果を捨てるプログラムは頻繁に書くので、>>演算子が標準で提供されています。>>演算子を使うと、先のコードは次のように書き換えられます。

```
(>>) :: Monad m => m a -> m b -> m b
-- この型は次のように読み替えられます
-- (>>) :: IO a -> IO b -> IO b
m >> k = m >>= \_ -> k
```

```
Prelude> return ("Hoge", "Piyo") >>= \(x, y) -> putStrLn x >> putStrLn y
```

>>=、>>演算子とreturn関数を組み合わせれば、I/Oアクションを自在につなげられます。

4.1.3　bind・return・do式

2回getLine関数を呼び出して、その結果を1回ずつputStrLnで出力するようなプログラムを考えてみましょう[*4]。演算子をだらだらとつなげると、横長で読みづらいプログラムになってしまいます。適度に改行しながら書きます。

```
main :: IO ()
main =
  getLine >>= \x -> -- 変数 x に代入してるように見える
  getLine >>= \y -> -- 変数 y に代入してるように見える
  putStrLn ("1つ目の入力 : " ++ x) >>
  putStrLn ("2つ目の入力 : " ++ y)
```

このように、1アクションずつ改行しながら書くと、手続きプログラミングしているように見えます。実は、do式はこれらの関数や演算子を組み合わせた計算の糖衣構文にすぎません[*5]。したがって、上記のプログラムはdo式で書き直せます。次のようになります。

```
main :: IO ()
main = do
  x <- getLine -- getLineの返り値を束縛
```

[*4]　ここで紹介するサンプルは入力を伴いますが、特に入力を求める表示などはないのでstack runghc時に読みづらいかもしれません。注意してください。

[*5]　実際にはパターンマッチに失敗した際にfail関数が呼ばれるようになるため、少々異なります。

136

```
  y <- getLine -- getLineの返り値を束縛
  putStrLn $ "1つ目の入力 : " ++ x
  putStrLn $ "2つ目の入力 : " ++ y
```

　もちろん、do式の中で>>=演算子や>>演算子を使っても構いません。関数合成（2.4.4参照）と上手く組み合わせれば、余計な仮引数を宣言せず済みます。

```
main :: IO ()
main = do
  x <- getLine
  putStrLn $ "1つ目の入力 : " ++ x
  getLine >>= return . ("2つ目の入力 : " ++) >>= putStrLn
```

　このようなコードは読むのに多少慣れが必要です。yを関数合成で省略しただけですが、初見では気づかないかもしれません。一見難解なようですが、プログラムに現れる名前が少なくなることによって変数名の取り違いなど、ミスを誤りを減らせるメリットがあります。読み書きできるようになっておきましょう。

　>>=とreturnによる基本的なIOの取り扱いを覚えたことで、do記法で型に起因するエラーを回避するための考え方が身に付いたはずです。4.2からは、do式を基本として解説していきます。

純粋な関数からの隔離

Column

　I/Oアクションを取り扱うとき、純粋な関数側へ寄せようとしてはいけません。Haskellではa -> IO aはできてもIO a -> aはできません。仮に安全に使えるfromIO :: IO a -> aのような関数があれば、次のように型を合わせられるかもしれませんが、そんなものはありません。

```
Prelude> -- 実行できない
Prelude> let joinLines = fromIO getLine ++ " : " ++ fromIO getLine
Prelude> :t joinLines
joinLines :: [Char]
```

　このようにIOを返さない関数で標準入力を発生させられるとしたら[6]、Haskellが提供するありとあらゆる関数にI/Oアクションが紛れている可能性がでてきてしまいます。I/Oが暗黙的に紛れてしまえば、もはや型では使おうとしている関数が純粋であることを保証できなくなってしまいます。よって、Haskellでは暗黙的なI/Oアクションは許可していません。I/O処理を介して型を揃えるのに、fromIO :: IO a -> aのような関数でI/Oから値を取り出すことはしません。

---

[6]　unsafePerformIO（2.5参照）がここで言うfromIOの型を持つ関数ですが、危険なので使うべきではありません。Haskellの評価戦略は正格評価では無いため、unsafePerformIOを使った場合、I/Oの発生順序が予想困難になるなど多大な悪影響が生じます。

4.2 コマンドライン引数と環境変数

　実用的なツールを開発するうえでは、I/Oのやりとりは欠かせません。ここでは実際によく使う、I/Oアクションを使って学んでいきます。

　具体例を考えてみましょう。CLIツールを開発するとき、コマンドライン上で入力された引数を解釈する必要があるはずです。環境変数の取得、設定は先ほどのCLIツールやWebアプリケーションでも頻繁に使われます。そのような場合に役立つI/Oアクションが、System.Environmentモジュールに定義されています。

4.2.1 コマンドライン引数

　コマンドライン引数を取得する場合、getArgs関数を使います。

```
Prelude > import System.Environment
Prelude System.Environment> :t getArgs
getArgs :: IO [String]
```

　この関数の関数名と型から、コマンドライン引数として入力された文字列のリストを返すI/Oアクションであることが推察できます。次のようなプログラムで、アプリケーションに渡されてきた引数を表示できます。

```
import System.Environment

main :: IO ()
main = do
  args <- getArgs
  print args
```

　stack runghcでプログラムに引数を渡す場合、次のように間に--を挟んで指定します。stackコマンド自体の引数と区別するためです。

```
$ stack runghc -- Main.hs hoge piyo fuga
["hoge","piyo","fuga"]
```

4.2.2 環境変数の取得

　環境変数を操作するのに使うのは、getEnv関数です。getEnv関数は環境変数の名前を引数に取って結果を返し、環境変数が存在しなかった場合は例外を起こします。そのため、例外を返

すことなく使える`lookupEnv`関数を使います。この関数は、もし対象の環境変数が存在しなかった場合、`Nothing`を返します。

```
Prelude System.Environment> :t getEnv
getEnv :: String -> IO String
Prelude System.Environment> getEnv "PATH"
..略..
Prelude System.Environment> getEnv "NOT_EXIST_ENV"
*** Exception: NOT_EXIST_ENV: getEnv: does not exist (no environment variable)
Prelude System.Environment> :t lookupEnv
lookupEnv :: String -> IO (Maybe String)
Prelude System.Environment> lookupEnv "PATH"
Just "/home/ ..略.. "
Prelude System.Environment> lookupEnv "NOT_EXIST_ENV"
Nothing
```

4.2.3 環境変数の設定

環境変数を設定する場合は、`setEnv`関数を使います。環境変数を削除する際に利用するのは、`unsetEnv`です。

```
Prelude System.Environment> setEnv "NEW_ENV" "New Envs Value" -- 新規
Prelude System.Environment> getEnv "NEW_ENV"
"New Envs Value"
Prelude System.Environment> setEnv "NEW_ENV" "My Envs Value" -- 更新
Prelude System.Environment> getEnv "NEW_ENV"
"My Envs Value"
Prelude System.Environment> unsetEnv "NEW_ENV" -- 削除
Prelude System.Environment> lookupEnv "NEW_ENV"
Nothing
```

4.3 入出力

これまでも、`getLine`関数や`putChar`など、基本的な標準入出力関数を扱ってきました。ここでは、これらの標準入出力関数の定義を再確認する他、ファイル操作など基本的なI/O関数を紹介します。

4.3.1 標準入出力関数

`Prelude`はデフォルトでインポートされるモジュールでしたが、この`Prelude`で提供されている`putStrLn`や`print`関数は、本来`System.IO`モジュールで定義されています。

第**4**章 I/O処理

標準出力関数

最も基本的な標準出力関数は次の3つです。それぞれ、一文字出力する関数、文字列を出力する関数。そして文字列を出力して改行する関数です。

```
putChar :: Char -> IO ()
putStr :: String -> IO ()
putStrLn :: String -> IO ()
```

表示したいデータがShow型クラスのインスタンスになっていれば(3.10.1参照)、次のprint関数を使えます。StringもCharも経由する必要がないので、その他の型でも結果を即座に出力できます。

```
print :: Show a => a -> IO ()
Prelude> print $ 1 + 200
201
```

標準入力

標準入力から値を取得するには、次の二関数を使います。getChar関数を使うと標準入力から一文字ずつ取得できますが、getLineの方が適しているケースがほとんどです。

```
getChar :: IO Char
getLine :: IO String
```

標準入力のパース

readLn関数は標準入力を受け取って、Haskellのデータ型に変換します。この関数は、標準入力をRead型クラスのインスタンスの型に即座にパースします。次の例では、入力された"120"をInt型の数値120に変換しています。対象の型はRead型クラスのインスタンスであれば何でも構いませんが、もしパースに失敗した場合は例外を発生させます。I/O例外を処理する方法については、4.5で説明します。

```
readLn :: Read a => IO a
```

```
Prelude> readLn :: IO Int -- Read型クラスのインスタンスを明示
120
120
Prelude> it * 2 -- itは1つ前の実行結果に束縛される
240
```

入出力 **4.3**

Column

標準入力とBufferMode

　標準入力にgetCharを使う際には、環境により入力が確定するタイミングが異なることを念頭に入れておかなくてはいけません。getCharでデータを取得し、それを即座に出力するようなプログラムを書いたとします。

```
main :: IO ()
main = do
  x <- getChar
  print x
  x <- getChar
  print x
  x <- getChar
  print x
  xs <- getLine
  putStrLn xs
```

　このプログラムを実行してgetChar sampleと入力して実行してみてください。ある端末では、改行が入力されるたびに入力が確定されるため、次のように一行入力された後に改行までのすべての入力が一気に処理されます。

```
$ stack runghc chars.hs -- getChar sampleと入力する
getChar sample
'g'
'e'
't'
Char sample
```

　しかし、同様のプログラムをそのままREPLで、:mainコマンドを使って実行すると、次のように一文字タイプするたびに入力が処理され、出力されてしまいます。

```
Prelude> :load chars.hs
Prelude> :main -- この段階で一度Enterを押してからgetChar sampleと打つ
g'g'
e'e'
t't'
Char sample
Char sample
```

　実行環境によって動作が異なってしまうのは望ましくありません。

　このような場合、BufferModeの設定で、標準入力の動作をある程度制御できます。以下はREPLでも一行毎に入力を確定できるように設定するプログラムです。

141

第**4**章 I/O処理

```
main :: IO ()
main = do
  hSetBuffering stdin LineBuffering -- 4.3.4参照
  x <- getChar
  print x
  x <- getChar
  print x
  x <- getChar
  print x
  xs <- getLine
  putStrLn xs
```

　もっとも、入力から一文字ずつ取得してそのたびに何かするような処理を書くことはまれです。ひとまず一行分の入力を取得してから、取得した文字列の処理が可能だからです。特別な事情が無い限り、標準入力から文字列を取得する場合はgetLine関数を使います。

4.3.2　ファイル操作

　ファイル入出力の関数を見ていきましょう。テキストファイルの読み書きは通常、次の3つの関数を使って行います。引数のFilePathは単なるStringの型シノニムです。

```
writeFile :: FilePath -> String -> IO ()
readFile :: FilePath -> IO String
appendFile :: FilePath -> String -> IO ()
```

```
type FilePath = String
```

　これらの関数を使って、ファイル操作を行ってみましょう。writeFile関数でファイルを作成します。readFile関数を使えば簡単にこのファイルの中身を読み込めます。ファイルにさらに文字列を追記するには、appendFile関数を使います[7]。

```
Prelude> writeFile "sample.txt" "Hello" -- ファイルパスと書き込む文字
Prelude> readFile "sample.txt"
"Hello"
Prelude> appendFile "sample.txt" ", World!"
Prelude> readFile "sample.txt"
"Hello, World!"
```

....

＊7　appendFile関数は対象のファイルが存在しなかった場合は新しくファイルを作成しますが、readFile関数は対象のファイルが存在しなかった場合、例外を発生させます。

142

4.3.3　標準入出力の遅延I/O

　基本的に、>>=演算子を用いて合成されたI/Oアクションは、C言語やJava等で手続き的に記述した場合と同様に順次実行されます。ただし、中には少々掟破りな動作をするI/Oアクションも存在します。その代表的な関数が、同じくSystem.IOモジュールで提供されている、getContents関数です。

```
getContents :: IO String
```

　この関数は、標準入力から値を取得するという点においては、getLine関数と特に変わりありません。ただし、getLine関数は改行が入力された段階でその結果を返すのに対し、getContentsは終端文字が入力されるまで標準入力を受け付け続けます。

　それだけではプログラムの最後まで入力を待機し続けなくてはいけなくなってしまいますが、getContentsのI/Oアクションは即座に終了します。返却される文字列はこの段階では完成しておらず、必要になるたびに少しずつ標準入力から文字を読み込みます。

　入力を受けるたびに、すべての文字を大文字に変換して出力するプログラムを書きます[8]。

```haskell
import Data.Char

main :: IO () -- Control-Cなどで中断
main = do
  xs <- getContents
  putStr $ map toUpper xs
```

```
dDoOgGsS...
```

　Haskellでは、このように返り値の評価が進むまでI/Oアクションの発生が遅れることを**遅延I/O**と呼びます。

　getContents関数の動作を理解するため、ちょっとした応用を見てみましょう。このプログラムを実行すると、"up"や"down"が入力されるたびに、数値がインクリメントされたりデクリメントされたりして表示されます。

```haskell
main :: IO ()
main = do
  xs <- getContents >>= return . lines
  counter 0 xs

counter :: Int -> [String] -> IO ()
counter _ [] = return ()
counter i ("up":xs) = print (i + 1) >> counter (i + 1) xs
```

---

[8]　この関数の動作もputCharの場合と同じく、BufferModeに左右されるので注意してください。

第**4**章 I/O 処理

```
counter i ("down":xs) = print (i - 1) >> counter (i - 1) xs
counter i (_:xs) = counter i xs
```

```
up
1
up
2
down
1
```

単純に標準入力を簡単に処理して出力するような場合に使える、interactという関数もあります。この関数を使えば、先に挙げた入力文字をすべて大文字にして出力する関数は次のように書き換えられます。

```
interact :: (String -> String) -> IO ()
interact f = do
  s <- getContents
  putStr (f s)
```

```
main :: IO ()
main = interact $ map toUpper
```

これらgetContents系の関数は簡単に使えるため、とりあえず動けばいいようなスクリプティング用途には向いてますが、細かい制御が難しいために実際の開発で使うことはほとんどありません。現在、遅延に入力を受けながら順次処理するような場合には、ストリーミングライブラリ（7.10参照）を使うのが一般的です。

ファイル読み込みの遅延I/O

readFile関数も遅延I/Oです。このため、次のようにsample.txtをそのまま出力するようなプログラムを実行した場合、仮にsample.txtが巨大なテキストデータだったとしても、出力し終わったデータの領域はガベージコレクションによって解放され、メモリ領域を一気に圧迫することはありません。

しかし、reverseしたり、ファイル全体を2〜3回出力するようなケースでは、出力する前に一度ファイル全体をメモリ領域に確保しなくてはいけなくなるため、遅延I/Oの恩恵を受けられません。

```
main :: IO ()
main = readFile "sample.txt" >>= putStrLn -- 遅延I/Oが有効
main :: IO ()
main = readFile "sample.txt" >>= putStrLn . reverse -- 遅延I/Oに意味がない
```

readFile関数が遅延I/Oであることのやっかいな問題として、入力を消化し切らないと、入力ファイルが解放されないことが挙げられます。一見何も問題無さそうに見える次のコードも、take関数によって入力の一部しか出力されないため、実行しようとすると次のようにしてファイル書き込みに失敗します。

```
main :: IO ()
main = do
  val <- readFile "sample.txt"
  putStrLn $ take 5 val
  writeFile "sample.txt" "Hello, Lazy IO!"
```

```
Main.hs: sample.txt: openFile: resource busy (file is locked)
```

このエラーが発生するのを防ぐには、deepseqというパッケージを使ってファイルの入力文字列を強制的に評価します。

4.3.4　Handleを用いたI/O操作

I/O理解を深めるため、いくつかの関数の実装をのぞいてみましょう。putStrLn、getLine、readFile関数の実装を以下に示します。

```
putStrLn        :: String -> IO ()
putStrLn s      = hPutStrLn stdout s

getLine         :: IO String
getLine         = hGetLine stdin

readFile        :: FilePath -> IO String
readFile name   = openFile name ReadMode >>= hGetContents
```

hPutStrLnやhGetLineそしてhGetContentsのように、すでに説明した関数の最初にhというプリフィックスの付いた関数が使われています[9]。またopenFileという見慣れない関数も出てきました。これらの関数の型を見てみましょう。

```
hPutStrLn :: Handle -> String -> IO ()
hGetLine :: Handle -> IO String
hGetContents :: Handle -> IO String
openFile :: FilePath -> IOMode -> IO Handle
```

---

[9]　これらのファイルハンドルを扱う関数はSystem.IOモジュールで提供されています。

第**4**章 I/O処理

いずれの関数にもHandleという型が使われています。他言語でのファイル操作を行った経験のある方なら予想がつくと思いますが、Handleという型は標準入出力やファイル等、データの読み込み元や書き込み先を表しています。

例えば、stdin、stdoutは標準入出力を表すHandle、openFileは指定したファイルを読み書きするためのHandleを生成するための関数です。openFileの第二引数のIOModeは、操作内容を指定します。

モード	説明
ReadMode	ファイル読み込みが可能なモード
WriteMode	ファイル書き込みが可能なモード
AppendMode	ファイルの書き込み時に末尾に追加するモード
ReadWriteMode	読み込みも書き込みも可能なモード

```
Prelude System.IO> :i IOMode
data IOMode = ReadMode | WriteMode | AppendMode | ReadWriteMode
        -- Defined in 'GHC.IO.IOMode'
instance Enum IOMode -- Defined in 'GHC.IO.IOMode'
instance Eq IOMode -- Defined in 'GHC.IO.IOMode'
instance Ord IOMode -- Defined in 'GHC.IO.IOMode'
instance Read IOMode -- Defined in 'GHC.IO.IOMode'
instance Show IOMode -- Defined in 'GHC.IO.IOMode'
```

openFileを使った例[10]を見てみましょう。次のプログラムは、sample.txtの内容に行番号を付加しながら出力します。

```
import System.IO

main :: IO ()
main = do
    h <- openFile "sample.txt" ReadMode
    loop 0 h
    hClose h
  where
    loop :: Int -> Handle -> IO ()
    loop i h = do
      eof <- hIsEOF h
      if not eof
        then do
          s <- hGetLine h
          putStrLn $ show i ++ " : " ++ s
          loop (i + 1) h
        else return ()
```

....

[10] hIsEOF :: Handle -> IO Bool関数はファイルの終端まで読み込むとtrueを返します。必要なデータを読み込んだら hClose :: Handle -> IO ()関数でHandleを閉じるのを忘れないでください。

入出力 **4.3**

■———— バッファリングモード

Handleからの読み書きを行う hPutStrLn、hGetLine、putStrLn、getLine といった関数ではバッファリングされており、入力や出力は一旦 Handle の持つバッファーに貯められます。このバッファリングの挙動は hSetBuffering によって変更できます。また、hGetBuffering によって現在のモードを取得できます。

```
hSetBuffering :: Handle -> BufferMode -> IO ()
hGetBuffering :: Handle -> IO BufferMode
```

hSetBuffering は、最初の引数の Handle の BufferMode を次の引数で渡されたモードに切り替えます。選択可能なモードは次の3つです。

モード	説明
NoBuffering	入力／出力はバッファされず直ちに読み書きされます
LineBuffering	一行毎にバッファして読み込み／書き出しを行います
BlockBuffering (Maybe Int)	指定されたサイズ毎に読み書きされます。Nothingの場合は環境依存です。

今回の場合、stdin を一行ずつ読み込むように設定したかったため、次のようなコードになったわけです。

```
hSetBuffering stdin LineBuffering
```

ここで紹介しきれなかった関数は System.IO モジュールを参照してください。

Handle の取り扱いには注意が必要です。入力用の Handle を出力用の関数に与えたり、出力用の Handle 出力用の関数に与えたりすると、当然ながら例外が発生します。広範囲に渡って Handle を持ちまわすようなプログラムを書くことは極力避け、もし必要がある場合は newtype でラップする等、誤りを減らす工夫をします。

```
Prelude System.IO> hPutStrLn stdin "Hello, World" -- 入力用のHandleを出力用の関数に与える
*** Exception: <stdin>: hPutStr: illegal operation (handle is not open for writing)
Prelude System.IO> hGetLine stdout -- 出力用のHandleを入力用の関数に与える
*** Exception: <stdout>: hGetLine: illegal operation (handle is not open for reading)
```

4.3.5　バイナリ操作

ここまではテキストファイルに注視してきました。バイナリファイルについても押さえておきましょう。バイナリファイルを扱う際には、bytestring パッケージ[11] の Data.ByteString

---

*11 GHCのデフォルトパッケージなので、特に指定せずそのまま使えます。

モジュールにある、ByteStringという型を使うのが一般的です[12]。

ByteStringは内部的にWord8（8ビット符号無し整数）という型の列を高速に処理できるような形式で保持しており、pack、unpackでWord8のリストと相互に変換できます。Data.ByteStringモジュールには、ByteStringを便利に扱う関数がいくつも用意されているのですが、リストと同じ感覚で操作できるように、リスト操作の関数と同じ名前で定義されているものが多くあります。

```
pack :: [Word8] -> ByteString
unpack :: ByteString -> [Word8]
-- リスト操作と同じ名前の関数
length :: ByteString -> Int
reverse :: ByteString -> ByteString
intercalate :: ByteString -> [ByteString] -> ByteString
map :: (Word8 -> Word8) -> ByteString -> ByteString
foldl :: (a -> Word8 -> a) -> a -> ByteString -> a
```

Data.ByteStringモジュールにはファイルやハンドラに対してバイト列を読み書きするための関数も用意されています。

```
readFile :: FilePath -> IO ByteString
hGetLine :: Handle -> IO ByteString
hGetContents :: Handle -> IO ByteString
hPutStr :: Handle -> ByteString -> IO ()
```

名前衝突を避けるため、qualifiedを使ってB.mapのように呼び出すのが普通です。

```
import qualified Data.ByteString as B -- Bとして読み込む
```

■──── ビット列操作

Word8をビット列として操作したい場合、Word8がData.Bitsモジュール（7.1.2参照）で定義されているBits型クラスのインスタンスであることを利用します。このモジュールには、Bits型クラスのインスタンスに対してさまざまなビット演算を行うための関数や演算子が用意されていますが、ここではビットを反転するcomplement関数を使います。

```
import qualified Data.ByteString as B
import Data.Bits

main :: IO ()
main = do
```

---

[12] 研究熱心な方はSystem.IOモジュールのBinary input and outputカテゴリにopenBinaryFileといういかにもバイナリ向けの関数があることに気づいたかもしれません。残念ながら、この関数は使われていません。ByteStringがその役割を担います。

```
s <- B.readFile "sample"
B.writeFile "sample" . B.map complement $ s
```

このプログラムを実行すると "sample" というバイナリファイルのすべてのビット列を反転します。Haskell でも柔軟にバイナリ操作ができることがわかります。

4.4 ファイルシステム

ファイルに対して入出力を行う基本的な方法は、4.3 で説明しました。ここでは、ファイルパスやディレクトリを操作したり、ファイル等を検索するための方法を説明します。

4.4.1 ファイルやディレクトリの基本操作

ファイルパスやディレクトリを操作する関数は、directory パッケージの System.Directory モジュールで定義されています。import System.Directory して、基本的な関数を見てみましょう。

```
createDirectory :: FilePath -> IO () -- ディレクトリの作成
removeDirectory :: FilePath -> IO () -- ディレクトリの削除
renameDirectory :: FilePath -> FilePath -> IO () -- ディレクトリ名変更
listDirectory :: FilePath -> IO [FilePath] -- ファイルパス下の項目を表示
getDirectoryContents :: FilePath -> IO [FilePath] -- ディレクトリ内の全項目を取得
```

これらの関数は、対象のディレクトリが存在しなかった場合などに例外を発生させます。あらかじめ doesDirectoryExist 関数でディレクトリが存在していることを確認します。

```
doesDirectoryExist :: FilePath -> IO Bool
```

■──── ファイルに対する基本的な操作

ファイルの保存や読み込みは 4.3 で説明した readFile 関数や writeFile 関数を使います。その他のよく使う関数を確認します。

```
doesFileExist :: FilePath -> IO Bool -- ファイルの存在確認
renameFile :: FilePath -> FilePath -> IO () -- ファイル名の変更
copyFile :: FilePath -> FilePath -> IO () -- ファイルのコピー（第一引数コピー元、第二引数コピー先）
removeFile :: FilePath -> IO () -- ファイルの削除
```

第**4**章 I/O処理

■──── 例外の発生しないディレクトリ作成

createDirectory関数は作成先の親ディレクトリが存在しなければ、例外を発生させます。また、作成先のディレクトリがすでに存在していても例外を発生させます。ディレクトリが存在しないときだけディレクトリを作成したいことがあります。その場合、createDirectoryIfMissing関数を利用します。最初の引数にTrueを指定すると、親となる作成先のディレクトリが存在しないときは、その親ディレクトリも同時に作成します。Falseを指定すると存在しないディレクトリに新しくディレクトリを作成しようとしたとき、例外が発生します。

```
createDirectoryIfMissing :: Bool -> FilePath -> IO ()
```

また、removeDirectory関数は、削除対象のディレクトリが空で無い場合には例外を発生させます。子要素もまとめて削除したい場合はremoveDirectoryRecursive関数を使いましょう。

```
removeDirectoryRecursive :: FilePath -> IO ()
```

Column

特殊なディレクトリ

実際のプログラミングでは、カレントディレクトリやホームディレクトリ等、特殊なディレクトリのパス名を取得したい場合が多くあります。環境変数を取得するという方法も考えられますが、System.Directoryモジュールにはそれらのディレクトリを取得したり操作したりするための関数があります。

関数名	型	説明
getCurrentDirectory	IO FilePath	カレントディレクトリの取得
setCurrentDirectory	FilePath -> IO ()	カレントディレクトリの変更
getHomeDirectory	IO FilePath	ホームディレクトリの取得
getXdgDirectory	XdgDirectory -> FilePath -> IO FilePath	XDG Base ディレクトリの取得
getTemporaryDirectory	IO FilePath	一時ディレクトリの取得

XDG Baseディレクトリとは、Unixライクなデスクトップ環境において、アプリケーションが固有の設定ファイルやデータを保存するディレクトリを管理するための推奨に関する比較的新しい規格です。[13]。getXdgDirectory関数の最初の引数は、次の3つから選択できます。

---

*13 詳細はhttps://specifications.freedesktop.org/basedir-spec/basedir-spec-latest.htmlを参照してください。

項目名	説明
XdgData	データを配置するディレクトリのパスです
XdgConfig	設定ファイルを保存するディレクトリのパスです
XdgCache	キャッシュデータを保存するためのパスです

また、`getXdgDirectory`関数の二引数目には、XDG Baseディレクトリ内の操作対象のパスで、XDG Baseディレクトリの後ろに結合されて返却されます。

相対パスと絶対パス

カレントディレクトリの相対パスから絶対パスを取得したいケースはよくあります。Haskellではそのような場合`makeAbsolute`関数を使います。ただし、この関数を使って得た絶対パスは、パラメーターによっては`..`や`.`等を含んだ冗長なパス名になります。ファイルにアクセスしたいだけであればこれで問題ありません。

```
makeAbsolute :: FilePath -> IO FilePath
```

冗長性の無い綺麗なパス名を取得したいときは、`canonicalizePath`関数を使います。

```
canonicalizePath :: FilePath -> IO FilePath
```

なお、`makeAbsolute`関数はどのようなパス名やファイル名を指定しても問題はありませんが、`canonicalizePath`関数は存在しない関数の絶対パスを指定した場合は例外を発生させます。`makeAbsolute`関数や`doesFileExist`関数、`doesDirectoryExist`関数と組み合わせて使うことを推奨します。

4.4.2　権限情報

ファイルはコンテンツの他にもさまざまなメタ情報を保持しています。例えば、あるファイルに対して読み込みや書き込みの権限を与えられているかどうかという情報もそのうちの1つです。ファイルの権限情報を取得するには、同じく`System.Drectory`モジュールの`getPermissions`関数を使います。

```
getPermissions :: FilePath -> IO Permissions
```

`getPermissions`関数は`Permissions`という型を返し、この型は次のような定義になっています。読み込みの許可なら`readable`、書き込みならば`writable`という具合です。`executable`はファイルの実行、`searchable`はディレクトリ内の探査の可否です。

```
data Permissions = Permissions
  { readable :: Bool
  , writable :: Bool
  , executable :: Bool
  , searchable :: Bool
  } deriving (Eq, Ord, Read, Show)
```

■─── タイムスタンプ

一般的なファイルシステムでは、ファイルに対してアクセスしたり変更を加えたりすると、その時刻を記録するようになっています。

System.Directoryには、これらタイムスタンプを操作するために、次の関数が用意されています。

関数	型	説明
getAccessTime	FilePath -> IO UTCTime	最終アクセス時刻を取得します
getModificationTime	FilePath -> IO UTCTime	最終更新時刻を取得します
setAccessTime	FilePath -> UTCTime -> IO ()	最終アクセス時刻を変更します
setModificationTime	FilePath -> UTCTime -> IO ()	最終更新時刻を変更します

これらの関数で扱っているUTCTime型はtimeパッケージのData.Time.Clockモジュールで宣言されているものです。詳細な扱い型については、後の章で再び説明します。

■─── 各権限の書き換え

Permissions型の各項目を設定するための関数も用意されています。

```
setOwnerReadable :: Bool -> Permissions -> Permissions
setOwnerWritable :: Bool -> Permissions -> Permissions
setOwnerExecutable :: Bool -> Permissions -> Permissions
setOwnerSearchable :: Bool -> Permissions -> Permissions
```

Permissionsは単なるレコードなのでその変更はレコードの更新と同様に行いますが、それはファイル権限の変更を意味しません。Permissionsを実ファイルに反映させるには、setPermissionsを用います。

```
setPermissions :: FilePath -> Permissions -> IO ()
```

そのため、"sample.txt"のreadableとwritableをTrueにするには、次のようなプログラムを書きます。

```
import System.Directory

main :: IO ()
main =
  getPermissions "sample.txt"
    >>= setPermissions "sample.txt" . toReadAndWritable

toReadAndWritable :: Permissions -> Permissions
toReadAndWritable p = p { readable = True, writable = True }
```

検索関数

あらかじめファイル名がわかっているものの、そのファイルがどこにあるのかあやふやな場合など、System.DrectoryモジュールのfindFile関数とfindFiles関数が便利です。

```
findFile :: [FilePath] -> String -> IO (Maybe FilePath)
findFiles :: [FilePath] -> String -> IO [FilePath]
```

この関数は、「ファイルのありそうなディレクトリのリスト」と「対象のファイル名」を指定してファイルを検索し、ファイルが見つかった場合は絶対パスを返します。

```
import System.Directory

main :: IO ()
main = do
  current <- getCurrentDirectory
  findFiles [current ++ "/.." , current] "target.txt" >>= print
  findFile [current ++ "/.." , current] "target.txt" >>= print
```

この時、findFiles関数は見つかったすべてのファイルを返しますが、findFile関数は最初に見つかったファイルのみを返却します。見つからなかった場合の返り値は空リスト、もしくはNothingです。検索する際に条件を追加したい場合には、findFileWith関数、findFilesWith関数が便利です。実際に、findFileWith関数を使って、カレントディレクトリもしくはその親ディレクトリから、書き込み可能な"target.txt"のみを選択してみます。

```
findFileWith :: (FilePath -> IO Bool) -> [FilePath] -> String -> IO (Maybe
FilePath)
findFilesWith :: (FilePath -> IO Bool) -> [FilePath] -> String -> IO [File
Path]
```

```
import System.Directory

main :: IO ()
main = do
  current <- getCurrentDirectory
  let checkWritable filePath = getPermissions filePath >>= return . writable
```

第**4**章 I/O処理

```
findFilesWith
  checkWritable [current ++ "/.." , current] "target.txt" >>= print
```

PATH環境変数のディレクトリから実行可能ファイルを検索して列挙する`findExecutable`関数と、`findExecutables`関数を紹介しましょう。この関数を使って実行ファイルのフルパスを取得してみましょう。

```
findExecutable :: String -> IO (Maybe FilePath)
findExecutables :: String -> IO [FilePath]
```

```
Prelude System.Directory> findExecutable "ghc"
Just "/home/you/stack/programs/x86_64-linux/ghc-7.10.2/bin/ghc"
Prelude System.Directory> findExecutables "ghc"
["/home/you/programs/x86_64-linux/ghc-7.10.2/bin/ghc","/usr/bin/ghc"]
```

Column

Windowsの実行ファイル対策

Windowsの場合、実行可能ファイルには拡張子`.exe`が付与されています。同等の実行ファイルを探したいのにOSによって動作が異なってしまうのは困ります。そこで、実行可能ファイルを扱う場合は、`exeExtension :: String`を組み合わせます。`exeExtension`はPOSIXシステム上では空文字列`""`ですが、Windowsシステム上では`".exe"`になります。これを利用すれば、先ほどのプログラムを次のように書き換えることで、OSによる差異を吸収できます。

```
Prelude System.Directory> findExecutable $ "ghc" + exeExtension
Just "/home/you/stack/programs/x86_64-linux/ghc-7.10.2/bin/ghc"
Prelude System.Directory> findExecutables $ "ghc" + exeExtension
["/home/you/programs/x86_64-linux/ghc-7.10.2/bin/ghc","/usr/bin/ghc"]
```

4.5 例外処理

すでに見たとおり、Haskellで安全なプログラムを書くには、ボトム（⊥）となるような式を避ける必要があります。第5章で述べる通り、パラメーター等の不正により正しい結果が返せないような場合は、`Maybe a`型や`Either a b`型（2.7.3、2.7.4参照）を利用するのが基本です。

しかし、I/Oを伴うプログラムではファイルの内容や入出力、さらにはネットワークやデータベースといったさまざまな状態が計算結果に影響を及ぼします。ボトムはプログラムの誤りによって発生するものであってプログラマの努力で避けることができますが、このようなI/O処理による**I/O例外**はプログラマが努力をしても避けられないものです。

例外処理 **4.5**

そのため、I/Oアクションを使う場合には、I/O例外を適切に扱う必要があります。ここでは、Haskellにおける例外処理の考え方や、例外の定義／発生のさせ方等を説明していきます[14]。

Column

I/O以外の処理から発生する例外

　ボトム（⊥）を評価すると評価が終わらなかったりエラーが起きたりしますが、後者については捕捉してエラー処理が書けると便利です。また、非同期例外はI/O処理をしているかどうかに関わらず、コード上のどの部分でも起こりえます。

　このような、I/Oアクション以外で発生する例外についても、**IO**モナドにおいて本節で紹介するやり方で捕捉できます[15]。

4.5.1　例外処理の基本

　I/Oアクションを伴う処理では、I/O例外が発生することを考慮しなければいけません。まずはそのために基本となることがらを学びます。

■ Haskellの例外処理の特徴

　I/O処理内で例外処理を行う基本的な考え方は、**catch**や**finally**等の機能が関数で提供されている部分を除けば、JavaやC#などの例外処理の手法とあまり変わりありません。base パッケージの**Control.Exception**モジュールで用意されている関数群を使います。REPLで動作を試すときは import **Control.Exception** しておきましょう。

　例外が発生した場合、処理を中断して例外処理に移る場合に使うのが、**catch**関数です。

```
catch :: Exception e => IO a -> (e -> IO a) -> IO a
```

　基本的は最初の引数でやりたいこと（本来の処理）を書いて、次の引数で例外処理を書きます。見やすさ等の理由から、次のように中置記法で書かれることが多いです。

```
mainProgram `catch` handling
```

---

[14] ここで紹介しない例外の重要事項に、非同期例外（Asynchronous Exceptions）があります。文字通り非同期時の例外を扱いますが、同期時の例外とは異なる点が多くあります。これらについては8.4で解説します。

[15] Simon Peyton Jonesの「A Semantics for Imprecise Exceptions」でこれらに関する詳細な見解が述べられています。

155

第**4**章　I/O処理

■――――― 例外処理の型制約

　型制約をかけているException型クラスのインスタンスは数多くあります。:i Exception
で確認できます。すべての例外を網羅したいような場合は、SomeException という特殊な型を
catchします。

　次のプログラムは、なんらかの理由でファイルを開くのに失敗した場合、専用のメッセージと
エラーの内容を表示します*16。

```
import Control.Exception

main :: IO ()
main =
  (readFile "dummyFileName" >>= putStrLn)
    `catch`
  (\e ->
    putStrLn $ "readFile failure!!! : " ++ displayException (e :: SomeException))
```

　catchの第二引数のラムダ式内でeの型を指定しています*17。実行時に"dummyFileName"
が存在しなければ、次のようなメッセージが表示されます。

```
readFile failure!!! : dummyFileName: openFile: does not exist (No such file or
directory)
```

　実用上、GHCのScopedTypeVariables言語拡張を使って引数の型を直接指定できるよう
にし、次のように書くと読みやすくなります。

```
{-# LANGUAGE ScopedTypeVariables #-} -- GHCの言語拡張を有効にする
import Control.Exception

main :: IO ()
main =
  (readFile "dummyFileName" >>= putStrLn)
    `catch`
  (\(e :: SomeException) ->
    putStrLn $ "readFile failure!!! : " ++ displayException e)
```

　さまざまな種類(型)の例外がありますが、すべての例外はSomeExceptionに属しているため、
このコードですべての例外を網羅できます*18。

....

*16 displayException :: Exception e => e -> Stringでエラー情報を表示します。

*17 ここではSomeException型。

*18 本来型クラスだけではこのような多相性は実現できないことにお気付きの読者も多いかもしれません。その仕組みを説明するとやや
高度な内容になってしまうため、ここでは割愛します。興味のある方は存在量化というキーワードで調べてみてください。

例外処理 **4.5**

■────── finally関数

`finally`関数は、例外が発生しうる処理でも必ず実行する後処理を記述するのに使います。この関数は、例外を上位に伝播するため、`catch`と組み合わせて次のように書きます。このプログラムを実行すると、例外の有無に関わらず、`"finalization!!!"`が表示されます。

```
finally :: IO a -> IO b -> IO a
```

```
import Control.Exception

main :: IO ()
main =
  (readFile "dummyFileName" >>= putStrLn)
    `catch`
  (\(e :: SomeException) ->
    putStrLn $ "readFile failure!!! : " ++ displayException e)
    `finally`
  (putStrLn "finalization!!!")
```

■────── さまざまな例外をcatchする

すべての例外を区別せずに`catch`したいなら、`SomeException`を使えば済みます。しかし、実際には例外の種類によって処理を切り分けたいはずです。

例えば、I/O処理由来の例外は`IOException`が、算術演算に由来する例外ならば`ArithException`が発生します。そのうちのオーバーフローやゼロ除算のみを`catch`したいような場合も少なくありません[19]。`ArithException`は次のような直和型になっているので、例外処理でパターンマッチしてパターンによって例外を切り替えられます。

```
data ArithException
  = Overflow
  | Underflow
  | LossOfPrecision
  | DivideByZero
  | Denormal
  | RatioZeroDenominator
  deriving (Eq, Ord, Typeable)
```

具体例を見てみましょう。次の例では、算術エラーを`catch`して、内容がゼロ除算だった場合のみ0を返し、それ以外の場合は`throwIO`という関数で例外を上位の関数に伝播します。さて、この関数を使ってゼロ除算したプログラムを`catch`すれば問題なく0を返してくれそうです。実際にGHCiで実行しようとすると、次のように上手くいきません。

---

[19] オーバーフローやゼロ除算はI/O処理によらない例外であり、1 `` `div` `` 0などのボトムが評価されることにより起こるエラーです。

157

第**4**章 I/O処理

```
import Control.Exception

catchZeroDiv :: ArithException -> IO Int
catchZeroDiv DivideByZero = return 0
catchZeroDiv e = throwIO e
```

```
Prelude Control.Exception> (return $ 100 `div` 0) `catch` catchZeroDiv
*** Exception: divide by zero
```

　この問題はHaskellの遅延評価に起因しています。ゼロ除算する計算の部分が例外処理をすり抜けてしまったのです。このような時、基本的には`$!`という演算子を使うと解決できます（第2章コラム「先行評価の強制」参照）。この演算子の基本的なはたらきは、`$`と同じですが、左辺に適用する前に、右辺を正格評価します。そのため、先ほど失敗した例外処理は、次のように`$`を`$!`に差し替えることによって、正常に動作するようになるわけです。

```
Prelude> :t ($)
($) :: (a -> b) -> a -> b
Prelude> :t ($!)
($!) :: (a -> b) -> a -> b
```

```
Prelude Control.Exception> (return $! 100 `div` 0) `catch` catchZeroDiv
0
```

　ただし、似たようなケースで`catch`の第一引数がリストを返すような場合、`$!`演算子でも例外処理をすり抜けてしまう場合があります。これは、`$!`演算子の正格評価がリストの終端まで強制的に簡約する仕組みになっているわけでは無い[20]からです。例外処理を行うのにリストの最後まで評価して欲しいときは`deepseq`パッケージの`Control.DeepSeq`をインポートして、`$!!`という`$!`よりさらに強力な正格評価演算子を使います。ただし、この演算子は無限リストでも最後まで評価しようとして、無限再帰に陥ります。使う際には十分注意してください。

■──── 複数の例外をそれぞれ処理する

　さて、実際の例外処理では、1つの処理に対していくつかの例外に対して何種類かの例外処理を行いたい場合も多いです。複数の例外を処理する場合、次のように繰り返し`catch`関数を適用すればOKです。

```
import Control.Exception

someOperation :: IO ()
someOperation = ..略..
```

---

[20] 弱頭部正規形と呼ばれる状態まで簡約（関数を変換）して止まるようになっています。

158

```
main :: IO ()
main =
  someOperation
    `catch`
  (\(e :: ArithException) ->
    putStrLn $ "Catch ArithException: " ++ displayException e)
    `catch`
  (\(e :: SomeException) ->
    putStrLn $ "Catch SomeException: " ++ displayException e)
```

何度も catch 関数を書くのは手間なのでまとめて受け取れる catches 関数を使います。

```
catches :: IO a -> [Handler a] -> IO a
```

Handler という新しい型が出てきました。Handler 型のデータコンストラクタは、次のような型を持った関数です。

```
Handler :: Exception e => (e -> IO a) -> Handler a
```

見慣れない型定義ですが、原理的には Just が a -> Maybe a という型を持った関数であるのと同じです。このデータコンストラクタを使うことによって、あらゆる種類の例外に対する例外処理の関数を Handler a という型に揃えられます。それによって、catches 関数の第二引数に複数の例外処理を一度に渡せます。実際に catches 関数を使って ArithException と SomeException を処理する例です

```
import Control.Exception

main :: IO ()
main =
  someOperation
    `catches`
  [ Handler $ \(e :: ArithException) ->
      putStrLn $ "Catch ArithException: " ++ displayException e
  , Handler $ \(e :: SomeException) ->
      putStrLn $ "Catch SomeException: " ++ displayException e
  ]
```

4.5.2　例外に対する特殊な操作

catch 以外にも例外に対する操作を提供する関数があります。catch とはやや使い勝手の異なる onException 関数と bracket 関数を紹介します。

onException は catch と同じように、例外が発生すると第二引数の関数が実行されます。

第**4**章 I/O処理

```
onException :: IO a -> IO b -> IO a
```

　ただし、この関数は例外をさらに上位の関数に伝播する点が異なります。例外が発生しなかった場合は第二引数の処理を実行しない**finally**と考えてもいいかもしれません。発生した例外に対し一旦局所的に対応したい場合などに使う関数です。

　bracketは順に、リソースを確保する関数、リソースを解放する関数、リソースに対して実行したいプログラムの関数を渡して呼び出す関数です。

```
bracket :: IO a -> (a -> IO b) -> (a -> IO c) -> IO c
```

　この関数は、まず最初の引数のI/Oアクションを実行し、その処理によって得た値を3つ目の引数の関数に渡し、I/Oアクションを実行します。そして、その結果例外が発生しようがしまいが、第二引数の関数を呼び出すことによって、例外が原因でリソースが解放されない現象を回避できます。

　少しややこしいので1つだけ例を見てみましょう。**openFile**でファイルを開いたらそれを画面に表示し、例外が発生したかしないかに関わらず処理が完了したらハンドルをクローズするようなプログラムを書くと、次のようになります[21]。**onException**と**bracket**関数どちらも、例外を**catch**するわけではなく、呼び出し元の関数に伝播します。あらかじめ発生が想定されるような例外は、**catch**関数や**catches**関数を使ってどこかで正しく処理することが望ましいです。

```
import Control.Exception

main :: IO ()
main =
  bracket (openFile "dummyFileName" ReadMode) hClose $ \h -> do
    s <- hGetContents h
    putStrLn s
```

4.5.3　独自の例外を定義する

　Control.Exceptionが提供する例外処理の多相性は、存在量化と呼ばれるやや難しい概念を用いて実現しています。本書がここまで説明してきた内容だけでその仕組みの全容を説明するのは困難です。しかし、ちょっとしたパターンを覚えれば簡単に独自の例外を発生させたり、新しい例外の型を作成したりできる仕組みがあらかじめ用意されています。ここでは、例外を実際に発生させることに注力して解説します。

　throw関数と**throwIO**関数が例外の発生に使えますが、例外はI/O内で処理すべきものです。**thorwIO**関数を使いましょう[22]。

---

*21　これは、Scalaコミュニティ等でローンパターンと呼ばれている手法と同じです。

*22　throwIOの利用のために、Control.Exceptionをインポートしておきます。

```
throwIO :: Exception e => e -> IO a
```

　また、I/O を多用したライブラリの提供などのケースでは、独自の**Exception**型クラスのインスタンスを作成したいこともあります。その場合、**DeriveDataTypeable**言語拡張を有効にし、普段通りに代数的データ型を定義し、その型を**Show**型クラスと**Typeable**という型クラスのインスタンスに**deriving**した後、**Exception**型クラスのインスタンスにすれば、後は他の例外と同じようにして**thorwIO**したり**catch**したりできます。**Exception**型クラスのメソッドは、すべて**Show**型クラスと**Typeable**型クラスのメソッドを使ったデフォルト実装があるので記述はいりません。以下は、独自の例外を実際に発生させ、**catch**関数で処理する少々大きめの例です。

```
{-# LANGUAGE DeriveDataTypeable #-}
module Main where
import Control.Exception
import Data.Typeable

data MyException = FirstError | SecondError
  deriving (Show, Typeable)

instance Exception MyException

printMyException :: MyException -> IO ()
printMyException FirstError = putStrLn $ "Catch FirstError"
printMyException SecondError = putStrLn $ "Catch SecondError"

throwMyException :: Int -> IO String
throwMyException 1 = throwIO FirstError
throwMyException 2 = throwIO SecondError
throwMyException x = return $ "Value = " ++ show x

main :: IO ()
main = do
  (throwMyException 1 >>= putStrLn) `catch` printMyException
  (throwMyException 2 >>= putStrLn) `catch` printMyException
  (throwMyException 3 >>= putStrLn) `catch` printMyException
```

　throwMyException関数が引数の値によって独自の例外を**thorwIO**で発生させます。**printMyException**関数は、**MyException**に対する例外処理関数です。このプログラムを実行すると、次のような結果が得られます。

```
Catch FirstError
Catch SecondError
Value = 3
```

第**4**章 I/O処理

Column

POSIXとWin32

　本章で説明した`System.Directory`のようなモジュールは、なるべく環境に依存しないように作られています。しかし、実際のプロダクトではPOSIX（あるいはWin32など）のAPIを利用した、やや環境依存のあるプログラムを書きたいこともあるはずです。

　HackageやStackageには、特定のプラットフォーム依存の、システムよりの関数を提供しているモジュールも存在します。例えば`unix`パッケージではPOSIX規格に準拠した関数を提供していますし、`Win32`パッケージではWin32APIの各種APIが関数として提供されています。

　`unix`パッケージの`System.Posix.Files`関数を利用した、簡単な例を見てみましょう[*23]。

　次のプログラムを実行すると、引数で指定されたファイルのファイルサイズを取得して画面に表示します。

```
module Main where
import System.Environment (getArgs)
import System.Posix.Files
  ( fileExist
  , getFileStatus
  , fileSize
  )

main :: IO ()
main = do
  args <- getArgs
  case args of
    (x:_) -> showFileSize x
    _ -> putStrLn "Please input file name"

showFileSize :: String -> IO ()
showFileSize fn = do
  exist <- fileExist fn
  if exist
    then do
      st <- getFileStatus fn
      putStrLn $ "File size = " ++ (show $ fileSize st)
    else do
      putStrLn $ "file '" ++ fn ++ "' is not found"
```

　`unix`パッケージは、Windows環境はサポートしていません。POSIXのAPIを利用した開発が必要になったら、`unix-compat`パッケージを利用します。

　このパッケージは、`unix`パッケージが提供している機能の一部を複数のプラットフォームに向けて提供しています。UNIXシステム向けにビルドされればPOSIXを直接呼び出し、Windowsに向けてビルドされた場合は、同様の動作をする専用の実装が実行されます。

＊23　下記の例はWindowsでは動作しません。

第5章
モナド

第5章 モナド

　モナド（Monad）は、Haskellを学ぶうえで、大きな壁となる概念の1つとされています。名前を聞いたことのある読者も多いのではないでしょうか。

　難解な概念のように感じてしまうかもしれませんが、実はこれまでもすでにIOモナドを何度も使ってきています。プログラムのエントリポイントであるmain :: IO ()もIOモナドによって表現されています。HaskellではMonad型クラスのインスタンスでモナド則という一定の規則を満たしている型を**モナド**と呼びます[1]。その型は何らかの「計算」を表現するように意図されており、**モナドはその「計算」に対して手続き的にプログラムを組み上げる方法を提供します**。モナドによってdo式による手続き型の記法が使えるようになります。モナドはさまざまな「計算」を統一的に扱うためのフレームワークと見ることもできます。

　今まで使ってきたIOモナドとは「逐次計算」とI/Oアクションを提供するモナドであり、I/Oアクションが並べた通りに順番に実行されます。これは他言語経験のある方には馴染み深い振る舞いでしょう。逐次計算とはそれほどプログラミング言語と密接に関わっており、そこにプログラマが手を入れることはほとんどありません。その誰もが無意識的に扱っていた逐次計算を、Haskellはプログラマが明示的に扱える形で、さらに一般化して提供しています。それがモナドです。IOモナドは「I/O付き逐次計算」を抽象化した概念と言えます。

　モナドはI/O計算のためだけに導入されたというわけではなく、その他のHaskellの表現力向上にも役立っています。さまざまな計算をモナドによって表現できるということは、さまざまなパラダイムを型安全のまま取り入れることができることを意味しています。例えば、他言語のパラダイムをモナドを通してHaskell言語内で実現するといった試みはいくつも存在します[2]。また、ドメイン特化言語を実現する試みも数多くあります[3]。

　モナドの表現力の高さを利用するだけならば、モナドの高度で数学的な概念を理解する必要はまったくありません。本章では、Haskellでプログラミングする際によく遭遇する各種の問題を解決するための**便利な道具としてのモナド**を説明していきます。

5.1 モナドアクション

　Haskellでまずモナドを意識するのは、Monad型クラスのインスタンスを利用するときです。さまざまな型がMonad型クラスのインスタンスとして提供されており、適切に使うことでわかりやすく安全なプログラムを書けます。Monad型クラスのインスタンスを確認しましょう。

----

[1]　モナドであるためにはMonadのインスタンスであることだけでは不十分で、そのメソッドがモナド則（Monad Laws）を満たす必要がありますが、モナドインスタンスを活用する分には気にしなくても構いません。

[2]　Erlang styleを実現するdistributed-processパッケージ（https://hackage.haskell.org/package/distributed-process）、Prolog styleを実現するlogictパッケージ（http://hackage.haskell.org/package/logict）などがあります。

[3]　shellscriptのためのturtleパッケージ（https://hackage.haskell.org/package/turtle）、ビルドシステムのためのshakeパッケージ（https://hackage.haskell.org/package/shake）、SQL構築のためのrelational-record（https://hackage.haskell.org/package/relational-record）などがあります。

```
Prelude> :i Monad
class Applicative m => Monad (m :: * -> *) where
  (>>=) :: m a -> (a -> m b) -> m b
  (>>) :: m a -> m b -> m b
  return :: a -> m a
  fail :: String -> m a
  {-# MINIMAL (>>=) #-}
    -- Defined in 'GHC.Base'
instance Monad (Either e) -- Defined in 'Data.Either'
instance Monad [] -- Defined in 'GHC.Base'
instance Monad Maybe -- Defined in 'GHC.Base'
instance Monad IO -- Defined in 'GHC.Base'
instance Monad ((->) r) -- Defined in 'GHC.Base'
instance Monoid a => Monad ((,) a) -- Defined in 'GHC.Base'
```

ここにあるようにMaybe型はMonad型クラスのインスタンスでMaybeモナドを構成できます。
よってdo式が使えます（5.1.2参照）。例えば次の手続き型のように見えるコードは正しい
Haskellプログラムです[*4]。

```
f :: Maybe Int
f = do
  x <- Just 10
  Nothing
  return $ x * 2
```

　注目すべきなのは、IOではputStrLnやgetLine関数が書かれていたような個所にMaybe
型の値（x <- Just 10のJust 10や、Nothing）が書かれていることです。これまで説明し
てきたMaybe型の使い方とはまったく違うので、違和感を感じるかもしれません。この式が一
体どういう意味を持つのか、確認していきましょう。

5.1.1　　Monad型クラス

　Monad型クラス定義の主要部分を再掲します。MaybeはMonad型クラスのインスタンスなの
で、>>=演算子のmをMaybeに読みかえられます。次のように表現できます。

```
class Applicative m => Monad m where
  (>>=) :: m a -> (a -> m b) -> m b
  (>>) :: m a -> m b -> m b
  return :: a -> m a
(>>=) :: Maybe a -> (a -> Maybe b) -> Maybe b
```

....
*4　このプログラム自体に意味はありません。Maybe型のdo式上での振舞いについては後で解説します。ここでは文法事項に注目してく
　ださい。

第**5**章　モナド

　さて、do式は>>=演算子を使った式の糖衣構文でした（第4章参照）。先ほどの、Maybe型の値をdo式で組み合わせた例を、>>=を使った式の形に読みかえてみましょう[5]。

```
f :: Maybe Int
f = Just 10 >>= \x -> Nothing >>= \_ -> return (x * 2)
```

　型は合っています。読みかえた結果が型エラーになっていなければ、IOでもMaybeでも問題はありません。評価したとき、どのような結果が返ってくるかは>>=演算子の実装によって決まります。

　あらためて、Maybe型をdo式で組み合わせたときの例を見てみましょう。

```
f :: Maybe Int
f = do
  x <- Just 10
  Nothing
  return $ x * 2
```

　Just 10やNothingのようなMaybe型の値ひとつひとつが、手続き型プログラミングでの処理（アクション）を表わしているように見えます。そのためHaskellプログラマは、Monadインスタンスの値をたびたび**モナドアクション**、あるいは単に**アクション**と呼びます。これらのアクションは、いずれもMaybe a型の値を返します[6]。このように、Monad型クラスは、インスタンスの型をdo式で手続き的に書けるようにします。

　特定の処理を手続き的に書けるようにする、Haskellにおけるモナドが提供する機能はそれだけです。それ以上でもそれ以下でもありません。

　I/Oアクションのつながり、IOモナドの利用方法を思い出せばわかりやすいはずです。特定の処理を手続き的に書けるようにするためには、その特定の処理がHaskell全体の純粋さに影響を与えないように配慮する必要があります。そのため、モナドの内側で起こっていることがモナドの外側に影響を及ぼさないという効果が副次的に生まれます。

　それでは、Maybe型やその他のMonad型クラスのインスタンスを手続き的に書けると何がうれしいのでしょうか。ここでは、実際の例を使ってMonadがどのようにHaskellプログラミングに役立つか見ていきます。

＊5　正確にはMonad型クラスのfailという関数を含めて、もう少し複雑な変換がされますが、ここで解説する範囲では関係ないので、ないものとして考えます。fail関数についてはコラム「failの振る舞い」で説明します。

＊6　ここでは上から、Just 10、Nothing、Just 20。

5.1.2 Maybeモナド

もっとも理解しやすいモナドの実用的な例は、**Maybe**型を用いたものでしょう。このような**Maybe**型で実現するモナドを**Maybe**モナドといいます。

Maybe型は、値を返さない（`Nothing`）かもしれないときに使われる型です。先ほどは特に意味のない例を示しましたが、今度は具体的に、ファーストフード店のレジシステムを考えましょう。このシステムは次のように定義されたメニューのデータを扱います。

```
-- 型が少しややこしくなるので別名を付けておく
type Category = String -- 商品のカテゴリ
type Name = String -- 商品名
type Price = Integer -- 金額
type Menu = [(Category, [(Name, Price)])] -- メニュー
type Item = (Category, Name, Price) -- 商品

-- メニューデータの例
menu :: Menu
menu =
  [ ("Foods", -- 食事
    [ ("Hamburger", 120) -- ハンバーガー
    , ("FrenchFries", 100) --ポテト
    ] )
  , ("Drinks",  -- 飲みもの
    [ ("Cola", 80) -- コーラ
    , ("Tea", 100) -- お茶
    ] )
  ]
```

この「商品のカテゴリ」と「商品名」から、商品データを取得する`getItem`関数を作りたいとします。型は次のようになるでしょう。この関数を、パターンマッチを使って愚直に実装すると、次のようになります。これでは、**Maybe**型を返す計算が増えるたびにネストが増えてしまいます。

```
getItem :: Menu -> Category -> Name -> Maybe Item
```

```
getItemWithoutMonad :: Menu -> Category -> Name -> Maybe Item
getItemWithoutMonad menu category name
  -- パターンマッチするたびにネストが増えてしまう
  = case lookup category menu of
    Just subMenu -> case lookup name subMenu of
      Just price -> Just (category, name, price)
      -- マッチしなかった場合はNothing
      Nothing -> Nothing
    -- この計算ではマッチしなかったときの処理はNothingと決まっているので何度も書きたくない
    Nothing -> Nothing
```

第**5**章　モナド

■──── Maybe モナドの性質を利用する

このような時、Maybe型のモナドとしての性質が役に立ちます。Maybeをdo式で書くとき、計算の途中でNothingが表れると、その後の計算を無視してNothingを返します。この仕組みを使ってメニューのデータから金額を得る流れを考えます。

```
f :: Maybe Int
f = do
  x <- Just 10 -- ここでxを10に束縛するが...
  Nothing -- ここがNothingになっているので、結果はNothing
  return $ x * 2 -- この計算は無視
```

```
getItemWithMonad :: Menu -> Category -> Name -> Maybe Item
getItemWithMonad menu category name = do
  -- IOでgetLineしたときのように、lookup関数が使える
  subMenu <- lookup category menu
  price <- lookup name subMenu
  -- どこかのアクションがNothingを返せば、計算全体がNothingとなる
  -- 最終的に欲しい結果を組み立ててreturnで返す
  return (category, name, price)
```

ずいぶんとスッキリしました。手続き型のように書けることで、記述が見やすくなります。さらに、MaybeモナドのようなことをJavaなどのよく知られた手続き型のプログラミング言語で実現しようとしても、なかなか上手くいきません[7]。Maybeモナドはこのような失敗の発生しうるケースをきれいに書きたいときに、威力を発揮します。

モナドという抽象的な概念が何だかわからなくても、Monad型クラスのインスタンスを役立てるのは、それほど難しくはありません。このような、多くの具体例を知っていけば、徐々にモナドの強力さがわかっていきます。

5.1.3 State s モナド

State sモナドも扱いやすく、また強力さを体感しやすいモナドです。State sモナドはHaskellに部分的な状態をもたらします。

簡単なゲームを例に機能を紹介します。4人のプレイヤーが1から50までの数字の書かれたカードを、5枚ずつ引きます。5枚のカードの数字をすべて足して、結果が多い人が勝ち、とても単純なルールです。このゲームを、愚直に実装したところ、次のようになりました。

────────────────────────────────

[7] null値のチェックと早期リターンに近いですが、わざわざnullチェックを書く必要はありませんし、null参照による例外のリスクはまったくありません。

```
type Card = Int -- カード
type Score = Int -- 得点
type Hand = [Card] -- 手札
type Stock = [Card] -- 山札
type Player = String -- プレイヤー


-- ランダムな並び順のカード一式 deck :: [Card] があるとする
-- 太郎、花子、たかし、ゆみの四人に5枚つづカードを配り、合計点が多い人が勝ち
-- 返却値は合計点の多い順でソートされた(合計得点, 手札, プレイヤー名)のリスト
game :: [Card] -> [(Score, Hand, Player)]
game deck = let
    (taroHand, deck2) = (take 5 deck, drop 5 deck)
    (hanakoHand, deck3) = (take 5 deck2, drop 5 deck2)
    (takashiHand, deck4) = (take 5 deck3, drop 5 deck3)
    (yumiHand, deck5) = (take 5 deck4, drop 5 deck4)
    -- 逆順にソートすれば合計得点が高い順に並ぶ、sortにはData.Listが必要
  in reverse . sort $
    [ (sum taroHand, taroHand, "Taro")
    , (sum hanakoHand, hanakoHand, "Hanako")
    , (sum takashiHand, takashiHand , "Takashi")
    , (sum yumiHand, yumiHand, "Yumi")
    ]
-- さらにデッキにカードを戻す処理も実装する必要がある...
```

　このプログラムの本質的な問題は、残りの山札というカードを引くたびに変化する「状態」を管理しなければいけないということです。状態を扱えないのでdeck2...などの変数を大量に用意して、代わりにしています。Haskellの純粋さが仇となり[8]、かえって書きづらくなってしまいます。状態を前提にコードを書いたほうがわかりやすいときは、状態付き計算を可能とする State s モナドを使います。

■———— State s モナドで使える関数

　State s モナドでは、状態を取り出すget関数と、新しい値を状態として設定するput関数というモナドアクションを使えます。State s モナドを使うにはtransformersパッケージが必要です[9]。

```
$ stack ghci --package transformers
```

　State型は、型変数を2つ持っています。1つ目の型変数が管理したい状態、2つ目の型変数がこの関数が返す値の型です。例えば、[String]を状態として管理して、Int型を返す場合のアクションはState [String] Intのような型になります。

---

[8]　Haskellは純粋関数を重んじることや、変数がイミュータブルであることから状態を扱うのが苦手です。

[9]　本章で紹介する、その他のモナドを使ううえでも欠かせないパッケージです。

第**5**章　モナド

State型を活用して、先ほどのゲームを書きなおしてみましょう。

```haskell
-- game.hs
import Control.Monad.Trans.State
import Data.List

type Card = Int -- カード
type Score = Int -- 得点
type Hand = [Card] -- 手札
type Stock = [Card] -- 山札
type Player = String -- プレイヤー

-- 山札から指定した枚数のカードを引く
drawCards
    :: Int
    -> State Stock Hand -- 状態は山札、返り値は手札
drawCards n = do
  -- 状態である山札を取得する
  deck <- get
  -- 引いた残りを新たに山札に設定
  put $ drop n deck
  -- 引いたカードを返す
  return $ take n deck

gameWithState
    -- 状態は山札、返り値は(得点、手札、プレイヤー名)のリスト
    :: State Stock [(Score, Hand, Player)]
gameWithState = do
  -- 四人ぶんのカードを配る
  taroHand <- drawCards 5
  hanakoHand <- drawCards 5
  takashiHand <- drawCards 5
  yumiHand <- drawCards 5
  -- 逆順にソートすれば合計得点が高い順に並ぶ
  return . reverse . sort $
    [ (sum taroHand, taroHand, "Taro")
    , (sum hanakoHand, hanakoHand, "Hanako")
    , (sum takashiHand, takashiHand , "Takashi")
    , (sum yumiHand, yumiHand, "Yumi")
    ]
```

　山札を状態として管理した結果、カードを配るコードが読みやすくなりました。普段皆さんが読みなれている手続き的なプログラムとよく似ています。違和感なく読めるでしょう。

■─────State sモナドから値を取り出す

　これだけでは、実際に山札からカードを抜き、順位を発表するところに到達していません。実際にどのように動作させて、どう結果を取り出すかが抜けています。

最初の状態、すなわち最初の山札がどこから来るかを指定しなくてはいけません。State s モナドを使って実際に計算するには、State s モナドの外から初期状態を与えます。その役割を担うのが、runState関数です。

```
runState :: State s a -> s -> (a, s)
```

runState関数は実行したいState s モナド（State s a）と、初期状態（s）を受け取り、returnした値と計算後の状態のタプル（a, s）を返します。このタプルの第一要素（a）が、我々が欲しかったゲームの結果、[(Score, Hand, Player)]です。

gameWithStateを、1から50までの昇順の山札を初期状態として渡すと、次のようなコードになります。

```
Prelude> :load game.hs
*Main> runState gameWithState [1..50]
([(90,[16,17,18,19,20],"Yumi"),(65,[11,12,13,14,15],"Takashi"),(40,[6,7,8,9,10],
"Hanako"),(15,[1,2,3,4,5],"Taro")],[21,22,23,24,25,26,27,28,29,30,31,32,33,34,35,36,
37,38,39,40,41,42,43,44,45,46,47,48,49,50])
```

少し読みにくいですが、昇順に積みあげられた山札から「太郎→花子→たかし→ゆみ」の順で5枚ずつカードを引いたので、順位は逆の「ゆみ→たかし→花子→太郎」になっています。

State s モナドによって、Haskellはそのままでは状態を扱えないという弱点を克服しました。状態を扱うからといって、Haskellの純粋さが失われるわけではありません。状態を使った計算は初期状態が同じ値なら必ず同じ値を返します。つまり、runState関数は参照透過です。

State s モナドから必要な値だけを取り出す

State s モナドの返り値のタプルで必要なのはどちらか一方ということも多いでしょう。そのような場合、evalState関数、またはexecState関数を使います。

```
evalState :: State s a -> s -> a -- returnの結果だけ欲しい
execState :: State s a -> s -> s -- 最終的な状態だけ欲しい
```

第**5**章 モナド

> **ランダムに並び替える**
>
> 　ここでは省略しましたが、カードゲームをプレイするならば、本来は山札がシャッフルされている
> 必要があります。このままでは、ゆみが勝ち続けてしまいます。random-shuffleというパッケー
> ジにあるshuffleMという関数を使えば、ランダムにリストをシャッフルできます。runStateの
> 実行結果は、「returnした値」と「最終的な状態」のタプルです。
>
> ```
> import System.Random.Shuffle (shuffleM)
>
> -- シャッフルされた山札でgameWithStateを実行する例
> runGame :: IO ()
> runGame = do
>   -- random-shuffleパッケージに定義されているshuffleM関数でシャッフル
>   -- 初期のシード値を無作為に選ぶ必要があるためI/Oアクションになっている
>   deck <- shuffleM [1..50]
>   print $ runState gameWithState deck
> ```

5.2 Monadの性質を利用する

　手続き的な考え方で問題を解決する場合にモナドが役に立つことを説明してきました。

　ここまで示してきたようにモナドのアドバンテージは、さまざまな計算を手続きプログラミングのような統一した枠組みで扱えることにあります。また、モナドの性質から（つまり >>= やreturnを組み合わせることで）、do式に関わらず広く使える便利な関数を定義できます。

5.2.1 Monadによる強力な関数

　Control.Monadモジュールには、Monadの性質を利用して実装された便利な関数が定義されています。いくつか見ていきましょう。

■ join関数

join関数は、二重になっているモナドのデータ構造を、一つにつぶします。

```
join :: Monad m => m (m a) -> m a
join x = x >>= id
```

```
ghci> import Control.Monad -- インポートしておく
ghci> join $ Nothing
```

```
Nothing
ghci> join $ Just Nothing
Nothing
ghci> join $ Just (Just 10)
Just 10
```

モナドの種類にもよって細部は異なりますが、`Just Nothing :: Maybe (Maybe a)`のような構造はプログラムによく表れます。`Just Nothing`や`Just (Just 10)`は最初の`Just`はいりません。そのようなときに、`join`関数を知っているとデータ構造をつぶしてより平易に扱えます。

sequence関数

続いて`sequence`関数を見てみましょう。型からはどうやらリスト（`[]`）とモナド`m`の入れ子関係を入れ替えているようです。

```
sequence :: Monad m => [m a] -> m [a]
sequence [] = return []
sequence (x:xs) =
  x >>= \x' -> sequence xs >>= \xs' -> return (x' : xs')
```

実際にはモナドアクション（`m a`）のリスト（`[m a]`）をとって、アクションをモナド`m`上で順番に実行し、結果を集めてリストにしたもの（`m [a]`）を返しています。つまりはモナドアクションのリスト（sequence）を`>>=`で順番に連結して一つのモナドアクションにまとめる関数です。

`sequence`の挙動はモナドインスタンスの`>>=`演算子の実装によって決まります。例えば、`Maybe`モナドに対してこの関数を使うと、`Just`の値を束ねて`a`型のリストを作ります。引数のリストの要素に1つでも`Nothing`があると、全体の結果は`Nothing`になります。この結果は「どこかで結果が`Nothing`になると全体が`Nothing`になる」という`Maybe`モナドの性質によるものです。

```
ghci> sequence [Just "hello", Just "world"]
Just ["hello","world"]
ghci> sequence [Just "hello", Nothing, Just "world"]
Nothing
```

同様に、`IO`に対してこの関数を使った場合を見てみましょう。`getLine`をリストの要素にして`sequence`関数に適用します。この関数は`getLine`の数だけ標準入力を取得し、入力された値のリストを返すI/Oアクションになります。

```
ghci> sequence [getLine, getLine]
hello
world
["hello","world"]
```

第**5**章 モナド

■──────mapM・mapM_関数

次に紹介するのは、リスト操作のmap関数のモナド版、mapM関数です。mapと同じく、基本的にはリストの各要素を同一の関数で処理して新しくリストを生成します。

例えばMaybeモナドの場合、すべての計算の結果がJustであれば、普通のmap関数のようにはたらきますが、mapの結果にNothingが含まれている場合、結果がNothingになります。もちろん、この関数もMaybeモナドだけではなく、あらゆるMonad型クラスのインスタンスを適用できます。

```
mapM :: Monad m => (a -> m b) -> [a] -> m [b]
mapM _ [] = return []
mapM f (x:xs) = f x >>= \x' -> mapM f xs >>= \xs' -> return (x' : xs')
```

```
ghci> -- 引数のリストに負数が含まれていたら結果がNothingになる
ghci> mapM (\x -> if 0 < x then Just (x * 2) else Nothing) [1,2,3,4]
Just [2,4,6,8]
ghci> mapM (\x -> if 0 < x then Just (x * 2) else Nothing) [1,2,-4,3,4]
Nothing
```

改めてモナドのインスタンスはdo式で手続き的に書けることを思い出してください。例えば、結果がNothingになるか判定するだけの場合や、必要に応じて新しい状態を計算するだけの場合には、モナドアクションの返り値[10]は()で十分です。この場合、mapM_関数を使います。mapM_関数の動作は概ねmapM関数と同じですが、リストの各アクションの返り値を捨てて()を返す点が異なります。

```
mapM_ :: Monad m => (a -> m b) -> [a] -> m ()
```

■──────forM関数・forM_関数

forM関数、forM_関数は、mapM関数、mapM_関数の引数の順序を変えたものです。

```
forM :: Monad m => [a] -> (a -> m b) -> m [b]
forM_ :: Monad m => [a] -> (a -> m b) -> m ()
```

forM_関数をdo式と組み合わせることによって、foreachループのように書けます。以下は、forM_関数をループのように利用して、九九の表を出力する例です。do式を複数組み合わせています。同じモナドアクションでも、見方によってただの関数のように見えたり、do式で使う命令のように見えたりします。状況に応じて使い分けましょう。

---

*10 m aのaの部分

174

```
import Control.Monad

main :: IO ()
main = do
  forM_ [1..9] $ \x -> do
    forM_ [1..9] $ \y -> do
      putStr $ show (x * y) ++ "\t"
    putStrLn ""
```

5.3 FunctorとApplicative

Monad型クラスには、スーパークラスが2つあります。スーパークラスが持つメソッドも重要であり、モナドを扱うためによく使われます。2つのスーパークラスについて見ておきましょう。

5.3.1 Functor

Monad型クラスの継承関係の最上位にあるのは、Functorと呼ばれる型クラスです。この型クラスは、次のように定義されます。

```
class Functor f where
    fmap :: (a -> b) -> f a -> f b
```

fmapメソッドは、map関数を一般化したものです。mapはリスト[a]型のa型の要素に関数を適用するものでしたが、fmapはこれをより一般的にしたものです。型f aのa型の部分に関数を適用できます。IO a型で実際に呼び出してみましょう。

```
Prelude> import System.Environment
Prelude System.Environment> :t getProgName
getProgName :: IO String
Prelude System.Environment> getProgName
"<interactive>"
Prelude System.Environment> fmap reverse getProgName -- reverseがIO Stringを引数にとる
">evitcaretni<"
```

getProgNameの返り値はIO Stringです。本来ならreverse :: String -> Stringをそのまま適用はできません。fmapを使うことで、これをfmap reverse :: IO String -> IO Stringという型の関数として適用できるようになります。

5.3.2 Applicative

Applicative型クラスは、Functor型クラスのサブクラスであり、Monad型クラスのスーパークラスに当たります。Monad型クラスの定義と合わせて確認しましょう。

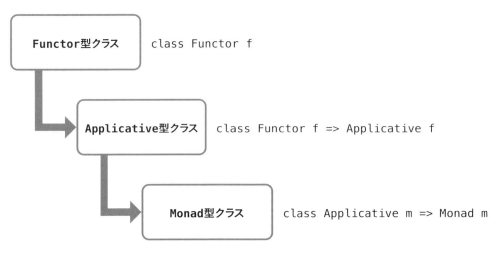

図1 Functor型クラス、Applicative型クラス、Monad型クラスの関係

```
class Functor f => Applicative f where
    pure :: a -> f a
    (<*>) :: f (a -> b) -> f a -> f b
```

Applicative型クラスのpureメソッドと(<*>)メソッド[11]を見ただけでは、この型クラスの役割がわかりにくいかもしれません。

この型クラスは多引数の関数をf a なる型の値へ適用することを可能とします[12]。

■——— **多引数関数をf a型に適用**

2引数の関数である(+)を、2つのリスト[1, 2, 3]と[4, 5]へ適用するには、<*>とFunctor型クラスのfmapと組み合わせて次のように書きます。

```
Prelude> (+) `fmap` [1, 2, 3] <*> [4, 5]  -- fmapは中置。fmap (+) [1,2,3] <*> [4,5]と同じ
[5,6,6,7,7,8]
Prelude> -- それぞれのリストの要素を総当りで足す[1 + 4, 1 + 5, 2 + 4, 2 + 5, 3 + 4, 3 + 5]
が表示される
```

---

[11] ap演算子と呼ばれます。型クラス名のApplicativeもそうですが、関数適用(application)が名前の由来です。
[12] Functor型クラスのfmapメソッドは1引数の関数を、f a型の値へ適用させるのを可能としました。

どうしてこの書き方でうまくいくか、型の確認をしながら読み進めていきましょう。

まず[]、つまりここでは[1,2,3]はMonad型クラスのインスタンスです。よってfmapの第二引数に持ってきても型が合います。(+)は2引数の関数ですが、Haskellの関数はカリー化されているため、1引数の関数とも見なせます[13]。

さて、(+) `fmap` [1,2,3]の型は、[Int -> Int]になります[14]。Intを引数にIntを返す関数のリストです。

ここまで書くと、この関数をこれ以上に適用できないことに気づくはずです。本来ここでさらに[4, 5]へ適用してIntのリストを返すには、[Int -> Int] -> [Int] -> [Int]型でなくてはいけないはずです。ここで役立つのが、Applicativeの<*>です。型を見て、さらに現状に合わせて読み替えてみましょう。

```
(<*>) :: Applicative f => f (a -> b) -> f a -> f b
```

```
(<*>) :: [Int -> Int] -> [Int] -> [Int]
```

このメソッドは中値演算子として使えば、型のつじつまが合います。この例のように[Int -> Int]型へ[Int]型を適用させられるわけです。

pure

pureはMonad型クラスのreturnと同等です。歴史的な経緯で別名で定義されています。

先ほどの例でApplicative型クラスのインスタンスではないものを引数にするために、pureを使います

```
Prelude> (+) `fmap` [1, 2, 3] <*> pure 4
[5,6,7]
```

Applicativeモジュールでは、(<$>) = fmapと定義された<$>という演算子が存在します。この関数を用いると、次のような表記となります。

```
Prelude> (+) <$> [1, 2, 3] <*> pure 4
[5,6,7]
```

3引数以上の関数へApplicativeのインスタンスを適用するには、最初の関数適用の部分には<$>を、その後ろには引数を必要な数だけ<*>で区切って書きます[15]。

---

[13] ->演算子は右結合のため、a -> a -> aはa -> (a -> a)と同等でした。

[14] 実際にはここで:t (+) `fmap` [1,2,3]した場合、型はNum a => [a -> a]と表示されますが、[Int -> Int]として扱っても問題ないためここでは略記します。

[15] 例えば3引数の関数で<*>を用いた場合、(<*>) :: f (a -> b -> c) -> f a -> f (b -> c)という型になります。この型を見ると、多引数関数へf aを適用して関数の最初の引数aの部分を消費することが読み取れます。このように<*>を繰り返し使うことでに、多引数関数へ引数を1つずつ適用できます。

第**5**章 モナド

次のような型が定義されていたとします。`Human`データコンストラクタは、`Strig -> Int -> Gender -> Human`という型を持った、引数を3つ取る関数と見なせます。

```
data Gender = Man | Woman deriving Show
data Human = Human
  { name :: String
  , age :: Int
  , gender :: Gender
  } deriving Show
```

次の例では、`Human`の第一引数に名前を表わす`"Taro"`という値を`<$>`演算子で適用し、残りの引数を`<*>`演算子でつなぎ適用しています。

```
ghci> Human "Taro" 10 Man -- 通常の使い方
Human {name = "Taro", age = 10, gender = Man}
ghci> Human <$> Just "Taro" <*> pure 10 <*> pure Man
Just (Human {name = "Taro", age = 10, gender = Man})
ghci> -- Nothingを適用しようとすると、結果がNothingになる
ghci> Human <$> Just "Taro" <*> Nothing <*> pure Man
Nothing
```

5.3.3　Alternative型クラスとしてのMaybe

`Alternative`型クラスは`Applicative`型クラスのサブクラスで、アクションの選択を表現した型クラスです。次のように定義されており、`<|>`メソッドは最初に成功したアクションの結果を返すアクションです[16]。

```
class Applicative f => Alternative f where
    empty :: f a
    (<|>) :: f a -> f a -> f a
```

`Alternative`型クラスのインスタンスとして、`Maybe`があげられます。`Maybe`のインスタンス定義は次のようになっています。

```
instance Alternative Maybe where
    empty = Nothing
    Nothing <|> r = r
    l       <|> _ = l
```

----

[16] `Alternative`の`<|>`と`Monoid`の`<>`は似ています。実際、`Alternative`型クラスのインスタンス`f`と任意の型`a`について、`f a`は`empty`と`<|>`によって`Monoid`型クラスのインスタンスとなります。`Alternative`型クラスのインスタンスから`Monoid`型クラスのインスタンスを作るために、`Data.Monoid`モジュールには`Alt`というコンストラクタが用意されています。

178

Alternative型クラスのメソッドを利用すると、最初に成功した操作の結果を返す処理を自然に記述できます。

■────── Alternative型クラスの活用

Preludeモジュールに定義されているlookup関数と組み合わせた例を見ましょう。lookup関数は[(k,v)]という形式のリストからレコードを検索し、指定したk型の値が存在すればv型の値を返す関数です。<|>メソッドを利用すると、複数のキーを検索して最初に見つかったものを返すということが自然に記述できます。

```
Prelude> let assocs = [("hiratara", 39), ("shu1", 0), ("masaharu", 32)]
Prelude> lookup "hiratara" assocs
Just 39
Prelude> lookup "homma" assocs
Nothing
Prelude> import Control.Applicative
Prelude Control.Applicative> lookup "homma" assocs <|> lookup "hiratara" assocs
Just 39
```

もう1つ、Alternative型クラスのインスタンスに利用できるguardという関数が存在します。この関数は次のように定義されています。

```
guard            :: (Alternative f) => Bool -> f ()
guard True       =  pure ()
guard False      =  empty
```

Alternativeのguard関数は、Monadのdo式と組み合わせて使うと便利です。例えば、Maybe型の場合は、条件にマッチしなかった場合に計算を中止させてNothingを返します[17]。

```
ghci> import Control.Monad
ghci> import Control.Applicative
ghci> :{
ghci| do age <- lookup "homma" assocs <|> lookup "hiratara" assocs
ghci|    guard $ age < 20
ghci|    return age
ghci| :}
Nothing
```

5.4から、さまざまなMonadインスタンスを紹介します。その中にはAlternativeのインスタンスになっているものもあります。

----

[17] guardのこの挙動は、正確にはMonadPlusという型クラスのインスタンスが満たすべきmzero >>= f = mzeroとv >> mzero = mzeroという法則に基づきます。MonadPlusはAlternativeとMonadの2つの型クラスをまとめたものです。

第**5**章 モナド

5.4 Either eモナドとExcept eモナド

Either eとExcept eも、よく使うモナドです。いずれも例外処理に使えます。

5.4.1 Either eモナド

EitherもMaybeと同様に例外処理を表現するモナドとして定義できます。

EitherのMonad型クラスのインスタンスは、GHCのbaseパッケージにおいて次のように定義されています。モナドなのはEitherではなく、型引数を1つ適用したEither eです。このためEither eモナドと表記します。

Monad型クラスのカインドが* -> *なのに、一方、Eitherのカインドは* -> * -> *で、一致していません。そのため、Either Stringのように、型を1つ適用して型が合うようにします。Either eの型クラスを確認します。

```
instance Functor (Either a) where
    fmap _ (Left x) = Left x
    fmap f (Right y) = Right (f y)

instance Applicative (Either e) where
    pure          = Right
    Left  e <*> _ = Left e
    Right f <*> r = fmap f r

instance Monad (Either e) where
    Left  l >>= _ = Left l
    Right r >>= k = k r
```

このモナドではreturnはApplicativeのpureがそのまま使いまわされます。

pure = Rightと定義されています。Rightコンストラクタで作られた値は、MaybeモナドでのJustと同様に、なにもしないものだということがわかります。Left l >>= _の定義は、Nothingに対する>>=の定義と同様で後続の関数を使わずに _で捨てています。このため、Either e上の操作[*18]がLeftによって作った値を戻すと、後続の操作は呼ばれずに計算はそこで終わります。Nothingとの違いは、Leftの場合は発生した例外の詳細を含められるということだけです。

＊18 ここでの操作とはモナドアクションを返す関数に相当するものと考えてください。

180

Either eモナドとExcept eモナド **5.4**

■———— **Eitherの特徴**

例外の発生しないdiv、safeDiv関数をMaybeモナドとEither eモナドで実装してその違い
を確認します。モナドの特徴がわかりやすいようにsafeDivを組み込んだcalc関数を実装します。

```
-- mSafeDiv.hs
safeDiv :: Integer -> Integer -> Maybe Integer
safeDiv k n | n == 0    = Nothing
            | otherwise = Just (k `div` n)

calc :: Integer -> Maybe Integer
calc n = do
  x <- 100 `safeDiv` n       -- 100を引数で割る
  y <- 100 `safeDiv` (x - 1) -- 100をx - 1で割る
  return y
```

```
Prelude> :load mSafeDiv.hs
..略..
*Main> -- この状態でcalcを試す
```

safeDiv関数は例外の発生なしに実行できることを試せばわかります。calcの方も計算に失
敗しても例外が発生せずに終了するMaybeモナドの特徴を生かしています。

これをEither Stringによって書き換えます。Stringはエラーメッセージ表示用の型です。

```
-- eSafeDiv.hs
safeDiv :: Integer -> Integer -> Either String Integer
safeDiv k n | n == 0    = Left $ "Illegal division by zero. k:" ++ show k
            | otherwise = Right (k `div` n)

calc :: Integer -> Either String Integer
calc n = do
  x <- 100 `safeDiv` n
  y <- 100 `safeDiv` (x - 1)
  return y
```

さて、こちらもうまく実装できたようです。safeDiv関数の動作は2.7.4でEitherを使った
あとならわかりやすいでしょう。注目すべきはcalcです。Either Stringモナドによってdo
式ですっきり書けています。型は違いますが、実装はMaybeのときとまったく同じです。これは、
例外が起きたら後続の計算を行わないという処理がEither Stringモナドにも、すべて>>=
内に隠蔽されているためです。do式の中身を書き換えなくても、>>=の実装が型によって適宜
自動で変わるため、意図したとおりに動きます。

do式の中身はここではEither Stringモナドでのアクションを記述したものとして推論さ
れます。実際、計算が成功したときの返り値はJustではなくRightに変わっています。エラー
メッセージが残せることなど、Eitherのメリットそのままにモナドで記述できます。

181

第**5**章　モナド

```
Prelude> :load eSafeDiv.hs
..略..
*Main> calc 50
Right 100
*Main> calc 0
Left "Illegal division by zero. k:100"
```

5.4.2　Except e モナド

transformers パッケージの Except e 型は、Either e 型をラップして例外処理に役立つ操作を提供しています。次の2つが代表的な関数です

```
throwE :: e -> Except e a
catchE :: Except e' a -> (e -> Except e a) -> Except e a
```

throwE は例外を投げます。例外といっても、ランタイムシステムがサポートする例外のことではありません。単に Left x に該当する値を返すだけです。モナドとして使用するときは >>= の定義がこの値を例外のように振る舞わせます。そのため以後の計算は行われません。

注目すべきは catchE です。この関数は Java の try catch のように振る舞います。

第一引数が実施したい Except e' モナド上の処理で、Java でいうと try ブロックに書く処理に該当します。2番目の引数が例外が発生したときに呼ばれる関数で、こちらは Java の catch ブロックに書く処理です。例外を受け取ったときの処理を書きます。

モナド内ではありますが、IO モナドの中ではないので、書ける処理は限られています。具体的にはごく普通に何らかの値を返して後続の処理を継続するか、throwE によって再度例外を投げるかのどちらかです。

それでは、実際に Except モナドを使って5.4.1の calc 内で0除算のエラーを拾ってエラーにならないようにしてみましょう。先ほどの2つとは実装が異なります。safeDiv は、Either e モナドではなく Except e モナドの操作になるように Left と Right ではなく throwE と return を使うように書き換えています。calc 関数内では、catchE 関数を使って、第一引数の do 式内で発生した例外を return 0 で置き換えて例外を握り潰しています。Java の try catch と同じような感覚で扱えます。実際に calc 関数を使ってみると、0除算が発生しても Right 0 が返ってきます。

```
-- exSafeDiv.hs
import qualified Control.Monad.Trans.Except as EX

safeDiv :: Integer -> Integer -> EX.Except String Integer
safeDiv k n | n == 0     = EX.throwE $ "Illegal division by zero. k:" ++ show k
            | otherwise = return (k `div` n)
```

```
calc :: Integer -> Either String Integer
calc n = EX.runExcept $ do
  EX.catchE (do x <- 100 `safeDiv` n
                y <- 100 `safeDiv` (x - 1)
                return y)
            (\_ -> return 0)
```

```
Prelude> :load exSafeDiv.hs
*Main> calc 50
Right 100
*Main> calc 0
Right 0
```

このモナドの利点の1つは、try catch文と同じような構造で例外処理を書けることです。例外を握りつぶすことの是非はともかく、この方が処理の流れが追いやすいケースもあるでしょう。MaybeやEitherよりも直感的に書けると思う人が多いかもしれません。

■ ─── runExceptとdo式

runExcept $ doのような書き方は、よく見られるイディオムの1つです。

特にnewtypeで既存の型をもとに作成された型コンストラクタによるモナドの場合、型そのものに興味があるわけではありません。多くはMonad型クラスのインスタンスになっている型コンストラクタは>>=やreturnを新たに定義するためのものでしかないのです。

そこで、モナドを剥がして[19]元の型を得るための関数を先に書き、その後ろに使いたいモナドのdo式を書きます。こうすることで、do式の中で目的のモナドに対する操作を利用できます。ここではrunExceptがその役割を果たす関数で、次のような型を持ちます。Except eモナドを剥がしてEither e型が得られることが読み取れます。

```
runExcept :: Except e a -> Either e a
```

モナドを剥がす関数というのは、たいていrunXXXXやunXXXXという命名をされています。このイディオムにより、do式にはExcept eモナドが提供してくれる操作を使った処理を書き、かつ、返り値はEitherという、より基本的で扱いやすい型にできます[20]。

....

[19] モナドを剥がす（unwrap）、とはモナドのために作成したラッパーとしての型コンストラクタを外して、もとの型コンストラクタに戻すことです。Haskellではよく用いられる表現です。モナドを走らせる（run）という表現も使います。

[20] 返り値はEitherですが、do式ではEither eモナドの操作は書けず、Except eモナドとして処理することに注意してください。1つのdo式で利用できる操作は、1つのモナドのもののみです（5.8参照）。

第**5**章　モナド

■ ── Alternative型クラスとしてのExcept

　Except eもMaybeと同様にAlternative型クラス（5.3.3参照）のインスタンスになれて、<|>によって処理を選択やguardによる条件チェックができます。しかし、Maybeと違ってAlternative型クラスのインスタンスとなるための条件が決まっています。インスタンス定義は、おおむね次のようにされています[21]。エラーの型を表すeに、Monoid型クラスのインスタンスであるという型制約が入っていることがわかります。

```
instance Monoid e => Alternative (Except e)
```

　Monoid型クラスのインスタンスを使えば、Except eをAlternative型クラスのインスタンスにできます。例として、エラーの型として、Monoid型クラスのインスタンスの[String]を使ってみましょう。Maybeのときと同様に、<|>の左側がthrowEによるLeft値に該当する値だった場合は、<|>の右側のアクションの結果が返り値となります。

```
ghci> import Control.Applicative
ghci> import Control.Monad.Trans.Except
ghci> runExcept $ throwE ["Some error"] <|> return 123
Right 123
```

　<|>の左右のどちらのアクションもエラーだった場合は、それぞれのエラーを<>演算子で加えた新たなエラーを生成します。Monoidのインスタンスであるのはこのためです。

```
ghci> runExcept $ throwE ["Some error"] <|> throwE ["Others"]
Left ["Some error","Others"]
```

5.5 Reader rモナド

　State sモナドは読み書きできる状態を提供してくれますが、アプリケーションの設定など、読み込みだけで十分なこともよくあります。transformersパッケージで定義されているReader rモナドは、r型の値を読み込むための操作を提供します。

```
Reader r a
```

　r型の値はプログラマが明示的に用意するもので、アプリケーションの設定情報などをr型とし手渡すと、Reader rモナド内の任意の箇所から自由にrへアクセスできます。a型はReaderモナドアクションの結果を表します。

　Reader rモナドで利用可能な主な操作は次のとおりです。

──

*21　わかりやすいように変数展開などをしているので、実際の定義とは厳密には異なります。

```
ask :: Reader r r
local :: (r -> r) -> Reader r a -> Reader r a
asks :: (r -> a) -> Reader r a
```

ここでは複雑な例を用いてないので若干わかりづらいかもしれませんが、main関数で読み込んだ設定ファイルをプログラム全体で共有したいときなどに便利です。

5.5.1　Reader rモナドの利用

Reader rまでがモナドであることを意識してaskの型を見てみましょう。rは読み込む対象です。そうなるとaskはr型の値を返すReader r上の操作であることが読み取れます。

この関数により、提供されている型rの設定情報にアクセスします。

askやasksの型表記は少しややこしく思えますが、Reader rモナドをrunReaderで剥がして、実際に試してみると使い方がわかります。

Reader rモナドを活用するには、モナドに外から実際に読み込む設定情報などの値を与える必要があります。runReaderはこれを渡す役目も担います。

```
runReader :: Reader r a -> r -> a
```

実際に書いてみましょう。Reader rモナドを使うと、モナド内の任意の場所から設定情報を参照できます。

```
import Control.Monad.Trans.Reader (Reader, ask, runReader)

main :: IO ()
main = print $ runReader readRound 1.5013232

readRound :: Reader Double Int
readRound = do
  x <- ask
  return $ round x
```

━━━ asks

asksもaskと同様の操作ですが、第一引数に設定値を任意の型へ変換するための関数を渡せます。asksは型rがレコード記法で定義されている場合、その関数を使ってスマートに書けます

実際のコードで見てみましょう。このPowerEnv型の設定値の下で、実際にどのくらい電力が使われたか算出するconsume関数を実装します。

Reader PowerEnvモナドの下で、現在の設定値を参照して結果を出します。asksにフィールド名を渡せば、PowerEnv型の設定値から実際の設定を自然に取り出せます。

第**5**章　モナド

```
-- pow.hs
-- 後で使うためlocalもimportする
import Control.Monad.Trans.Reader (Reader, runReader, asks, local)
-- powEnergyが消費電力量、powSaveModeが省電力機能のON・OFF
data PowerEnv = PowerEnv { powEnergy    :: !Double
                         , powSaveMode :: !Bool
                         }

-- 実際の電力消費量を算出
consume :: Reader PowerEnv Double
consume = do
  energy   <- asks powEnergy
  savemode <- asks powSaveMode
  let consumption = if savemode then energy / 10.0
                                else energy
  return consumption
```

```
Prelude> :load pow.hs
*Main> runReader consume $ PowerEnv 10.0 True
1.0
```

local

localは、r型の設定情報を更新する関数を第一引数に取り、第二引数に渡したReader rモナド上の操作を第一引数の関数で変換した新たな環境で実行する操作です。設定情報の一部を部分的に書き換えたいときに使えます。

先ほどのサンプルをもとに実装します。計4回consumeを実行してデータ消費量を求めます。うち2回はpowSaveModeを強制的に有効にします。以下がそのコードです[22]。

```
-- 先ほどのコードに追加する...
testrun :: PowerEnv -> Double
testrun env = (`runReader` env) $ do
  cons1 <- consume
  cons2 <- consume
  consOthers <- local (\e -> e {powSaveMode = True}) $ do
    cons3 <- consume -- localの影響を受ける
    cons4 <- consume -- localの影響を受ける
    return (cons3 + cons4)
  return (cons1 + cons2 + consOthers)
```

localの第一引数で、PowerEnv型の値を受け取ってpowSaveModeフィールドをTrueへ更新するための関数を指定しています。第二引数のdo式内で評価されるcons3とcons4は省電力モードが有効な状態で評価されます。

....

[22] 冒頭でrunXXXX $ do ...のイディオムが使われていることに気を付けてください（5.4.2参照）。runReaderはReader PowerEnvを具体的にどんな設定で評価するかを渡す必要があります。do式が引数の真ん中に来ていて使いにくいため、セクション記法を使って先に第二引数envを部分適用しています。

この関数をロードして、実際に動かしてみると次のようになります。`PowerEnv`型の設定値を変えると、得られる結果も変わることが見て取れます。

```
*Main> testrun (PowerEnv 100.0 False)
220.0
*Main> testrun (PowerEnv 80.0 False)
176.0
*Main> testrun (PowerEnv 100.0 True)
40.0
```

5.6 ST s モナド

ST sモナドはミュータブルな変数をI/Oアクションを使わずに扱うものです。ミュータブルな変数を純粋な計算で使えるので、パフォーマンスが重要な処理を書くために役立ちます。ST sモナドは`IO`モナドの威力を弱めてメモリ操作に限定したものと考えると理解が進みます。`IO`モナドと同様に、組み込みでたくさんのアクションが提供されているモナドです。

5.6.1 ミュータブルな変数

`STRef s a`はミュータブル(変更可能)な変数を表す型で、ST sモナド内で操作できる代表的な値です。型変数`a`は変数が保持する値の型です。型変数`s`はST sモナドの型変数であり、常に多相的に扱われます。`s`に具体的な型を当てはめることはありません。`STRef s a`は次のような操作を使って扱います。

```
newSTRef :: a -> ST s (STRef s a)
readSTRef :: STRef s a -> ST s a
writeSTRef :: STRef s a -> a -> ST s ()
modifySTRef :: STRef s a -> (a -> a) -> ST s ()
```

次の例では、手続き型の言語のように1から10までを`n`に足しています。`runSt $ do...`に続くdo式はどこか見覚えがあるのではないでしょうか。

```
import Control.Monad.ST (runST)
import Control.Monad (forM_)
import Data.STRef (newSTRef, modifySTRef, readSTRef)

procCount :: Integer
procCount = runST $ do
  n <- newSTRef 0

  forM_ [1 .. 10] $ \i -> do
```

187

第**5**章　モナド

```
    modifySTRef n (+ i)

    readSTRef n
```

```
ghci> procCount -- ファイルを読み込んでおく
55
```

　いちいち専用の関数を呼び出す必要があるので多少記述が冗長になりますが、nをミュータブルな変数として手続き型の言語と同じように扱えているのが読み取れると思います。

　newSTRefは指定した初期値を持つ新しい変数を生成するアクションです。この例では0を初期値としたSTRef s Integer型の変数nを生成しています。

　modifySTRefは変数の値を変更するアクションであり、対象となるSTRef型の変数と値を変更するための関数を引数に取ります。この例ではnの持っているInteger型の値を、関数(+ i)によって更新しています。forM_により、この処理は1から10のiについて計10回呼ばれます。

　最後のreadSTRefは変数に格納された値を取り出すアクションです。更新したnの値をdo式の計算結果として返しています。

　最終的な返り値にIOが付いていないことに注目してください。ミュータブルな値を扱ってはいますが、この関数はI/Oアクションを伴わない、純粋な関数です。

5.6.2　ミュータブルな配列

　配列は添字によって各要素へ高速にアクセスできるデータ構造です[23]。

　配列はGHCデフォルトのarrayパッケージで提供されています。arrayパッケージにはイミュータブルとミュータブルな配列が両方提供されていますが、ここではST sモナドで利用できるミュータブルな配列について見ていきます。

　ST sモナドでアクションできるミュータブルな配列は、arrayパッケージのData.Array.STモジュールに定義されています。このモジュールには、STArray s i e型が定義されており、ST sモナドで操作できます[24]。

　型変数sはSTRefのときと同様にST sモナドによって内部的に使われます。

　型変数iは配列の添字に用いられる型で、Ix型クラスのインスタンスが用いられます。Intなど整数型がこの型クラスのインスタンスとなっています。型変数eは要素の型であり、配列が保持できる値の型を表します。

---

[23] 配列に似たデータ型としてリストがありますが、リストは各要素へのアクセスが遅いです（2.7.1参照）。

[24] STUArray s i e型という型も定義されています。一般的な値を入れられるSTArray...配列に対し、こちらはプリミティブな値をより効率的に格納するための配列です。UはUnboxedの略で、プリミティブな値をラップ（boxed）せずに直接持つことを意味します。

ST s モナド **5.6**

■─────── ST s モナドによる配列の操作

　STUArray s i e型を使ってDouble型を格納してみましょう。STUArray s i e型の操作は、(+)や(−)などと同じように型クラスを使って多相的に定義されており、ミュータブルな配列であれば同じ名前のアクションで扱えます。

　ミュータブルな配列のアクションはData.Array.MArray型クラスのMArray a e m型クラスで定義されています[*25]。MArray型クラスで使える関数のうち、ここでは次の関数を利用します。

```
newListArray :: (MArray a e m, Ix i) => (i, i) -> [e] -> m (a i e)
readArray :: (MArray a e m, Ix i) => a i e -> i -> m e
writeArray :: (MArray a e m, Ix i) => a i e -> i -> e -> m ()
getElems :: (MArray a e m, Ix i) => a i e -> m [e]
```

　それぞれの型変数に実際に何が入るのかは、MArray型クラスのインスタンスによって決まります。STUArrayに関しては、次のようなインスタンスが定義されています。aにはSTUArray s、eにはDouble、mにはST sを当てはめられます。

```
instance MArray (STUArray s) Double (ST s)
```

　実例を見てみましょう。添字であるiをIntとして使う場合、多相的な関数readArrayは次のような型の関数として使えるようになります。

```
readArray :: STUArray s Int Double -> Int -> ST s Double
```

　このような型の読み替えを意識しながら配列を操作する処理を書くと、次のようになります。

```
import Control.Monad.ST (ST, runST)
import Data.Array.ST (STUArray, newListArray, readArray, writeArray, getElems)

doubleArray :: [Double]
doubleArray = runST $ do
  arr <- newListArray (0, 4) [1..5] :: ST s (STUArray s Int Double)
  x <- readArray arr 2
  writeArray arr 2 (x * 10.0)
  getElems arr
```

　newListArrayは、配列を生成するアクションです。第二引数の配列にする値のリストの他に、第一引数に配列の添字の下限と上限を渡す必要があります。

----

*25　この型クラスはGHCのMultiParamTypeClasses拡張を用いて定義されており、型変数を1つだけではなく3つ取ります。

189

第**5**章 モナド

下限は他の言語に慣れている方であれば**0**にすると混乱がないでしょう[*26]。上限と下限を指定することで配列のサイズが決まります。第二引数で指定した初期値のリストの長さがが配列のサイズよりも少ない場合は、undefinedや0など、型に応じて適当な値を用いて初期化されます。

readArrayは配列の指定した添字の要素を返すアクションで、writeArrayは逆に指定した添字の要素を破壊的に書き換えます。getElemsは、配列をリストに変換するアクションです。

実行すると次のような出力になります。添字2、つまり3番目の値を10倍に書き換えています。

```
ghci> doubleArray
[1.0,2.0,30.0,4.0,5.0]
```

配列を手続き的にすっきりと処理できました。

---

column

ST s モナドの仕組み

ST sモナドは、メモリ割当[*27]を状態としてとらえるState sモナドと考えられます。背景にある考え方はState sモナド（5.1.3参照）と同じで、状態を引数と返り値として一連の操作間で順次受け渡していくというものです。

しかし、ST sのsは多相的でユーザが直接操作できず、あらかじめ用意されたメモリ操作専用のアクションを組み合わせて処理を書く必要があります。ユーザが用意した型sを扱うState sモナドとは全く別の用途に用いられるものです。

ST sモナドの安全性は、変数への参照をdo式の外に持ち出せないことによって守られています。例えばdangerous = runST (newSTRef "")のようなコードをコンパイルしようとすると、エラーが発生します。安全に扱える型だけが取り出せる仕組みになっています。

```
Prelude> import Control.Monad.ST
Prelude Control.Monad.ST> import Data.STRef
Prelude Control.Monad.ST Data.STRef> runST (newSTRef "")

<interactive>:43:8: error:
    • Couldn't match type 'a' with 'STRef s [Char]'
        because type variable 's' would escape its scope
      This (rigid, skolem) type variable is bound by
        a type expected by the context:
          ST s a
        at <interactive>:43:1-19
      Expected type: ST s a
        Actual type: ST s (STRef s [Char])
    • In the first argument of 'runST', namely '(newSTRef "")'
```

[*26] 下限は**0**以外の値にもできます。

[*27] ここではメモリ上の実処理程度の意味で考えてください。

```
        In the expression: runST (newSTRef "")
        In an equation for 'it': it = runST (newSTRef "")
    • Relevant bindings include it :: a (bound at <interactive>:43:1)
```

ST sモナドから純粋な値を取り出すrunSTの型は次のように定義され[28]、sを含む型が外に
出られないようになっています。

```
runST :: (forall s. ST s a) -> a
```

5.7 リストモナド

[]はMonad型クラスのインスタンスとして定義されています。これは**リストモナド**と呼ばれ
ます。今までも何度かモナドを引数にする必要がある場合などに使ってきました。

リストモナド中心に考えると、返り値が[]によってリストにされているものはすべてリスト
モナド上のアクションです。つまりdo式内で使えます。

リストモナドは、非決定的な計算を記述するために用いられます。非決定的な計算とはなんで
しょうか。リストモナドにおけるアクションが返すリストの個々の値は、いずれかの値が返り値
となりうると解釈されます。>>=は各アクションが返したすべての取りうる返り値について、総
当りで後続の処理を実行するという働きをします。

次の例のpointsでは、x、yそれぞれが1から3の間の値を取りうるという意味のコードにな
ります。x、yの右辺は単なるリストですが、これも引数が0個のリストモナド上でのアクショ
ンと見なされます。

```
points :: [(Integer, Integer)]
points = do
  x <- [1..3]
  y <- [1..3]
  return (x, y)
```

実行すると、1から3の値を含むすべてのタプル（9つ）が返されます。

```
ghci> points
[(1,1),(1,2),(1,3),(2,1),(2,2),(2,3),(3,1),(3,2),(3,3)]
```

------

[28] この制限は型検査によって実現されていますが、Haskell 2010 Language Reportの範囲では実装できません。GHCの
RankNTypesという拡張を使っています。forall句がRankNTypes拡張によって導入されるキーワードです。ここではforallが、
sがかっこ内で多相的であることを表します。aはその外側で束縛されている型変数のため、ここにsを含む型の適用はできません。
結果として、結果の型aにsが漏れ出すことはないということになります。そのため、STRef s aのように、runSTの外へ露出したく
ない値の型は、sを含むようになっています。

第**5**章 モナド

5.7.1　Alternative型クラスとしての[]

MaybeやExceptと同様に、[]もAlternative型クラスのインスタンスとして定義されています。

```
instance Alternative [] where
    empty = []
    (<|>) = (++)
```

guardにFalseを渡した場合にemptyが使われますが、リストモナドでは[]がemptyとして定義されています。これは、返り値となりうる値が存在しないということであり、返り値がないので後続する処理を呼べないということになります。guardを使えば、結果のリストの中から不要な要素を簡単に取り除けます。

先ほどのpointsで返すタプルを、第一要素よりも第二要素が大きい物だけに絞り込むには次のように書きます。

```
import Control.Monad (guard)

orderedPoints :: [(Integer, Integer)]
orderedPoints = do
  x <- [1..3]
  y <- [1..3]
  guard (x < y) -- ここで絞り込む
  return (x, y)
```

```
ghci> orderedPoints
[(1,2),(1,3),(2,3)]
```

5.7.2　リストの内包表記

リストモナドとguardを用いて、新たなリストを定義する書き方には、専用の構文が用意されています[*29]。

[]と|を使い、|の左へreturnさせたい要素の定義を書き、右側にdo式の各行をカンマ区切りで書きます。ただし、guardは書かずに条件式だけを書きます。orderedPointsを内包表記にしました。

[*29] リスト内包表記はリストモナドにおいてdo式を使うのと同じ振る舞いとなるような定義をされていますが、言語仕様としては別物として定義されています。デフォルトではリストにしか使えませんが、GHCにはMonadComprehensionsという言語拡張があって内包表記を他のモナドへも拡張できます。

192

```
Prelude> [(x, y) | x <- [1..3], y <- [1..3], x < y]
[(1,2),(1,3),(2,3)]
```

fail の振る舞い

Column

failは歴史的な経緯*30からMonad型クラスの定義に入っていますが、理論的には本来のモナドの定義には不要なものです。

このメソッドが明示的に使われることはほとんどありません。しかし、do式において、failメソッドが暗黙的に呼ばれることがあります。それは、<-におけるパターンマッチに失敗したときです。この時、パターンマッチに失敗した旨のメッセージが文字列としてfailに渡されます。

次に定義するmonadHeadは、headをモナド内で実施する関数であり、任意のMonad型クラスのインスタンスにおいて定義できます。

```
Prelude> :{
Prelude| let monadHead xs = do
Prelude|       (x:_) <- return xs
Prelude|       return x
Prelude| :}
Prelude> :t monadHead
monadHead :: Monad m => [b] -> m b
```

monadHeadはfailを直接利用していませんが、パターンマッチの失敗時にfailを暗黙的に呼び出します。そのため、[]を渡したときの挙動はモナドによって異なります。Maybeや[]などのモナドでは、failはボトム以外の値で定義されているため、結果がボトムとなることはありません。

```
Prelude> monadHead [] :: Maybe Int
Nothing
Prelude> monadHead [] :: [Int]
[]
```

一方で、Either eモナドのfailはボトムです。failの引数がStringなのでfailをLeftで定義できないためです。

```
Prelude> monadHead [] :: Either String Int
*** Exception: Pattern match failure in do expression at <interactive>:42:7-1
```

IOモナドでは、failはボトムではなくIOErrorとして定義されています。そのため、tryIOErrorなどで捕まえられます。

---

*30 The Haskell 98 Language Report以前は、MonadZeroという型クラスがあってfailに準ずるメソッドはそちらに所属していました。しかし、do式でパターンマッチの失敗をサポートするために、書き方によってMonadZeroのインスタンスであることが要求されたりと不都合があったためにMonad型クラスに吸収されました。

第**5**章　モナド

```
Prelude> monadHead [] :: IO Int
*** Exception: user error (Pattern match failure in do expression at
<interactive>:42:7-11)
Prelude> import System.IO.Error
Prelude System.IO.Error> tryIOError $ monadHead [] :: IO (Either IOError Int)
Left user error (Pattern match failure in do expression at <interactive>:42:
7-11)
```

　暗黙的に`fail`が利用されるのは`<-`を使ってパターンマッチさせた場合のみです。`let`を使った場合はそのような効果はありません。

```
Prelude> :{
Prelude| let monadHead' xs = do
Prelude|       let (x:_) = xs
Prelude|       return x
Prelude| :}
Prelude> monadHead' [] :: Maybe Int
Just *** Exception: <interactive>:70:11-20: Irrefutable pattern failed for
pattern x : _
```

Column

その他のモナド

　他にも、本書で紹介しなかったモナドがいくつかあります。

　`Writer w`モナドは、ログのように任意のタイミングでデータを書き出す、更新する操作と、そのデータを取り扱うための一連のアクションを提供します。よく知られたモナドですが、書き込んだ状態の評価が遅延されるため、スペースリークを起こすことが知られています。そのため、局所的に利用するなど、十分に気を付けて使う必要があります。

　`Cont r`モナドは大域脱出[*31]を実現するモナドです。`Cont`はContinuationの略であり、日本語では継続モナドと呼ばれます。`Cont r`モナドでは`callCC`[*32]という操作が使え、取り出した継続を好きなタイミングで呼び出すことで大域脱出を実現できます。

[*31] ある処理を終了して呼び出し元など一定のレベルまで処理を戻すこと。Javaで例外処理に用いられているのがわかりやすい例でしょう。

[*32] LISP方言の1つであるSchemeには、継続を扱うための`call-with-current-continuation`という関数が存在します。この関数の名称は`call/cc`と略されます。

モナド変換子 **5.8**

5.8 モナド変換子

　モナドには実用するにあたって乗り越えなければいけない、大きな制限があります。それは、1つのdo式には1つのモナドに関するアクションしか書けないということです。

　Haskellでモナドを実用する場合、この点が見逃せない問題点となります。複数のモナドを同時に使いたくなることがあるのだろうかと思われる方もいるかもしれませんが、Haskellの場合は初学者でもすぐにそのような状況に出くわします。

　なぜなら、I/Oアクションを発生させるために必要な`IO`がそもそもモナドだからです。

　例えば、モナドの動作を画面に`print`しながら確認したいと思ったときに、Haskellでは`IO`モナドを使わなければなりません。しかし、動作を観察したいモナドと`IO`モナドの両方を1つのdo式に書けません。このようなニーズに応えるためには、複数のモナドのアクションを同時にdo式内で記述できるようにする必要があるのです。

　この問題への対処方法はいくつかありますが、基本的な考え方は複数のモナドを1つのモナドに合成することです。

　「do式に複数のモナドを書けるようにするのではなく、モナドを1つにすればdo式内で使えるだろう」という発想です。ここではそのうち伝統的に最もよく使われている、モナド変換子を紹介します。

5.8.1　モナド変換子とlift

　モナドの合成に欠かせないのが**モナド変換子**（**monad transformers**）と`lift`です。

　モナド変換子とは文字通りモナドを変換するものです。モナド`m`を受け取り、新たなモナド、`t m`を生成する型コンストラクタ`t`をモナド変換子と呼びます。モナドからモナドを生成する型コンストラクタのため、ここでの`t`のカインドは`(* -> *) -> * -> *`となります。

　モナド`m`から生成された`t m`もまたモナドであるため、別のモナド変換子`t'`を適用して新たなモナド`t' (t m)`を作れます。このようにして、モナド変換子はいくつでも重ねられます。

　モナド変換子`t`は、`transformers`パッケージの`MonadTrans`型クラスのインスタンスである必要があります。`MonadTrans`は次のように定義されています。

```
class MonadTrans t where
    lift :: (Monad m) => m a -> t m a
```

　`lift`は、元にしたモナド`m`のアクションを、新たなモナド`t m`の操作に持ち上げる（lift）ためのメソッドです。

　モナド`m`上のアクションは、`m a`という形式の型の値を返す関数です。ここへ`lift`を関数合成して、返り値の型が`(t m) a`となる関数を作れます。つまり、これはモナド`t m`上のアクショ

第5章 モナド

ンです。モナド`t m`においては、`lift`によって元のモナド`m`のアクションがすべて利用でき、かつ、`t m`が提供する新たなアクションも利用できます。2つのモナドの操作を同時に使えるということです。

さらにモナド変換子`t`はいくらでも適用できます。モナド変換子を用いれば、任意の個数のモナドが提供するアクションを1つのモナドで扱えます。

モナド変換子には、変換後にモナドになっていることと、`lift`を持つことの両方が求められます。例えば`NewMonadT`をモナド変換子として定義したければ次の2つのインスタンス定義を書く必要があります。

```
instance (Monad m) => Monad (NewMonadT m) where
    return = ...
    (>>=)  = ...

instance MonadTrans NewMonadT where
    lift = ...
```

5.8.2 モナド変換子の利用

特性を知るために実際にモナド変換子を使ってみましょう。`ReaderT r`モナド変換子は、「`Reader r`モナド（5.5参照）と同じアクションを提供するモナド」を生成するモナド変換子です。このモナド変換子を`IO`に適用すると、`ReaderT r IO`というモナドを作れます。このモナドでは、`Reader r`モナドと同様に`ask`アクションが利用できます。`stack ghci --package transformers`で実行します。

```
import Control.Monad.Trans.Reader (ReaderT, asks) -- 適用するアクションも指定する
import Control.Monad.Trans.Class (lift)

data Env = Env { envX :: !Integer, envY :: !Integer }

sumEnv :: ReaderT Env IO Integer
sumEnv = do
  x <- asks envX
  y <- asks envY
  return (x + y)
```

`runReaderT`関数を使えば、`ReaderT r`モナド変換子を外して`IO`モナドの値に変換できます。`runReader`と同様に、第2引数に`r`型の値を取ります。

```
ghci> import Control.Monad.Trans.Reader
ghci> runReaderT sumEnv (Env 10 20) :: IO Integer
30
```

ReaderT r IOモナドでは、IOモナドにおけるアクションも呼び出せます。putStrLnを呼び出し、この関数をprintデバッグします[*33]。

IOモナドのアクションを呼び出すには、先に説明したようにliftメソッドを使います。ここではliftを、lift :: IO () -> ReaderT Env IO ()という型で呼び出しています。

```
sumEnvIO :: ReaderT Env IO Integer
sumEnvIO = do
  x <- asks envX
  lift $ putStrLn ("x=" ++ show x)
  y <- asks envY
  lift $ putStrLn ("y=" ++ show y)
  return (x + y)
```

liftをどのように付けるかは、利用する各アクションがどのモナドが提供するアクションかによって判断します。ここで利用したアクションをまとめると図のようになります。

図2　モナド変換子とlift

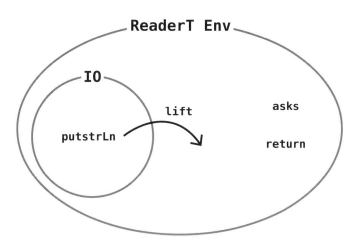

実行結果は次のとおりです。意図したとおりに、コンソールにxとyの値を出力しつつasksによってEnvにもアクセスできていることがわかります。

```
Prelude> runReaderT sumEnvIO (Env 10 20)
x=10
y=20
30
```

[*33] printデバッグにはI/OアクションではなくDebug.Traceモジュールも使えます。

第**5**章 モナド

別の例として、ReaderT r IOモナドならではの少し変わったコードを紹介します。Reader r モナドはいわば読み取り専用のモナドと見れますが、IO と組み合わせて環境に IORef を持たせることで状態を更新するアクションが作れるようになります。IORef は STRef 同様、ミュータブルな変数を表します。I/Oアクションで操作できます。次の例の countup は、ReaderT Env IO モナドにおいて envCount を増減させるアクションです。

```haskell
import Control.Monad (forM_)
import Control.Monad.Trans.Reader (ReaderT, runReaderT, asks)
import Control.Monad.Trans.Class (lift)
import Data.IORef (IORef, newIORef, modifyIORef, readIORef)

data Env = Env { envCount :: !(IORef Int) }

countup :: Int -> ReaderT Env IO ()
countup n = do
  ref <- asks envCount
  lift $ modifyIORef ref (+ n)

count :: ReaderT Env IO Int
count = asks envCount >>= lift . readIORef

sum10 :: ReaderT Env IO ()
sum10 = do
  forM_ [1 .. 10] $ \i -> do
    countup i
    n <- count
    lift $ putStrLn ("sum=" ++ show n)

main :: IO ()
main = do
  ref <- newIORef 0
  runReaderT sum10 (Env ref)
  readIORef ref >>= print
```

実行してみると、ST s モナドの例で見たような 1 から 10 まで足し込む処理を、ReaderT r IO モナドで実現できていることがわかるでしょう。

```
Prelude> :main
sum=1
sum=3
sum=6
sum=10
sum=15
sum=21
sum=28
sum=36
sum=45
```

198

```
sum=55
55
```

5.8.3　モナド変換子とdo式

　モナド変換子についてもモナドと同様に、**runReaderT**や**runExceptT**に続けてdo式を書く
というイディオムはよく使われます。さらにモナド変換子を複数重ねることで、do式内で利用
できる操作を好きなだけ増やせます。

　次の例は、ユーザが**"end"**を入力するか3回入力をすると、処理を停止するプログラムです。
ユーザの試行回数を**StateT**モナド変換子で、また、試行回数が3回超えた場合のエラー処理を
ExceptTモナド変換子を使って表現しています。

```haskell
import Control.Monad (unless)
import Control.Monad.Trans.Class (lift)
import Control.Monad.Trans.State (evalStateT, get, modify)
import Control.Monad.Trans.Except (runExceptT, throwE)

main :: IO ()
main = do
  -- I/Oアクションが可能なdo式
  result <- (`evalStateT` 0) $ runExceptT $ loop
  case result of
    Right _ -> return ()
    Left  e -> putStrLn e

  where
    loop = do
      -- I/Oアクション、状態操作、例外処理が可能
      i <- st $ get
      unless (i < (3 :: Int)) $ throwE "Too much failure"

      op <- io $ getLine
      if op == "end" then
        return ()
      else do
        st $ modify (+ 1)
        loop

    io = lift . lift
    st = lift
```

　このコードでは、**IO**へ**StateT**と**ExceptT**を重ねることで、do式の中でI/Oアクションに加
えて状態操作である**get**や**modify**、例外操作である**throwE**を呼び出せるようになっています。
これを図で表すと次のようになります。

図3　モナド変換子を外す

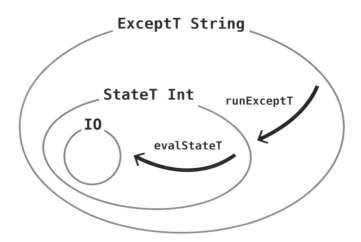

　IOモナド内でevalStateT関数が現れるとStateT Int IOモナドへ、さらにrunExceptT関数が現れるとExceptT String (StateT Int IO)モナドへと、モナド変換子を剥がす関数が現れるたびに新しいモナド変換子が外側についていきます。こうして拡張されたloopアクションでは、do式で次のようなアクションを呼び出せます。

図4　入れ子のlift

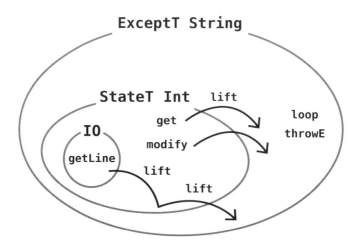

loopにおけるdo式では、一番外側のモナド変換子であるExceptT以外の操作を呼び出す場合に、適切な回数だけliftを呼び出さなければいけません。サンプルコードでは可読性のため、呼び出しに必要なliftをそれぞれioとstという名前で定義してあります。

ところで、このサンプルコードではモナド変換子を剥がすevalStateTとrunExceptTが出てくるだけで、型名としてStateTとExceptTが明示的に出てくることはありません。このようにモナド変換子が暗黙的に使われることはよくあるため、それぞれのdo式においてどのアクションを何回のliftで呼び出せるかを正しく把握することが大切です。

Column

モナド変換子の合成順序

モナド変換子は合成の順序によって意味が変わります。どのように意味が変わるのかは、残念なことに各モナド変換子の性質に精通しなければ判断できません。それぞれドキュメントを読み、実際のコードで動作を確認して身に付けていく他ないでしょう。例として先ほど使ったStateTとExceptTについて考えてみましょう。StateTとExceptTの定義は次のとおりです。

```
newtype StateT s m a = StateT { runStateT :: s -> m (a,s) }
newtype ExceptT e m a = ExceptT (m (Either e a))
```

先ほどのコードでは、ExceptT e (StateT s m)という順序で合成をして使いました。この定義を展開すると、s -> m (Either e a, s)という型と同等であることがわかります。

一方、StateT s (ExceptT e m)という順の場合、s -> ExceptT e m (a, s)、つまりs -> m (Either e (a, s))という型と同等になります。

このことから、例外が発生した場合に、前者では例外発生時のs型の状態を返せるのに対し、後者では状態は失われてしまって戻ってこないだろうことが予想できます。このようにモナド変換子を合成する場合には、持ち上げる各アクションにどのような振る舞いをさせたいのかも含めて順番を決める必要があります。

5.8.4　モナドとモナド変換子

モナド変換子はそのままではモナドではありませんが、Identityというモナドに適用することでモナドに変えられます。Identityは何もアクションを提供しないモナドであり、transformersパッケージのData.Functor.Identityモジュールにおいて次のように定義されています。newtypeで単純にラップしているだけなので、Identity aとaは同等のものです。

第**5**章　モナド

```
newtype Identity a = Identity { runIdentity :: a }
    deriving (Eq, Ord, Data, Traversable, Generic, Generic1)
```

Identityは何もしないモナドであるため、モナド変換子をIdentityモナドに適用して作ったモナドは、モナド変換子の性質のみを持つモナドとなります。したがって、モナド変換子さえ実装しておけば、別途同じ性質を持つモナドを実装する必要はありません。実際、ここまでで紹介したモナドも、モナドではなくモナド変換子として提供されているものが多くあります。

```
type Except e = ExceptT e Identity
type Reader r = ReaderT r Identity
type State s = StateT s Identity
type Writer w = WriterT w Identity
type Cont r = ContT r Identity
```

5.8.5　I/Oアクションの持ち上げ

重ねたモナド上でI/Oアクションを呼び出すことは多々ありますが、IOは中身を取り出せない以上、必ずモナド変換子の一番内側にあるモナドになるため、liftの数が多くなりがちです。そのため、これを簡単に持ち上げるための型クラスとインスタンスが定義されています。

```
class (Monad m) => MonadIO m where
    liftIO :: IO a -> m a

instance MonadIO IO where
    liftIO = id
```

型を見てわかる通り、liftIOを用いるといつでもI/Oアクションを呼び出せます。主なモナド変換子は、生成されるモナドがこの型クラスのインスタンスとなるようにインスタンス定義を用意しています。先ほどの例でio = lift . liftと定義しましたが、Control.Monad.IO.Classモジュールをインポートすればio = liftIOとliftの数を気にせずに定義できます。

5.8.6　複雑な操作の持ち上げ

複雑なアクションを持ち上げるのには、liftでは不十分です。よく例に挙げられるのはExceptモナドにおいて例外をキャッチするアクションであるcatchEです。

```
catchE :: Except e a -> (e -> Except e' a) -> Except e' a
```

このアクションをモナド変換子tとliftで持ち上げると、次のような型のアクションが得られます。

202

```
Except e a -> (e -> Except e' a) -> t (Except e') a
```

これは t (Except e') 型のアクションであり、一見なんの問題もないように見えます。しかし、よく見ると処理の本文とエラーハンドラが Except e モナドのままです。そのため、特に処理の本文において、t モナド変換子が提供するアクションを利用できません。これでは t モナド変換子をわざわざ利用する意味がほぼなくなってしまいます。本当に必要としている catchE 操作は、次の型を持つものでしょう。このような型を持つ catchE は、lift では定義できません。

```
t (Except e) a -> (e -> t (Except e') a) -> t (Except e') a
```

このような型を持つ catchE は、mtl パッケージに定義されています。mtl はモナド変換子によってすべてのアクションを持ち上げられるようにするライブラリであり、ここで紹介したような主要なモナド変換子に対する操作をすべて型クラスのメソッドとして定義し、それらの型クラスをすべてのモナド変換子についてインスタンスとなるように定義したものです。場当たり的で強引な方法ではありますが、すべてのアクションを持ち上げられます。また、アクションがメソッドとして定義されているため、lift を明示しなくてもアドホック多相によって適切な実装が勝手に選ばれるのも使い勝手がいい点です。

次のコードは mtl を使った例です。catchError を適切に持ち上げられているおかげで、内部の do 式でも一番外側の WriterT モナド変換子の操作である tell が使えています。モジュール名が transformers パッケージと異なっていることにも気を付けましょう。モジュール名は違いますが、mtl は transformers の定義をインポートしてそのままエクスポートしています。

```
import Control.Monad.Writer (WriterT, runWriterT, tell)
import Control.Monad.Except (Except, runExcept, throwError, catchError)

mtlSample :: Either String ((), String)
mtlSample = runExcept $ runWriterT $ do
  tell "Start\n"
  (`catchError` handler) $ do
    tell "In the block\n"
    _ <- throwError "some exception"
    tell "Never reach here\n"
  tell "End\n"
  where
    handler :: String -> WriterT String (Except String) ()
    handler e = tell $ "Caught the exception: " ++ e ++ "\n"
```

```
Prelude> mtlSample
Right ((),"Start\nCaught the exception: some exception\nEnd\n")
```

第**5**章　モナド

　I/Oアクションの中にも**lift**で持ち上げられない操作が多数存在します。**lifted-base**パッケージは、**base**パッケージのさまざまな操作を主要なモナド変換子で持ち上げられるよう、定義しなおしています。次の例では、**ReaderT**モナド変換子で**bracket**を持ち上げています。処理を書いている**do**式内で、**ReaderT**のアクションである**ask**が適切に呼び出せていることが見て取れるかと思います。

```haskell
-- lb.hs
import Control.Exception.Lifted (bracket)
import Control.Monad.Trans (lift)
import Control.Monad.Trans.Reader (runReaderT, ask)
import System.IO (openFile, IOMode(ReadMode), hGetContents, hClose)

path :: FilePath
path = "chap05/src/lifted-bracket.hs" -- ファイルを保存しておく

main :: IO ()
main = (`runReaderT` path) $ do
  bracket open close $ \h -> do
    content <- lift (hGetContents h)
    lift $ print (length content)
  where
    open = do
      p <- ask
      lift $ openFile p ReadMode
    close = lift . hClose
```

```
Prelude> :load lb.hs
*Main> :main
498
```

　アクションを持ち上げるための枠組みは**monad-control**パッケージが提供しています。**lifted-base**パッケージは、**monad-control**パッケージの仕組みを利用して**base**パッケージの関数を持ち上げられるよう書きなおしています。

第**6**章
関数型プログラミング

第**6**章　関数型プログラミング

Haskellはあまり考えずにただ使うだけでも、言語の恩恵をある程度享受できます。コンパイラの型チェックがさまざまな指摘を行ってくれるからです。

ただし、実用的なプログラムを書こうとするならばもう一歩言語の特性について深い理解が必要となります。

Haskellはラムダ計算を基にしているため言語を構成する要素は実は多くありません。そのため言語要素自体の把握はそれほど難しくはありません。しかし、構成要素が少ないため表面的な利便性のための機能もあまりありません。「一般的なプログラミング言語なら利便性のために持っているだろう機能」の存在を予想して探しても、多くは徒労に終わってしまうでしょう。例えばデフォルト引数や可変長引数は存在しません。一般的なプログラミング言語で言語機能として提供されている、例外や非同期機能についても、Haskellでは関数として提供されています。そのため手続き型言語のユーザには、使い勝手がだいぶ異なることでしょう。

Haskellを関数型プログラミング言語として使いこなすには、このような固有の特徴を押さえ、流儀にしたがって適切に書けるようになる必要があります。本章では、第1章はじめ各章で触れてきた機能や特徴のうち、注意が必要で各章で深く踏み込まなかった部分をあらためてまとめます。

- 型の表現力（6.1）
- 高階関数をはじめとする関数の拡張性（6.2）
- イミュータビリティの設計上の利点（6.3）
- 型クラスの拡張性（6.4）

この4つのトピックは、それぞれの関連性は薄いですが、静的型付き関数型プログラミング言語としてのHaskellを特徴付ける重要なポイントです。これらを押さえておくと、Haskellでより良い関数型プログラミングを実践していくうえで助けになります。実際のコードや、他言語との比較を通じて学んでいきましょう。

本章では、関数型プログラミング一般に関する解説はあまりしません。Haskellで関数型プログラミングを可能とする、あるいはより快適にする仕組みや考え方を解説します。

6.1　型とプログラミング

近年のプログラムは大きくかつ複雑になっています。工学的、もしくはビジネス的な要求が高度に、細かくなるにつれて、人の手による保守は困難になっていきます。

特に困難なタスクはソフトウェア全体の一貫性担保です。人の頭の中にだけある性質は、複数人チームワークの情報のずれやタイミングによって容易に破壊され得ます。ドキュメントに書いておいてもそのドキュメントにもメンテナンスコストが発生しますし、開発の中でドキュメントと実装の実態が乖離することもあります。

型とプログラミング **6.1**

大量のコードを書いていると、人一人での範囲であっても一貫性担保は困難になってきます。途中で実装方針を変更し、チームメイトの設計の修正が入り、パフォーマンス問題解決のために一部コードを特殊な実装に書き換えて、毎日毎日新しい実装追加され、数ヶ月経って問題が発覚し…ということが積み重なると、一定の品質を人の手でメンテナンスするのは日に日に困難になります。

型の保証はこの問題に解決策を与えます。型チェックは時間が多少かかるものの、実行コストは無料であり、実装との乖離もありません。これらのプログラムの保証は、開発時にはエラーの早期発見、メンテナンス時にはリファクタリングの容易さとなって現れます。

静的型システムは型を用いて、一定の保証を与えてくれます。この保証の程度は言語によってさまざまで、例えばJavaが持つ型システムはnullに関して保証しませんが、Haskellにおいては欠損値はMaybeを用いて表現するため、その点では型による保証が受けられると言えます。しかしHaskellでは無限ループが発生しないことに関しては静的に保証できません。また、Haskellでは実行時にエラーが起こらないことを静的に保証できません[1]。

Haskellの静的型付けの堅牢さについては今までも何度か解説してきています。ここではADTによる型の表現力を紹介します。

6.1.1　問題を型で表現する

Haskellの型への理解度を十分に高められたなら、型を使って問題や構造を適切に表現できるようになります。そして適切な型表現はプログラミングを容易にしてくれます。

Haskellより強い型システム[2]があれば開発はもっと楽になるでしょうか。もちろん使い方次第で楽になりはしますが、すべてを型で解決することは困難です。現実に現れる問題は静的な型にエンコードできるようなものばかりではありません。それどころか型で表現できるようなものは少ないくらいでしょう。

それでも型システムをきちんと理解すれば、「型に寄りかかれる場所」と「そうでない場所」がわかるようになってきます。型システムを理解する前には見えなかった問題が見えるようになります。解くことが可能な問題を認識する能力は、エンジニアに欠かせません。

型に任せられる問題は任せてしまうことで、より重要な、本質的な問題を解くことに注力できるようになります。そこを見極めるため、Haskellの言語特性と限界について理解する必要があります[3]。

---

[1]　これらの保証が欲しい場合はAgdaやIdrisといったより強い型システムを持つ言語を使う必要があります。

[2]　理論面ではCoqやAgdaといった依存型を持つ一部の言語にて任意の構造的な性質を型で表現し、その性質を保証できることがわかってはいますが、その代償としてコストが跳ね上がるのが現状です。ただし、コストにつながるからといって型の表現が貧弱な言語では大した保証はできません。

[3]　Haskellはラムダ計算ベースの静的型付言語です。そのため、もし他のラムダ計算ベースの静的型付言語を知っていれば、本章のHaskellの言語特性と限界も理解しやすいはずです。同時に、副次的にHaskellを理解すればその他のラムダ計算ベースの言語も理解が容易になります。

第**6**章　関数型プログラミング

6.1.2　ADTによる表現

　ADT（代数的データ型、algebraic data type）はHaskellの型システムを理解するうえで、重要かつ基本となる概念の1つです。

　ADTは直積型、直和型、再帰型を用いてさまざまな構造の表現が可能です。雇用者（Employee）の構造をADTで表現すると、例えば次のように表せます。

```
data Employee = Employee
  { name :: String
  , age :: Int
  , role :: Role
  }
data Role = Engineers | Sales | Designers
```

　ここでEmployeeは直積、Roleは直和を用いて表現しています。Roleはエンジニアか、セールスか、デザイナーか、を表現しています。直和はまるで構造の和、「または」のように扱えるため、ここではRoleを自然に表現できています。

■──── 直積型・直和型・再帰型

　直積型、直和型、再帰型という言葉の意味を整理するところからはじめましょう。これら3つが代数的データ型を特徴付ける型です。

　直積型はJavaなどのオブジェクトや、C言語の構造体に相当します。キーと値などの規則の元で構造化されたデータの型です。直和型はJavaのenumを強化したような型です[4]。「または」と同等に扱える2つ以上の型が与えられたときにどれか1つを返す型です。Maybe型の定義にも用いられています。再帰型とは、定義の左辺で出てきた型が右辺にも出てくるような再帰的なデータ型を示します。3.6.1で作成したものが代表例です。二分木のような木構造を書くのに適しています。

```
data Tree a = Leaf a | Node a (Tree a) (Tree a)
```

■──── ADTによる制御構造の表現

　ADTは構造を表すだけでなく、ifやwhileといった制御構造の表現も可能です。FizzBuzz（2.9参照）の分岐や反復をADTで表現する方法を考えます[5]。

＊4　Haskell自体にもEnumがあります。これらを混同しないように注意してください。

＊5　本分岐と反復を用いる必要があるため、命令型言語ではifやwhile文などの説明に適した題材です。本来の想定回答は2.9を参照してください。

```
data Loop act = End | Step act (Loop act)
  deriving Show
data FizzBuzzAction
  = PrintFizz
  | PrintBuzz
  | PrintFizzBuzz
  | PrintNumber Int
  deriving Show
type FizzBuzz = Loop FizzBuzzAction

evalLoop :: Loop act -> (act -> IO ()) -> IO ()
evalLoop End _ = return ()
evalLoop (Step action rest) fn = fn action >> evalLoop rest fn

evalFizzBuzzAction :: FizzBuzzAction -> IO ()
evalFizzBuzzAction PrintFizz = putStrLn "fizz"
evalFizzBuzzAction PrintBuzz = putStrLn "buzz"
evalFizzBuzzAction PrintFizzBuzz = putStrLn "fizzbuzz"
evalFizzBuzzAction (PrintNumber n) = print n

evalFizzBuzz :: FizzBuzz -> IO ()
evalFizzBuzz fb = evalLoop fb evalFizzBuzzAction
```

FizzBuzz型はLoop FizzBuzzAction型の型シノニムです。Loopが反復を、FizzBuzzActionがfizzbuzz問題の分岐をそれぞれADTで表現しています。これらの構造はevalLoop、evalFizzBuzzActionと対になっており、それらの2関数から構成されたevalFizzBuzz関数はFizzBuzzという構造(型)で表現された値を漏れなく走査し、対応するI/Oアクションを実行します。LoopはADTの再帰型を用いることによって、ループを表現しています。

```
data Loop act = End | Step act (Loop act)
```

Endがループ終端、Stepがアクションを実行をそれぞれ表しています。Stepは実行するアクションをactとして、それ以降のアクションをLoop actという形で、つまり自分自身の型を保持して再帰的に定義されています[6]。

```
data FizzBuzzAction
  = PrintFizz
  | PrintBuzz
  | PrintFizzBuzz
  | PrintNumber Int
```

----

[6] 3.6.1で作成した辞書構造を思い出してください。

第**6**章　関数型プログラミング

　こうしてADTとそのeval関数の実装によって、fizzbuzz問題自体が持つ論理構造は`FizzBuzz`型の値に組み込まれることになりました。上記コードには3で割る、5で割るといったロジックは現れていません。eval関数はそれぞれ対応するデータ構造に沿って実行するだけです。

　実際にfizzbuzz問題を解くためには、`FizzBuzz`型の値を生成する必要があります。`genFizzBuzz`は1億要素のリストから`FizzBuzz`を生成しようとします。ここで3で割りきれたら、5で割りきれたら、といった論理構造に対し、対応する`FizzBuzz`型の値を生成しています。最後に実行部分です。

```
main = do
  let lst = genFizzBuzz
  evalFizzBuzz lst
genFizzBuzz :: FizzBuzz
genFizzBuzz = toFB [1..100000000]
  where
    toFB [] = End
    toFB (n:ns) = if n `mod` 15 == 0 then Step PrintFizzBuzz (toFB ns)
      else if n `mod` 3 == 0 then Step PrintFizz (toFB ns)
      else if n `mod` 5 == 0 then Step PrintBuzz (toFB ns)
      else Step (PrintNumber n) (toFB ns)
```

　論理構造をADTを用いて表現する手法はさまざまな箇所で使われています。このコードにはプログラムを生産者（`genFizzBuzz`）と消費者（`evalFizzBuzz`）に分離し、モジュール性を得たという意味もあります。もし2で割りきれたら"fizz"、7で割り切れたら"buzz"を表示する、といった問題を解く場合、今回のプログラム全体に手を入れる必要はなく、`evalFizzBuzz`はそのままに`genFizzBuzz`だけに手を入れればいいことになります。

　また、値で表現したために`deriving Show`によってシリアライズが可能となり、ネットワークごしの通信もできます。さらに、このfizzbuzzプログラムは`genFizzBuzz`が非常に大きいリストを生成しようとするにも関わらず、定数メモリで動作します。これは遅延評価のため、`genFizzBuzz`によってデータが先にすべて生成されるわけではなく、必要に応じて生成されるからです。このようにADTによる表現は単なるデータ構造を表すだけにとどまらず、論理構造も含めます。これが言語の拡張性の高さなどに貢献しています。

遅延リストによってもたらされるミス

　このコード、遅延リストを用いた場合の動作特性について少し触れておきます。遅延リストを用いたプログラムによくあるミスが、`genFizzBuzz`で生成した巨大リストを複数回参照してしまう、というものです。この場合、膨大なメモリを消費します。GHCは巨大なリスト`lst`をすべてメモリに載せてしまうためです。GHCで巨大な遅延リストを扱うことが可能なのは、リストの大部分が生成されていないためメモリを消費しておらず、そして評価した後にすぐに捨てることがわかっている

ケースです。本来巨大なリストをすべてメモリに載せることはできないか、できても好ましくないものです。巨大なリストを2回評価しなければならないコードを書いてしまうと、GHCは1回評価した後にすぐに捨てられずにメモリ上に保持しようとしてしまいます。本来1億要素のリストはメモリに載せられません。そのためそのような巨大なリストを扱うようなプログラムでは慎重に扱う必要があります。

```
main = do
  let lst = genFizzBuzz -- 遅延リスト未評価なのでリストの先頭分しかメモリを消費しない
  evalFizzBuzz lst -- evalFizzBuzzはlstを評価し、巨大なリストが生成される
                   -- しかしlstへの参照は残っており、捨てられないためすべてメモリに保持される
  evalFizzBuzz lst -- 2回目評価
```

Haskellを使うときに参考にすべきドキュメント

　章の冒頭ではHaskellの個々の機能や関数を学ぶことをおすすめしました。言語機能を学ぶときには正確なリファレンスが必要不可欠です。それらについて紹介します。

　仕様について学びたいときは、Haskell 2010 Language Report（https://www.haskell.org/onlinereport/haskell2010/）を参照しましょう。全編英語で、また仕様書特有の表記も出てくるため少々ハードルが高いかもしれませんが、言語を奥深く知りたいなら外せません。

　実装、実際の関数の機能や引数の方などを調べたいときには、Stackage（とHackage）を使います。https://www.stackage.org/${利用しているStackのLTSバージョン}というURLからの検索をおすすめします。現在利用しているStackで使える全パッケージの型やパッケージ情報が参照できます。説明不足に感じられるときは各パッケージの公式チュートリアルなども参考になるでしょう。

6.2 関数による抽象化

　Haskellは抽象化の容易さと、堅牢さを高いレベルで両立した稀有な言語です。抽象化が自由自在なのが関数型プログラミングであり、それを型によって安全性まで広く保証してくれるのが静的型付き関数型言語です。Haskellの抽象化でたびたび言及されるのが高階関数です。

　高階関数（higher-order function）は関数を返す、あるいは関数を引数にする関数です。型で表記すれば、(a -> b) -> a -> bやa -> (b -> a)等といったものが該当します。こういった関数は、本書でもいくつも取り上げています。典型的なのはmapやfoldでしょう。

　高階関数で返り値や引数に関数を使うメリットはなんでしょうか。fmapなどリスト操作の利便性向上はじめ、体感できるものが多くあります。

第**6**章　関数型プログラミング

Haskellでは関数を組み合わせて処理を構築していくため、高階関数は必須の機能です。ここでは、この高階関数を紹介しながら、そもそものHaskellの関数による抽象化を解説します。

6.2.1　テンプレート型プログラミング

抽象化の観点から関数型プログラミングの特徴をまとめます。

- 具体的な式を抽象化して新しい関数を作成できる
- 関数は必要な引数に適用して、返り値を返す
- 関数は複数の関数へ分割できる
- 関数は合成して新しい関数を生成できる
- 関数の適用や合成は型にしたがう

分解、合成できるだけではなく分解できる箇所や合成の仕方も一定のルールにしたがっています。このような組み合わせによるプログラミングを、便宜的に「テンプレート型プログラミング」と呼ぶことにします。テンプレート言語(テンプレートエンジン)を使うときに、具体的な文章から一部をプレースホルダにして差し替えたり、プレースホルダに具体的な値を与えて文章を完成させたり、一部の表現を別ファイルに切り出したりする組み合わせや抽象化、具体化の仕組みになぞらえました。

この考え方のもとで、関数を分割し、組み合わせることを意識して実装します。具体例として複数のファイルを結合するプログラムを考えます。引数にファイルパスのリストをとり、そのファイルを結合してstdoutへ出力します。

```haskell
-- concat.hs
module Main where

import Control.Exception (bracket, finally)
import Control.Monad (forM_)
import System.IO
  ( stdout, Handle, FilePath, IOMode(..)
  , openFile, hClose, hIsEOF, hGetLine, hPutStrLn
  )
import System.Environment (getArgs)
import Data.Char (toUpper)

-- 標準出力に書き出す
main :: IO ()
main = do
    filePaths <- getArgs
    concatMultiFiles filePaths stdout

-- 複数ファイルをそれぞれ引数の出力先に出力
```

212

```
concatMultiFiles :: [FilePath] -> Handle -> IO ()
concatMultiFiles filePaths dst =
  forM_ filePaths $ \filePath ->
    bracket
      (openFile filePath ReadMode)
      (\hdl -> hClose hdl)
      (\hdl -> copyFile hdl dst)

-- 1つのファイルを引数の出力先に出力
copyFile :: Handle -> Handle -> IO ()
copyFile src dst = loop
  where
    loop = do
      isEof <- hIsEOF src
      if isEof
        then return ()
        else do
          line <- hGetLine src
          hPutStrLn dst line
          loop
```

concatMultiFilesでは複数のファイルパスを1つずつ処理するためにforM_ を使います。この関数には、「[FilePath]からファイルを1つ1つ開きながら、出力先に追加していく関数」を渡して全てのファイルを走査します。ここで関数を組み合わせています。

実際のコピーはファイル1つ1つを扱う関数copyFileに任せます。この関数は1つのファイルハンドルから一行ずつ読み出して、出力先のファイルハンドルへ書き込んでいきます。手続き的ですが特に不都合なく役割を果たしてくれます。関数が適切に抽象化され、分割されています。この段階ではまだ、高階関数は利用していません。

リソースの取り扱い

ファイルを開くにはopenFile、閉じるにはhCloseを使います。開発中にこれらの関数のようにリソースを扱うときは、bracketを用いると安全です。ファイル操作中に例外が発生した場合に対処します。ファイルハンドルのようなリソースを開く操作（openとします）と閉じる操作（closeとします）を別々の関数で行うことは好ましくありません。openとcloseによる対応付けはbracketによって一箇所で行うことで、リソース操作中の例外の心配をする必要が無くなります[7]。

---

[7] 言い換えると、openとcloseを別々の関数で行ってしまうと、「openを使った関数の後には、closeを使った関数によって必ず閉じなければならない」という制約が発生してしまうのです。openで開いたらcloseで閉じる、という制約を他の関数にも持ち越すのは建設的ではありません。開発中にhCloseだけを呼び出すような関数を書こうとしているなら、どこか設計がおかしいと気づくべきです。

第**6**章　関数型プログラミング

■————— 機能の変更

このプログラムをコピーする際に、小文字を大文字にするような関数を通せるように修正します。修正は簡単です。copyFile を一行変更するだけです。

```
copyFile :: Handle -> Handle -> IO ()
copyFile src dst = loop
  where
    loop = do
      isEof <- hIsEOF src
      if isEof
        then return ()
        else do
          line <- hGetLine src
          hPutStrLn dst (map toUpper line) -- 変更した
          loop
```

これで動作しますが、1つ問題が発生します。この関数は1つのファイルをコピーするという目的で作られた関数です。そこに文字を大文字にする操作を入れてしまうのは好ましくありません。そこで文字を大文字にする部分を「切り取って」引数で渡すこととします。こうして新しい関数を作ったら、元の関数 copyFile を、copyFileWithConvert を用いて実装し直します。こういったケースで何もしない関数 id :: a -> a が便利です。有効な関数、もしくは id を入れることで機能するようにさえすれば、もともとの関数と新しい関数を両立できます。

```
copyFile :: Handle -> Handle -> IO ()
copyFile src dst = copyFileWithConvert src dst id -- `id`を使って再実装
```

```
copyFileWithConvert :: Handle -> Handle -> (String -> String) -> IO ()
copyFileWithConvert src dst convert = loop
  where
    loop = do
      isEof <- hIsEOF src
      if isEof
        then return ()
        else do
          line <- hGetLine src
          hPutStrLn dst (convert line)
          loop
```

新しい関数ができました。copyFileWithConvert は (String -> String) という型から高階関数として機能していることわかります。ここに処理を挟むことで大文字化以外のさまざまな処理が可能なように拡張されています。

こういった抽象化はテンプレートの一部を切り取って新しいテンプレートを作成するのと似ていま

す。あるWebページを構成するテンプレート言語を想定してください*8。あいさつする"こんにちは、$userName！"というテンプレートに「Simonさん」というような文字をユーザに応じて当てはめるとします。これはあいさつとユーザ名表示という機能が1つになっていますが、昼間しか使えません。

そこで"$greeting、$userName！"というテンプレートを作り出して、それぞれに「こんばんは」、「Simonさん」を与えます。これによって夜は別の挨拶が使えるようになり、既存の機能も損なっていません。これは一つのテンプレートからより抽象的なテンプレートを作り出す方法です。

ここまでの一連の流れをたどります。元の関数の挙動を変更せずに*9、新しい「より抽象的な」関数copyFileWithConvertを得ることができました。

(1) 関数copyFileを具体的に実装する
(2) copyFileを「切り取って」copyFileWithConvertを作る
(3) copyFileを再実装する

関数の追加と改善

ファイルから一行一行読み取って、その一行ごとにDBにアクセスして結果を出力する関数を作成しましょう。copyFileのバリエーションのように定義できます。

```
-- copyFileのバリエーション
-- 第三引数の関数は、文字列を用いたI/Oアクションに変更している
foreachLineAndAppend :: Handle -> Handle -> (String -> IO String) -> IO ()
foreachLineAndAppend src dst ioAction = loop
  where
    loop = do
      isEof <- hIsEOF src
      if isEof
        then return ()
        else do
          line <- hGetLine src
          outputLine <- ioAction line -- DBアクセスのようなI/Oアクション
          hPutStrLn dst outputLine
          loop
```

これでは再利用性が低いため、さらに抽象化を試みます。srcハンドルに着目し、dstハンドル関連のアクションを「切り取る」ことによって、ファイルに対して一行ずつ処理する関数を作ります。

---

*8　書籍中では疑似言語を用いてます。識別子に$と英字を使っています。

*9　「元の関数の挙動を変更せずに」とは言いますが、変更自体はしているので関数の挙動が変わらないことの責任はプログラマーにあります。また将来的に再度修正が入り、元来の関数の意図がいつの間にか失われてしまうかもしれません。必要ならばテストを書いて挙動が変わらないこと、及び意図しない変更を防ぎましょう。関数の挙動が変わらないことの確認にはQuickCheck（第9章コラム「QuickCheck」参照）のような性質テストを用いると便利です。

第**6**章　関数型プログラミング

```
foreachLineAndAppend :: Handle -> Handle -> (String -> IO String) -> IO ()
foreachLineAndAppend src dst ioAction =
  foreachLine src $ \line -> do
    output <- ioAction line
    hPutStrLn dst output


-- 抽象度を高める
foreachLine :: Handle -> (String -> IO ()) -> IO ()
foreachLine src ioAction = loop
  where
    loop = do
      isEof <- hIsEOF src
      if isEof
        then return ()
        else do
          line <- hGetLine src
          ioAction line
          loop
```

　抽象度を高めた結果、foreachLineという関数を切り出すことができました。この関数はファイルハンドルに対して一行ずつ取り出し、何らかの処理をするというシンプルな単機能の関数です。単機能のため、他の場面でも使い勝手は良さそうです。抽象度を高める場合、単機能の関数となるように式を切り貼りすること再利用性が高まります。複雑な、複数の機能をもたせたまま抽象度を高めてもあまり再利用性は高くならず、使い勝手もよくありません。これも先ほどのテンプレート言語の例に照らし合わせるとわかりやすいはずです。

■─── 追加した関数に合わせて既存の関数を修正する

　さて、ここで作成したforeachLineAndAppendは実際に使うには、複数ファイルを扱う手段を欠いています。これを補う関数が必要そうです。

　複数のファイルを扱ってそれらファイル1つ1つに同じ処理を加える関数が必要になった場合、concatMultiFiles関数を少し変更すれば達成できそうです。handleMultiFilesという新しく抽象化した関数を作成し、それを用いてconcatMultiFilesを再実装しています。

```
concatMultiFiles :: [FilePath] -> Handle -> IO ()
concatMultiFiles filePaths dst =
  handleMultiFiles filepaths (\hdl -> copyFile hdl dst)

handleMultiFiles :: [FilePath] -> (Handle -> IO ()) -> IO ()
handleMultiFiles filePaths fileHandler =
  forM_ filePaths $ \filePath ->
    bracket
      (openFile filePath ReadMode)
      (\hdl -> hClose hdl)
      (\hdl -> fileHandler hdl)
```

関数による抽象化 **6.2**

> **column**
>
> ## コピペの危険性
>
> 　「挙動が似たような関数が必要になったときにコピー＆ペーストして、コピーした関数を一部修正する」といった都市伝説めいた噂を聞くことがあります。コピー＆ペーストを基本とした開発は保守が破滅的になってしまうため、熟練のエンジニアはコピー＆ペーストを嫌います。
>
> 　もし挙動が少しだけ異なる関数が必要になったら、コピー＆ペーストの代わりに関数の一部を「切り取って」抽象化することを考えてください。これは代入文が存在せず、式中心でプログラムを構成するHaskellではいつでもどこでも使える手法ですが、そうでない言語においても有用です。

■────── main関数の抽象化

　最後にmainに着目します。ここまでの抽象化は既存の関数の挙動を変えていないため、もちろんそのまま動きます。mainを抽象化を行った関数で書き換えてみるとどうなるでしょうか。

```haskell
main :: IO ()
main = do
  filePaths <- getArgs
  handleMultiFiles filePaths $ \hdl -> do
    foreachLine hdl $ \line -> do
      hPutStrLn stdout line
```

　関数の見た目は大きく変化しました。1つの関数呼び出しだったmainは複数の単純な機能の関数呼び出しに分けられていますがわかりやすく、深い関数呼び出しのネストに潜り込んでいたstdoutへの出力は表面に現れています。ここからlineを出力時に大文字への修正は容易です。

```haskell
main :: IO ()
main = do
  filePaths <- getArgs
  handleMultiFiles filePaths $ \hdl -> do
    foreachLine hdl $ \line -> do
      hPutStrLn stdout (map toUpper line)
```

　一行ごとにDBへアクセスすることも簡単です。

```haskell
main :: IO ()
main = do
  filePaths <- getArgs
  handleMultiFiles filePaths $ \hdl -> do
    foreachLine hdl $ \line -> do
      output <- accessDBAndProcess line
      hPutStrLn stdout output
```

第6章 関数型プログラミング

```
accessDBAndProcess :: String -> IO String
accessDBAndProcess = {- 省略 -}
```

　具体的な関数をテンプレートのように抽象化していき、組み合わせることで`main`関数がわかりやすくリファクタリングできました。

　本来プログラミングは定型作業と問題解決の2つに分けられます。単機能で再利用性の高い関数を用意し、組み合わせることで、プログラマーが時間やエネルギーを必要な箇所に集中しやすくできます。これがテンプレート型プログラミングのメリットです。

6.2.2　Haskellのスタイル

　関数を自由自在に分解、構築ができるHaskellの力はさまざまなケースで役に立ちます。

　言語に得意な点があるということは、実装の際に、ある種の勝ちパターンのようなポリシーを生み出すことにつながります。それは禅（ZEN）と呼ばれるかもしれませんし、language-wayと呼ばれるかもしれません。Haskellではそこまで明確な指針が存在するわけではありませんが、テンプレート型プログラミングで見てきたように、抽象化が容易で、そのために安全性が保たれ易いと言えるでしょう。ここでは次の3つのケースについて触れます。

- 一から動くコードを実装するまで
- 動いているコードをリファクタリングするとき
- ライブラリを提供するとき

■━━━━━ 一から動くコードを実装するまで

　一からコードを書く時、具体的に目的の動くコードを実装するまでは最短で踏破することが望ましいです。この指針はさまざまな言語でプログラミングのモチベーション上重要視される項目ですが、Haskellでは特に重要です。

　Haskellは抽象化と安全性のコストが安いために、つい横道に入って抽象化を行ってしまうのです。そうして道草を食っているうちに、解こうとしていた問題より一般的で面白くて解けそうな問題が見つかってさらに当初の目的から遠ざかります。そしてそのまま当初の目的は果たせず…というケースがしばしば発生するようです。例えば当初は「ゲームを作ろう」と思って作業していたのに、途中で面白い仕組みを思いついて「この仕組みを利用してゲーム専用フレームワークを先に作ろう」、と目的が変わってしまうようなケースです。

　初心者にとっては加えて「折角Haskellで書くのだからHaskellらしくエレガントに書きたいという欲望」に溢れているために、目的からは一層離れてしまうかもしれません。一からコードを書く場合、エレガントさや抽象のための機能やライブラリは一旦すべて忘れて、`IO`モナドで具体的に泥臭く、目的を解くだけのコードを書くことをおすすめします。

関数による抽象化 **6.2**

Haskell では抽象化と安全性が安いということは、一度書き上げてからリファクタリングを行う方が理にかなっているでしょう。実行速度が遅くても正しく動くコードが一旦完成してしまえば、QuickCheck を用いて挙動を変えることなくリファクタリングすることが一層安全になります。

■──── 動いているコードをリファクタリングするとき

抽象化と安全性の高さと安さは、保守時に大きく役立ちます。コードの挙動を変えずに抽象化しつつコード構成を変えていくリファクタリングは Haskell は得意です。実際にプロダクションで動いている既存コードには開発上の制約からか、色々な性質が抜けてとりあえず動いていることが多いはずです。

多用なケースがあるので一概に言うことは難しいですが、いくつか典型的なパターンを考えてみましょう。テスタビリティに欠けるなら、テスタビリティのためにコード中のメインロジックの中から純粋な部分をなるべく大きく切り取り、テスト可能な関数にまとめられるかもしれません。拡張性に乏しいなら、機能拡張の前に動作を変えずにリファクタリングでコードの構造を大きく変えて、コード内に散らばっていた拡張予定部分を一箇所にまとめ、修正をごく一部に済ませられるでしょう。

■──── ライブラリを提供するとき

ライブラリを用いる場合は、ユーザとしては型さえ合っていれば問題なく動くという状態が好ましいものです。ただ、ライブラリの性質やパフォーマンスを考慮するとそのようなライブラリの提供自体難しいこともあります。ライブラリ内部で泥臭いコードがあったとしても、外部へ提供するインタフェースが綺麗ならば使いやすいものになり得ます。その綺麗なインタフェースを提供する際にテンプレート型プログラミングは有効です。

次の例の handleMultiFiles はリソースを扱っていますが、その内部でのファイルハンドラの開閉処理とその例外処理は外から隠して提供しています。これはこれで便利ですが、この関数は外部へリソースである Handle を直接見せてしまっているため、そこで問題が発生するかもしれません。Handle を直接見せれば、hClose を呼んで閉じた後にハンドラ操作をしうる危険性があります。これでは安全な関数とは言い難いため、例えば handleMultiFiles を foreachLine を組み合わせて新しい関数を作ります。

```
main :: IO ()
main = do
  filePaths <- getArgs
  handleMultiFiles filePaths $ \hdl ->
    hClose hdl
    hPutStrLn hdl "Hey!" -- Error! `hdl` is closed.
```

```
main :: IO ()
main = do
```

第6章 関数型プログラミング

```
  filePaths <- getArgs
  foreachFileLine filePaths $ \line ->
    hPutStrLn stdout line

foreachFileLine :: [FilePath] -> (String -> IO ()) -> IO ()
foreachFileLine filePaths lineHandler =
  handleMultiFiles filePaths $ \hdl ->
    foreachLine hdl lineHandler
```

　この関数 foreachFileLine は Handle に直接触らないため、より安全です。handleMulti
Files と foreachLine は具体的な関数から抽象化して作り出したものですが、それを組み合わ
せて安全で使いやすい関数を作り出しました。

高階関数との付き合い方

　関数を分解、合成して適切なAPIを作り出せるのは Haskell の魅力です。高階関数というと map
や foldl や filter といったような関数がすぐ思い浮かぶかもしれませんが、これらだけが高階
関数ではありません。Haskell でプログラミングをするときに、適切に抽象化を行えば、自然と高
階関数を作り、使うことになります。特別なものではないことはここまでの例を見ればわかるでしょう。

　高階関数というと、先ほどもあげた map や fold などがその代表格で、Haskell ではこれらを多
用すると考えている人がいるかもしれません。たしかにこれらの関数は洗練された汎用的かつ強力
な部品ですが、これらの関数群を使ってエレガントに書くだけが関数型プログラミングのすべてで
はありません。無理に使う必要もありません。

関数抽象化によるパフォーマンス問題

　先進的な話題として動作速度について少しだけ触れておきます。「テンプレート型プログラミング」
の抽象化は関数の挙動を変えることはしませんが、動作速度は遅くなる可能性があります。

　GHC はさまざまな最適化をコンパイル時に行いますが、関数を高階関数にすることで最適化が
うまく効かなくなるかもしれないためです。例えばインライン最適化ができなくなり、他の最適化が
発火しなくなるといったケースが考えられます。

6.3 代入文と変数の局所性

Haskellには束縛はあるものの、代入文が存在しません。ここでは束縛を「再代入ができない代入」として他言語の代入と比較します。変数への再代入ができないことはプログラミングの難易度を大幅に上げます。その代わりに変数の再代入に関するバグ、つまり単純なケアレスミスから厄介な状態に基づくバグは起こらなくなります。

これらの特徴を押さえることは、Haskellで快適にプログラミングするうえで必要なものです。

6.3.1 変数とスコープ

プログラミング言語一般の代入、変数の性質や課題を考えてみましょう。代入するには変数が必要です。変数にはそれぞれ参照が可能な可視領域、つまりスコープが存在し、そのスコープを超えて影響を及ぼすことはありません。スコープの大きさは変数によりまちまちで、グローバルスコープの変数はプログラム全体の大きさを持ちます。オブジェクトのフィールドはオブジェクト内部全域から参照され、関数スコープやローカルスコープの変数はそのスコープの内部からのみ参照が可能です。

グローバルスコープの変数への代入はプログラムのどこからでも可能で、プログラムのどこからでも参照可能です。この性質を持つグローバル変数はプログラム全体の挙動を切り替える際に一見便利に思えます。もしプログラム全体への影響を与える変数にグローバル変数を用いないことを考えると、あらゆる箇所の関数の引数を一個増やす必要が出てくるかもしれません。プログラムをすでにある程度組んでいる場合、この変更の手間は膨大です。すべての関数を確認して引数を追加して…と途方もない作業が始まります。それゆえグローバル変数を使うことは合理的に思えるかもしれません。しかし実際にはその反対で、グローバル変数の使用はプログラムの規模が大きくなればなるほど問題となります。

どうしてそうなるのか、プログラムにバグがあり修正するケースをもとに考えます。もしプログラムが巨大である場合、プログラム全体のチェック自体が困難です。そのため、バグがある機能周辺のみ確認すれば十分なようにプログラムが組まれていることが望ましいものです。

グローバル変数を使ってしまうとプログラムのどこからでも代入可能なため、グローバル変数にまつわるバグの修正範囲はプログラム全体に及びます。バグが起こった機能周辺を調べるだけでなく、運が悪ければプログラム全体を調べまわらなければならなくなるかもしれません。グローバル変数の使用やプログラム全域に影響を及ぼすプログラムパターンの使用は、このようにプログラムの局所性を破壊してしまうため使わないことが望ましいです。プログラムが大きくなることがわかっている場合、プログラミング初期の段階からグローバル変数を使わずに済む方法を考えておくことが一般的でしょう。

束縛を提供するHaskellは、このような問題のある設計に自然と遠ざかります。

第**6**章　関数型プログラミング

■———— オブジェクトの持つミュータブル変数

　他言語の、オブジェクトの持つミュータブルな変数についても考えます。実際の開発ではオブジェクトがフィールド変数を外部に対して公開することはあまりなく、フィールドの影響範囲を制限します[10]。オブジェクト内部はオブジェクト自体で管理できるのに対し、オブジェクトの外は何が起こりうるかわからないためです。グローバル変数と比べると、オブジェクト内のミュータブルな変数は許容できそうですが、そうとも言い切れません。

　ミュータブルな変数はそれぞれのスコープを持ち、そのスコープが複数重なり合って依存関係が発生していることがあります。そうなると修正、拡張は難しくなります。例えば、ミュータブルな変数がオブジェクト外のいくつかの部分から触れるとすれば、そこで生じる依存関係を適切に処理しなくてはいけません。オブジェクト内に変更を閉じているつもりでも、複数個所で共有、参照されうるという課題は残ったままです。ある問題を解決しようとした際に、その依存関係によって他の問題が発生し、そちらを先に片付けなければならない、問題を刈っても刈っても終わらないヤクの毛刈り（yak shaving）発生の一因となります。

6.3.2　再代入不可の変数

　再代入ができないということは、いつの間にか変数が期待する値とは異なるものになっている、という問題が起こりません[11]。変数は初期化（束縛）時から値を変えることがなく、その値が他のコードによって変更されることを心配する必要はありません。

　このことはプログラミング上、多くのメリットがあります。

　グローバル変数や広いスコープの変数への代入によって起こる問題、局所性の破壊は起こることがなく、コードの局所性はあらゆる箇所で保たれることとなります。ある特定のコードが、暗黙のうちに遠くのコードへ影響を及ぼしてしまうことが少なくなります。そのため、ある機能で問題が起こったならば、その周辺を調べれば大抵原因が見つかるということです。

　チームで作業をしていることを考えます。再代入ができないということは、任意の他のメンバーが追加したコードによって、変数の値が想定外の値に更新されることはないということです[12]。それは同時に、自分のコードによって他のメンバーのコードを壊しにくいことも意味します。もちろん自分が追加したコードに対しても同様です。「三ヶ月後の自分は他人だと思ってコードを書け」とはコードを綺麗に書く重要さを説く文句ですが、再代入なしに書かれたコードは三ヶ月後にも想定外の挙動が起きにくいコードとなるでしょう。

---

[10]　Javaの`private`フィールドなど。

[11]　厳密にはHaskellにもミュータブル変数を扱う手段は存在します。そのため、Haskellにおいては変数に由来する問題が起こりにくいというのが正確なところです。ただし、ミュータブルな変数を扱うには`IO`もしくは`ST s`モナドが必要です。Haskellでは値の更新という危険な機能が、使いにくい状態で提供されていると言えます。

[12]　ただし変数の再束縛や、スコープ上に存在する変数名を新しい変数名で隠すシャドウイングは起こりうるので注意が必要です。

型クラスと拡張性 **6.4**

6.4 型クラスと拡張性

Haskellは型クラスという抽象のための機能を持っています。この機能は抽象化と拡張性に優れた仕組みを提供してくれます（第3章参照）。ここでは型クラスがもたらす拡張性について、以下二点から説明します。

- インスタンス宣言の独立性による型クラスと型の対応の簡単さ
- mtlパッケージによるモナドの抽象化

6.4.1 インスタンス宣言の独立

型宣言と型クラス宣言は独立しているため、別個に行えます。さらにインスタンス宣言も独立しています。定義が散らばって不便なように感じるかもしれませんが、この独立が大きな拡張性をもたらしています。

Eq、Ordクラスを例に考えてみましょう。baseパッケージ（第7章参照）で提供されている基本的な型クラスです。Eqは等価比較のための(==)、(/=)を提供し、Ordは大小比較のための演算子(<)、(<=)等を提供します。

```
class  Eq a  where
    (==), (/=)            :: a -> a -> Bool

    x /= y                = not (x == y)
    x == y                = not (x /= y)

class  (Eq a) => Ord a  where
    compare               :: a -> a -> Ordering
    (<), (<=), (>), (>=) :: a -> a -> Bool
    max, min              :: a -> a -> a

    compare x y = if x == y then EQ
                  else if x <= y then LT
                  else GT

    x <  y = case compare x y of { LT -> True;  _ -> False }
    x <= y = case compare x y of { GT -> False; _ -> True }
    x >  y = case compare x y of { GT -> True;  _ -> False }
    x >= y = case compare x y of { LT -> False; _ -> True }

    max x y = if x <= y then y else x
    min x y = if x <= y then x else y
```

223

これらのインスタンスとなる**Paper**型をつくります。論文IDで等価性を判断し、エルデシュ数（Erdős number）[13]によって大小を比較する論文を表す型です。

```
module MyModule where

data Paper = Paper
  { paperId :: String
  , title :: String
  , author :: String
  , erdosNumber :: Int
  }
  deriving Show

-- インスタンスとしてのPaperの実装
instance Eq Paper where
  p1 == p2 = paperId p1 == paperId p2

instance Ord Paper where
  p1 <= p2 = erdosNumber p1 <= erdosNumber p2
```

instance以降はそれぞれ、**Eq**型クラスと**Ord**型クラスのインスタンスである**Paper**が**==**や**<=**をどう実装するかを示しています。注目すべきは、**instance**宣言がbaseパッケージの外側で可能なことです。これによって自作の型クラスと他パッケージで提供している型のインスタンスを作れます。

```
class Triple a where
  triple :: a -> a

instance Triple Int where
  triple n = n * 3

instance Triple String where
  triple s = s ++ s ++ s
```

instance宣言の独立は、外部のパッケージを扱う際に重要となります。パッケージで型クラスを提供しユーザが自前の型に対してインスタンス宣言をする、もしくはライブラリで型を提供しユーザが自前の型クラスで型インスタンスを宣言することが可能です[14]。型クラスと型の関係を柔軟に拡張できます。実践的な開発でも、型クラスと型の関係を柔軟に取り扱ってある関数を使えるようにしたり、引数にできるようにしたりといった拡張を頻繁に行います。

---

[13] 科学論文で好まれる、ある種のジョークのような数値。ここではőがASCII範囲外で入力も手間なのでerdosとします。

[14] 型と型クラスをそれぞれ別々のパッケージから持ってきたインスタンス宣言はOrphanInstancesと呼ばれ、あまり好ましくありません。もし型Tと型クラスCに対してインスタンスI1、I2がスコープ上に存在する場合、GHCはインスタンスのどちらを用いればいいか決定できず、エラーを返すためです。このような複数インスタンス問題はOrphanInstancesを定義しなければ常に回避できます。

型クラスと拡張性 **6.4**

Column

Haskell以外の言語の拡張性の問題点

　継承やインタフェースを提供する静的型付きのクラス指向言語では、既存のクラス自身の拡張はあまり提供されていません。クラス指向の言語では、既存のクラスを拡張するには多くは継承を用いて、クラスに機能を増やしていきます。

　しかし、継承は多重継承にさまざまな問題があります[*15]。そのため単一継承が好まれるようになりましたが、これだけでは抽象機能として用いるには制約が大き過ぎます。他にもいくつか拡張性を高める機能はありますが、それらを実際採用するのは難ありです[*16]。

　動的型付き言語では既存のクラスの拡張を提供していることがあります。これは便利ですが、言語としては使用時の安全性や保守性を放棄して、ユーザに押し付けてしまっています。静的型付言語で実行時リフレクションを用いる状況に似ています。型クラスは、型チェックによる安全性と拡張性を手軽さと共に提供している機能です。

6.4.2　特定のモナドインスタンスを抽象化した型クラス

　単純な型クラスと型なら先ほどのように instance の定義で簡単に対応付けられそうです。しかし、ある程度複雑になると難しくなります。あるモナドのインスタンス（型）を型クラスとして抽象化し、別のモナドのインスタンスを、先述の型クラスのインスタンスにもするといった複雑な対応関係はどう実装すればいいのでしょうか。

　ここではモナドインスタンスの機能を抽象化するメリットと、モナドと型クラスを対応させる方法を説明します。

■──── モナドインスタンスを直接扱えないケース

　モナドインスタンスを直接扱わず、抽象化するメリットは何でしょうか。Reader r モナド（Reader 型クラス）で確かめます。

```
import Control.Monad.Trans.Reader

newtype Name = Name String
newtype Path = Path String
data DefaultValues = DefaultValues
  { defaultName :: Name
  , defaultPath :: Path
  }
```

*15　ダイヤモンド継承問題などを背景に、単一継承のみ許す言語が多数です。

*16　実行時リフレクションによる拡張は安全性放棄につながり、メタプログラミングで拡張するには大掛かりで制約も多くなります。

225

```
getDefaultName :: Reader DefaultValues Name
getDefaultName = asks defaultName

getDefaultPath :: Reader DefaultValues Path
getDefaultPath = asks defaultPath
```

　Readerの読み込む値にデフォルト値を設定しておき、getDefaultName、getDefaultPath
でそれぞれ取り出せるようにしています。当たり前のようですがこのコードはReader Default
Valuesモナドにしか使えません。他のモナド、あるいは自作のモナドで使えるように、もう少
し抽象度の高いコードとして実装したいところです。

　このようなケースではモナド変換子（5.8参照）を用いる方法はとれません。モナド変換子は複
数の型コンストラクタを組み合わせて具体的なモナドインスタンスを作る方法を提供てくれます
が、ここでの目的はaskやasksといったReaderモナドのメソッドを、複数のモナドインスタ
ンスで使えるようにすることです。

　今回のケースでは、Reader型の機能を取り出して抽象化した型クラスがあり、その型クラス
のインスタンスがask関数を実装していれば課題解決です。transformersパッケージには、
その問題を解決する方法が用意されていません。mtlというまた別のパッケージを導入して解決
します。

■――― mtlパッケージによる抽象化

　これらのコードはmtlパッケージのMonadReaderクラスを用いて抽象化します。Reader r
モナドを指定する代わりに、MonadReaderによる型制約で「Readerモナドと同じ機能（ask）
を提供するなんらかのモナド」を型に指定します。

　ここでmは「Readerモナドと同じ機能（ask）を持ちつつ、ReadOnlyの値にDefaultValues
を持つモナド」を意味しています[17]。具体的にモナドmが何になるのかはこれらの関数が呼び出
される箇所で決定します。MonadReaderを使うことで、他のモナドインスタンス（ここでは
MyApp）でもgetDefaultPath等の関数を使えるようになります[18]。

```
{-# LANGUAGE FlexibleContexts, GeneralizedNewtypeDeriving #-}
import Control.Monad.Reader -- stack ghci --package mtl

-- newtype、dataの定義は前に同じ

getDefaultName :: MonadReader DefaultValues m => m Name -- MonadReaderの型制約
```

....

[17]　この関数の定義には言語拡張FlexibleContextsを有効にする必要があります。

[18]　GHCでは言語拡張GeneralizedNewtypeDerivingを用いることで、newtypeで生成した型に対して元の型が対象となるイン
スタンスと同等のインスタンスをderivingで導出が可能です。モナド変換子の組み合わせからなるモナドをつくる場合はこれで
Monadインスタンスを生成すると簡単です。ここではMonadReaderの型クラスインスタンスも導出しています。

型クラスと拡張性 **6.4**

```
getDefaultName = asks defaultName

getDefaultPath :: MonadReader DefaultValues m => m Path
getDefaultPath = asks defaultPath

newtype MyApp a = MyApp { unMyApp :: ReaderT DefaultValues IO a }
    deriving (Functor, Applicative, Monad, MonadReader DefaultValues)

runMyApp :: DefaultValues -> MyApp a -> IO a
runMyApp def app = runReaderT (unMyApp app) def
```

Monadのサブクラス

MonadReaderの定義を確認します。

```
class Monad m => MonadReader r m | m -> r where
    -- | Retrieves the monad environment.
    ask   :: m r
    ask = reader id

    -- | Executes a computation in a modified environment.
    local :: (r -> r) -- ^ The function to modify the environment.
          -> m a      -- ^ @Reader@ to run in the modified environment.
          -> m a

    -- | Retrieves a function of the current environment.
    reader :: (r -> a) -- ^ The selector function to apply to the environment.
           -> m a
    reader f = do
      r <- ask
      return (f r)
```

MonadReader型クラスはMonadがスーパークラスで、ReadOnlyの型rとモナドの型mに対して定義します。MonadReaderのように型クラスが複数の型（rとm）を対象にとることは、GHC拡張のMultiParamTypeClassesを有効にしているときのみ可能です。

| m -> rは型変数mとrの関係性に制約を追加するものです。こちらもGHC拡張のFunctionalDependenciesを有効にする必要があります。ここでは「mを決めるとrは一意に決定されなければならない」という制約を表しています。つまりMonadReaderは変数が2つあるように見えますが、実際のインスタンス変数はm1つのみで、rはmに依存して決定されるべき、ということです。これに違反したインスタンスを定義した場合はコンパイルエラーとなります。

mtlはinstanceに比べると複雑で、この解説だけで使いこなすのは難しいかもしれません。ここで重要なのは、Haskellの型・型クラスの柔軟さと拡張性の高さです。mtlでは主要なモナドの型クラスが一通り提供されています。実践的に使うためには一度目を通しておくといいでしょう。

第6章 関数型プログラミング

Column

FunctionalDependencies による制約

　先ほど使った Functionaldependencies は GHC 拡張の1つです。コードを見ながら使い方を確認しましょう。

```
{-# LANGUAGE MultiParamTypeClasses, FunctionalDependencies #-}
module FundepExample where

class C a b | a -> b
instance C Int Bool
instance C Char ()
```

　型クラス C には | a -> b という制約がついており、instance は Int に対して Bool、Char に対して ( ) 一意に決定できる状況なので問題ありません。しかし次のコードはエラーとなります。Int に対して Bool と Double の複数のインスタンスが存在しており、a に対する b の存在が一意に決まらないからです。これが FunctionalDependencies による制約です。

```
{-# LANGUAGE MultiParamTypeClasses, FunctionalDependencies #-}
module FundepExample where

class C a b | a -> b
instance C Int Bool
instance C Int Double
instance C Char ()
```

```
src/fundep.hs:6:10: error:
    Functional dependencies conflict between instance declarations:
        instance C Int Bool -- Defined at src/fundep.hs:6:10
        instance C Int Double -- Defined at src/fundep.hs:7:10
```

第7章
ライブラリ

第**7**章　ライブラリ

　これまで、Haskellの基本的な機能や使い方、ファンクタ（Functor）やモナドといった高度な概念、関数型プログラミングの考え方などを解説してきました。

　これで読者の皆さんは、Haskellを用いてあらゆるプログラムを書けます。

　しかし、開発したいプログラムのすべてを一から構築していくのは賢明ではありません。もし、必要な道具がすでに用意されているのであれば、それを使うべきです。

　Hackageデータベースには、世界中のHaskellプログラマが開発している多くのライブラリが登録されています。本章ではその中でもよく使われるライブラリについて紹介します。

7.1　標準ライブラリ

　Haskell 2010 Language Reportは、言語仕様だけではなくごく基本的なモジュールについても定義しています。

　GHCではこれらのモジュールの1つを除きすべてを、baseという名前のパッケージで提供しています。baseパッケージはGHCと一緒にインストールされます。唯一の例外がData.Arrayです。Data.Arrayのみarrayパッケージが提供します。ただし、こちらもGHCに同梱されています。ここでは標準ライブラリを確認していきます。

7.1.1　Prelude

　すでに何度か登場している、PreludeモジュールはHaskellにおいて暗黙的にインポートされているモジュールです。このモジュールで定義されている識別子はモジュールをインポートせずに参照できます。そういった意味で、Preludeに定義されている関数はHaskellの組み込み関数と言えます。Preludeに定義されている主な識別子をまとめておきましょう。

種類	識別子
基本となるデータ型	Bool Integer Double Char String [] など
基本となる型クラスとそのメソッド（第3章）	read、show、四則演算子 + - * / div 、比較演算子 == > < など
関数操作	id const . など
リスト操作	head tail map foldr
I/O アクション	putStrLn や readFile など

7.1.2　Data.Bits

　ビット演算のための関数はData.Bitsモジュールが提供しています。HaskellにおいてはBits型クラスのインスタンスがビット演算可能な型として定義されており、Int型やWord型などが所属しています。

230

Bits型クラスでは、ビットが立っているかを判定するtestBit、ビットを立てるsetBit、ビットを落とすclearBitなどのメソッドが用意されています。操作するビットは下位側から指定し、最下位のビットは0です。ビット単位でのANDは.&.、ORは.|.、XORはxorを使います。

```
Prelude> import Data.Bits
Prelude Data.Bits> b = 0x05 :: Word -- 0x05 : 0000 0101
Prelude Data.Bits> testBit b 0
True
Prelude Data.Bits> testBit b 1
False
Prelude Data.Bits> testBit b 2
True
Prelude Data.Bits> testBit b 3
False
Prelude Data.Bits> clearBit b 2 -- 0x01 : 0000 0001
1
Prelude Data.Bits> setBit b 1 -- 0x07 : 0000 0111
7
Prelude Data.Bits> -- 0x05 : 0000 0101 0x03 : 0000 0011でビット演算
Prelude Data.Bits> 0x05 .&. 0x03 -- 0x01 : 0000 0001
1
Prelude Data.Bits> 0x05 .|. 0x03 -- 0x07 : 0000 0111
7
Prelude Data.Bits> 0x05 `xor` 0x03 -- 0x06 : 0000 0110
6
```

ビットシフトはshiftRやshiftLなどで行います。正の値をshiftRすると最上位のビットは0ですが、負の値をshiftRすると最上位のビットは1になります。

```
ghci> import Data.Bits
ghci> import Data.Int -- 桁あふれ用の型のため
ghci> import Data.Word
ghci> u8 =  151 :: Word8 -- 0x95 :: 1001 0111
ghci> s8 = -105 :: Int8  -- 0x95 :: 1001 0111
ghci> shiftL u8 1 -- 0x2E :: 0010 1110
46
ghci> shiftL s8 1 -- 0x2E :: 0010 1110
46
ghci> shiftR u8 1 -- 0x4B :: 0100 1011
75
ghci> shiftR s8 1 -- 0xCB :: 1100 1011
-53
```

Char型はBits型クラスのインスタンスではないため、C言語などとは違いビット演算の対象にはできません。

```
Prelude Data.Bits> testBit 'a' 1 -- エラー
```

第**7**章　ライブラリ

7.1.3　Data.Char

Data.Charは文字に関する関数を提供するモジュールです。String型は[Char]です。このモジュールが提供する関数をリスト操作をする関数と組み合わせることで文字列を扱います[*1]。

文字の種類を判定するには、isから始まる名前を持つ関数を使います。generalCategory関数で、文字がUnicodeのどの一般カテゴリに属するかを調べられます。

```
Prelude> import Data.Char
Prelude Data.Char> isUpper 'a'
False
Prelude Data.Char> isUpper 'A'
True
Prelude Data.Char> isDigit '0'
True
Prelude Data.Char> isDigit 'A'
False
Prelude Data.Char> isHexDigit '0'
True
Prelude Data.Char> isHexDigit 'A'
True
Prelude Data.Char> isAscii 'A'
True
Prelude Data.Char> isAscii '柊'
False
Prelude Data.Char> generalCategory 'A'
UppercaseLetter
Prelude Data.Char> generalCategory '柊'
OtherLetter
Prelude Data.Char> generalCategory ' '
Space
Prelude Data.Char> generalCategory '$'
CurrencySymbol
```

toUpperは文字を大文字に、toLowerは小文字にします。digitToIntとintToDigitは16進数の数値一桁を表す文字とInt型を互いに変換します。

```
Prelude Data.Char> toUpper 'a'
'A'
Prelude Data.Char> toLower 'A'
'a'
Prelude Data.Char> putStrLn . return $ toLower 'Ａ' -- 全角文字
ａ
Prelude Data.Char> digitToInt '9'
```

....

[*1]　後述するtext、bytestringなどのパッケージが提供する文字列型やバイト列型には専用の文字列操作関数が用意されており、リストによる文字列表現であるString型よりも効率よく文字列を操作できます。

標準ライブラリ **7.1**

```
9
Prelude Data.Char> digitToInt 'A'
10
Prelude Data.Char> digitToInt 'Z'
*** Exception: Char.digitToInt: not a digit 'Z'
Prelude Data.Char> intToDigit 9
'9'
Prelude Data.Char> intToDigit 15
'f'
Prelude Data.Char> intToDigit 16
*** Exception: Char.intToDigit: not a digit 16
```

　Unicodeコードポイントを得るにはord関数を、コードポイントに該当する文字を得るには
chr関数を使います。ただし、PreludeモジュールにおいてCharはEnum型クラスのインスタ
ンス（3.8参照）として定義されています。そのため、fromEnumとtoEnumを使っても同じ結果
が得られます。

```
Prelude Data.Char> ord ' '
32
Prelude Data.Char> ord 'あ'
12354
Prelude Data.Char> chr 64
'@'
```

```
Prelude> fromEnum ' '
32
Prelude> fromEnum 'あ'
12354
Prelude> toEnum 64 :: Char
'@'
```

7.1.4　Data.List

　[a] 型に関する関数が定義されたモジュールです。このモジュールのほとんどの関数は
Preludeモジュールにも含まれています。Preludeへ公開されていない関数をいくつか紹介し
ます。

　group関数はリスト中に等しい要素が並んでいる場合に、それをまとめてグループ化します。
partition関数は与えた条件式pを満たすものと満たさないものにリストを分割します。nub
はリストから重複する要素を除き、重複のないリストを作ります。intersperseはリストの各
要素間に要素を挿入する関数です。

233

第**7**章 ライブラリ

```
Prelude> import Data.List
Prelude Data.List> group [3, 3, 5, 3, 3, 3, 1, 1]
[[3,3],[5],[3,3,3],[1,1]]
Prelude Data.List> partition odd [1, 3, 2, 4, 13]
([1,3,13],[2,4])
Prelude Data.List> nub [3, 3, 5, 3, 3, 1, 1, 1, 1]
[3,5,1]
Prelude Data.List> intersperse 0 [1, 2, 3]
[1,0,2,0,3]
```

intercalateはリストを間に挟んで複数のリストを結合する関数で、intersperseを用いてintercalate xs xss = concat (intersperse xs xss)と定義されます。この関数は特に、[Char]型の文字列に利用すると便利です。

```
Prelude Data.List> intercalate [0, 0] [[1, 2, 3], [2, 3], [4, 5]]
[1,2,3,0,0,2,3,0,0,4,5]
Prelude Data.List> intercalate ", " ["abc", "bc", "de"]
"abc, bc, de"
```

Data.Listには他にも文字列に対して使うと便利な関数が多数含まれています。isPrefixOf、isInfixOf、isSuffixOfは、文字列の先頭、真ん中、末尾に、期待した文字列があるかどうかを判定します。findIndex関数は、条件を満たす要素がはじめて登場する位置を返します。

```
Prelude Data.List> "cde" `isPrefixOf` "abcde"
False
Prelude Data.List> "cde" `isSuffixOf` "abcde"
True
Prelude Data.List> "cde" `isInfixOf` "abcde"
True
Prelude Data.List> "bcd" `isPrefixOf` "abcde"
False
Prelude Data.List> "bcd" `isSuffixOf` "abcde"
False
Prelude Data.List> "bcd" `isInfixOf` "abcde"
True
Prelude Data.List> findIndex (== 'c') "abcde"
Just 2
```

7.1.5　Data.Array

イミュータブルな配列を提供します。Data.Arrayによる配列はリストとは違い、添字によって各要素へ高速にアクセスできます[2]。

---

[2] Data.ArrayはHaskell 2010 Language Reportで定義された標準ライブラリですが、GHCではbaseではなくarrayパッケージが提供します。

listArrayは、第一引数で指定された上限と下限を持つ配列を、第二引数のリストから生成する関数です。生成された配列をshowによってシリアライズをすると、添字の上限下限と、添字と要素のタプルを列挙したリストの形式で表現されます。配列の要素にアクセスするには!演算子を用います。リストと混同しないように注意しましょう。

```
Prelude> import Data.Array
Prelude Data.Array> arr = listArray (0, 5) ['a'..]
Prelude Data.Array> arr
array (0,5) [(0,'a'),(1,'b'),(2,'c'),(3,'d'),(4,'e'),(5,'f')]
Prelude Data.Array> arr ! 3
'd'
```

//により、特定の添字を指定した値に置き換えた新たな配列を作れます。ただし、Data.Arrayが提供する配列はイミュータブルなので、既存の配列の値を書き換えるわけではありません。コピーして新規に作成します。そのため//を使った配列の変更は速くありません[*3]。

```
Prelude Data.Array> arr' = arr // [(5, 'Z'), (1, 'X')]
Prelude Data.Array> arr'
array (0,5) [(0,'a'),(1,'X'),(2,'c'),(3,'d'),(4,'e'),(5,'Z')]
Prelude Data.Array> arr
array (0,5) [(0,'a'),(1,'b'),(2,'c'),(3,'d'),(4,'e'),(5,'f')]
```

Array i型はFunctor型クラスのインスタンスになっているため、fmapによって関数を各要素へ適用できます。リスト操作のように柔軟に値を使える、使い勝手の良さがあります。

```
ghci> import Data.Array -- 配列を作っておく
ghci> import Data.Char
ghci> fmap isUpper arr'
array (0,5) [(0,False),(1,True),(2,False),(3,False),(4,False),(5,True)]
```

配列の添字に使えるのは、Intだけではありません。Ix型クラスに属する型であれば添字にできます。例えば(Int, Int)を用いると2次元配列を表現できます。

```
Prelude Data.Array> arr2d = listArray ((0, 0), (2, 2)) [1..]
Prelude Data.Array> arr2d ! (0, 0)
1
Prelude Data.Array> arr2d ! (1, 2)
6
Prelude Data.Array> arr2d ! (2, 2)
9
```

[*3] ミュータブルな配列は5.8.2で述べるData.Array.STモジュールやData.Array.IOに定義されています。

第**7**章 ライブラリ

arrayパッケージでは標準ライブラリとして定義された`Data.Array`の他に、`Data.Array.IO`や`Data.Array.ST`といったミュータブルな配列を提供するモジュールも含んでいます。実際はさらに効率がいいパッケージである`vector`（7.4参照）を使うことが多いです。

7.1.6　その他のHaskell標準ライブラリ

これら以外にも、言語仕様に定義された標準ライブラリがあります。以下にモジュールの一覧を掲載しますが、詳細は、Haskell 2010 Language Report を参照してください。

モジュール名	パッケージ	解説
Control.Monad	base	モナドを扱うための型や関数
Data.Array	array	効率的に要素へアクセス可能な配列
Data.Bits	base	符号付き・符号無し整数のビット演算
Data.Char	base	文字を扱うための型や関数
Data.Complex	base	複素数を扱うための型や関数
Data.Int	base	さまざまなサイズの符号付き整数
Data.Ix	base	範囲指定と整数を対応付ける（配列などで利用）
Data.List	base	リストを扱うための型や関数
Data.Maybe	base	空かもしれない値を扱うための型や関数
Data.Ratio	base	分数を扱うための型や関数
Data.Word	base	さまざまなサイズの符号無し整数
Foreign	base	他の言語とのインタフェース
Numeric	base	数値型と文字列の変換など
System.Environment	base	環境変数など、システムの情報
System.Exit	base	アプリケーションの終了コードを扱うための型と関数
System.IO	base	IO モナドと基本的なI/Oアクション
System.IO.Error	base	I/Oアクションにおける例外処理

7.2 GHCに付属するライブラリ

GHCには言語仕様が定めるライブラリ以外にも、標準で付属しているライブラリがあります。次のパッケージは仕様にはなく実装側のGHCが独自に追加したものです。

- 開発に便利な主だったデータ構造を提供する`containers`
- 時間を扱うための`time`
- `String`型よりも効率よくバイト列を扱うための`bytestring`
- モナド変換子を定義した`transformers`

GHCに付属するライブラリ **7.2**

　GHCに付属するパッケージは他にも多数あります。本書ではそのうちごく一部を紹介します。すべてのライブラリを知りたいときは、GHCのドキュメントのライブラリ一覧[*4]を参照してください。

7.2.1　Data.Map.Strict

　`Data.Map.Strict`は`containers`パッケージによって提供されるモジュールで、イミュータブルな辞書型を提供します。**Data.Map**には`Lazy`と`Strict`がありますが、スペースリークを防ぐためにも値を正格に扱う`Strict`モジュールを使います[*5]。

　辞書を作るには、`fromList`を使うと簡単です。キーと値のタプルをリストにしたものから、辞書を作ります。辞書から値を取り出すには`lookup`を使います。返り値は**Maybe**型であり、キーがない場合には**Nothing**を返します。

```
Prelude> import qualified Data.Map.Strict as Map
Prelude Map> m = Map.fromList [("k1", "v1"), ("k2", "v2")]
Prelude Map> Map.lookup "k1" m
Just "v1"
Prelude Map> Map.lookup "k3" m
Nothing
```

　`keys`と`elems`でそれぞれ、キーと値をリストで取り出せます。また、`assocs`は辞書をキーと値のタプルのリストの形式にします。キーがあるかどうかを確認するには、`member`と`notMember`を使います。

```
Prelude Map> Map.keys m
["k1","k2"]
Prelude Map> Map.elems m
["v1","v2"]
Prelude Map> Map.assocs m
[("k1","v1"),("k2","v2")]
Prelude Map> Map.member "k1" m
True
Prelude Map> Map.member "k3" m
False
Prelude Map> Map.notMember "k3" m
True
```

[*4]　https://downloads.haskell.org/~ghc/latest/docs/html/libraries/index.html
[*5]　キーは格納場所を計算する都合で常に正格に扱われます。

第7章 ライブラリ

insertで値の登録、deleteで削除、updateで更新を行います*6。辞書はイミュータブルであるため、これらの操作を行っても元のmは変化しません。

```
Prelude Map> Map.insert "k4" "v4" m
fromList [("k1","v1"),("k2","v2"),("k4","v4")]
Prelude Map> Map.delete "k1" m
fromList [("k2","v2")]
Prelude Map> Map.update (\v -> Just $ ('-' : v)) "k2" m
fromList [("k1","v1"),("k2","-v2")]
Prelude Map> Map.update (const Nothing) "k1" m
fromList [("k2","v2")]
Prelude Map> m
fromList [("k1","v1"),("k2","v2")]
```

辞書はFunctorやFoldableのインスタンスなので、リストと同様にfmapやfoldrが使えます。

```
Prelude Map> fmap length m
fromList [("k1",2),("k2",2)]
Prelude Map> foldr (++) "" m
"v1v2"
```

7.2.2　Data.Set

containersパッケージが提供する有用なモジュールとしてもう1つ、Data.Setを取り上げておきます。これは集合とその演算を提供するモジュールです。Data.Setが備える関数の多くは、Data.Map.Strictと同じ名前を持っています。そのため、どちらか片方を使いこなせれば、もう片方のモジュールも比較的容易に使いこなせます。fromListにリストを渡すと、それらを要素に含んだ集合を生成できます。

Data.Setは重複する要素を保持できません。1つにまとめられます。member、notMember、insert、delete、elems関数は辞書のときと同じ感覚で使えます。

```
Prelude> import qualified Data.Set as Set
Prelude Set> s = Set.fromList [1, 2, 1, 3]
Prelude Set> s
fromList [1,2,3]
Prelude Set> Set.member 1 s
True
Prelude Set> Set.notMember 1 s
False
```

---

*6　第一引数に値を更新するための関数を、第二引数には更新したいキーを指定します。第一引数に渡すのはMaybe v型を返す関数で、Nothingを返すとキーを削除できます。

効率的な文字列操作 — ByteString・Text **7.3**

```
Prelude Set> Set.insert 4 s
fromList [1,2,3,4]
Prelude Set> Set.delete 2 s
fromList [1,3]
Prelude Set> Set.elems s
[1,2,3]
```

Foldableのインスタンスであることも辞書と同様です。ただし、fmapメソッドが実装できない[7]ためFunctorのインスタンスではありません。Data.Setモジュールにmap関数が含まれているので、そちらを使いましょう。

```
Prelude Set> foldr (*) 1 s
6
Prelude Set> :t Set.map
Set.map :: Ord b => (a -> b) -> Set.Set a -> Set.Set b
Prelude Set> Set.map odd s
fromList [False,True]
```

7.3 効率的な文字列操作 — ByteString・Text

String型は[Char]の別名、つまり、ただの文字型のリストです。Stringの仕組みは素朴で扱いやすいですが、一文字ずつ取り出すため走査が遅いです。ランダムアクセスしたい場合にわざわざ文字列の先頭から、目的の場所まで文字をたぐりよせなくてはいけないため、そのような操作を頻繁に行うような処理ならきわめて遅くなってしまいます。ちょっとした文字列操作でならともかく、ある程度以上大きな文字列に対して複雑な処理を行うときには見逃せません。

このような事態を防ぐため、文字列を効率よく高速に扱うことのできる型があります。それがByteStringとTextです。

7.3.1 ByteStringの利用

ByteStringの内部表現はただのバイト列です。第4章でバイナリデータを操作するために用いました。ByteStringによって、UTF-8のバイト列を直接扱うようなケースで高速に処理できます。基本的な処理は4.3も参照してください。

ByteStringは高速ではありますが、Data.ByteString（Data.ByteString.Char8）では0から255までのコードポイントを持つUnicode文字しか扱えません。範囲外の文字、例えば日本語を扱うときはTextを使います。

----

[7]　Setは二分木として実装されているため、内部状態が正しいSetを作るにはData.Setモジュールのmap関数のようにOrd型制約が必要です。しかし、Functor型クラスのfmapメソッドにはOrd型制約はありません。

239

第7章 ライブラリ

■——— 文字列からの変換

文字列を使うために、そのたびにバイトのリストから変換するというのは現実的ではありません。`OverloadedStrings`言語拡張を使えば、通常の文字列リテラルから`ByteString`型の文字列を作成できます。

```
{-# LANGUAGE OverloadedStrings #-}
import Data.ByteString.Char8

cat :: ByteString
cat = "Meow!"

dog :: ByteString
dog = "Bowwow!"
```

7.3.2　Textの利用

Unicode文字を高速に処理したり、巨大なUnicode文字列を処理するのに適したデータ型として、`text`パッケージの`Data.Text`モジュールがあります。`Data.Text`も`Data.ByteString`と同様、`Prelude`と同名の関数がいくつも定義されているため、`as`キーワードを付けて宣言し、明示的に呼び出すべきです。

他にも`ByteString`とは共通点が多く、`OverloadedStrings`言語拡張によって文字列リテラルで`Text`型の文字列作成ができます。さらに`pack`関数と`unpack`関数を使った文字列からの変換もできます。

パッケージをインストールして利用します。以後も適宜インストールしてください。

```
$ stack ghci --package text # GHCのデフォルトにはない
```

```
ghci> :set -XOverLoadedStrings
ghci> import qualified Data.Text as T
ghci> simon :: Text
ghci> simon = "Many Simons."
ghci> :t T.pack
T.pack :: String -> T.Text
ghci> :t T.unpack
T.unpack :: T.Text -> String
```

`Data.Text.Encoding`モジュールには、`Text`型の文字列を`ByteString`間のエンコード、デコードに役立つ関数が定義されます。

```
ghci>import Data.Text.Encoding
ghci>:t decodeUtf8
decodeUtf8 :: B.ByteString -> T.Text
ghci>:t encodeUtf8
encodeUtf8 :: T.Text -> B.ByteString
```

　Data.Textで定義されているText型は正格なデータ構造であり、生成時に全てメモリに載ります。Data.Text.Lazyモジュールで提供されているText型では正格なTextのチャンクを用いた遅延リスト構造をしています。そのため、メモリに乗り切らないような大きいデータを扱えます。

文字列の高度な操作

　ByteString型を扱うためのさまざまな関数が、Data.ByteStringモジュールに定義されています。これらの関数の多くは、Preludeで定義されているリストを操作する関数と同じ名前で定義されています。

　同様に、Text型を扱うためのさまざまな関数がData.Textで定義されています。これらを用いるとPreludeでリストやStringを操作するのと同じように操作できます。ただし、Text型でファイル操作を行いたい場合は、Data.Text.IOパッケージをimportする必要があります。

　次の表はbytestringパッケージ、textパッケージともに提供している関数の一部です。

関数名	textパッケージ	解説
append	Data.Text	2つの文字列を結合します
head	Data.Text	最初の1文字を取り出します
tail	Data.Text	最初の1文字を落とし、残った文字列を返します
length	Data.Text	文字列の長さを返します
map	Data.Text	文字列のすべての文字に関数を適用します
foldl、foldr	Data.Text	文字列を関数で畳み込みます
concat	Data.Text	文字列のリストのすべての要素を結合します
getLine	Data.Text.IO	標準入力から一行分のデータを取得します
putStrLn	Data.Text.IO	標準出力に文字列を出力します
readFile	Data.Text.IO	ファイルから文字列を取得します
writeFile	Data.Text.IO	ファイルに文字列を書き込みます
appendFile	Data.Text.IO	ファイルの末尾に文字列を追加します

第**7**章 ライブラリ

7.4 高速にランダムアクセス可能な配列 — vector

値の列を操作する時、簡単な処理であればリストを使えばいいですが、ある程度複雑になるとパフォーマンス上の課題が生まれてしまいます[8]。速度を考えると**Data.Array**モジュールは**Array**という型を提供していますが、**Array**は基本的な配列操作と少しの操作しか提供されていません。

Vectorは**Array**のような高速なランダムアクセス操作に加え、リストのような**map**、**filter**、**fold**など多彩な操作をループ最適化による高パフォーマンスと共に提供している型です。実際に使って利点をつかみましょう。

7.4.1 Vectorの基本

Data.Vectorモジュールは、**vector**パッケージで提供されています。**stack ghci --package vector**で試します。**Prelude**で定義されている関数と同名の関数が定義されているため、**qualified**キーワードと共に明示的な名前を付けて**import**します（7.3参照）。

簡単な配列を作って操作してみましょう。**fromList**でリストから配列に変換します。**!**演算子で配列にランダムアクセスできます。しかし、この演算子は範囲外の要素を指定した場合例外を投げます。**Maybe**型を返す**!?**演算子を使いましょう。

```
ghci> import qualified Data.Vector as V
ghci> let animals = V.fromList ["Dog", "Pig", "Cat", "Fox", "Mouse", "Cow", "Horse"]
ghci> animals V.! 3
"Fox"
ghci> animals V.! 999 -- インデックスが範囲外なのでエラー
"*** Exception: ./Data/Vector/Generic.hs:249 ((!)): index out of bounds (999,7)
ghci> animals V.!? 5
Just "Cow"
ghci> animals V.!? 999 -- Nothingが返ってくるので安全
Nothing
```

リストを使ってある要素へアクセスするには、リストの先頭からその要素まで再帰的にたどっていかなくてはいけません。対して、**Vector**型は任意の要素に一定時間でアクセスできます[9]。

....

[8] Haskellのリストはコンス（:）で再帰的に定義された構造なので、ランダムアクセスを行う処理には適していません。

[9] 参考までに、筆者の環境で計測した所、100000要素のリストの、最後の要素に**!!**演算子でアクセスする処理は約400マイクロ秒かかるのに対し、100000要素の**Vector**に対しては約8マイクロ秒でした。これが何を意味するかというと、リストは配列のように扱ってはいけないということです。構造を考えれば当然の結果ではありますが、Haskellのリストの表記から、他言語経験がある人は配列と勘違いして使ってしまうことも多いようです。

242

高速にランダムアクセス可能な配列 — vector **7.4**

Vectorはリストと同じような操作を提供しています。**Data.Vector**モジュール内の**map**や**sum**関数などを使うことで、Vector型の値に対してさまざまな処理を行えます。

```
main :: IO ()
main = do
  let animals = V.fromList ["Dog", "Pig", "Cat", "Fox", "Mouse", "Cow", "Horse"]
  -- 配列内のすべての文字列の文字数を数え上げて足す
  print . V.sum . V.map length $ animals
```

実際にどのような関数が定義されているかは、ドキュメントを参考にしてください。**Data. Vector**モジュールで定義されている操作は純粋なので、変更のたびにコピーが作成されます。要素数に応じて処理時間が長くなってしまうので注意してください。

7.4.2 配列に対する破壊的操作

Vectorは要素に変更を加えるたびにコピーを作成するため、繰り返し変更を行うような処理には適しません。純粋な配列処理で済むなら問題ありませんが、パフォーマンスを鑑みると現実的には破壊的変更を行う処理も必要です。

破壊的操作をする配列には、**MVector**を使います。**MVector**は**Data.Vector.Mutable**モジュールに定義されます。**MVector**を使った操作は、手続きプログラミング言語による配列の操作と似ています。

破壊的変更が行える場所は限定したいため、配列が作成できるのは、一部のモナドの上に限られます。具体的には、**PrimMonad**のインスタンス内でのみです。

PrimMonadには派生的なインスタンスが沢山ありますが、基本的には**IO**モナドまたは**ST s**モナド上で使えると覚えてください。

new関数は、指定された要素数の配列を作成します。配列の要素にアクセスしたい場合は**read**関数、配列の要素を書き換えたい場合は**write**関数を使います。

```
import Control.Monad
import qualified Data.Vector.Mutable as VM

main :: IO ()
main = do
  -- 初期化
  animals <- VM.new 5 -- 5 要素の配列を作成
  VM.write animals 0 "Dog"
  VM.write animals 1 "Pig"
  VM.write animals 2 "Cat"
  VM.write animals 3 "Fox"
  VM.write animals 4 "Mouse"
```

第**7**章　ライブラリ

```
-- インデックス 1 と 3 の要素を入れ替える
tmp <- VM.read animals 1
VM.write animals 1 =<< VM.read animals 3
VM.write animals 3 tmp

-- 表示
forM_ [0 .. (VM.length animals - 1)] $ \i -> do
  putStrLn =<< VM.read animals i
```

このプログラムを実行した結果は次のようになります。

```
Dog
Fox
Cat
Pig
Mouse
```

　Data.Vector.Mutableモジュールではこの他にも、すべての要素が同じ値で初期化された配列を作成するreplicate関数や、配列をコピーするclone関数などが定義されています。

---

column

MVectorの型

　高速かつ型安全に配列を扱うために、MVectorはGHCのやや高度な型システムを利用しています。単純にMVectorを使うだけであればそれほど難しいことはありません。しかし、うっかり型の指定を間違えるとエラーメッセージが難解になってしまっています。

```
import qualified Data.Vector.Mutable as VM

main :: IO ()
main = do
  animals <- VM.new 2 -- 2要素の配列を作成
  VM.write animals 0 "Dog"
  VM.write animals 1 "Cat"

  putStrLn $ VM.read animals 1 -- Cat と表示したい
```

　本来は=<<でputStrLnへつながなければいけない部分を、そのまま引数に渡してしまっています。この例をコンパイルすると、次のようなエラーメッセージが表示されます。

```
Work7_3/MVectorError.hs:13:22:
    Couldn't match type 'Char' with '[Char]'
    Expected type: VM.MVector
                      (Control.Monad.Primitive.PrimState []) Char
      Actual type: VM.MVector GHC.Prim.RealWorld [Char]
    In the first argument of 'VM.read', namely 'animals'
    In the second argument of '($)', namely 'VM.read animals 2'
```

244

指定していないはずの`RealWorld`という型が出てきてしまいました。`new`関数の型定義に含まれる`PrimState`という型指定が、特殊な実装になっているためです。

```
new :: PrimMonad m => Int -> m (MVector (PrimState m) a)
```

`PrimState`は一見普通の型コンストラクタのようですが、型を返す関数のように機能します。`IO`型を受け取ると`RealWorld`という型を返し、`ST　s`という型が指定されるとそのまま`s`が返されます[*10]。`MVector`は主に`IO`または`ST`モナド上で使うため、それぞれのモナド上で扱うための次の型が定義されています。`MVector　RealWorld`という型定義は直感的では無いので、型を明示したい場合はこちらの型定義を使います。

```
type IOVector = MVector RealWorld
type STVector s = MVector s
```

7.4.3　VectorとMVectorの変換

　配列を使った実際のプログラミングでは、配列に対する純粋な操作と非純粋な操作を組み合わせたいこともあります。`Data.Vector`モジュールにある`freeze`関数や`thaw`関数で、破壊的変更が可能な`MVector`型と純粋な計算を行う`Vector`型を相互に変換できます。

```
freeze :: PrimMonad m => MVector (PrimState m) a -> m (Vector a)
thaw :: PrimMonad m => Vector a -> m (MVector (PrimState m) a)
```

　次の例は、`fromList`関数を使って作成した`Vector`型の値を`thaw`関数で`MVector`に変換し、出力する直前に`freeze`関数を用いて`Vector`に戻しています。

```
import Control.Monad
import qualified Data.Vector as V
import qualified Data.Vector.Mutable as VM

main :: IO ()
main = do
  as <- V.thaw animals
  VM.write as 3 "Wolf" -- Fox を Wolf に書き換える
  print =<< V.freeze as

animals :: V.Vector String
animals = V.fromList ["Dog", "Pig", "Cat", "Fox", "Mouse", "Cow", "Horse"]
```

```
fromList ["Dog","Pig","Cat","Wolf","Mouse","Cow","Horse"]
```

[*10] 興味のある方は`PrimState`がどのような実装になっているかHackageから追ってみてもいいかもしれません。ひとまずはIO上で`MVector`を使うときは`MVector RealWorld`という型になると理解してください。

第**7**章　ライブラリ

> **column**
>
> ## Unboxed な Vector を使う
>
> 　配列で扱いたい型がプリミティブな型に限定されているのであれば、`Data.Vector.`
> `Unboxed`モジュールを使うことによってさらなる高速化が望めます。これらのモジュールで提供さ
> れている`Vector`の基本的な使い方は、これまで説明してきた`Vector`と特に違いありませんが、
> 使える型が限定されています。大抵は`Vector`型で十分なパフォーマンスを得られるため、本書で
> はこれ以上詳しいことは解説しません。必要に応じてHaddockドキュメントを参照してください。
> アルゴリズムに十分な最適化を行っても必要な速度を得られないような場合は、採用を検討できます。

7.5 高速なパーサ ― attoparsec

　優れたライブラリに支えられ、Haskellのパーサは強力です。

　古くから、構文解析器（パーサ）を作成するプログラムにはさまざまな仕組みが考えられてき
ましたが、Haskellではパーサコンビネータと呼ばれるライブラリが広く使われています。パー
サコンビネータとは、小さなパーサ群と複数のパーサを組み上げるコンビネータを用いて目的の
パーサを作り上げるライブラリです。今ではさまざまなプログラミング言語でパーサコンビネー
タが実装されているので、ご存知の方も多いと思います。

　Haskellのような静的に型解析を行うプログラミング言語でパーサコンビネータを使うと、小
さな部品を型安全に組み合わせ行くことで、直感的に複雑な構文解析を行えます。

　attoparsecはHaskellで実装されたパーサコンビネータの1つで、速さと利用者の多さが特
徴です。attoparsecを使って文字列をパースする方法を解説します。

7.5.1　パーサコンビネータなしに日付を分解する

　文字列から日付を生成するコードをパーサコンビネータなしに考えてみましょう。

　まずは、日付を表す文字列を単純な文字列処理でパースします。日付を格納する次のような型
を定義します。

```
data YMD = YMD Int Int Int deriving Show
```

　年月日をスラッシュで区切った簡単な構文を考えます。例えば、次のようなものです。この程
度であれば、`split`パッケージで提供されている`Data.List.Split`モジュールの`splitOn`メ
ソッドを使うことで比較的簡単に実現できます。

```haskell
-- 日付形式 1987/07/23
parseYMD :: String -> Maybe YMD
parseYMD = listToYmd . splitOn "/"
  where
    listToYmd :: [String] -> Maybe YMD
    listToYmd (y:m:d:_) = Just $ YMD (read y) (read m) (read d)
    listToYmd _ = Nothing
```

　スラッシュの数が不十分かもしれないので、返り値の型は**Maybe**型としておきましょう。色々と問題がありそうなコードですが、入力がルール通りの文字列であればひとまずこれで**YMD**型に変換できます[*11]。

　さらに、時刻情報を付加します。次のようにスペース区切りで時分秒を書けるようにします。これも splitOn を使いスペースで区切ってから、日付と時刻を同様の方法で処理すればいいだけなので難しくありません。

```haskell
-- 日時形式 1987/07/23 15:00:00
parseHMS :: String -> Maybe HMS
parseHMS = listToHms . splitOn ":"
  where
    listToHms :: [String] -> Maybe HMS
    listToHms (h:m:s:_) = Just $ HMS (read h) (read m) (read s)
    listToHms _ = Nothing


parseDateTime :: String -> Maybe (YMD, HMS)
parseDateTime = listToDateTime . splitOn " "
  where
    listToDateTime :: [String] -> Maybe (YMD, HMS)
    listToDateTime (d:t:_) = (,) <$> parseYMD d <*> parseHMS t
    listToDateTime _ = Nothing
```

　一応実装できたようにも見えますが、足りないところがまだまだあります。入力制限がないため **read** で例外が発生しうる、区切り記号の数や文字、スペースを考慮するケースなど実際の入力例を考え出すと、この程度の簡単な課題も複雑な実装になってしまいそうです。

7.5.2　パーサコンビネータ

　パーサコンビネータを使えば、入力となる文字列をどのように処理してパースするか考えずとも、入力がどのような構文であって欲しいのか直感的に記述していくだけで複雑なパーサを作成できます。**attoparsec** パッケージをインストールすると、**Text**型の文字列をパースする

[*11] ここではパーサコンビネータとの比較のために実装を簡略化していますが、import Text.Readして5行目をlistToYmd (y:m:d:_) = YMD <$> readMaybe y <*> readMaybe m <*> readMaybe dという指定に差し替えればクラッシュはしなくなります。

第**7**章　ライブラリ

Data.Attoparsec.Textモジュールが使えるようになります*12。

■──── Text型の文字列をパースする関数

attoparsecでText型の文字列をパースするには、parse関数を使います。この関数は、Parser aというパーサを表す型の値と、そのパーサに入力するText型の文字列を入力すると、パースした結果を表すResult a型の値を返します。Result型はパースに失敗した場合はFailを、成功した場合はDoneを返します。

```
parse :: Parser a -> Text -> Result a
```

```
type Result = IResult Text

data IResult i r =
    Fail i [String] String
  | Partial (i -> IResult i r)
  | Done i r
```

Data.Attoparsec.Textパッケージには、符号なし整数をパースするためのdecimalというパーサが定義されています。IResultはShow型クラスのインスタンスなので、decimalを使ってプログラムを書けば、パースした結果を標準出力で確認できそうです。このプログラムを実行するとパース内容ではない結果が出力されてしまいます。

```
{-# LANGUAGE OverloadedStrings #-}
import qualified Data.Text as T -- 重複を防ぐ
import Data.Attoparsec.Text hiding (take)

main :: IO ()
main = do
  print $ parse decimal "1000"
```

```
Partial _
```

attoparsecは、ネットワークを介した処理など一度に入力の全体をパースできなかったケースに備えて、parse関数を呼んだだけではパースの途中であることを表す、Partial _を返すためです。

Partial _に対して続けて文字列を入力したい場合は、feed関数を使います*13。

```
feed :: Monoid i => IResult i r -> i -> IResult i r
```

....

*12 ByteString型をパースするData.Attoparsec.ByteStringモジュールもあり、用途に応じて使い分けます。

*13 feed関数を使わず、parseの方をparseOnlyという関数に変更しても文字列を入力できます。print $ parseOnly decimal "1000"でRight 1000が表示されます。

248

`IResult`の定義から、`Data.Attoparsec.Text`を使っていれば型変数`i`の型は`Text`です。`feed`関数で`Result`空文字列を与えることによって、パースが終了したことを明示できます。

```
main :: IO () -- importしておく
main = do
  print $ parse decimal "1000" `feed` ""
```

```
Done "" 1000
```

`Done`データコンストラクタはパースした結果の値を保持しているため、パターンマッチで取り出すことによってその結果を使ってさまざまな計算をできます。

■──── パーサコンビネータとモナド

`Parser a`はモナドになっており、小さなパーサをdo式などで組み合わせていくことで、複雑なパーサを作れます。

カンマで区切った2つの数値をパースしたいときの例を示します。

```
twoOfDecimal :: Parser (Int, Int)
twoOfDecimal = do
  left <- decimal
  char ','
  right <- decimal
  return (left, right)
```

`char`は引数の文字とマッチした場合のみパースを成功させるパーサです。このように、パーサをモナドアクションとして記述すると、入力の文字列を先頭から消費してパースした結果を返す命令になります。

かっこでくくられている文字列をパースするための、`parens`関数を実装します。`twoOfDecimal`と組み合わせれば符号なし整数を2つ持ったタプルのパーサを簡単に書け、`"(123,456)"`のような文字列をパースできます。

```
parens :: Parser a -> Parser a
parens parser = do
  char '('
  res <- parser
  char ')'
  return res
```

```
parens twoOfDecimal :: Parser (Int, Int)
```

入力が複数のパターンになる場合は、`Control.Applicative`モジュールで提供されている`<|>`演算子を使います。`Parser`は`Alternative`型クラスのインスタンスになっており、次の

第**7**章　ライブラリ

ように<|>演算子で区切ると、左項でパースに失敗した場合、右項のパースを試みます。

```
animal :: Parser Animal
animal = (string "Dog" >> return Dog) <|> (string "Pig" >> return Pig)
```

stringは引数の文字列とマッチした場合に成功するパーサです。次のプログラムを実行すると、"Dog"や"Pig"にマッチして、Animal型の結果を返しますが、"Cat"にはマッチせずにFailを返します。Failが内包している情報がそれぞれ何を表しているかは後ほどあらためて説明します。

```
main :: IO ()
main = do
  print $ parse animal "Dog" `feed` ""
  print $ parse animal "Pig" `feed` ""
  print $ parse animal "Cat" `feed` ""
```

```
Done "" Dog
Done "" Pig
Fail "Cat" [] "string"
```

7.5.3　Applicativeスタイル

do式でも、複雑なパーサを作成できますが、Applicativeを活用して、よりシンプルかつ直感的に目的のパーサを作成できます。例として、最初の日付と時刻をパースする例を、attoparsecを使って実装してみましょう。

■───── シンプルなケース

まずはごくシンプルに20170401のような区切り文字なしで日付を表すケースを検討します。

count関数は、第二引数のパーサが、第一引数の数だけ続いている文字列をパースします。次の例は"AAA"という文字列にのみマッチするパーサです。これを使って、ある文字(数字)が期待する桁数、例えば西暦年なら4桁パースすればよさそうです。

```
count 3 $ char 'A'
```

Parser a型はFunctor、Applicativeです。fmapの中置演算である<$>演算子と、Applicativeが提供する<*>演算子を使って書きます。

```
{-# LANGUAGE OverloadedStrings #-}
import qualified Data.Text as T -- 重複を防ぐ
import Data.Attoparsec.Text hiding (take)
```

250

高速なパーサ — attoparsec **7.5**

```
data YMD = YMD Int Int Int deriving Show

countRead :: Read a => Int -> Parser Char -> Parser a
countRead i = fmap read . count i

-- digitは0から9までの数値を表す
ymdParser :: Parser YMD
ymdParser = YMD <$> countRead 4 digit <*> countRead 2 digit <*> countRead 2 digit
```

　これで0から9までの4桁の数字、2桁の数字、2桁の数字に分割して読み込んでパースして返します[14]。かなりシンプルにできました。

■──── /で区切ったケース

　'/'で区切った日付を解析するためのパーサをApplicativeスタイルで書くにはどうすればいいでしょうか。

　結果には必要の無い構文を持つ文字列をパースしたいとき、<$演算子、<*演算子と*>演算子を使います。<$は<$>と同じように使えますが、右項の結果を捨てます。<*演算子と*>演算子は<*>と同じように使えますが、<*は左項の結果のみを、*>は右項の結果のみを返します[15]。

　そのため、'/'で区切られた日付をパースしたい場合は、次のように書きます。

```
-- 先ほどの例と同じように拡張やimportを設定する
ymdParser :: Parser YMD
ymdParser = YMD
  <$> countRead 4 digit <* char '/' -- 4桁の数字をパースして/は捨てる
  <*> countRead 2 digit <* char '/'
  <*> countRead 2 digit
```

　これらの道具を組み合わせれば、時刻の情報を付加したパーサも次のように簡単に書けます。以下は、日付と時刻をパースする例の全体です。

```
{-# LANGUAGE OverloadedStrings #-}

import qualified Data.Text as T
import Data.Attoparsec.Text hiding (take)
import Control.Applicative

data YMD = YMD Int Int Int deriving Show
data HMS = HMS Int Int Int deriving Show
```

----

[14] countRead関数は内部的にread関数を呼ぶため、使い方を誤ると例外を発生させる可能性がありますが、固定桁数のdigit関数でパースできた文字列は数値にパースできることが保証できるため、今回の場合は特に問題ありません。

[15] <$>、<$、<*>、<*、*>は全て左結合で、結合順位は4です。

第**7**章　ライブラリ

```
ymdParser :: Parser YMD
ymdParser = YMD
  <$> countRead 4 digit <* char '/'
  <*> countRead 2 digit <* char '/'
  <*> countRead 2 digit

hmsParser :: Parser HMS
hmsParser = HMS
  <$> countRead 2 digit <* char ':'
  <*> countRead 2 digit <* char ':'
  <*> countRead 2 digit

dateTimeParser :: Parser (YMD, HMS)
dateTimeParser = (,) <$> ymdParser <* char ' ' <*> hmsParser

countRead :: Read a => Int -> Parser Char -> Parser a
countRead i = fmap read . count i
```

　最初の単なる文字列処理の例と比較して、型安全かつ不正な入力に厳格なパーサができました。このままでは9999/99/99 99:99:99のような入力ができてしまいますが、月の入力範囲を1〜12に制限するといった制約をかけることも、これまで説明した範囲で簡単に実現できます。

　attoparsecを使えば手軽に堅牢なパーサを書けます。同時にパーサの関数に工夫すれば、多少の表記ゆれを許容した柔軟なパーサに拡張できます。

7.5.4　パースエラーの情報

　前項で作成した日時パーサ（dateTimeParser）でエラー情報の見方を学びます。parse関数を使ってパースを失敗させてみましょう。

```
-- 先の例にコードを追記...
main :: IO ()
main = do
  print $ parse dateTimeParser "2018/08/21hoge 12:00:00" `feed` ""
  print $ parse dateTimeParser "2018/08/21 12:00:00hoge" `feed` ""
```

```
Fail "hoge 12:00:00" ["' '"] "Failed reading: satisfy"
Done "hoge" (YMD 2018 8 21,HMS 12 0 0)
```

　1つ目の例は想定通りにFailを返しましたが、2つ目の例は思いがけず成功しています。これはparseの特性によるものです。

　Doneの1つ目の要素は残りの入力を表し、2つ目の要素がマッチした部分を示します。parseはすべての入力を消費しなくても、それまでの入力のパースに成功していれば、Doneを返します。

　2つ目の例を失敗させるためには、endOfInputというパーサを使って明示的に入力の終了を

パースさせる必要があります。parse関数を呼び出す際に、パーサにendOfInputを合成するとパースに失敗します。

```
main :: IO ()
main = do
  print $ parse (dateTimeParser <* endOfInput) "2018/08/21 12:00:00hoge" `feed` ""
```

```
Fail "hoge" [] "endOfInput"
```

■——— 失敗情報の付加

表示された内容を確認して、失敗情報の取り出し方を確認します。

```
Fail "hoge 12:00:00" ["' '"] "Failed reading: satisfy"
```

Failデータコンストラクタが内包している情報は、それぞれ次のようになっています。

（1）まだ消費されていない残りの文字列
（2）何の情報をパースしようとして失敗したか表すキーワードのリスト
（3）エラーの内容を端的に表現した文字列

現在の2つ目の情報だけだとどこをパースしようとして失敗したのかよくわかりません。Failデータコンストラクタのパターンマッチと<?>演算子により、パース失敗の情報を読みやすく加工できます。

<?>演算子を使うことによって、パーサにパース失敗時の情報を追加できます[16]。

日時パーサの例で説明します。ymdParserとhmsParser、そしてdateTimeParserを書き換えてください。このプログラムを実行すると、Failの2つ目の要素に失敗の箇所が特定しやすくなる情報が付与されます。

```
-- 一部書き換える...
ymdParser :: Parser YMD
ymdParser = YMD
  <$> (countRead 4 digit <?> "Year") <* (char '/' <?> "Delim Y/M")
  <*> (countRead 2 digit <?> "Month") <* (char '/' <?> "Delim M/D")
  <*> (countRead 2 digit <?> "Day")

hmsParser :: Parser HMS
hmsParser = HMS
  <$> (countRead 2 digit <?> "Hour") <* (char ':' <?> "Delim H:M")
  <*> (countRead 2 digit <?> "Minute") <* (char ':' <?> "Delim M:S")
```

---

*16 <?>演算子の結合順位は0です。

第**7**章 ライブラリ

```
  <*> (countRead 2 digit <?> "Second")

dateTimeParser :: Parser (YMD, HMS)
dateTimeParser = (,)
  <$> (ymdParser <?> "YMD")
  <*  (char ' ' <?> "space")
  <*> (hmsParser <?> "HMS")

..略..

main :: IO ()
main = do
  print $ parse (dateTimeParser <* endOfInput) "2018/08/21hoge 12:00:00" `feed` ""
  print $ parse (dateTimeParser <* endOfInput) "2018/08/21 12:00.00" `feed` ""
```

```
Fail "hoge 12:00:00" ["space","' '"] "Failed reading: satisfy"
Fail ".00" ["HMS","Delim M:S","':'"] "Failed reading: satisfy"
```

7.5.5 足し算のパーサを作る

　パーサコンビネータが力を発揮するのは、再帰的な構造を持ったより複雑な構文を解析したいような場合です。再帰的な構造をパースするパーサの例として、足し算の式をパースする簡単なパーサを考えてみましょう。

　まずは、愚直に実装してみます。doubleは浮動小数点数をパースするための関数です。

```
import qualified Data.Text as T
import Data.Attoparsec.Text hiding (take)
import Control.Applicative

data Expr = Add Expr Expr | Val Double deriving (Show, Read, Eq)

addParser :: Parser Expr
addParser = Add <$> exprParser <* char '+' <*> exprParser

exprParser :: Parser Expr
exprParser = addParser <|> Val <$> double

main :: IO ()
main = do
  print $ parse (exprParser <* endOfInput) "1+2+3" `feed` ""
```

　これでは無限再帰になってしまいます。do式に書き換えるとわかりやすいですが、exprParserとaddParserが入力を消費せずにお互いを呼び出しあっています。パーサコンビネータに限らず、入力値を再帰的に処理していくタイプのパーサ[17]は、入力の左端を再帰的に定義するのが

[17] 再帰下降構文解析といいます

難しいという問題があります。

```
addParser :: Parser Expr
addParser = do
  left <- exprParser
  char '+'
  right <- exprParser
  return $ Add left right

exprParser :: Parser Expr
exprParser = addParser <|> (double >>= return . Val)
```

そこで、`Expr`と`Term`に分けて抽象構文木を定義します。

```
data Term = Add Expr deriving Show
data Expr = ExTerm Double Term | ExEnd Double deriving Show
```

こうすれば、足し算のみをパースするシンプルなパーサは次のように定義できます。

```
termParser :: Parser Term
termParser = addParser
  where
    addParser :: Parser Term
    addParser = Add <$ char '+' <*> exprParser

exprParser :: Parser Expr
exprParser = ExTerm <$> double <*> termParser <|> ExEnd <$> double
```

Column

他のパーサコンビネータライブラリ

　Stackageは`attoparsec`の他にもいくつかのパーサコンビネータを提供しています。`attoparsec`は実行速度、`pipes`（7.10参照）のサポートなどに強みがあります。ただし、空文字列を`feed`する手間、パースエラーの情報が貧弱という弱点もあります。そのため、他のライブラリも検討対象に入ります。

　Haskellのパーサライブラリでもっとも代表的なのが、`parsec`です。Haskell Platform[18]に標準で含まれているため広く使われており、パースエラーも情報量豊富です。ただしパースが遅いという弱点があります。他には、`parsec`をフォークした`megaparsec`、機能速度ともに高水準ながらややファットな`trifecta`など、さまざまなパーサライブラリが提供されています。目的や好みに応じて使い分けます。

---

[18] https://www.haskell.org/platform/　Haskellのクロスプラットフォームディストリビューション。GHCやStackに加えて主要なパッケージを同梱しています。

第**7**章　ライブラリ

7.6 型安全なJOSN操作 — aeson

JSONはJavaScriptのオブジェクトの記法をベースとしたデータ記述フォーマットです。現在ではWeb APIをはじめ、データのやりとりに標準的に採用されています。HaskellでJSONを扱う方法はいくつかありますが、ここでは高速な**aeson**というパッケージを紹介します。

7.6.1　aesonの利用

aesonを使います。まずはJSONとして扱いたいデータ構造を定義します。以下に示すHuman型をaesonを使ってJSONに変換します[19]。

```
{-# LANGUAGE TemplateHaskell, OverloadedStrings, OverloadedLists #-}

import Data.Aeson -- aeson
import Data.Aeson.TH -- aeson
import qualified Data.ByteString.Lazy.Char8 as B -- bytestring


-- JSONにしたいデータ
data Human = Human
  { name :: String
  , age :: Int
  } deriving Show
```

■──── エンコードとデコード

JSONとデータ構造間のエンコード・デコードにはaesonの**encode**関数と**decode**関数を使います。変換のためにデータ構造は**ToJSON**や**FromJSON**といった型クラスのインスタンスである必要があります。

```
encode :: ToJSON a => a -> ByteString
decode :: FromJSON a => ByteString -> Maybe a
```

基本的な使い方だけなら、直接これらのインスタンスを実装せずとも、**Data.Aeson.TH**モジュールの**deriveJSON**関数でインスタンスを生成できます[20]。

```
deriveJSON defaultOptions ''Human -- ''Humanという記法がTemplate Haskell由来
```

....

[19] **OverloadedLists**は**[1,2,3]**といったリストリテラルからリストのような構造を生成可能にします。ここでは**Vector**型生成のために用いています。

[20] GHCの言語拡張**TemplateHaskell**（10.3.3参照）が有効になっていないと、ここでコンパイルエラーになるので忘れないようにしましょう。

型安全なJOSN操作 — aeson **7.6**

これでHuman型をJSONにエンコード、デコードするための準備が整いました。次のような
プログラムを書いて、さっそく動かして、実行結果まで確認しましょう。

```
-- 先の例に追記
taro :: Human
taro = Human
  { name = "Taro"
  , age = 30
  }

hanako :: B.ByteString
hanako = "{\"name\":\"Hanako\",\"age\":25}"

jiro :: B.ByteString
jiro = "{\"onamae\":\"Jiro\",\"nenrei\":30}"

main :: IO ()
main = do
  -- encodeとdecodeでJSON化しつつ、printできるようにする
  B.putStrLn . encode $ taro
  print (decode hanako :: Maybe Human)
  print (decode jiro :: Maybe Human)
```

```
{"name":"Taro","age":30}
Just (Human {name = "Hanako", age = 25})
Nothing
```

decode関数がMaybeを返すのは、JSONに合致しない表現などデコードに失敗する可能性が
あるからです。decode関数がパースに失敗した場合はNothingを返しますが、これでは何が
原因で失敗したかわかりません。eitherDecode関数を使えば、パースに失敗した場合にパー
スエラーの原因を表わしたエラーメッセージを取得できます。

```
main :: IO ()
main = do
  print (eitherDecode hanako :: Either String Human)
  print (eitherDecode jiro :: Either String Human)
```

```
Right (Human {name = "Hanako", age = 25})
Left "Error in $: When parsing the record Human of type Work7_5.TemplateHaskell.
Human the key name was not present."
```

特にユーザが記述する設定ファイルをデコードしたい場合など、入力されるJSONのフォー
マットが正しいことが保証できないケースではeitherDecode関数を使います。

257

第**7**章　ライブラリ

■────── リスト・タプルとJSON

　リストやタプルなど、よく使われるデータ構造はaesonパッケージで**ToJSON**と**FromJSON**
のインスタンスが提供されています。リストはそのままJSONのリストになる他、タプルもリス
トに変換されます。

```
main :: IO ()
main = do
  B.putStrLn $ encode (["Taro", "Jiro", "Hanako"] :: [String])
  B.putStrLn $ encode ([10, 20, 30] :: [Int])
  B.putStrLn $ encode (("Hello", 100) :: (String, Int))
  print (decode "[\"Taro\", \"Jiro\", \"Hanako\"]" :: Maybe [String])
  print (decode "[10, 20, 30]" :: Maybe [Int])
  print (decode "[777 , \"Haskell\"]" :: Maybe (Int, String))
```

```
["Taro","Jiro","Hanako"]
[10,20,30]
["Hello",100]
Just ["Taro","Jiro","Hanako"]
Just [10,20,30]
Just (777,"Haskell")
```

■────── 複雑なJSON

　実際のアプリケーション開発では、より大きなJSONを扱うことになります。扱う構造が複雑
になっても、基本的な使い方は変わりません。

　先ほどのHuman型に加えて、新規のDepartment型で次のような値を用意して変換します[21]。

```
-- 先の例につなげて書く...
data Department = Department
  { departmentName :: String
  , coworkers :: [Human]
  } deriving Show

deriveJSON defaultOptions ''Department

taro :: Human
taro = Human { name = "Taro" , age = 30 }

saburo :: Human
saburo = Human { name = "Saburo" , age = 31 }

shiro :: Human
shiro = Human { name = "Shiro" , age = 31 }
```

───

[21]　ここでは見やすいように改行してありますが、単純にencodeした場合には一行のJSON文字列になります。

258

```
matsuko :: Human
matsuko = Human { name = "Matsuko" , age = 26 }

nameList :: [Department]
nameList =
  [ Department
    { departmentName = "General Affairs"
    , coworkers =
      [ taro
      , matsuko
      ]
    }
  , Department
    { departmentName = "Development"
    , coworkers =
      [ saburo
      , shiro
      ]
    }
  ]
```

```
[
  { "departmentName":"General Affairs"
  , "coworkers":
    [ {"name":"Taro","age":30}
    , {"name":"Matsuko","age":26}
    ]
  }
, { "departmentName":"Development"
  , "coworkers":
    [ {"name":"Saburo","age":31}
    , {"name":"Shiro","age":31}
    ]
  }
]
```

直和型をJSONに変換すると**tag**というフィールドに、データコンストラクタ名が格納されます。

```
data IntStr = IntData Int | StrData String
encode $ IntData 999
encode $ StrData "World!"
```

```
{"tag":"IntData","contents":999}
{"tag":"StrData","contents":"World!"}
```

第**7**章　**ライブラリ**

7.6.2　JSONのデータ構造を直接操作する

Web APIなど大抵のソフトウェア開発では、入力されるJSONの構造は決まっています。そのような場合は、**ToJSON**や**FromJSON**のインスタンスを実装して直接エンコード・デコードします。

どのような構造のJSONが送られてきてもいい、大きなJSONの一部だけが必要で全体のデータ構造を定義するまでもないということがあります。こうなると**ToJSON**や**FromJSON**のインスタンスにするのが難しくなってきます。こういったケースではJSONデータと一対一で対応した**Value**型を使います。

```
data Value = Object !Object
           | Array !Array
           | String !Text
           | Number !Scientific
           | Bool !Bool
           | Null
             deriving (Eq, Read, Show, Typeable, Data)
```

Departmentを変換したのと同様のJSONを**Value**型を使って構築したものです。**Value**型の値から値を取り出すためには、パターンマッチなどを組み合わせます。

```
nameListValue :: Value
nameListValue = Array
  [ object
    [ "coworkers" .= Array
      [ object
          [ "age" .= Number 20
          , "name" .= String "Satoshi"
          ]
      , object
          [ "age" .= Number 23
          , "name" .= String "Takeshi"
          ]
      ]
    , "departmentName" .= String "Planning"
    ]
  ]
```

7.6.3　Optionsによる制限の回避

Template Haskellで**ToJSON**や**FromJSON**のインスタンスを作成する際にオプションを指定して、エンコードやデコードの制御をある程度コントロールできます。オプションを指定するための**Options**型は次のような定義になっています。

```
data Options = Options
    { fieldLabelModifier :: String -> String
    , constructorTagModifier :: String -> String
    , allNullaryToStringTag :: Bool
    , omitNothingFields :: Bool
    , sumEncoding :: SumEncoding
    , unwrapUnaryRecords :: Bool
    }
```

　この中でもっともよく使う設定は`fieldLabelModifier`です。代数的データ型を宣言する
フィールドは関数です。そのため識別子の重複を考えると同じフィールド名は使えません。ただ
し、JSONの場合は同じフィールド名持ったオブジェクトを作れます。Haskellの制限と、JSON
の制限が対応せず、任意のJSONにそのまま対応した代数的データ型を宣言できません。

　そこで、`fieldLabelModifier`に、Haskellで宣言したフィールド名から、JSONのオブジェ
クトのフィールド名に変換する関数を設定した`Options`型の値を用意します。この値を
`deriveJSON`に渡すことによって、`encode`や`decode`の際にフィールド名の読み替えを行う、
特別な`ToJSON`や`FromJSON`のインスタンスが生成されます。

　先に作成した`Department`型は名前のフィールドが`departmentName`となっています。
`name`というフィールドがすでに`Human`型で利用してしまっているからです。Haskellの代数的
データ型ではこのようなプリフィックスの付いたフィールドを宣言することがよくあります。
JSONの作法としては適切ではありません。そこで、次のようにして`departmentName`を`name`
に読みかえるような`fieldLabelModifier`を設定した`Options`を使って`deriveJSON`します。

```
-- 7.6.1の例を差し替え...
data Department = Department
  { departmentName :: String
  , coworkers :: [Human]
  } deriving Show

deriveJSON (defaultOptions
  { fieldLabelModifier = \s -> case s of
      "departmentName" -> "name"
      t -> t
  } ) ''Department -- TemplateHaskell由来
```

```
[
  { "name":"General Affairs"
  , "coworkers":
  [ {"name":"Taro","age":30}
  , {"name":"Matsuko","age":26}
  ]
  }
, {"name":"Development"
  , "coworkers":
  [ {"name":"Saburo","age":31}
  , {"name":"Shiro","age":31}
```

第**7**章　ライブラリ

```
    , {"name":"Takeko","age":27}
    ]
  }
]
```

Optionsは単純に`deriveJSON`しただけでは上手く変換できないような場合に変換するためのルールを指定できます。

インスタンスの自前実装

　既存のインスタンスの利用、あるいは**ToJSON**・**FromJSON**のインスタンスをTemplate Haskellで作成する方法を解説してきました。基本的には、ここまで説明した方法でJSON処理は問題ないはずです。JSONを扱っていると、ときには簡単な読み変えでは上手く動作しないことや、正しいフォーマットになっていないJSONを処理しなくてはいけないこともあります。そのような場合は、**ToJSON**や**FromJSON**のインスタンスを直接実装することで解決できるかもしれません。**ToJSON**と**FromJSON**の定義を見てみましょう。

```
class ToJSON a where
    toJSON    :: a -> Value

    default toJSON :: (Generic a, GToJSON Zero (Rep a)) => a -> Value
    toJSON = genericToJSON defaultOptions

    toEncoding :: a -> Encoding
    toEncoding = E.value . toJSON

    toJSONList :: [a] -> Value
    toJSONList = listValue toJSON

    toEncodingList :: [a] -> Encoding
    toEncodingList = listEncoding toEncoding

class FromJSON a where
    parseJSON :: Value -> Parser a

    default parseJSON :: (Generic a, GFromJSON Zero (Rep a)) => Value -> ↵
Parser a
    parseJSON = genericParseJSON defaultOptions
    parseJSONList :: Value -> Parser [a]
    parseJSONList (Array a)
        = zipWithM (parseIndexedJSON parseJSON) [0..]
        . V.toList
        $ a
    parseJSONList v = typeMismatch "[a]" v
```

ToJSON型クラスの`toJSON`関数には、インスタンスにする型の値から、**Value**に変換する処理

262

を記述します。`FromJSON`型クラスの`parseJSON`関数には、`Value`型の値を元に`Attoparsec`の`Parser`を作成する処理を記述します。そのための機能として、`Data.Aeson`モジュールではいくつかの演算子を提供しています。`.:`演算子を利用して、先ほどのフィールド名を読み変えるコードを直接実装してみましょう。

```
-- ToJSONインスタンスにするためのValueを構築するための演算子
(.=) :: (ToJSON v, KeyValue kv) => Text -> v -> kv
```

```
-- JSON文字列をパースするためのParserを構築するための演算子
(.:) :: FromJSON a => Object -> Text -> Parser a
(.:?) :: FromJSON a => Object -> Text -> Parser (Maybe a)
(.:!) :: FromJSON a => Object -> Text -> Parser (Maybe a)
```

```
data Person = Person
  { name :: String
  , age :: Int
  } deriving Show

instance ToJSON Person where
  toJSON (Person n a) =
    object ["name" .= n, "age" .= a]
instance FromJSON Person where
  parseJSON (Object v) = Person
    <$> v .: "name"
    <*> v .: "age"
  parseJSON i = typeMismatch "Person" i
```

このように、左辺にJSONの`Object`型の値を、右辺にフィールド名の文字列を指定しても JSONをパースするためのParserを生成できます。

Column

Genericsの利用

`ToJSON`や`FromJSON`のインスタンスを作成するには、Template Haskellや直接変換を実装する他に、Genericsを使う方法があります。以下は、JSONとして扱いたいデータを`Generic`型クラスのインスタンスにし、それを利用して`ToJSON`のインスタンスを作成する例です。

この方法は、何らかの理由でTemplate Haskellが利用できない等、特殊な状況で有用ですが、`encode`や`decode`の際のパフォーマンスはTemplate Haskellを利用した方がよくなります。

```
{-# LANGUAGE DeriveGeneric #-}
import GHC.Generics
data Person = Person
  { name :: String
  , age :: Int
  } deriving (Show, Generic)

instance ToJSON Person
instance FromJSON Person
```

第**7**章　ライブラリ

7.7 日付・時刻を扱う — time

　プログラムにはシステム日時の取得、うるう年の計算など、日付や時刻を扱う必要性が出てくることは多々あります。タイムゾーンやサマータイムも考慮すると、それこそ膨大な工数がかかってしまいます。今ではあらゆるプログラミング言語で、日付や時刻を扱うための便利なライブラリが提供されています。

　Haskell では日付や時刻を扱うための **time** というパッケージが提供されています。ここでは **time** パッケージの **Data.Time** モジュールが提供する型や関数を扱います。

7.7.1　現在のシステム日時を取得する

　現在のシステム日時は、**getZonedTime** 関数で取得します。呼び出し時の時刻が返ります。

```
main :: IO ()
main = do
  zonedTime <- getZonedTime
  print zonedTime
```

```
2017-04-28 10:56:48.952737 JST
```

　よく使う関数の型を見ていきましょう。Haskell 外の情報を取得しているため、**IO** 型コンストラクタが含まれます。**getZonedTime** 関数の型は次のようになっており、**ZonedTime** 型はタイムゾーンの情報とローカルタイムを持っています。UTC 標準時刻を表す **UTCTime** という型が定義されており、**getCurrentTime** 関数で取得できます。**UTCTime** と **ZonedTime** は、次の関数で相互に変換できます。

```
getZonedTime :: IO ZonedTime
getCurrentTime :: IO UTCTime
zonedTimeToUTC :: ZonedTime -> UTCTime
utcToLocalZonedTime :: UTCTime -> IO ZonedTime
```

7.7.2　日時の計算

　ZonedTime 型に対して直接日時の計算をする関数は用意されていません。日時の計算をするためには、一度 **UTCTime** に変換する必要があります。

```
data UTCTime = UTCTime {
```

```
    utctDay :: Day,
    utctDayTime :: DiffTime
} deriving (..略..)
```

日付の計算を行うためにはパターンマッチ等で**Day**型の値を取り出し、**addDays**等の関数を使って計算し、再び**UTCTime**データコンストラクタに格納します。

```
add2DayFromNow :: IO ()
add2DayFromNow = do
  -- パターンマッチでDay型の値を取得する
  utcTime@(UTCTime day diffTime) <- getCurrentTime
  print utcTime
  -- addDaysで2日分足してUTCTimeに戻す
  let newTime = UTCTime (addDays 2 day) diffTime
  print newTime
```

日付の差は**diffDays**関数を使って計算できます。また、月や年といった単位で計算するための関数も用意されています。

■────── 日付計算のための関数

日付を計算するための関数を簡単にまとめておきます。

関数	型	説明
addGregorianMonthsClip	Integer -> Day -> Day	月を足す。末日を超えた場合は末日に丸められる。
addGregorianMonthsRollOver	Integer -> Day -> Day	月を足す。末日を超えた場合は翌月となる。
addGregorianYearsClip	Integer -> Day -> Day	年を足す。末日を超えた場合は末日に丸められる。
addGregorianYearsRollOver	Integer -> Day -> Day	年を足す。末日を超えた場合は翌月となる。

■────── 時間計算

時間計算には**addUtcTime**関数を使います。

```
addUTCTime :: NominalDiffTime -> UTCTime -> UTCTime
```

NominalDiffTimeには時間をどのくらい進めるか秒単位で指定します。**Num**型クラスや**Fractional**型クラスのインスタンスなので、数値リテラルを指定できます。

以下は、現在時刻を取得して、その1時間後を計算する例です。

```
add1HourFromNow :: IO ()
add1HourFromNow = do
  utcTime <- getCurrentTime
  print utcTime
  -- (60*60)秒 = 1時間
  let newTime = addUTCTime (60*60) utcTime
  print newTime
```

7.7.3 日付と時刻の型

基本的な日時の操作はここまで説明したことと、Hackageのドキュメントを参照すればできますが、timeパッケージを自在に扱うには、それぞれの型がどのような関係なのか理解しておく必要があります。ZonedTimeの型定義から見ていきましょう。

```
data ZonedTime = ZonedTime {
    zonedTimeToLocalTime :: LocalTime,
    zonedTimeZone :: TimeZone
} deriving (..略..)
```

TimeZone型はその名の通り、取得したZonedTimeがどのタイムゾーンのものかを表わしています。LocalTime型は次のような型定義になっています。

```
data LocalTime = LocalTime {
    localDay     :: Day,
    localTimeOfDay  :: TimeOfDay
} deriving (..略..)
```

TimeOfDay型が時刻を表しており、その型は次のとおりです。

```
data TimeOfDay = TimeOfDay {
    todHour    :: Int, -- 時
    todMin     :: Int, -- 分
    todSec     :: Pico -- 小数点以下12桁まで表現できる固定小数点数
} deriving (..略..)
```

TimeOfDayの値を作成する際には、時刻として適切な範囲を指定しなくてはいけません。値が有効かどうかチェックして、Maybe型を返すmakeTimeOfDayValid関数を使うようにしましょう。Day型は次のとおり、ただのIntegerをnewtypeしたものです。

```
makeTimeOfDayValid :: Int -> Int -> Pico -> Maybe TimeOfDay
```

```
-- 修正ユリウス通日(1858/11/17からの日数を表す整数値として表現されている)
newtype Day = ModifiedJulianDay { toModifiedJulianDay :: Integer } deriving (...)
```

私達のよく知る年月日の値からDay型を作成するには、fromGregorianValid関数を使います。

```
fromGregorianValid :: Integer -> Int -> Int -> Maybe Day
```

複雑なデータ構造への効率的なアクセス — lens **7.8**

7.8 複雑なデータ構造への効率的なアクセス — lens

　Haskellの型やデータ構造を操作する仕組みは強力ですが、複雑に入り組んだ情報を扱うときには面倒なことがあります。例えば、深くネストした構造の内側の値を参照したり更新したりしたいケースです。

　lensは、そのようなデータ操作を簡単に行うための便利な機能を提供するパッケージです。ライブラリとしてはLensと表記されます。Lensはさまざまな構造体に対して汎用的なアクセサを提供します。その汎用性は非常に高く、XMLやJSONといった構造に対しても統一的に扱う手法を提供します。ここではControl.Lensモジュールの関数を扱います。

7.8.1　Lensを使う

　例えば、次のように三重にネストしたタプルを操作したい場合を考えてみましょう。

```
value = (1, (2, 3, (999, 4, 5)), 6)
```

　専用のアクセサ関数を定義しても達成できますが、Lensを使えば汎用的かつシンプルな記述で実現できます。このタプルから999という値を取り出したいのであれば、「2つ目の、3つ目の、1つ目の要素」という意味で、次のように書けます。

```
$ stack ghci --package lens
ghci> import Control.Lens
ghci> value = (1, (2, 3, (999, 4, 5)), 6)
ghci> value ^. _2 . _3 . _1
999
```

　_1や_3などは、Lensアクセサと言います。(.)はこれまでもよく用いていた関数合成演算子、(^.)はlensで提供している演算子です。Lensアクセサは次に示す複雑な型定義を持った関数ですが、利用の際にその詳細を理解する必要はありません。

```
type Lens s t a b = forall f. Functor f => (a -> f b) -> s -> f t
```

　タプルの各要素にアクセスできるアクセサは、次のような型になっており、_1から_9まで定義されています。[22]

---

[22] 本書では読みやすいようにLensという型の別名を用いて表記していますが、ghciで:tコマンドを用いて型を表示した場合、展開した型名が表示されます。

第**7**章 ライブラリ

```
_1 :: (Functor f, Field1 s t a b) => Lens s t a b
_2 :: (Functor f, Field2 s t a b) => Lens s t a b
_3 :: (Functor f, Field3 s t a b) => Lens s t a b
```

アクセサの正体はただの関数です。`.`で合成できます。実際に`_1`、`_2`、`_3`、を順に合成したものの型を見てみましょう[23]。

```
_1._2._3  :: (Functor f, Field3 a1 b1 a2 b2, Field2 a b a1 b1, Field1 s t a b)    ↵
=> Lens s t a2 b2
```

複雑な型クラスの制約が付いていますが、いくら合成しても`Lens`型であることは変わりません。合成した`Lens`アクセサは、ネストしたデータ構造の内部にアクセスする機能を有します。

7.8.2 Lensアクセサによるデータの取り出し

実際に取り出すには、`lens`パッケージの`^.`を使います。右項のアクセサを利用して左項の構造からデータを取り出します[24]。

```
(^.) :: s -> Getting a s a -> a
```

`Lens`アクセサはただの関数です。値を設定する場合には、`.~`演算子を使います。先ほど選択した部分を`"New value"`という文字列に書き換えます。元のデータはイミュータブルです。

```
(.~) :: ASetter s t a b -> b -> s -> t
```

```
_2._3._1 .~ "New Value" $ value
```

この操作を`value`に対する値の変更と捉えると、アクセサと操作を組合せ、最後に`value`を渡す記法はあまりわかりやすくありません。そこで、より直感的にするために、`($)`を`flip`した`&`演算子を用いて次のように書くことが多いです。

```
value&_2._3._1 .~ "New Value"
```

このように、`Lens`を使えば複雑にネストした構造に対して、一貫した操作を提供します。

7.8.3 Lensアクセサを作成する

ここまで、わかりやすいようにタプルを用いた説明を行ないましたが、独自のデータ構造に対して

----

[23] 演算子の左右にスペースを入れない記法は、ここまで使っていませんが、可能です。`Lens`では公式ドキュメントでこの記法を多用しているため本書もそれにならいます。

[24] `Getting`の部分には`Lens`の型を当てはめられると考えれば差し支えありません。

268

もアクセサを作成できます。makeLenses関数を使います。フィールド名のあるデータ構造を渡すと、_で始まるフィールドのLensアクセサを自動的に生成します[*25]。

```
{-# LANGUAGE TemplateHaskell #-}
import Control.Lens

-- データ構造の定義
data User = User
  { _userName :: String
  , _userAge :: Int
  , userPassword :: String -- _がないので生成されない
  } deriving Show

makeLenses ''User -- ''はTemplateHaskellを使う箇所

main :: IO ()
main = do
  let user = User
             { _userName = "Taro"
             , _userAge = 25
             , userPassword = "12345"
             }
  -- USer型に対しアクセサが生成される
  -- userName :: Functor f => Lens User User String String
  -- userAge :: Functor f => Lens User User Int Int
  print (user^.userName)      -- "Taro"
  print (user^.userAge)       -- 25
  print (user&userName.~"Jiro") -- User {_userName = "Jiro", _userAge = 25,
userPassword = "12345"}
```

■――― lens関数によるアクセサの提供

lens関数を使えば、値を取り出す、設定するアクセサを提供できます。先ほどのuserPasswordを操作するためのuserPassというアクセサを作成します。

```
userPass :: Lens User User String String
userPass = lens userPassword (\user password -> user { userPassword = password } )

main :: IO ()
main = do
  let user = User
        { _userName = "Taro"
        , _userAge = 25
        , userPassword = "12345"
        }
  print (user^.userPass) -- "12345"
```

....
*25 実際のフィールド名と異なるLensのアクセサを提供したいときはlens:: (s -> a) -> (s -> b -> t) -> Lens s t a bを使います。

第7章 ライブラリ

```
print (user&userPass.~"new-password") -- User {_userName = "Taro",
_userAge = 25, userPassword = "new-password"}
```

lens関数に渡す二つの引数は、取り出し（いわゆるgetter）と設定（いわゆるsetter）の関数です。userPassもLensアクセサとして扱えるようになりました[*26]。

State s モナドと Lens

lensパッケージには、State sモナドと組み合わせて状態を簡単な記述で操作できる関数が提供されています。例えば、use関数を使えば状態の構造から一部を取り出せます。状態の一部を書き換えたい場合は.=演算子を使います。他にも状態内部の数値フィールドを加算する+=演算子など、さまざまな演算子が提供されています。詳しくはHackageを参照してください。

```
main :: IO ()
main = do
  let user = User
          { _userName = "Taro"
          , _userAge = 25
          , userPassword = "12345"
          }
  print $ runState lensWithState user -- (25,User {_userName = "Jiro",
_userAge = 25, userPassword = "12345"})

lensWithState :: State User Int
lensWithState = do
  age <- use userAge
  userName .= "Jiro"
  return age
```

Prism によるデータアクセス

複雑なデータ構造にアクセスするのに、Lensは手軽ですが、うまく操作できないデータもあります。データ構造がMaybeやEitherなどのLensから操作しづらい直和型を含んでいる場合、Lensと近い操作を可能にする、Prismを用います。Prismはlensパッケージに含まれています[*27]。

```
type Prism s t a b = forall p f. (Choice p, Applicative f) => p a (f b) ->
p s (f t)
```

....

[*26] Lensがしたがうべきルールはlens lawsとしてHackageのリファレンスに記されています。今回は特に意識せずに作成できましたが、外部に公開するAPIを作成するのにlens関数を利用するときはこれを参考に慎重に設計する必要があります。

[*27] PrismはLensと関数合成できます。一度Prismと合成したLensは、Prismとして使えるようになりますが、Lensの機能を一部失います。

Either型を操作するための_Leftを使ってみましょう。

```
_Left :: Prism (Either a c) (Either b c) a b
```

Prismアクセサは、Lensアクセサと同じ方法で値を代入できます。直和型ではこの方法だと、実際には値が設定できないことがあります。例えば、実際の値はRightなのにLeftに値を設定しようとしてもうまくいきません。このとき、Prismは設定値を変更せずにそのまま返します。

Prismから値を取り出したい場合は、基本的には(^?)を使います。^?演算子はMaybe型を返し、値が取得できなかった場合はNothingを返します。データコンストラクタが値を保持しない場合(True、False、Nothingなど)は、Just ()を返します。

```
ghci> import Control.Lens -- 他の関数も使うのでControl.Lens.Prismまでしてしない
ghci> leftVal = Left "Left Value" :: Either String String
ghci> leftVal&_Left.~"New Value"
Left "New Value"
ghci> leftVal&_Right.~"New Value"
Left "Left Value"
ghci> leftVal^?_Left
Just "Left Value"
ghci> leftVal^?_Right
Nothing
```

他にもmakePrisms関数を使えば、任意の直和型のデータ構造に対してPrismを生成できます。その他の使い方はHackageをご確認ください。

7.9 モナドによるDSLの実現 — operational

Haskellでは手続き的な表現をしたいときはモナドを使います(第5章参照)。モナドによって、状態やIOを制限した手続的なDSLを提供できます。

モナドでDSLをつくるときはモナドを合成、作成してもいいですが、より簡単な方法があります。モナドのdo式でDSLを記述する段階では簡単な構文木を組み立てるところにとどめ、構文木を読みながら実行するインタプリタのような関数を実装することです[28]。

1つの構文木に対して複数のインタプリタを定義できるため、モックを利用したテストがしやすくなります。operationalは、do式で手続き的に記述できる構文木の作成をサポートするパッケージです[29]。

---

[28] モナド変換子でモナドを合成すると複雑になってしまい、DSLのためにモナドを作成しようとするとモナド則の保証が困難です。モナド則とはMonad型クラスのインスタンスが満たすべきルールであり、第5章で紹介したモナドはすべてモナド則を満たすように実装されています。詳しくはControl.Monadモジュールのドキュメントを参照してください。

[29] Operationalにはいくつかの実装がありますが、本書ではもっとも利用者が多く頻繁に更新されているoperationalパッケージを用いた解説を行ないます。

第**7**章　ライブラリ

7.9.1　APIを列挙する

DBやファイルにアクセスし、商品の売り上げ情報を管理するための次のようなAPIを持った Salesという名前のDSLを実装してみましょう。

```
{-# LANGUAGE GADTs #-}

import Data.List
import Control.Monad
import Control.Monad.Identity
import Control.Monad.Operational -- --pacakge operationalを指定する

-- データ型定義
type Price = Int --単価
type Amount = Int --個数
type Product = String --商品名
type Report = [(Product, Amount)] -- 売り上げレポート
type ProductList = [(Product, Price)] -- 商品一覧

-- 操作のためのAPI定義
data SalesBase a where
  GetProducts :: SalesBase ProductList
  GetReport :: SalesBase Report
  Sell :: (Product, Amount) -> SalesBase ()
```

SalesBaseという型名で各APIのデータコンストラクタを定義しています。SalesBaseの カインドは* -> *です[30]。

API名	型	機能
getProducts	Sales ProductList	商品一覧を取得する
getReport	Sales Report	売り上げ一覧を取得する
sell	(Product, Number) -> Sales ()	売れた商品を記録する

● ─── singletonによるモナド化

これらのAPIをモナドとして使えるようにするには、singleton関数を使います。

```
singleton :: instr a -> ProgramT instr m a
```

返り値のProgramTはMonad型クラスのインスタンスです。引数で渡されてきたinstr a 型[31][32]をProgramT型コンストラクタに内包することで、すぐにdo式で利用できるようなモ

・・

[30] data〜where〜という書き方はGADTsを有効にしていると使えます。
[31] insrtは小文字ではじまっている型変数です。注意してください。
[32] ここではGetProductsなどのAPI。

ナドを作成するのが`Operational`の基本的な仕組みです。

`GetProducts`というデータコンストラクタを作りましたが、`singleton`関数を使ってモナドアクションとして利用可能な`getProducts`関数を作ると、次のようになります。

```
getProducts :: ProgramT SalesBase m ProductList
getProducts = singleton GetProducts
```

`ProgramT SalesBase m a`が、このDSLで利用するモナドアクションの型です。モナド変換子の必要が無い場合は、`ProgramT`の代わりに`Program`を利用します。`Program`は次のように定義されています。次のようにして`SalesT`と`Sales`という型の別名を用意します。

```
-- Program instrの定義
type Program instr = ProgramT instr Identity

-- 簡略化のための型シノニム
type SalesT m a = ProgramT SalesBase m a
type Sales a = Program SalesBase a
```

この定義を利用すれば、`getProducts`関数の型も次のようにわかりやすくなります。同様に、`getReport`関数、`sell`関数も実装していきましょう。

```
-- 続けて記述
getProducts :: SalesT m ProductList
getProducts = singleton GetProducts

getReport :: SalesT m Report
getReport = singleton GetReport

sell :: (Product, Amount) -> SalesT m ()
sell p = singleton $ Sell p

-- モナドなのでdo式が使える
sellFruits :: Sales ()
sellFruits = do
  sell ("Apple", 5)
  sell ("Grape", 8)
  sell ("Pineapple", 2)
```

7.9.2 アクションの動作を記述する

`Operational`モナドならAPIを並べるだけでdo式で記述できる独自のDSLを設計できます。まだ構文を定義しただけなので、作成したDSLを実行できません。これを完成させましょう。

DSLを実行するには、構築した構文木を1つずつたどって実行する必要があります。`viewT`関

第**7**章　ライブラリ

数を用いて、`ProgramT`型を`ProgramViewT`型に変換します。`ProgramViewT`は、モナドの`return`や`>>=`演算子をそのまま表現したような定義になっています。

```
viewT :: Monad m => ProgramT instr m a -> m (ProgramViewT instr m a)

data ProgramViewT instr m a where
    Return :: a -> ProgramViewT instr m a
    (:>>=) :: instr b
            -> (b -> ProgramT instr m a)
            -> ProgramViewT instr m a
```

　do式を利用して構築した`Sales`型のDSLをこの型に変換すれば、再帰的に構造を読み取ってDSLを実行するインタプリタ関数を定義できます。`Sales`を実行するための`runSales`関数を定義します[*33]。

　`getReport`関数で売上一覧を取得し、`getProducts`で取得した`ProductList`の情報を元に、売上金額の計算するプログラムの例です。今回作成したDSL、`Sales`モナドを使って記述し、`main`関数で実行します。

```
-- viewT関数を使って、ProgramT型をProgramViewT型に変換した後、eval関数で実行
runSalesT :: Monad m => ProductList -> Report -> SalesT m a -> m a
runSalesT p r = viewT >=> eval -- >=>演算子を使うと左辺のモナドの計算結果を右辺のモナドに渡せる
  where
    -- eval関数は、SalesBase型の値ごとの、実際の処理を実行
    -- runSalesT関数に後続の処理を渡し、再帰的に呼び出すことでdo式で書かれた複数行のプログラムを処理
    eval :: Monad m => ProgramViewT SalesBase m a -> m a
    eval (Return x) = return x
    -- getProducts関数の処理、引数のProductListをkに渡して次のアクションで利用できるようにする
    eval (GetProducts :>>= k) = runSalesT p r (k p)
    -- getReport関数の処理、getProducts関数の場合と同様
    eval (GetReport :>>= k) = runSalesT p r (k r)
    eval (Sell s :>>= k) = runSalesT p r (s:r) (k ())

-- SalesモナドをモナドT換子として使わない場合、runIdentity で m をIdentity に限定
runSales :: ProductList -> Report -> Sales a -> a
runSales p r = runIdentity . runSalesT p r

-- find関数を使ってProductListから金額を取り出す。find関数の結果はMaybe型なのでsnd関数をfmap
findAmount :: Product -> ProductList -> Maybe Price
findAmount p = fmap snd . find ((p==).fst)

-- ここまでで作成した関数を組み合わせて、商品毎の売り上げを集計する関数を実装
summary :: Sales [(Product, Amount, Maybe Price)]
summary = let
    sumRecord :: ProductList -> (Product, Amount) -> (Product, Amount, Maybe Price)
    sumRecord px (p, n) = (p, n, fmap (*n) $ findAmount p px)
```

[*33] 作成するDSLがモナド変換子ではない場合はviewT関数の代わりにview関数を用いて、もう少し簡単な記述でインタプリタ関数を作成できます。

```
  in do
    list <- getProducts
    report <- getReport
    return $ map (sumRecord list) report

productList :: ProductList
productList =
  [ ("Apple", 98)
  , ("Grape", 398)
  , ("Pineapple", 498)
  ]

main :: IO ()
main = do
  -- 先ほど作成したsaleFruits関数で登録したデータを、summary関数で集計
  print $ runSales productList [] (sellFruits >> summary)
```

他のモナドを利用するときと同じように、do式や>>=演算子を利用してAPIを組み合わせ
Salesモナドを記述し、runSales関数を使って実行できるようになりました。

7.10 ストリームデータ処理 ― pipes

流れてくるデータを永続的に処理し続ける、ストリームデータ処理をどのように実現するかは、
現代的なソフトウェア開発では重要な課題です。使いやすくモダンなAPIを持った**pipes**パッ
ケージを紹介します[34]。

7.10.1 pipesの実行例

まずは**pipes**の例を見てみます。>-->演算子に注目してください。

```
$ stack ghci --package pipes
ghci> import Pipes -- Pipesの基礎的な型
ghci> import qualified Pipes.Prelude as P -- Pipesを扱ううえで役に立つ標準的な型や関数
ghci> runEffect $ P.stdinLn >-> P.take 3 >-> P.stdoutLn
```

3回まで入力してそのたびに入力された文字列をそのまま出力します。**stdinLn**で標準入力の
読み取り、**>-->**がストリームとしてつなぐ、**take**でストリームから3つ取り出す、**>-->**がストリー
ムとしてつなぐ、**stdoutLn**で標準出力と読めます。ストリームとして処理されているために入
力が完了するたび逐次出力されています。

---

*34 本書では割愛しますが**conduit**というストリーム処理ライブラリも広く使われています。

第**7**章 ライブラリ

もう少し複雑な例も続けて実行しましょう。

```
ghci> import Data.Char
ghci> runEffect $ P.stdinLn >-> P.takeWhile (/="quit") >-> P.map (map toUpper)
>-> P.stdoutLn
```

標準入力から**quit**が入力されるまで処理し、それ以外が入力された場合はすべて大文字に変換して出力します。例から、**pipes**の**>->**で処理（専用の関数）をつなげて、**runEffect**で実行するとストリーム処理になることが読み取れます。

pipesでは**stdinLn**のような入力（**Producer**）や、**stdoutLn**のような出力（**Consumer**）と、**take**といったストリームデータに対する処理（**Pipe**）の組み合わせでストリームデータを処理します。これらの組み合わせにはもちろん型による規則があります。

7.10.2 ストリームデータに対する処理を書く

ストリームデータを処理する**Pipe**（**Pipe**型）は、**map**関数（**P.map**関数）などを組み合わせて作成します。**Pipe**型を構築するのに役立つ演算子は他にも次のようなものがあります[*35]。

関数	型	説明
map	Monad m => (a -> b) -> Pipe a b m r	ストリームデータをaからbへ変換する
filter	Monad m => (a -> Bool) -> Pipe a a m r	処理するストリームデータを引数の関数で絞りこむ
takeWhile	Monad m => (a -> Bool) -> Pipe a a m ()	引数の関数がFalseになるまでストリームデータを処理する
mapM	Monad m => (a -> m b) -> Pipe a b m r	モナドアクションを含むストリーム処理を作る

mapM関数は**IO**等の副作用を伴うストリーム処理を書くのに便利な関数です。使い方を覚えておきましょう。次の例は、入力値を加工すると同時に、入力された内容を**putStrLn**で出力します。

```
ghci> :{
ghci| -- hello :: Pipe String String IO r
ghci| hello = do
ghci|   P.mapM $ \s -> do
ghci|     putStrLn $ "input : " ++ s
ghci|     return $ "Hello, " ++ s
ghci| :}
ghci> runEffect $ P.stdinLn >-> hello >-> P.stdoutLn -- Control-Cでキャンセル
```

[*35] ここで紹介した関数は**Pipes.Prelude**が提供しているものの中でもごく一部です。他にどのような関数が提供されているかは、該当のHackageを参照してください。

276

```
foo
input : foo
Hello, foo
bar
input : bar
Hello, bar
```

　Producer、Pipe、Consumerそれぞれで使える関数の型を揃えなくてはいけないことに気を付けてください。pipesの型は複雑ですが、入力の型、出力の型、アクションの型の3つの型を意識しながら書けば、型を合わせるのにそこまで苦労しません。

7.10.3　ProducerとConsumerの作成

　ここまで紹介した型や演算子は、すでに用意されているProducerやConsumerを利用するためのものです。WebサービスのAPIなど、自前でストリームを提供したいケースもあります。ProducerやConsumerを作る方法について簡単に説明します[36]。

■──────Producerの自作
　ストリームデータの送信にはyield関数を使います。引数の値をストリームデータとして送信します。

```
yield :: Monad m => a -> Producer' a m ()
```

```
sample1 :: IO ()
sample1 = runEffect $ sampleProducer >-> P.map ("input : "++) >-> P.stdoutLn

sampleProducer :: Producer String IO ()
sampleProducer = do
  yield "Hoge"
  yield "Piyo"
  yield "Fuga"
```

　このProducerをstdoutLnを使って出力すると次のようになります。

```
input : Hoge
input : Piyo
input : Fuga
```

---

[36] pipesはモダンでわかりやすいAPIを提供していますが、比較的新しいパッケージなのでProducerやConsumerを実装しなくてはならないことが多くあります。さらに詳細な使い方は、Pipes.TutorialというモジュールにてHaddockドキュメントとして提供されています。HackageやStackageからpipesのドキュメントを検索して、一通り読んでおくことをおすすめします。

第**7**章　ライブラリ

■————— Consumerの自作

つづいて、Consumerです。Consumerを作るにはawait関数を利用します。

```
await :: Monad m => Consumer' a m a
```

例えば、前処理から渡されてきたInt型の値を、FizzBuzz判定して出力するような
Consumerは、次のように書けます*37。

```
sample2 :: IO ()
sample2 = runEffect $ range 1 20 >-> sampleConsumer

-- nからm までの範囲を表す簡単なProducerを
-- Control.Monadで提供されているmapM_関数を利用して作成する
range :: Int -> Int -> Producer Int IO ()
range n m = mapM_ yield [n..m]

sampleConsumer :: Consumer Int IO ()
sampleConsumer = do
  -- await関数でストリームの上流からデータを取得する
  x <- await
  -- fizzBuzzして出力
  lift . putStrLn $ fizzBuzz x
  -- ストリームデータの最後まで自分自身を呼び出す
  sampleConsumer

--簡単なFizzBuzzの実装
fizzBuzz :: Int -> String
fizzBuzz n
  | n `mod` 15 == 0 = "FizzBuzz"
  | n `mod` 3 == 0 = "Fizz"
  | n `mod` 5 == 0 = "Buzz"
  | otherwise = show n
```

---

*37　簡単な例としてFizzBuzzを採用しましたが、本来このようにストリームデータで値を加工する処理はConsumerではなくPipeで
　　行なうべきです。

278

第 **8** 章

並列・並行プログラミング

第**8**章　並列・並行プログラミング

　この章では並列・並行プログラミングについて解説します。Haskellはイミュータビリティや
型の制約から、マルチスレッド時の問題が回避しやすい言語です。並列・並行の概念を紹介し、
実際に動作するコードで学んでいきます。

　Haskellでは並列・並行プログラミングのためのツールが数多く用意されています。状況に応
じて使い分けましょう。

8.1　並列と並行

　並列性（parallelism）と並行性（concurrency）という単語にはさまざまな定義があり、分野や
レイヤーによってそれらの指す意味は微妙に異なります。GHCではこれら2つの単語について
明確な基準を設けています[1]。

- 並列性とはHaskellプログラムをマルチプロセッサ上で動作させることで、目的はパフォーマンス向上にある。それはプログラム上に明示せずに意味上の変化を起こすこともなく達成できることが望ましい
- 並行性はI/Oを実行する複数のスレッドを組み合わせてプログラムを実装することである。（..略..）パフォーマンス向上ではなく目的となる処理をシンプルに、より直接的にプログラム上で表現するのが目的だ。I/Oを実行するスレッドを扱うため、必然的にプログラムの構文は非決定的（訳注：実行ごとに結果が変わりうるようなもの）になる

　GHCにおいては、並列性が速度改善、並行性がプログラムの表現の改善を目的としています。
並列性は速度改善が目的であるため、並列プログラムを1つのCPUコアで実行しても意味は
ありません。しかし並行性はI/Oが絡むプログラムをより適切に表現するのが目的で、パフォー
マンス向上を目的とはしていません。そのため、並行プログラムは複数のCPUコア上で同時に
実行されているかどうかは関係ありません[2]。

8.1.1　それぞれの処理の目的

　並列性と並行性について、もう少し具体的な例をあげてみます。
　並列プログラミングはマルチプロセッサによる処理速度向上を主眼としています。
　例えば大量のデータを入力とし、統計値を出力するようなプログラムに向いています。
k-meansアルゴリズムといった大量のデータを扱いつつイテレーションを繰り返すようなアル
ゴリズムはその典型例と言えます。いくつかの制約から解を求めるような探索問題も並列プログ

---

[1]　https://downloads.haskell.org/~ghc/8.0.1/docs/html/users_guide/parallel.htmlを筆者が訳出。

[2]　実際には並行のために書いたプログラムでも適切にビルドすれば複数のプロセッサ上で同時に実行され、パフォーマンス上のメリットを享受できることがあります。

280

ラミングが向いているかもしれません。数独のようなパズルを解く、線形計画法のような探索問題、または最適解を求めるような問題です。残念ながら、並列性を十分に活用できるかどうかは解く対象の問題の性質やアルゴリズムに依存しており、常に並列性が活用できるとは限りません。

GHC上の定義では並行プログラミングが目指すのは、複数のスレッドが協調して動くプログラム（を適切に表現できること）です。

例えばアプリケーションプログラムでサーバからの大きなデータのダウンロードを別のスレッドに切り出すことで、メインスレッドがダウンロードの影響を受けにくく実装できます。さらにメインスレッド側の実装はシンプルになります。I/Oの一部を特定のスレッドに任せる設計はしばしば行われます。

他にはサーバ上で動くプログラムです。チャットサーバでユーザ一人ずつのアクセスを1スレッドずつ割り当てることによってプログラムが単純に書けるでしょう。

8.1.2 スレッドを用いたプログラムの実行

実際にHaskellでスレッドを活用したコードを書いてみましょう[*3]。

GHCではOSスレッド（OS threads）と軽量スレッド（lightweight threads）と呼ばれる二種類のスレッドを扱えます。OSスレッドとはOSが生成、管理するスレッドです[*4]。ネイティブスレッド（native threads）、カーネルスレッド（kernel threads）とも呼ばれます。軽量スレッドはGHCが生成するスレッドです。OSスレッドより生成コストやスレッドあたりのフットプリントが小さく、管理やスレッド切り替えもカーネルに依存せずにユーザ空間で完結しているため、OSスレッドより高速に動作します。グリーンスレッド（green threads）と呼ばれることもあります。本書でマルチスレッドという場合は軽量スレッドを複数実行することを示します。

マルチプロセッサをうまく活用するとプログラムが高速になることは他言語で経験があるかもしれません。ここでは、軽量スレッドを用いたプログラムを、シングルプロセッサ上とマルチプロセッサ上でそれぞれ実行します。

サンプルプロジェクトを作成します。

```
$ stack new parallel-sample simple
Downloading template "simple" to create project "parallel-sample" in parallel-
sample/ ...

..略..

Writing configuration to file: parallel-sample/stack.yaml
All done.
```

＊3　これらのコードの中で使われている型や関数については8.2以降で解説します。

＊4　他の言語で一般にスレッドと言ったときは、このOSスレッドを指していることが多いです。

第8章 並列・並行プログラミング

生成された`parallel-sample.cabal`を編集し、`executable`セクションを2つ、次のように用意します。一つはシングルプロセッサで実行するプログラムのビルド、もう一つはマルチプロセッサで動作するプログラムのビルド設定です[5]。

```
executable single-processor
  hs-source-dirs:      src
  main-is:             Main.hs
  default-language:    Haskell2010
  build-depends:       base >= 4.7 && < 5
                     , monad-par

executable multi-processors
  hs-source-dirs:      src
  main-is:             Main.hs
  ghc-options:         -threaded "-with-rtsopts=-N2"
  default-language:    Haskell2010
  build-depends:       base >= 4.7 && < 5
                     , monad-par
```

GHCで複数プロセッサを活用したい場合には`-threaded`フラグを使用します。このフラグを付けるとGHCはスレッド版ランタイムシステムを用いてプログラムをリンクします。`"-with-rtsopts=-N"`は実行時にランタイムシステムに渡すオプションを意味します。ここでは`-N`というオプションがランタイムシステムに渡されています。`-N<x>`はプログラムで同時に走らせたいスレッド数を指定し、通常はマシンのコア数を指定します。例えばクアッドコアのマシンにおいては`-N4`のように指定します。`<x>`を省略した場合はランタイムシステムが適切な数を選びます。

次のコードを`src/Main.hs`に保存します。フィボナッチ数をマルチスレッドを用いて解くプログラムです。

```
module Main where

-- モナドベースの並列（Par）実行を可能にするモジュール
import Control.Monad.Par (spawnP, get, runPar)
import System.Environment (getArgs)

main :: IO ()
main = do
    args <- getArgs
    let (n:_) = fmap read args
    print (parallelFib n)
    putStrLn "DONE"

-- フィボナッチ数を並列で計算する
-- Parモナドによってivar1とivar2の組、result1とresult2の組が並列に求められる
```

---

[5] 以後、本章で解説するコードをマルチプロセッサで動作させる参考にしてください。

```
parallelFib :: Int -> Int
parallelFib 0 = 0
parallelFib 1 = 1
parallelFib n = runPar $ do
    ivar1 <- spawnP $ fib (n - 1)
    ivar2 <- spawnP $ fib (n - 2)
    result1 <- get ivar1
    result2 <- get ivar2
    return $ result1 + result2

-- ナイーブなフィボナッチ数の計算。実装上、特に並列性を意識していない
fib :: Int -> Int
fib 0 = 0
fib 1 = 1
fib n = fib (n - 1) + fib (n - 2)
```

　フィボナッチ数を求める**fib**関数、さらにそれを並列実行するために**Par**モナド（8.6.2参照）を利用して**parallelFib**を作成します。**main**ではコマンドライン引数の処理を行なっています。

■─────ビルド・実行

　stack buildでビルドを行い、引数に適当な数を与えて二つのプログラムを実行します。

```
$ stack build
$ stack exec single-processor -- 45
$ stack exec multi-processors -- 45
```

　それぞれのプログラムの実行結果を比べて見ましょう。マルチプロセッサを活用した方が実行時間が短縮できていることが確認できます[6]。

```
$ stack build
..略..

time stack exec single-processor -- 45
1134903170
DONE
        9.80 real           9.56 user           0.14 sys
time stack exec multi-processors -- 45
1134903170
DONE
        7.55 real          21.18 user           2.26 sys
```

　ここまででHaskellで並列並行プログラミングを行うための最低限の知識は身に付けました。8.2から実際の関数やモナドを解説していきます。

---

[6]　WindowsではPowerShellのMeasure-Commandなどを使ってください。

第**8**章 並列・並行プログラミング

8.2 MVarによるスレッド間の通信

　まずは並行プログラミングに関しての説明を行い、8.6で並列の話を行います。プログラミング実践上、パフォーマンスを追求する並列性よりも、一部のI/O処理を別スレッドで実行するといった並行性の方が身近で活用の場が多いためです。

　ここではスレッド間のやりとりという観点から、まずは並行プログラミングの基礎を学んでいきます。

　並行プログラミングでまず問題となるのはスレッド間で値をどのように共有して、どのように更新するかです。Haskellでは多くの値はイミュータブルであると説明してきましたが、イミュータブルな値はスレッド間で共有しても問題が起こりません。しかし値の更新もできないため、並行プログラミングでスレッド間のやりとりには使えません。並行プログラミングで必要とするのは、スレッド間で共有のできるミュータブルな値です。GHCではそのためにMVarという特殊な型コンストラクタを用意しています。MVarで、任意の型をミュータブルな値として扱えるようになります。

8.2.1　スレッドの生成

　並行プログラミングのために、スレッドを生成する方法を押さえましょう。

　GHCでは、**Control.Concurrent**の**forkIO**で軽量スレッドの生成を行います[7]。型を見てみましょう。**IO ()**を受け取り、生成したスレッド固有のID（**ThreadId**）を返します。

```
forkIO :: IO () -> IO ThreadId
```

```
ghci> :m + Control.Concurrent System.IO
ghci> hSetBuffering stdout LineBuffering -- 複数スレッドからの出力が混じらないようにする
ghci> forkIO $ putStrLn "New Thread"
New Thread
ThreadId 190
```

　forkIOは引数のI/Oアクションを別スレッドで実行し、生成元スレッドには**ThreadId**を返します。

8.2.2　MVarの利用

　MVar :: * -> *は型を1つ指定可能な型コンストラクタで、値を一つだけ入れられる箱の

....

*7　OSスレッドを生成するにはforkOSを用います。

284

ようなものです。その箱は、指定した型の値が格納されている状態と空の状態、2つの状態を取ります。

```
data MVar a

newEmptyMVar :: IO (MVar a)
newMVar :: a -> IO (MVar a)
takeMVar :: MVar a -> IO a
putMVar :: MVar a -> a -> IO ()
```

　値が格納されたMVarを生成するにはnewMVar、空のMVarを生成したい場合はnewEmptyMVarを用います。値の取り出しにはtakeMVar、値の格納にはputMVarを用います。

　MVarは値を1つしか入れられない箱であり、空のMVarに対しtakeMVarをするとそこでスレッドがブロックされます。ブロックは対象のMVarへ値が格納されるまで続き、値が格納された際にはブロックされたスレッドが起き上がるのと同時にtakeMVarによって値を取得します。

　同様に値が詰まったMVarに対してputMVarを実行した際にもブロックされ、値が空になるまでそのまま待ち続けます。このtakeMVar、putMVarを用いて、生成したスレッドの計算処理を待つことを考えます。

```
import Control.Concurrent

main :: IO ()
main = do
  -- スレッド間で共有するMVar生成
  m <- newEmptyMVar

  -- スレッド生成
  forkIO $ do
    tid <- myThreadId -- 現在のスレッドIDを取得
    putStrLn $ show tid ++ ": doing ... heavy ... task ..."
    threadDelay 2000000 -- マイクロ秒単位でスレッド実行を停止
    putMVar m () -- 処理が終わったことを通知

  takeMVar m -- 生成したスレッドから通知が来るまで待ち続ける
  putStrLn "Done"
```

　スレッド間でMVarを共有するためにforkIOする前にMVarを生成していることに注意してください。

　takeMVarとputMVarの使い方を見ていきましょう。メインスレッドはMVarとスレッドを生成した後、takeMVarを空のMVarに対して実行します。スレッドのタスクがどの程度かかるかわかりませんが、このtakeMVarによって起こされるまでメインスレッドはCPUリソースを消費しなくなります。生成されたスレッドは何らかの時間がかかる処理を行った後、メインスレッドと共有しているMVarに対してputMVarを実行します。MVarは空なのでこの操作は成功し、

それと同時にtakeMVarで待ち続けていたメインスレッドが起き上がります。ここでMVarに入れた値()に特に意味はなく、単にMVarが空かどうかを利用して待ち受けているだけです。

　スレッド間で共有したMVarに方向性のようなものはないことが想像できると思います。

　今回は生成先スレッドから値を渡し、メインスレッドで値を受け取っていますが、メインスレッドからも渡せますし、MVarを使い回しながら値を何度もやりとりすることも可能ではあります。しかしMVarの役割を過剰にもたせてしまうと意図しない問題が起こりやすくなるため、1つ1つのMVarの役割はシンプルにするといいでしょう。また、このことはMVarの役割を型チェックで担保できないことを意味しています。つまりはそこにバグが潜みやすいということです。

■ 型以外の安全性の確保

　型の力が使えない場合の安全性の確保の基本は、隠蔽して機能を削ぎ落とすことです。例えばMVarを隠蔽して、ある程度は安全性が増します。ここではMVarを隠蔽するコードを考えます。

```
actionIO :: IO a -> IO a
actionIO action = do
  mv <- newEmptyMVar :: IO (MVar (Either SomeException a))
  _tid <- forkIO $ do
    result <- try action
    putMVar mv result
  result <- takeMVar mv
  case result of
    Left e -> throwIO e
    Right r -> return r
```

　この関数はMVarを生成し、関数内でMVarを使用し、なおかつ外部へMVarを流出させていません。このactionIOのように、内部でMVarの扱いを完結させることによって問題は単純になります。actionIOの内部か外部かで問題を切り分けることが可能だからです。MVar由来のデッドロック（8.3.1参照）は他のスレッドからの意図しないタイミングでのputMVar、takeMVarによって起きますが、意図しないスレッドがactionIO内部のMVarを触れないようにして問題を回避しています。

　この関数はI/Oアクションを受け取り、別スレッド上で実行しています。またそのアクション上で発生した例外に関しては生成元スレッドにて再度投げなおしています。このような扱いをしている理由はGHCでのスレッド上での例外の扱い方にあります。例外がスレッド上で発生し、そのスレッド上で捕捉されなかった場合、スレッドは終了します。明示的に実装しない限り例外は他のスレッドへ伝播しません。

　actionIOが引数で受け取ったアクションは、スレッドを新たに生成せずにそのまま実行しても大差ないように見えるかもしれません。呼び出し元のスレッドは生成したスレッドの終了をtakeMVarでずっと待ち続けているためです。

　これはこれでアクション内部で生成されるスレッドに非同期例外が直接投げられないように

きるという利点があります。スレッドを他のスレッドから隠せます。しかし生成元のスレッドは
非同期例外を適切にハンドリングする責任が発生します。

`actionIO`関数には便利なバリエーション考えられます。

- I/Oアクションのリトライ回数を指定できるようにする
- I/Oアクションを同時に数スレッドで実行する
- I/Oアクションのリストを引数からとるようにし、同時並列度を指定しつつ順次実行する
- ファイルハンドラのようなリソースを取得してその細かい管理をスレッドにまかせる
- 何かチャネルから取り出して消費するスレッドを作って、そのチャネルへ値を追加する関数を提供する（`logger`のようなものを考えてみてください）

`MVar`の隠蔽を行ったことで使い道も制限されます。これは隠蔽に伴う汎用性と安全性のトレードオフなので、どちらを優先するべきかはその時その時で判断する必要があります。関数型プログラミングでは安全な小さなパーツを作り、それを組み合わせていきます。基本的には個々の関数を安全にすることを重要視するといいでしょう。

■──── MVarを活用したデータ構造の生成

データ構造に`MVar`を埋め込む例を考えます。

```haskell
module Lock
( Lock -- 値コンストラクタは外部に提供しない
, newLock
, withLock
) where

import Control.Concurrent
import Control.Exception

data Lock a = Lock (MVar a)

newLock :: a -> IO (Lock a)
newLock v = do
  mv <- newMVar v
  return $ Lock mv

withLock :: Lock a -> (a -> IO a) -> IO ()
withLock (Lock mv) act = do
  val <- takeMVar mv
  nextVal <- act val
  putMVar mv nextVal
```

ここで`Lock`はスレッド間で1つの値を共有するためのコンテナです。ただし`Lock`は複数スレッドから同時にアクセスされた場合、`MVar`を使って1スレッドずつ排他的にアクセスを許可する

第**8**章　並列・並行プログラミング

ようにします。

　この型のコンストラクタを外部に提供せずに、`newLock`と`withLock`を補助関数として提供して、おおむね安全に扱えます。`MVar`を扱う関数は複数に分割されていますが、外部からは`MVar`へ直接アクセスできないように隠蔽しているというわけです。

　この関数は危険なケースが存在します。`withLock`へ渡す引数のアクション内部で同じ`Lock`の値に対して`withLock`を行うとブロックされ続けてしまいます。なのでさらに別の関数で隠蔽するか、型を変更します。例えば引数にとる関数を純粋にした関数`withLock'`はネストして呼び出せなくなり、安全な関数となります。しかしロック取得中にI/Oアクションが実行できなくなります[8]。

```
withLock' :: Lock a -> (a -> a) -> IO ()
```

8.2.3　複数スレッドからのアクセス

　`MVar`を用いると、スレッドからのアクセスを排他的に許可するようなデータ構造が作れるとわかりました。`MVar`の代わりに`QSem`を用いると、指定した数のスレッドから同時にアクセスを許可するデータ構造を作成できます。`QSem`はquantity semaphoreと呼ばれるリソース管理のための構造です。

```
data SharedResource a = SharedResource QSem a

newSharedResource :: Int -> a -> IO (SharedResource a)
newSharedResource n v = do
  sem <- newQSem n
  return $ SharedResource sem v

withSharedResource :: SharedResource a -> (a -> IO ()) -> IO ()
withSharedResource (SharedResource sem v) action =
  bracket_
    (waitQSem sem)
    (signalQSem sem)
    (action v)
```

　同時にアクセス可能な数は`newQSem`関数の引数に渡します。`QSem`はアクセス権取得を待つ`waitQSem`とアクセス権を返すことを伝える`signalQSem`という関数を提供しています。これらの関数の扱いは注意が必要です。`waitQSem`によって得たアクセス権を返すことなく例外によってスレッドが止まってしまっては、プログラムが意図せず止まりかねないからです。

　`bracket_`はリソース取得とリソース解放のためのファイナライザー、それらの間に実行するア

---

[8]　`withLock`は更に同期/非同期例外に対しても安全ではありませんが修正は`mask`を扱う8.4で行います。

クションの3つ引数にとる関数です。並行プログラミングの例外対処にも`bracket`、`bracket_`は有用です。この関数を用いることで例外発生時にも`signalQSem`の呼び忘れがなくなり、`QSem`は安全に扱えるようになります。

複数同時アクセスが制限されている様子を確認してみます。

```haskell
main :: IO ()
main = do
  sharedResource <- newSharedResource 3 ()

  forM_ [1..10 :: Int] $ \_i -> forkIO $ do
    withSharedResource sharedResource $ \_res -> do
      tid <- myThreadId
      forM_ [1..3 :: Int] $ \n -> do
        putStrLn $ show tid ++ ": " ++ show n
        threadDelay 500000

  threadDelay $ 10 * 1000000
```

実行結果は以下です。スレッドは10生成していますが、アクションの同時実行が3までに制限されていることが確認できます。

```
ThreadId 7: 1
ThreadId 12: 1
ThreadId 6: 1
ThreadId 7: 2
ThreadId 6: 2
ThreadId 12: 2
ThreadId 12: 3
ThreadId 7: 3
..略..
ThreadId 15: 2
ThreadId 15: 3
```

8.3 STMによるスレッド間の通信

Haskellのスレッド間通信で重要なのが**STM**（Software Transaction Memory）です。安全な処理をするうえで役立ちます。

8.3.1 スレッド処理とデッドロック

一般論として、スレッド同士がやりとりする際にはデッドロックやライブロックに気を付けな

第**8**章　並列・並行プログラミング

ければいけません。並行プログラミングにおいて、意図に反してプログラムが途中で止まってしまうデッドロックは大きな問題です[*9]。

■———— **デッドロックの具体例**

　Haskellのコードの前に、MySQLでデッドロックの例を考えてみましょう。

　銀行のアカウントテーブル**accounts**から一人の残高**balance**をもう一人のアカウントの残高へ移すことを考えます。この処理は途中で失敗、割り込みがあると困るため、トランザクションを用います。考えなしに書いた次の2つのトランザクションは同時に実行することでデッドロックを起こし得ます。

```
START TRANSACTION;
UPDATE `accounts` SET `balance` = `balance` + 1000 WHERE `id` = 111;
UPDATE `accounts` SET `balance` = `balance` - 1000 WHERE `id` = 222;
COMMIT;
```

```
START TRANSACTION;
UPDATE `accounts` SET `balance` = `balance` + 2000 WHERE `id` = 222;
UPDATE `accounts` SET `balance` = `balance` - 2000 WHERE `id` = 111;
COMMIT;
```

　ここでポイントとなるのは2つのトランザクションが、共有するデータに対して、**異なる順番でロックを取得している**ことです。

　それぞれのトランザクションが1つ目の**UPDATE**を実行して対象のレコードのロックを取得し、成功します。次にそれぞれのトランザクションが2つ目の**UPDATE**を実行しようとします。このときそれぞれロックが取られているため、お互いがお互いのロック解放を待ち続け、システム全体としてはデッドロックが発生するわけです。

■———— **デッドロックの解決方法**

　デッドロックには解決方法もいくつか知られています。ロックを取る順番とロックを解放する順番を同じにする、セマフォテーブルを作ってトランザクション開始直後にセマフォテーブルへ書き込みロックを取るようにするといったものです。

　しかし、いずれの方法も大域的に一定のデータのアクセスルールを守ることが前提となります。開発者がそのルールを破ればデッドロックが発生しかねません。事前に対処しようにもデッドロックの静的な検知は困難です。セマフォテーブルを活用すると安全にはなりますが並列性が落ちてパフォーマンスも低下します。

[*9]　データベースの話ですが、例えばMySQLでトランザクションを記述する場合、デッドロックを起こすクエリは簡単に書けてしまうことが知られています。

複数のトランザクションを組み合わせて1つのトランザクションとすることもまた困難です。小さなトランザクションを組み合わせようとするとデッドロックの危険性がそのまま向上します。これは小さなパーツを組み合わせていき、最終的に問題を解決する大きなものを構成するといった開発手法、言い換えれば関数型プログラミングでは馴染み深い開発方法が難しいことを意味します。この解決にはSTMが役立ちます。

■────── 複数スレッド間のデータ共有とデータロック

スレッド間でデータを複数共有し、それぞれのスレッドから共有データの変更を加えたいという状況が同時に発生したとき、デッドロックの可能性が出てきます[10]。Haskellのコードに立ち返って考えてみましょう。

```
module Main where

import Control.Concurrent

main = do
  putStrLn "Begin"
  account1 <- newMVar 10000
  account2 <- newMVar 10000

  -- Thread 1
  forkIO $ do
    balance1 <- takeMVar account1 -- Success
    threadDelay 1000000
    balance2 <- takeMVar account2 -- Deadlock!!!
    putMVar account1 (balance1 + 1000)
    putMVar account2 (balance2 - 1000)

  -- Thread 2
  forkIO $ do
    balance2 <- takeMVar account2 -- Success
    threadDelay 1000000
    balance1 <- takeMVar account1 -- Deadlock!!!
    putMVar account2 (balance2 + 2000)
    putMVar account1 (balance1 - 2000)

  threadDelay 2000000
  balance1 <- takeMVar account1
  balance2 <- takeMVar account2
  print (balance1, balance2)
  putStrLn "Done"
```

---

[10] コードは先のMySQLの例との対比のために用意したコードで、実際このようなケースではトランザクションを持つDBを用いて変更した値をディスクへ書き込むべきです。

第8章 並列・並行プログラミング

状況は先ほどのMySQLのトランザクションの例と似たようなことになっています。account1、account2の順番で値を取得しようとするスレッドと、account2、account1の順番で値を取得しようとするスレッドが存在し、それぞれ2つ目のtakeMVarで値を待ち続けてデッドロックが発生します[*11]。

8.3.2 STMによるトランザクション

並行プログラミングではデッドロックは大きな問題であるということが確認できたかと思います。GHCではこの問題に対してソフトウェアトランザクショナルメモリ（Software Transactional Memory、STM）を提供しています。STMによって、デッドロックに悩まされることなく、高速に動作する、組み合わせ可能なトランザクションを扱うことが可能です。

STMはGHC上でモナドとして提供されています。これがモナドとして提供されるのは、優れた言語設計です。モナドとして提供されているということは、**STMを組み合わせ可能なトランザクション**として扱えることを意味します。小さなトランザクションを組み合わせて目的のトランザクションを組み上げる、といった関数型プログラミングの手法を用いることができるということです。

■─── STMがデッドロックを回避する仕組み

STMではデッドロックが起きません。そのからくりはSTMの仕組みにあります。STMはトランザクション内でスレッド間で共有されるデータを書き込む際、実際の値とは別に値を確保しておきます。すぐにトランザクション外の値に反映させるわけではありません[*12]。よって書き込み時にはロックの必要もないのでとりません。読み込み時においても読み込む値はトランザクションのコミット時に確認するため覚えておきますが、やはりロックはとりません。

STMがロックをとるのはコミット時の一貫性確認時です。コミット時には値（TVar）のロックを取り、トランザクション内で読み込んだTVarのそれぞれ値に関して想定通りの値を持っているか確認します。もし全て想定通りであるならそのままコミットし、トランザクションの結果を外部の値（実際の値）へ反映します。もしトランザクション内で読み取ったTVarの値が他のスレッドで更新されていた場合、コミット時の一貫性チェックで検知され、それまでのトランザクションは破棄し、もう一度はじめから実行します。

この仕組みにより、TVarをどの順番で読むかは問題ではなくなります。またどの順序で変数を読むかが問題ではないため、複数のトランザクションを組み合わせて1つのトランザクションにすることも可能になっています。

[*11] GHCはデッドロック検知機能を持っていて、ランタイムシステムはデッドロックが起きたと判断すると例外を発生させます。よってこの例では割愛していますが、実行するとデッドロックでプログラムが止まる代わりに、例外が起こることが確認できます。

[*12] writeTVarはスレッド間で共有されるデータの書き込み、readTVarはその読み込みを担います。

STMによる一貫性の保証

トランザクション本来の関心ごとはデータ(処理)の一貫性です。STMは一貫性も保証します。ここまでSTMの概要を紹介してくるだけでしたが、実際に使ってみましょう。cabalファイルのbuild-dependsにstmパッケージを追加しておきます。

```haskell
module Main where

import Control.Applicative
import Control.Concurrent (forkIO, newEmptyMVar, takeMVar, putMVar)
import Control.Concurrent.STM -- stmパッケージで定義

main = do
  putStrLn "Begin"
  mv1 <- newEmptyMVar
  mv2 <- newEmptyMVar

  account1 <- newTVarIO (10000 :: Int)
  account2 <- newTVarIO (10000 :: Int)

  let wait b = case b of
        0 -> return 1
        1 -> return 1
        n -> (+) <$> wait (n - 1) <*> wait (n - 2)

  -- Thread 1
  forkIO $ do
    atomically $ do
      balance1 <- readTVar account1
      balance2 <- readTVar account2
      wait 35
      writeTVar account1 (balance1 + 1000)
      writeTVar account2 (balance2 - 1000)
    putMVar mv1 () -- 処理が終了したことをメインスレッドへ通知

  -- Thread 2
  forkIO $ do
    atomically $ do
      wait 32
      balance1 <- readTVar account1
      balance2 <- readTVar account2
      writeTVar account1 (balance1 - 2000)
      writeTVar account2 (balance2 + 2000)
    putMVar mv2 () -- 処理が終了したことをメインスレッドへ通知

  -- タスクが終わるまで待つ
  takeMVar mv1
  takeMVar mv2

  balances <- atomically $ (,) <$> readTVar account1 <*> readTVar account2
```

```
print balances
putStrLn "Done"
```

```
Begin
(9000,11000)
Done
```

このコードではトランザクション確認のため、不整合が起こるようわざとwaitを挟んでいます[13]。Thread 1がまずaccount2から1000取り出し、account1へ1000へ加える処理を行い、最後に少し待ちます。Thread 2はThread 1のトランザクションの処理をわざと待ちます。次にThread 1が待っている間にトランザクション処理を行います。Thread 2の処理がatomicallyによって終わると実際の値が書き換わります。するとThread 1で書き換えようとしていたaccount1、account2はトランザクション内で読み込んだ際の値とは異なっており、そのままコミットできません。よって1回トランザクションを破棄してもう一度はじめから実行し直します。

8.4 非同期例外

GHCは例外機能を提供しており、例外機能は同期例外と非同期例外の2つに分けられます（4.5参照）。GHCではスレッドを他のスレッドから止められます。そのために非同期例外と呼ばれる例外が用いられます[14]。

例外とはある関数内で対処できない状況になった際に、その関数を呼び出した関数にその対処の責任を譲渡する機能です。GHCで同期例外が投げられたとき、それが捕捉されるまでスレッドのコールスタックをさかのぼっていき、例外が捕捉されなかったらスレッドは停止します。forkIOによってスレッドを生成すると、例外は他のスレッドに伝播しません。こうすることで他のスレッドの影響を限定できますが、例外の情報を持ってこれないのは不便です[15]。

非同期例外（asynchronous exceptions）は、他のスレッドからあるスレッドに対して投げられる例外です。例外を投げられたスレッドは、同期例外と同様に処理します。つまりその例外がキャッチされずに最後までたどり着くと、投げられたスレッドは停止します。非同期例外によってスレッドが停止しても、その通知や例外はスレッド生成元には届きません。また、例外を投げたスレッドはその例外の処理が終わるまで処理を進めずにブロックされます。

----

[13] STM内ではthreadDelay :: Int -> IO ()のような関数は存在しないため、代わりにフィボナッチ数を計算してしばらくの間待たせています。

[14] 一般的に他の言語が例外としているものは、GHCでは同期例外に相当します。

[15] 例外がスレッド生成元のスレッドへ伝播して欲しい場合はasyncパッケージ（8.5参照）を用います。

非同期例外 **8.4**

```haskell
{-# LANGUAGE LambdaCase #-}
module Main where

import Control.Concurrent

main :: IO ()
main = do
  putStrLn "BEGIN"
  mv <- newEmptyMVar

  tid <- forkFinally
    -- スレッドでの処理
    (do
      tid <- myThreadId
      print tid
      threadDelay 2000000 -- 2sec
      putStrLn "Hey!")
    -- スレッドのファイナライザ、処理を場合分け
    (\case
      Right _ -> do
        putStrLn "Finished the task"
        putMVar mv ()
      Left e -> do
        putStrLn $ "Killed by Exception: " ++ show e
        putMVar mv ())

  threadDelay 1000000 -- 1sec
  killThread tid -- 非同期例外を投げる
  takeMVar mv
  putStrLn "END"
```

```
BEGIN
ThreadId 6
Killed by Exception: thread killed
END
```

　"Hey!"の文字列が表示されていないため、生成したスレッドは最後まで実行されずに非同期
例外を受け取り、そのまま停止したことがわかります。forkFinallyはスレッドを生成するの
と同時に、スレッドにファイナライザを設定できる関数です。ここでは正常終了か、例外による
終了かによって出力文字列を変えています[*16]。

　メインスレッドではkillThreadを用いて生成したスレッドへ非同期例外を投げています。
そのスレッドではアクションを中断され、ファイナライザが呼び出されます。非同期例外はコー

[*16] 5.4.2で解説したようにHaskellにはtry catchといった構文がそもそも存在せず、例外を投げる場合も捕捉する場合も専用の関数
を用います。そのため少しインデントやスペース数を間違えると、他の言語では構文エラーとなる場合でもユーザには型エラーとして
現れることがあります。これは初心者にとっては混乱の元のため、今回の例のようにかっこで括ってわかりやすくしています。\case
で始まる構文はLambdaCase拡張です。lambdaの引数部分でパターンマッチしたいときに使います。

ド中で明示したもの以外に、ランタイムシステムからも投げられます。例えばstack overflowが起こった時、GHCでは対象のスレッドに対して`StackOverflowException`を投げます。

非同期例外が他のスレッドから投げられる可能性のある場合、コードの記述には気を付けなければいけません。同期例外の場合はどこで例外が投げられるか、コードやドキュメントを読めばわかります。必要に応じて例外が投げられる関数を`try-catch`構文で待ち構えるのが一般的です。対して、非同期例外ではどのタイミングで、どこから非同期例外が投げられるかはわかりません。しかし、常に非同期例外の可能性を考えて安全なコードを書くのは困難です。Haskellは非同期例外を採用しながら、この問題をバランスよく解決しています。

8.4.1　非同期例外と純粋関数

HaskellではIOを含まない関数は外部に何も影響を及ぼさないため、いついかなるときに非同期例外を受け取って中断されたとしても実は問題は起こりません。純粋なコードを書くということはさまざまな意味で安全です。

8.4.2　非同期例外とマスク

IOを含むコードを書く場合には非同期例外をいつどこで受け取るかわからないことは問題です。そのような状況下では、安全な並行プログラムはまともに書けません。例えば「空であってはいけない」という制約条件を持つ関数を実装する場合でも、一時的に`MVar`から値を取り出して空にするような処理はどうしても発生してしまうためです。

空になった瞬間にたまたま非同期例外を受け取ってしまうと「空であってはいけない」という条件は崩れてしまい、どこかでデッドロックが発生するかもしれません。`Control.Exception`モジュールは問題の対処に`mask`という関数を提供しています。`mask`は非同期例外の割り込みを行えなくします。

```
mask :: ((forall a. IO a -> IO a) -> IO b) -> IO b
```

`mask`されたI/Oアクションは、引数で受け取る関数[17]で指定される場所と、ブロックされている時を除き、非同期例外を受け取らなくなります。`mask`の型は複雑そうに見えますが使い方は簡単です。対象の`IO`コードを包むように`mask`を書き加えればいいだけです。次のコードを実行して、非同期例外と`mask`の関係を確認します。

....

[17] 慣習的に`restore`という名前が仮引数名としてよく使われます。以下わかりやすさのために`unmask`を使うことにします。

非同期例外 **8.4**

```haskell
{-# LANGUAGE LambdaCase #-}
{-# OPTIONS_GHC -fno-omit-yields #-}
module Main where

import Control.Concurrent
import Control.Exception

main :: IO ()
main = do
  m <- newEmptyMVar

  tid <- forkFinally
    (mask $ \unmask -> do
      let showResult v = putStrLn $ "Result: " ++ show v
      putStrLn "Child thread..."
      evaluate (fib 40) >>= showResult -- マスクされた時間のかかる処理1
      evaluate (fib 39) >>= showResult -- マスクされた時間のかかる処理2
      unmask (evaluate $ fib 38) >>= showResult -- マスクされていない処理
      putStrLn "Hey!")
    (\case
      Right _ -> putStrLn "Finished the task" >> putMVar m ()
      Left e -> putStrLn ("Killed by Exception: " ++ show e) >> putMVar m ())

  threadDelay 1000
  killThread tid -- tidに非同期例外を投げる。スレッドキル
  takeMVar m

fib :: Int -> Int
fib 0 = 0
fib 1 = 1
fib n = fib (n-1) + fib (n-2)
```

```
Child thread...
Result: 102334155
Result: 63245986
Killed by Exception: thread killed
```

　`evaluate :: a -> IO a`はサンクを評価する関数です。この関数を用いてスレッド上で時間がかかる`fib`を実行していますが、マスクされているため非同期例外は割り込めません。`unmask`している箇所で非同期例外を受け取り、例外は捕捉されずに結果的にスレッドは停止します。非同期例外はIOが関係していてもいつでもどこでも割り込める訳ではないということです。`mask`等によって割り込めない場合、非同期例外は数秒でも数分でも待ち続けます。それは非同期例外を投げたスレッドの処理も進められずにブロックされ続けるということを意味します[18]。ここでは時間

---

[18] `Control.Exception`では割り込みを一切許さない`uninterruptibleMask`も提供していますが、この関数は慎重に扱う必要があります。もし`uninterruptibleMask`内部でなんらかの理由でブロックが発生すると、そのスレッドを止められなくなってしまうかもしれないためです。

がかかる処理の例に`threadDelay`ではなく`fib`を用いているのは、`threadDelay`がブロックされている処理に相当して`mask`内でも非同期割り込みされてしまうためです[*19]。

maskの特性

`mask`されているスコープ内でも、スレッドがブロックされているときは非同期例外が割り込む可能性があります。

空の`MVar`を`takeMVar`しているときのブロック中など、それが`mask`下であっても割り込みが発生します。この性質はもし無期限ブロックが発生しても外部から非同期例外で安全に止められることを意味しています。一般に非同期例外の割り込みをされては困る箇所としては、例外ハンドラの内部が挙げられます。リソースの解放処理を安全に記述したいのに、例外を処理しているハンドラ内部でさらに追加の例外を受け取ってしまっては困ります。なので例外ハンドラの内部は必ず`mask`するように実装されています。一例として`Control.Exception.bracket`の実装を見てみましょう。リソース取得時と解放時はマスクされていることが確認できます。この`mask`によって、リソース確保直後やリソース解放直前といった場面で非同期例外を受け取ることを防いでいます。

```
bracket
      :: IO a          -- ^ computation to run first (\"acquire resource\")
      -> (a -> IO b)   -- ^ computation to run last (\"release resource\")
      -> (a -> IO c)   -- ^ computation to run in-between
      -> IO c          -- returns the value from the in-between computation
bracket before after thing =
  mask $ \restore -> do
    a <- before
    r <- restore (thing a) `onException` after a
    _ <- after a
    return r
```

maskとunmaskを正しく使う

8.3で例外に対して安全ではない`Lock`を扱いました。

この`Lock`の`withLock`の`act`実行中に例外が発生、もしくは非同期例外を受け取ると、`Lock a`が持つ`MVar`は空のまま`withLock`関数を抜けることになり、そして次の`withLock`の`takeMVar`はいつまでも待ち続けるため好ましくありません。そのためこの`withLock`を`mask`を用いて例外に対して安全にすることを考え、変更します。

[*19] 実際には最適化によってfibではメモリ割当が発生せず、非同期例外割り込みができない関数が生成されるため、割り込みが発生するように-fno-omit-yieldsを指定しています

```
withLock :: Lock a -> (a -> IO a) -> IO ()
withLock (Lock mv) act = mask $ \unmask -> do
  v <- takeMVar mv
  -- unmaskで非同期例外を受け取れるようにしつつ、onExceptionで例外処理を記述
  next <- unmask (act v) `onException` putMVar mv v
  putMVar mv next
```

withLockはLock aの持つMVar aから値を取り出したら、どこかで値を格納する必要があります。それは例外発生時も変わりません。同じwithLock関数内でMVarに値を入れることを保証すると使い勝手がいいでしょう。そのMVar aから一時的にでも値を取り出すことは危険なため、全体をmaskで覆います。全体をマスクすると、非同期例外が割り込む箇所はブロックが発生する箇所だけです。よって、ブロックする箇所であるtakeMVar、act、putMVarだけ例外を確認すればいいのです。actはwithLockの外から渡された関数のため、何が起こるかわかりません。例外が発生するかもしれないし、無限ループしてしまうかもしれません。無限ループするかもしれないコードをタイムアウトなどで止められるには、非同期例外で止められるようにしておく必要があります。unmaskでマスクを外しておきます。もし例外が発生する、あるいは非同期例外を受け取った場合はonExceptionでLock aに元の値を戻しておき、他のスレッドでLockを扱う際にデッドロックが発生しないようにします。

8.4.3　非同期例外とSTM

非同期例外安全のための手段としてはmaskとunmaskで適切に切り分ける他、8.3のSTMも使えます。

STMはアトミックなトランザクションを提供します。トランザクション途中の壊れた状態が外に見えることはなく、結果は成功か失敗のどちらかです。STMの途中にスレッドが非同期例外を受け取れば、STMはそのトランザクションを破棄し、受け取った例外をIOの外へ伝播させます。

```
{-# LANGUAGE LambdaCase #-}
{-# OPTIONS_GHC -fno-omit-yields #-}

module Main where

import System.IO
import Control.Monad (when)
import Control.Concurrent
import Control.Concurrent.STM

main = do
  hSetBuffering stdout LineBuffering
  m <- newEmptyMVar
  tvar <- newTVarIO 10 :: IO (TVar Int)
```

第**8**章 並列・並行プログラミング

```
    delay1sec <- registerDelay 1000000

    tid <- forkFinally
      (do
        putStrLn "Child thread..."
        action <- atomically $ do
          modifyTVar' tvar (* 2)
          wait delay1sec
          return $ putStrLn "Multiply Int in TVar by 2"
        action)
      (\case
        Right _ -> putStrLn "Finished the task" >> putMVar m ()
        Left e -> putStrLn ("Killed by Exception: " ++ show e) >> putMVar m ())

    threadDelay 1000
    killThread tid
    readTVarIO tvar >>= \n -> putStrLn $ "TVar: " ++ show n
    takeMVar m

wait :: TVar Bool -> STM ()
wait delay = do
  ok <- readTVar delay
  when (not ok) retry
```

```
Child thread...
TVar: 10
Killed by Exception: thread killed
```

　STMの途中に非同期例外を受け取るようにしてあります。トランザクションはキャンセルされ、2倍に更新しようとした処理は破棄されています。非同期例外を安全に取り扱えているのがわかります。maskは使い方を比較的細かく考える必要があるのに対し、STMを使えば手軽に非同期例外安全が手に入ります。しかしSTM内部ではIOを実行できず、コストもタダというわけではありません。使いどころを考える必要が出てきます。もしSTM内部でIOを実行したくなった場合は、代わりにSTMの結果でI/Oアクションを返すことを考えてみてください。その場合型はSTM (IO a)といったものになり、atomically :: STM b -> IO bの適用によってIO (IO a)となります。型は複雑に見えますが、IOの結果でI/Oアクションが返ってくるだけです。

8.5 より安全な非同期—async

　asyncパッケージはGHCが提供しているControl.Concurrentの薄いラッパーです。MVarは並行プリミティブであり、デッドロックに関しては型で保護されないため、直に用いるのはある程度のリスクを伴います。asyncパッケージはMVarを用いずに、待ち合わせやキャン

セル等を含むプログラムを安全かつ堅牢に記述することを目的としています。

8.5.1　基本の利用

asyncパッケージではforkIOの代わりにasyncを用います。forkIOはスレッドを生成し、引数で受け取るアクションの結果を保持せず捨てますが、asyncに渡されたI/Oアクションは別スレッドで実行され、生成元スレッドにはAsync aという型の値が返ります。Async aに対してなにもしなければ生成先スレッドでの結果は捨てられるだけです。生成元スレッドではwaitでその結果を待つ、スレッドが終わったかどうかをpollで確認する、cancelを用いてスレッドの処理を途中で止める、といったことができるようになります。

```
async :: IO a -> Async a
wait :: Async a -> IO a
cancel :: Async a -> IO ()
```

これを用いてHTTPリクエストを複数投げ、そのレスポンスを待つプログラムです。

```
{-# LANGUAGE OverloadedStrings #-}
module Main where

import Control.Concurrent.Async
import qualified Data.ByteString.Lazy.Char8 as C8
import Network.HTTP.Simple -- HTTPリクエストを投げる

main :: IO ()
main = do
  a1 <- async $ getUrl "http://httpbin.org/get"
  a2 <- async $ getUrl "http://httpbin.org/get"
  result1 <- wait a1
  result2 <- wait a2

  C8.putStrLn result1
  C8.putStrLn result2

getUrl :: Request -> IO L8.ByteString
getUrl url = do
  response <- httpLBS url
  return $ getResponseBody response
```

8.5.2　より安全に書く

使い捨てのコードなら、これで十分です。例外を考慮して堅牢なコードを書こうとする場合は、withAsyncを使います。

```
withAsync :: IO a -> (Async a -> IO b) -> IO b
```

　asyncで生成したスレッドは、生成元スレッドがkillされても動き続けてしまう可能性があります。生き残ってしまったスレッドを終了する手段がなくなってしまうのは、計算リソースの圧迫などにつながります。それに対してwithAsyncは、生成元スレッドが止まった場合は生成先スレッドも必ず止まるように設計されています。

　まずはwithAsyncを使わない場合の問題のあるコードを見ます。Thread1が終了した後にもThread2が動き続けています。こうなってしまったら外部から止められません[20]。スレッドリークが発生します。

```
main :: IO ()
main = do
  putStrLn "Using async"
  _ <- async $ do
    _ <- async $ forever $ do
      putStrLn "Thread2: Can you hear me?"
      threadDelay 500000 -- 0.5sec
    threadDelay 1000000 -- 1sec
    putStrLn "Thread1: end"

  threadDelay 3000000 -- 3sec
```

```
Using async
Thread2: Can you hear me?
Thread2: Can you hear me?
Thread1: end
Thread2: Can you hear me?
Thread2: Can you hear me?
..略..
```

対してwithAsyncを用いたコードです。

```
main :: IO ()
main = do
    putStrLn "Using withAsync"
    withAsync thread1 $ \a1 ->
      withAsync thread2 $ \a2 ->
        waitEither_ a1 a2
  where
    thread1 = do
      threadDelay 2000000 -- 2sec
      putStrLn "Thread1: end"
```

---

[20] もちろん、プログラム自体が止まれば生成されたスレッドは全て止まります。

```
    thread2 = forever $ do
      putStrLn "Thread2: Can you hear me?"
      threadDelay 500000 -- 0.5sec
```

```
Using withAsync
Thread2: Can you hear me?
Thread2: Can you hear me?
Thread2: Can you hear me?
Thread2: Can you hear me?
Thread1: end
```

　一方のスレッド終了とともにもう一方のスレッドも止まります。これは例外によって止まったときも同様です。このように`withAsync`を用いるとスレッドリークを起こさずに安全にスレッド同士を連携させることが可能です。このパターンはよく用いるため、関数`race_ :: IO a -> IO b -> IO ()`*21 が用意されています。`race_`はそれぞれスレッドを生成し、一方が終わるか例外で止まった場合にもう一方もキャンセルします。他にも`Control.Concurrent.Async`は待ち合わせのための`concurrently`や他にもさまざまなコンビネータを提供しています。

```
main :: IO ()
main = do
    putStrLn "Using race_"
    race_ thread1 thread2
  where
    thread1 = do
      threadDelay 2000000
      putStrLn "Thread1: end"
    thread2 = forever $ do
      putStrLn "Thread2: Can you hear me?"
      threadDelay 500000
```

8.5.3　同期例外と非同期例外の区別 — safe-exceptions

　同期例外と非同期例外はGHCでは同じように扱われ、`Control.Exception.catch`関数等ではそれらを区別できません。これは時に問題となります。同期例外はあるスレッド上で投げられ、対処可能な地点まできたら`catch`し、アクションのリトライなどの対処が可能で、多くの場合はそれを試みます。しかし`killThread`に代表されるように、非同期例外においては適切な後始末処理は必要ですが、その性格から言ってスレッドを止めるまで再度`throw`されるべきことがほとんどです。

---

*21　`race_`の最後のアンダースコアは、今までも見てきたように、慣習的に結果の値を捨てることを表す接尾辞です。結果を捨てない`race :: IO a -> IO b -> IO (Either a b)`も用意されています。

第**8**章　並列・並行プログラミング

　このように同期例外と非同期例外の意味の違いから、本来は区別する必要があります。それを可能にするパッケージがsafe-exceptionsです。safe-exceptionsはControl.Exceptionの代わりにControl.Concurrent.Safeをimportすればいいだけです。Control.Exception.SafeはControl.Exceptionと同名の関数を提供していますが、それらの関数群は同期例外と非同期例外を区別できるように実装されています。例えばcatch、tryといった関数は同期例外のみキャッチするようになっています。

```
module Main where

import Control.Monad (forever)
import Control.Concurrent
-- Control.Exceptionの代わりにControl.Exception.Safeをimportしても実行できる
import Control.Exception (mask, try, throwIO, finally, Exception, SomeException)
import Data.Typeable

data MyException = ThisException | ThatException
  deriving (Show, Typeable)

instance Exception MyException

main :: IO ()
main = do
  putStrLn "MAIN: Begin"
  mv <- newEmptyMVar
  tid <- forkIO $ do
    putStrLn "Thread1: new"
    throwCatchLoop `finally` (putStrLn "Thread1: finally cleanup" >> putMVar mv ())

  threadDelay 3000000
  putStrLn "MAIN: killThread"
  killThread tid
  takeMVar mv
  putStrLn "MAIN: Done"

throwCatchLoop :: IO ()
throwCatchLoop = mask $ \restore -> forever $ do
  ei <- try $ restore $ do
    threadDelay 500000
    throwIO $ ThisException :: IO ()
    return ()
  case ei :: Either SomeException () of
    Right v -> print v
    Left e -> putStrLn $ "Thread1: Caught exception (" ++ show e ++ ")"
```

　throwCatchLoopは同期例外を投げてtryでキャッチするという無限ループ[22]のアクション

---

[22]　無限ループしているのはわかりやすいデモのためです。ネットワークリクエストにたまに失敗してリトライするといったI/Oアクションが実際はあります。

です。throwCatchLoop を抜ける際には finally によって後始末処理を行います。

同期例外を用いたリトライ処理が行われる中、外部からそのスレッドに対して非同期例外が投げられるコード例を見てみましょう。このコードは Control.Exception の import の代わりに Control.Exception.Safe でも動作します。

Control.Exception を import した方の実行結果を見てみます。

```
MAIN: Begin
Thread1: new
Thread1: Caught exception (ThisException)
..略..
Thread1: Caught exception (ThisException)
MAIN: killThread
Thread1: Caught exception (thread killed)
..略..
Thread1: Caught exception (ThisException)
^Cuser interrupt -- Control-Cで中断しています
```

生成元スレッドから killThread で非同期例外を投げていますが、それが try によってキャッチされてしまいました。結果、生成したスレッドは止まることなく動き続けます。これは非同期例外として望ましい挙動ではありません。

もちろんコードに手を加えれば非同期例外だけ丁寧に選り分けることは可能です。しかし同期例外しか想定していないコードを非同期例外も対処できるように書き換えなければならないという状況は、既存コードが大量に存在する場合はとてもコストがかかります。

safe-exceptions は、そのような状況において便利なライブラリです。つまり、非同期例外が考慮されていない既存コードを、import を変えるだけで非同期例外に対処させることが可能です。Control.Exception.Safe を import した方の実行結果を見てみます。

```
MAIN: Begin
Thread1: new
Thread1: Caught exception (ThisException)
Thread1: Caught exception (ThisException)
Thread1: Caught exception (ThisException)
Thread1: Caught exception (ThisException)
Thread1: Caught exception (ThisException)
MAIN: killThread
Thread1: finally cleanup
MAIN: Done
```

killThread でなげられた非同期例外は try で捕まらず、finally の処理が走り、生成したスレッドが意図通り止まります。

このように、safe-exceptions 非同期例外と同期例外を区別して、それぞれの例外を別個に考慮できます。これでより安全にプログラムを組めます。また、safe-exceptions には Control.Exception で提供する関数以外にも各種関数を提供しています。それらによって例外の細かい扱いも可能になります。

第8章 並列・並行プログラミング

8.6 並列性を実現するライブラリ

今までは並行実行にフォーカスして基礎的な文法事項などを紹介してきました。最後に並列プログラミングのためのライブラリを紹介します。Haskellは軽量スレッドを、8.1.2で指定したようなビルド時設定でネイティブスレッドと対応させることでマルチプロセッサ上での動作を可能としています。Haskellではコードを素朴に記述して、8.1で見たようにコア数を指定すればすべて並列にうまく実行されるわけではありません。並列に処理することをGHCが理解できるよう、記述する必要があります。ここでは、そのような並列を明示するためのライブラリを紹介していきます。

8.6.1 parallelパッケージ

parallelはサンクの評価を並列に行うためのパッケージです。

大量のデータを処理する場合に起こりそうな汎用性の高いケースを1つ考えてみましょう。1つ1つのデータをすべて並列に処理するにはタスクの粒度が小さすぎるが、ある程度のチャンクにまとめることで並列化する価値のある量になるタスクです。ここで並列化の対象とする処理は、リストのmap関数です。map処理はリストの要素ごとに関数を適用させるため、リスト要素ごとに別個に処理可能な並列化させやすい処理です。

```haskell
main :: IO ()
main = do
  let list = take 5000 (cycle [20..30])
  print $ sum (map fib list)

fib :: Int -> Int
fib 0 = 0
fib 1 = 1
fib n = fib (n - 1) + fib (n - 2)
```

5000要素のリストが存在し、それぞれに小さめなタスク（ここでは例としてfib関数[23]）の適用を考えます。その後、sumで全要素の和をとり表示します。ひとまずシングルスレッドで処理すると、筆者の環境では8.117secかかりました。

---

[23] ナイーブなフィボナッチ関数は、20から30程度を引数にとる場合、現代のマシンではほとんど時間かけずに処理できます。そのため、本来はスレッドを5000立てて処理するには小さすぎる処理ですHaskellの軽量スレッドを新規に立てるコストはそう高くありませんが、実際に処理を記述するときはコストに留意すべきです。

並列性を実現するライブラリ **8.6**

■─────**戦略に基づく高速化**

map関数の評価の並列化に**parallel**パッケージの**Strategies**を用います。**parallel**パッケージを用いると、サンクの評価処理をある Strategy（戦略）に基づいて並列化が可能です。

```
import Control.Parallel.Strategies

main :: IO ()
main = do
  let list = take 5000 (cycle [20..30])
  print $ sum (map fib list `using` parListChunk 30 rseq) -- この行のmap以下を変更
```

変更したのは**parListChunk**部分です。**parListChunk**はリストをある個数のチャンクに区切って並列処理を指定する Strategy です。ここではチャンクのサイズに30を指定しており、1スレッドに付き30要素ずつ処理します。こちらを走らせた結果、先ほどの処理が4.125secで終了しました。ごく簡単な比較ですが速度が倍になります。かなりの好成績です。**Control. Parallel.Strategies**を覗いてみると評価戦略は他にもあり、ユーザが自作することも可能です。**parallel**では、より素朴な**par**関数も並列、並行のサンプルとして使われます。GHC Guide[24]なども参照してください。

8.6.2 monad-parパッケージ

monad-parも広く使われる並列プログラミング用パッケージです。**parallel**との最大の違いはユーザが並列化の方法を直接指定することです。名前の通りモナド（**Par**モナド）として実装されているため、並列処理を手続き的に書き進められます。**Par**モナド内では、**spawn**で式をフォークして実行、**get**で値を取り出します。他にも純粋関数用の**spawnP**など多様な操作が可能です。詳しくはドキュメント[25]を参照してください。**runPar**で**Par**モナドを実行して値を取り出します。具体例として**Int**型のリストを引数に、クイックソートでリストを返す関数考えます[26]。一度シンプルに実装した後、並列化するために、ここに深さの閾値を導入します。はじめは再帰するたびに並列化を行いますが、再帰の深さがそこに達したら残りは直列で処理を行います。

```
main = do
  print $ quicksort [14, 43, 43, 4, 5, 654, 3, 4]

quicksort :: [Int] -> [Int]
quicksort [] = []
```

---

[24] https://downloads.haskell.org/~ghc/8.0.2/docs/html/users_guide/parallel.html

[25] https://www.stackage.org/haddock/lts-8.24/monad-par-0.3.4.8/Control-Monad-Par.html

[26] in-placeのアルゴリズムではなくリストを毎回生成するため、遅い実装です。本来は適切なアルゴリズムと関数を組み合わせるべきですが、処理の流れがわかりやすくなるので今回の説明に用いています。

第8章 並列・並行プログラミング

```
quicksort (x:xs) = quicksort smaller ++ [x] ++ quicksort greater
  where
    smaller = filter (< x) xs
    greater = filter (>= x) xs
```

```
import Control.Monad.Par

main = do
  print $ parquicksort 4 [14, 43, 43, 4, 5, 654, 3, 4]

-- quiciksortをここで定義しておく

parquicksort :: Int -> [Int] -> [Int]  -- 第一引数で深さ閾値を渡す
parquicksort maxdepth list = runPar $ generate 0 list
  where
    generate :: Int -> [Int] -> Par [Int]
    generate _ [] = return []
    generate d l@(x:xs)
      | d >= maxdepth = return $ quicksort l
      | otherwise = do
        iv1 <- spawn $ generate (d + 1) (filter (< x) xs)   -- 並列に式の評価を開始
        iv2 <- spawn $ generate (d + 1) (filter (>= x) xs) -- 並列に式の評価を開始
        lt <- get iv1 -- iv1の実行を待って値を取り出す
        gte <- get iv2 -- iv2の実行を待って値を取り出す
        return $ lt ++ [x] ++ gte
```

　処理が並列化できました。ただし、このケースだと処理が軽すぎるためにスレッドを生成するコストの方が重いかもしれません。10万程度の要素（[1..100000]）を引数に渡したり、色々なパラメータを与えたりして試してください。

Column

より深く並列・並行を学ぶには

　parallelパッケージは並列化の指定が処理と綺麗に切り離されていますが、それでタスクの並列化がいつもうまくいくわけではありません。どのアプローチが有効かは処理の内容によります。そこでmonad-parパッケージの利用も検討すべきです。他には、GPUを用いた並行性を実現するaccelerateパッケージなども存在します。

　本書では並列・並行プログラミングのごく初歩の部分だけに触れました。これだけでもHaskellにおける並列、並行処理の巧みさはわかったはずです。

　並列・並行プログラミングを進めるうえでは、実際には性能チューニングや計測など考慮すべきことが多くあり、発展的なトピックとして分散プログラミングなどもあります。これらを押さえたいときは『Haskellによる並列・並行プログラミング（2008年、オライリー・ジャパン、Simon Marlow著、山下伸夫　山本和彦　田中英行訳）』をおすすめします。

第**9**章
コマンドラインツールの
作成

第**9**章　コマンドラインツールの作成

本章以降、Haskellで実践的なアプリケーション作成を学んでいきます[*1]。最初の実践では最新のライブラリを活用して、コマンドラインツールを作成します。

Haskellで簡易的なjqコマンド[*2][*3]を開発しましょう。jqはJSONからキーや値を抜き出したり、JSONを生成したりするコマンドです。

9.1　開発の準備

実際にコードを書き始める前に、アプリケーションの仕様とプロジェクト作成が必要です。

9.1.1　アプリケーションの概要・仕様

まずはアプリケーションの仕様を定めましょう。簡易版はページ数の都合上、次のことができる程度の実装に留めます。実際のjqコマンドのように、関数や四則演算を利用した操作や、複数の値を取得はできません。

- オブジェクトのフィールド名に（独自クエリで）アクセスできる
- インデックスで配列の要素に（独自クエリで）アクセスできる
- 独自クエリからオブジェクトと配列を生成できる

コマンド例を見ます。次のような構造の社員一覧があったとして、「山田太郎」の名前と電話番号のみのオブジェクトを構成するには、次のようなコマンドを入力します。

```
[
    { "age": 25, "name": "佐藤太郎", "tel-number": "111-1111" },
    { "age": 26, "name": "斎藤花子", "tel-number": "222-2222" },
    { "age": 27, "name": "山田太郎", "tel-number": "333-3333" }
]
```

```
$ cat employee.json \
> | hjq '{"name":.[2].name,"tel-numer":.[2].tel-number}'
```

9.1.2　プロジェクトの作成

今回作成するjqコマンドのプロジェクトの名前は、hjqとします。stackを使ってプロジェク

[*1]　紙面ではコードの全体像を掲載していません。第9章、第10章、第11章についてはサンプルファイルを活用して読み進めてください。

[*2]　jqはCLIでJSONを扱うためのユーティリティコマンドです。https://github.com/stedolan/jq

[*3]　本書で作成するjqコマンドは、最新のライブラリを活用したCLI開発のための簡易版です。jqはもともとHaskellで開発されていて、現在もGitHubでhaskell-versionが確認できますが、それとは別物です。

トを新しく作成する方法や、テストコードを書くための準備については、1.4 も参照してください。

9.1.3 ディレクトリ構成

stack new hjq でプロジェクトを作成すると、次のようなディレクトリ構成になります。

簡単な CLI アプリケーションなので、すべて app ディレクトリに書いてしまいたくなりますが、次のような理由から、基本的な処理は src に寄せておき、app ディレクトリ内はそれらを利用して引数の解釈や I/O の処理に留めるべきです。

- Stack による hjq.cabal の初期の設定では、テストは src ディレクトリ次のモジュールを読み込むようになっているため、すぐにテストが書ける
- ライブラリとして作成したモジュールは、hackage にアップロードする事で他のプロジェクトから簡単に使える

src 内のモジュール構成を最初のうちにどのようにするのか考えておくのは重要です。app や他のプロジェクトから Hjq の全般的な機能を利用するときには、なるべく簡単な import 宣言で済ませておきたいはずです。それを前提にすると src 直下であることは当然としてあまり階層は深くしたくありません。今回モジュール名は、データ構造を扱うので Data.Hjq のようにします[*4]。

jq コマンドの処理は、引数のクエリのパース、クエリを実行して JSON の要素を操作の 2 つに分類できます[*5]。そこで、それぞれの処理を提供するモジュールを次のように名付けましょう。

処理	モジュール名
クエリをパースする	Data.Hjq.Parser
クエリを実行して JSON を操作する	Data.Hjq.Query
上記 2 つの処理を利用しやすいように 1 つに纏める	Data.Hjq

※4　ここでは Data を接頭辞としていますが、パッケージ名を単純にキャメルケースにしただけのモジュール名を使うことも多くあります。

※5　若干ややこしいですが引数文字列の解析と、クエリ実行と考えてください。

第**9**章 コマンドラインツールの作成

GHCのモジュール名はファイル名と一致している必要があります。ディレクトリ構成は次のようになります。

```
.
├── app
│   └── Main.hs
├── hjq.cabal
├── LICENSE
├── Setup.hs
├── src
│   └── Data
│       ├── Hjq
│       │   ├── Parser.hs
│       │   └── Query.hs
│       └── Hjq.hs
├── stack.yaml
└── test
    └── Spec.hs
```

9.2 HUnitによる自動テスト

Haskellは型システムによってプログラム中の多くの部分を保証できます。そのため、動的型付け言語で必要な型をチェックする関数や、nullチェックがいらないなどのメリットがあります。これによって、テストも一部省略できます。

hjqコマンドは文字列として入力されたクエリをパースして、その結果によって処理を変えなくてはいけません。このような仕組みを型システムで表現するのは困難です。ここを保証するためにテストを導入します。

ここではhjqコマンドのパーサやクエリを処理する関数を、テストファーストと呼ばれる手法を用いて開発していくことにしましょう。テストファーストは、実際のソフトウェアのコードを記述する前にテストコードを記述し、後からそのテストが成功するようにソフトウェアのコードを実装していく手法です[*6]。

テストファーストを導入するメリットはさまざまです。この章では、実装したい機能がどのようなものかあらかじめ明かにするために利用します。

9.2.1　cabalファイルの編集

テストに利用するパッケージをcabalファイルに追加します。cabalファイルのtest-suite

＊6　テストファーストやTDD（テスト駆動開発）といった手法は、高品質なソフトウェアを効率的に設計/開発するための手法です。採用によってさまざまなメリットが得られます。詳細については本書の範囲を超えているため説明しません。

の build-depends には、executable や library と同じようにテストが依存するパッケージを指定します。

　hs-source-dirs はテストコードを配置するディレクトリ、main-is は自動テストのエントリポイントです。さっそく、HUnit ライブラリを提供している HUnit パッケージを build-depends に追加しましょう。hs-source-dirs を次のようにします。

```
test-suite hjq-test
    type:              exitcode-stdio-1.0
    hs-source-dirs:    test
    main-is:           Spec.hs
    build-depends:     base
                     , hjq
                     , HUnit -- パッケージ追加
    ghc-options:       -Wall
    default-language:  Haskell2010
```

---

column

-Wall オプション

　Haskell では *.cabal 内にビルド時の警告オプションを指定できます。-Wall というコンパイラの警告をすべて表示するオプションを有効にしておくことをおすすめします。gcc の -Wall と同様の有用性です。以後の章でも特に断りなくこのオプションを有効にしています。

```
    ghc-options:       -Wall
```

9.2.2　基本のテスト

　HUnit の基礎を説明します。テスト実行のための runTestTT は Test.HUnit モジュールで提供されており、次のような型になっています。

```
runTestTT :: Test -> IO Counts
```

　Counts 型の返り値は、実行したテストの件数や失敗したテストの件数等を示します。runTestTT 関数を実行すると、結果が標準出力されるので、単にテストを実行したいだけなら、この結果を使う必要ありません。

　等価判定のテストは、次のように ~: と ~?= で記述します[7]。

---

*7　このプロジェクトではシンプルなテストしか書きません。上記2つの演算子を知っていれば十分です。他の関数や演算子についてはドキュメントを参照してください。Haskell での包括的なテスト実行のためのパッケージとしては、hspec も知られています。

第**9**章 コマンドラインツールの作成

```
(~?=) :: (HasCallStack, Eq a, Show a) => a -> a  -> Test
(~:) :: (HasCallStack, Testable t) => String -> t -> Test
```

```
runTestTT $ テスト名 ~: テストしたい式 ~?= 期待される値
```

したがって、Spec.hsのmain関数は次のようになります。main関数はIO ()を返すので、型を合わせるためにreturn ()しています。

```
main :: IO ()
main = do
  runTestTT $ "Test1" ~: 1 + 1 ~?= 2
  return ()
```

9.2.3 複数テストの記述

どのようなプロダクトを開発するにしても、実施したいテストが1つだけということはありえません。Test型の型定義を見てみましょう。複数のテストを記述したい場合はTestListデータコンストラクタを利用すればいいのが、型定義から読み取れます。

```
data Test
    = TestCase Assertion
    | TestList [Test]
    | TestLabel String Test
```

main関数の記述は次のようになります。これをもとに9.3から実装していきます。

```
main :: IO ()
main = do
  runTestTT $ TestList
    [ -- テストケース1
    , -- テストケース2
    , -- テストケース3
    ...
    ]
  return ()
```

> ### QuickCheck
>
> HUnitの他によく利用されるパッケージに今まで何度か名前の出たQuickCheckがあります。QuickCheckは100件以上のデータをランダムに生成し、それらをテストとして実行するライブラリで、閾値のチェックや性質を定式化しやすい関数をテストする際には強力なライブラリです。
>
> 本書では実例を割愛しましたが、ぜひ覚えておきたいライブラリの1つです。Hackage等を参考に利用してみてください。

9.3 パーサの作成

Parser.hsに引数で渡されてきたクエリ文字列を簡単な構文木に字句解析、構文解析するためのパーサを作成しましょう。attoparsec（第7章参照）を用います。

9.3.1 フィルタのデータ定義とテスト

入力されたJSONからデータを取得するためのフィルタ部分の処理を実装します。フィルタ部分の構文木を定義します。

ユーザが入力したフィルタの文字列をパースする関数parseJqFilterを次のように定義します。とりあえず、関数の具体的な実装は後回しにするためundefinedを使っています。パースに失敗する可能性があるため、返り値はEither型にして、エラーメッセージを返却できるようにします。

```
-- src/Data/Hjq/Parser.hs
-- ユーザが入力する文字列用の構文木、それぞれフィールド名、インデックス、何もしない入力
data JqFilter
  = JqField Text JqFilter
  | JqIndex Int JqFilter
  | JqNil -- フィールド名とインデックスが存在しない場合にも使う
  deriving (Show, Read, Eq)

-- ユーザの入力をパースする
parseJqFilter :: Text -> Either Text JqFilter
parseJqFilter s = undefined -- 仮実装
```

parseJqFilter関数のための最低限のテストを、Spec.hsに書きます。

```
-- test/Spec.hs
main :: IO ()
main = do
  runTestTT $ TestList
    [ jqFilterParserTest
    -- テストケースが増えたらここに追加していく
    ]
  return ()

-- これから実装するparseJqFilterの動作を決めるため、はじめにテストを書く
jqFilterParserTest :: Test
jqFilterParserTest = TestList
  [ "jqFilterParser test 1" ~: parseJqFilter "." ~?= Right JqNil -- .が来たらJqNil
    -- jqFilterParserのテストをここに追加していく
  ]
```

第**9**章　コマンドラインツールの作成

このテストをグリーンにするための最低限の実装を書きましょう[8]。プロジェクトルートで`stack test`コマンドで実際にテストを実行すれば、テストが通過して、次のような結果が出力されるはずです。

```
-- Hjq.hsに実装する
import Data.Text as T

-- とりあえずパターンマッチで処理
parseJqFilter :: Text -> Either String JqFilter
parseJqFilter _ = Right JqNil
```

```
Cases: 1  Tried: 1  Errors: 0  Failures: 0
```

9.3.2　フィルタ文字列のパーサを書く

`parseJqFilter`関数をテストする準備が整いました。実際にどのような文字列をどのようにパースしたいのか明らかにするためのテストを追加していきます[9]。

```
-- test/Spec.hs
-- フィルタ文字列のパーサのテスト
jqFilterParserTest :: Test
jqFilterParserTest = TestList
  [ "jqFilterParser test 1" ~:
      parseJqFilter "." ~?= Right JqNil -- .が来たらJqNil
  , "jqFilterParser test 2" ~:
      parseJqFilter ".[0]" ~?= Right (JqIndex 0 JqNil) -- .[0]が来たらJqIndex 0 JqNil
  , "jqFilterParser test 3" ~:
      parseJqFilter ".fieldName" ~?= Right (JqField "fieldName" JqNil)
  , "jqFilterParser test 4" ~:
      parseJqFilter ".[0].fieldName" ~?= Right (JqIndex 0 (JqField "fieldName" JqNil))
  , "jqFilterParser test 5" ~:
      parseJqFilter ".fieldName[0]" ~?= Right (JqField "fieldName" (JqIndex 0 JqNil))
  ]
```

このテストをグリーンにするための実装コードを書きます。

```
-- パースを実行する関数
-- テストからフィルタ文字列のパーサが書けるので本格的に実装
parseJqFilter :: Text -> Either Text JqFilter
parseJqFilter s = showParseResult
  $ parse (jqFilterParser <* endOfInput) s `feed` ""
```

----

[8]　本来、TDDでは期待する通りテストが失敗することを確認してから実装を始めますが今回は簡略化のため割愛します。

[9]　説明の都合上、完成したテストを一度に掲載しました。実際に開発する際には作りやすい単位でテストと実装を書いていきます。9.1やJqFilterの定義と照らし合わせてテスト内容を読んでください。

```haskell
-- attoparsecを使ってフィルタの文字列をJqFilter型にパース
-- attoparsecについては7章を参照
jqFilterParser :: Parser JqFilter
jqFilterParser = char '.' >> (jqField <|> jqIndex <|> pure JqNil)
  where
    jqFilter :: Parser JqFilter
    jqFilter
      = (char '.' >> jqField) <|> jqIndex <|> pure JqNil

    jqField :: Parser JqFilter
    jqField = JqField <$> word <*> jqFilter

    jqIndex :: Parser JqFilter
    jqIndex = JqIndex <$> (char '[' *> decimal <* char ']') <*> jqFilter

-- パース結果の表示
showParseResult :: Show a => Result a -> Either Text a
showParseResult (Done _ r) = Right r
showParseResult r = Left . pack $ show r

-- フィールド名などの識別子をパースするパーサ
word :: Parser Text
word = fmap pack $ many1 (letter <|> char '-' <|> char '_' <|> digit)
```

━━━ クエリ文字列の拡充

クエリの文字列にはスペースを含められるようにしたいところです。そこで先ほど書いた
`jqFilterParserTest`をベースに、スペースが含まれたクエリをパースするようなテストケー
スを追加しましょう。`main`関数から呼び出すのを忘れないようにしてください。

```haskell
-- test/Spec.hsに追記
-- スペースを入れるだけ
jqFilterParserSpacesTest :: Test
jqFilterParserSpacesTest = TestList
  [ "jqFilterParser spaces test 1" ~:
      parseJqFilter " . " ~?= Right JqNil
  , "jqFilterParser spaces test 2" ~:
      parseJqFilter " . [ 0 ] " ~?= Right (JqIndex 0 JqNil)
  , "jqFilterParser spaces test 3" ~:
      parseJqFilter " . fieldName " ~?= Right (JqField "fieldName" JqNil)
  , "jqFilterParser spaces test 4" ~:
      parseJqFilter " . [ 0 ] . fieldName " ~?= Right (JqIndex 0 (JqField "fieldName" JqNil))
  , "jqFilterParser spaces test 5" ~:
      parseJqFilter " . fieldName [ 0 ] " ~?= Right (JqField "fieldName" (JqIndex 0 JqNil))
  ]
```

第**9**章　コマンドラインツールの作成

　当然、今のままではスペースを考慮していないのでテストは失敗してしまいます。このテストがグリーンになるように実装（JqFilterParser）を修正しなくてはいけません。適切な箇所にskipSpaceを挟めばいいはずです。現状のコードでcharを使っている箇所を差し替えます。次のようなscharというパーサで差し替えます。

　wordを使っている箇所は一か所だけです。直接jqFilterParserにskipSpaceを挟んでも問題にはなりません。

```
schar :: Char -> Parser Char
schar c = skipSpace *> char c <* skipSpace

-- charをscharに差し替えるだけ
jqFilterParser :: Parser JqFilter
jqFilterParser = schar '.' >> (jqField <|> jqIndex <|> pure JqNil)
  where
    jqFilter :: Parser JqFilter
    jqFilter
      = (schar '.' >> jqField) <|> jqIndex <|> pure JqNil

    jqField :: Parser JqFilter
    jqField = JqField <$> (word <* skipSpace) <*> jqFilter



    jqIndex :: Parser JqFilter
    jqIndex = JqIndex <$> (schar '[' *> decimal <* schar ']') <*> jqFilter
```

　これで、jqFilterParserTestも成功するようになりました。hjqのクエリのうち、フィルタの部分の完成です。ここから先も、単体テストと実装コードを交互に書いていくことによって、実装したい機能の仕様を確認しながら、安心感を持って開発を進めていきましょう。

9.3.3　クエリのデータ定義とパーサ

　hjqはフィルタでJSONの要素を取り出せるだけではなく、配列やオブジェクトの構築もできます。jqFilterParserを利用して、それらの機能を一通り備えたパーサを作成しましょう。

　クエリを表現する型は次のように定義します。実装していく流れはフィルタのときと同じです。

```
-- src/Data/Hjq/Parser.hs
data JqQuery
  = JqQueryObject [(Text, JqQuery)]
  | JqQueryArray [JqQuery]
  | JqQueryFilter JqFilter
  deriving (Show, Read, Eq)
```

318

```
-- test/Spec.hs
-- クエリ生成のテストを追加していく
jqQueryParserTest :: Test
jqQueryParserTest = TestList
  [ "jqQueryParser test 1" ~:
      parseJqQuery "[]" ~?= Right (JqQueryArray []) -- []で空配列
  , "jqQueryParser test 2" ~:
      parseJqQuery "[.hoge,.piyo]" ~?=
        Right (JqQueryArray [JqQueryFilter (JqField "hoge" JqNil), JqQueryFilter ⏎
(JqField "piyo" JqNil)]) -- [{hoge: ""}, {piyo: ""}]
  , "jqQueryParser test 3" ~:
      parseJqQuery "{\"hoge\":[],\"piyo\":[]}" ~?=
        -- [{hoge: []}, {piyo: []}]
        Right (JqQueryObject [("hoge", JqQueryArray []), ("piyo", JqQueryArray [])])
  ]

-- スペースを入れるだけ
jqQueryParserSpacesTest :: Test
jqQueryParserSpacesTest = TestList
  [ "jqQueryParser spaces test 1" ~:
      parseJqQuery " [ ] " ~?= Right (JqQueryArray [])
  , "jqQueryParser spaces test 2" ~:
      parseJqQuery " [ . hoge , . piyo ] " ~?=
        Right (JqQueryArray [JqQueryFilter (JqField "hoge" JqNil), JqQueryFilter ⏎
(JqField "piyo" JqNil)])
  , "jqQueryParser spaces test 3" ~:
      parseJqQuery "{ \"hoge\" : [ ] , \"piyo\" :  [ ] } " ~?=
        Right (JqQueryObject [("hoge", JqQueryArray []), ("piyo", JqQueryArray [])])
  ]
```

　このテストがグリーンになるように実装すると、次のようになります。これで、クエリ部分の完成です。9.4からは、パース処理によって得られた**JqQuery**を使ってJSONの値を操作する関数を作っていきます。

```
-- クエリデータ構造の構文木、オブジェクト、配列
data JqQuery
  = JqQueryObject [(Text, JqQuery)]
  | JqQueryArray [JqQuery]
  | JqQueryFilter JqFilter
  deriving (Show, Read, Eq)

-- パーサの実行
parseJqQuery :: Text -> Either Text JqQuery
parseJqQuery s = showParseResult $ parse (jqQueryParser <* endOfInput) s `feed` ""

-- パーサ本体
-- attoparsecを使ってクエリの文字列をパースするパーサ
jqQueryParser :: Parser JqQuery
jqQueryParser = queryArray <|> queryFilter <|> queryObject
  where
```

第**9**章 コマンドラインツールの作成

```haskell
queryArray :: Parser JqQuery
queryArray = JqQueryArray <$> (schar '[' *> jqQueryParser `sepBy` (schar ',') <* schar ']')


queryObject :: Parser JqQuery
queryObject = JqQueryObject <$> (schar '{' *> (qObj `sepBy` schar ',') <* schar '}')


qObj :: Parser (Text, JqQuery)
qObj = (,) <$> (schar '"' *> word <* schar '"') <*> (schar ':' *> jqQueryParser)



queryFilter :: Parser JqQuery
queryFilter = JqQueryFilter <$> jqFilterParser
```

9.4 クエリの実行とIO処理

さて、テストによってフィルタとクエリのパーサが機能を満たしていることは確認できました。ここから先は、実際にJSONの値を操作していきます。JSONの取り扱いのためのaeson（7.6参照）を使うことにしましょう。

aesonは特定の型とJSONの相互変換を行うのには便利ですが、特定の型を表さない一般のJSONを扱う場合、aesonが提供するValue型を直接使わなくてはなりません。その場合大きなJSONを走査するにはValueのパターンマッチを繰り返す必要があります。そこで、aesonをLens（7.8参照）で扱いやすく拡張したlens-aesonというパッケージを採用します。

9.4.1　lens-aesonによるJSON操作

lens-aesonは、JSONとして認識できる型に対して、さまざまな操作を行なえる便利なアクセサを提供しています。hjqで利用するのは次の2つです。

```haskell
-- オブジェクトのフィールド名で操作したい要素を指定する
key :: AsValue t => Text -> Traversal' t Value
-- 配列のインデックスで操作したい要素を指定する
nth :: AsValue t => Int -> Traversal' t Value
```

Traversal'はLensが提供しているアクセサの型の一種だと考えてください。AsValueという型クラスは、aesonが提供しているValue型の他に、String、Text、ByteStringといった文字列などがインスタンスになっています。

9.4.2　フィルタの実行関数

aesonが提供しているValue型はHashMap型とVector型に依存しています。いずれもリスト等で一般的に使われる関数名をおおく提供しています。処理の簡易化に必須なので、次のようにqualifiedでimportしておきましょう。

```
-- src/Data/Query.hs
import qualified Data.Vector as V
import qualified Data.HashMap.Strict as H
```

まずは、JqFilterを利用して、JSONから特定の要素を取得する処理を作っていきます。

ここから先の作りかたは、パーサを作ったときの流れと同じです。テストをつくり、そのテストが成功するように実装していきます。あらかじめ次のようなテストデータを作っておきます。

```
-- test/Spec.hs
-- テスト用のデータをaesonが提供しているValue型で構築
-- Value型の詳細はHackageのドキュメントを参照
testData :: Value
testData = Object $ H.fromList
  [ ("string-field", String "string value")
  , ("nested-field", Object $ H.fromList
      [ ("inner-string", String "inner value")
      , ("inner-number", Number 100)
      ]
    )
  , ("array-field", Array $ V.fromList
      [ String "first field"
      , String "next field"
      , Object (H.fromList
        [ ("object-in-array", String "string value in object-in-array") ] )
      ]
    )
  ]
```

フィルタの実行の関数名をapplyFilterとしたテストです。

```
-- test/Spec.hs
-- applyFilter関数に文字列のクエリを与えた結果として、testDataを正しく解釈できるかテスト
applyFilterTest :: Test
applyFilterTest = TestList
  [ "applyFilter test 1" ~: applyFilter (unsafeParseFilter ".") testData ~?= Right testData
  , "applyFilter test 2" ~:
      (Just $ applyFilter (unsafeParseFilter ".string-field") testData)
      ~?= fmap Right (testData^?key "string-field")
  , "applyFilter test 3" ~:
      (Just $ applyFilter (unsafeParseFilter ".nested-field.inner-string") testData)
```

```
        ~?= fmap Right (testData ^? key "nested-field" . key "inner-string")
  , "applyFilter test 4" ~:
      (Just $ applyFilter (unsafeParseFilter ".nested-field.inner-number") testData)
        ~?= fmap Right (testData ^? key "nested-field" . key "inner-number")
  , "applyFilter test 5" ~:
      (Just $ applyFilter (unsafeParseFilter ".array-field[0]") testData)
        ~?= fmap Right (testData ^? key "array-field" . nth 0)
  , "applyFilter test 6" ~:
      (Just $ applyFilter (unsafeParseFilter ".array-field[1]") testData)
        ~?= fmap Right (testData ^? key "array-field" . nth 1)
  , "applyFilter test 7" ~:
      (Just $ applyFilter (unsafeParseFilter ".array-field[2].object-in-array") testData)
        ~?= fmap Right (testData ^? key "array-field" . nth 2 . key "object-in-array")
  ]
```

unsafeParseFilterはパース処理を簡易的に呼び出すためにparseJqFilterをラップした関数です。error関数で例外を返しているので、実装コードでは利用すべきではありません。

```
unsafeParseFilter :: Text -> JqFilter
unsafeParseFilter t = case parseJqFilter t of
  Right f -> f
  Left s -> error $ "PARSE FAILURE IN A TEST : " ++ unpack s
```

つづいて、applyFilter関数の実装です。

```
-- フィルタの実行
-- フィールド、インデックス、無効な入力でパターンマッチ
applyFilter :: JqFilter -> Value -> Either T.Text Value
applyFilter (JqField fieldName n) obj@(Object _)
  = join $ noteNotFoundError fieldName (fmap (applyFilter n) (obj ^? key fieldName))
applyFilter (JqIndex index n) array@(Array _)
  = join $ noteOutOfRangeError index (fmap (applyFilter n) (array ^? nth index))
applyFilter JqNil v = Right v
applyFilter f o = Left $ "unexpected pattern : " <> tshow f <> " : " <> tshow o

-- フィールド名見つからない場合のエラー
noteNotFoundError :: T.Text -> Maybe a -> Either T.Text a
noteNotFoundError _ (Just x) = Right x
noteNotFoundError s Nothing = Left $ "field name not found " <> s

-- インデックスが存在しない場合のエラー
noteOutOfRangeError :: Int -> Maybe a -> Either T.Text a
noteOutOfRangeError _ (Just x) = Right x
noteOutOfRangeError s Nothing = Left $ "out of range : " <> tshow s

-- Show型クラスのインスタンスをText型に変換
tshow :: Show a => a -> T.Text
tshow = T.pack . show
```

処理としては、JqFilterを再帰的にたどりながら、Value型を構築しているだけですが、lens-aesonのkey関数やnth関数がMaybe型を返すので、それぞれの値がNothingだったときにエラー内容をText型で返すようにします。StringではなくText型になっているのは、9.3で作成したパース処理と型を合わせることによって、Either eモナドを使ったエラー処理ができるからです[*10]。

9.4.3 クエリの実行関数

続いて、JqQuery型をもとにJSONを再構築するexecuteQuery関数を実装していきます。

```
-- クエリ実行のテスト
executeQueryTest :: Test
executeQueryTest = TestList
  [ "executeQuery test 1" ~: executeQuery (unsafeParseQuery "{}") testData ~?=
Right (Object $ H.fromList [])
  , "executeQuery test 2" ~:
      executeQuery (unsafeParseQuery "{ \"field1\": . , \"field2\": .string-field
}") testData ~?=
      Right (Object $ H.fromList [("field1", testData), ("field2", String "string
      value")])
  , "executeQuery test 3" ~:
      executeQuery (unsafeParseQuery "[ .string-field, .nested-field.inner-string
]") testData ~?=
      Right (Array $ V.fromList [String "string value", String "inner value"])
  ]

-- unsafeParseFilterと同様、パースに失敗した場合errorを返すためunsafe
unsafeParseQuery :: Text -> JqQuery
unsafeParseQuery t = case parseJqQuery t of
  Right q -> q
  Left s -> error $ "PARSE FAILURE IN A TEST : " ++ unpack s
```

そして、このテストをグリーンにする実装コードは次のようになりました。

```
-- クエリ実行
-- オブジェクト、関数、その他フィルタ文字列で場合分け
executeQuery :: JqQuery -> Value -> Either T.Text Value
executeQuery (JqQueryObject o) v
  = fmap (Object . H.fromList) . sequence . fmap sequence $ fmap (fmap $ flip
executeQuery v) o
executeQuery (JqQueryArray l) v
  = fmap (Array . V.fromList) . sequence $ fmap (flip executeQuery v) l
executeQuery (JqQueryFilter f) v = applyFilter f v
```

[*10] Haskellのエラー処理はStringが前提になっているものも多いので、Stringで処理するような実装例も考えられます。

第**9**章　コマンドラインツールの作成

Haskellらしいスタイルで書く

　JqQueryObjectやJqQueryArrayといったパターンの実装は、ともすれば可読性が低く、ポイントフリースタイルで無理矢理一行に収めようとしているだけに見えてしまうかもしれません。この実装は、Haskellプログラミングの考え方を色濃く反映した部分です。

　JqQueryObjectのパターンで必要な手順は、次の2つだけです。

- ・executeQueryを再帰的に呼び出してオブジェクトの内容をつくる
- ・その結果に対しObject . H.fromListでValue型を構築する

　では、なぜこのような複雑な式になっているのでしょうか。

　1つは、JSONのオブジェクト自体が[(Text, Value)]という複雑な型で表現されているのですが、操作したい対象は全要素のValue型だけであり、リストも2要素タプルもFunctorであるため、flipやfmapを駆使して処理できます。

　また再帰的に呼び出されたexecuteQuery自体の返り値がEither Text Valueなので、再帰的に処理した結果の型はさらに複雑になってしまいます。

　executeQueryがやりたいのはたった2つの処理ですが、Eitherやタプルの第二要素など、素朴に実装するとパターンマッチを利用しなくてはいけなくなります。

　パターンマッチのような条件分岐はプログラマのミスが入り込みやすいので、書かないで済むならばそれに越したことはありません。Either、リスト、そしてタプルはそれぞれFunctorやMonadのインスタンスになっていますので、それらの型が持っている性質に「本質的でないややこしい処理」を委ねてしまえばいいのです。

　JqQueryObjectの処理は先述した2つの処理以外はflipといった関数適用の補助的な関数と、fmapやsequenceといったFunctorやMonadに対する関数だけで実装されている点に注目してください。executeQueryが「本質的にやりたいこと」以外はすべてそれらの関数が吸収してくれています。これらの関数はTextやValueの値には何ら影響を及ぼさないことは、型を見れば明らかです。

```
flip :: (a -> b -> c) -> b -> a -> c
fmap :: Functor f => (a -> b) -> f a -> f b
sequence :: (Traversable t, Monad m) => t (m a) -> m (t a)
```

　さらに、これらの関数の組み合わせを間違えた場合、そもそもコンパイルが通らないことがほとんどです。このことはFunctorやMonadに対する関数がプログラムのバグの原因になる可能性が低いことを意味しています。事実、筆者はこのコードを書くにあたり重視したのは、先述した「本来この処理がやりたいこと」と、「FunctorやMonadに対する関数を駆使してコンパイルが通るように型を合わせること」だけです。

　この考え方で本当に上手くいくのかどうか、確認は簡単です。executeQueryに対するテストは書いてあるので、それを実行すればexecuteQueryが想定通りに動作するか確認できます。

9.4.4 処理のまとめとI/O

さて、これで引数のクエリをパースする処理、そのクエリにしたがってJSONを操作する処理の両方ができました。残るは、これらの処理をまとめてパースとクエリ実行を行う hjq 関数を Data.Hjq モジュールに実装します。

```haskell
{-# LANGUAGE OverloadedStrings #-}
module Data.Hjq ( hjq ) where
import Control.Error.Util
import Data.Aeson
import Data.Text as T
import Data.ByteString.Lazy as B
import Data.Hjq.Parser
import Data.Hjq.Query
import Data.Aeson.Encode.Pretty -- JSONのPrettifier

-- hjqコマンドの処理本体、Json文字列とクエリの文字列を受けとって処理
hjq :: ByteString -> T.Text -> Either T.Text ByteString
hjq jsonString queryString = do
  value <- note "Invalid json format." $ decode jsonString
  query <- parseJqQuery queryString
  executeQuery query value >>= return . encodePretty
```

あらかじめ、parseJqQuery と executeQuery の型を合わせておいたため、Either e モナドを利用してとてもコンパクトに記述できました。扱っているライブラリによって ByteString だったり Text だったりと文字列処理が少々ややこしいですが、あとは素直な実装です。

■——— Main.hs にアプリケーションの処理を記述する

最後に app 配下の Main.hs に I/O 処理を記述すれば完成です。何かしらエラーが発生した場合は、System.Exit モジュールで提供されている exitWith 関数を使って終了ステータスを返します。

```haskell
module Main where
import System.Environment
import System.Exit
import Data.Hjq -- 自前のモジュール
import qualified Data.Text as T
import qualified Data.Text.IO as T
import qualified Data.ByteString.Lazy.Char8 as B

main :: IO ()
main = do
  args <- getArgs
  -- ファイル、標準入力で処理を分ける
  case args of
```

第**9**章　コマンドラインツールの作成

```
    (query : file : []) -> do
      json <- B.readFile file
      printResult $ hjq json (T.pack query)
    (query : []) -> do
      json <- B.getContents
      printResult $ hjq json (T.pack query)
    _ -> do putStrLn $ "Invalid arguments error. : " ++ show args
            exitWith $ ExitFailure 1

-- 標準出力
printResult :: Either T.Text B.ByteString -> IO ()
printResult (Right s) = B.putStrLn s
printResult (Left s) = do
  T.putStrLn s
  exitWith $ ExitFailure 1
```

　これで hjq の完成です。stack install でインストールして、実際に動かしてみてください*11。最初の仕様通りに動作することが確認できます。

```
$ echo '[ { "age": 25, "name": "佐藤太郎", "tel-number": "111-1111" }, { "age": 26,
"name": "斎藤花子", "tel-number": "222-2222" }, { "age": 27, "name": "山田太郎",
"tel-number": "333-3333" } ]' \
> | hjq '{"name":.[2].name,"tel-numer":.[2].tel-number}'
..略..
```

9.5 まとめ

　最初の実践ということで、簡単なコマンドアプリケーションを開発しました。jq コマンドとしては本当に最小限の実装ですが、Haskell による CLI アプリケーション開発の大まかな流れや考え方を理解できたはずです。第7章で紹介したようなライブラリを実際のアプリケーションで使って、Haskell でもパッケージを活用した現代的、実践的な開発ができることが体感できたはずです。

　ここでは特段難しい処理はしていません。エッジケースと思われる JSON でどう動作するか、本家 jq の機能をすべて実装するにはどうすればいいか工夫すると面白いかもしれません。また第10章ではコマンドラインオプションの利用方法を紹介しています。コマンドラインオプション付きで hjq を動作させるときは参考にしてください。

　次の章ではより実践的な例として、Haskell を用いた Web アプリケーションの開発を見ていきます。

---

*11 ~/.local/bin 以下に hjq コマンドがインストールされます。インストールせずに試したいときは stack build 後に stack exec hjq と実行して下さい。

第 **10** 章
Web アプリケーションの
作成

第**10**章　Webアプリケーションの作成

　WarpとSpockを利用し、毎日の体重を記録する簡単なWebアプリケーションを作成します。アプリケーションの作成を通し、HaskellにおけるWeb開発の基礎という実践的な側面に加え、モナディックなAPIを持つ外部パッケージの利用を学びます。本章ではアプリケーションの実行環境としてmacOSかUbuntu（16.04）を推奨します[1]。これらのインストール等についての詳細な解説は割愛しますが、実行しながら読み進められるように環境を整えてください。

10.1　Webアプリケーション環境の選定

　実用的なWebアプリケーションを開発するための、アプリケーションサーバ、Webアプリケーションフレームワークの選定から始めましょう[2]。今回は小規模なWebアプリケーションを、なるべく少ない学習コストと記述量で開発することを前提とします。今後学習しやすいよう、広く使われるアプリケーションサーバやフレームワークを使います。

10.1.1　アプリケーションサーバ

　HaskellではWAIに準拠し、優れたパフォーマンスを発揮するWarpがアプリケーションサーバとして人気を集めています。本書でもこれを使います。

　WAI（Web Application Interface）[3]は、HaskellのWebアプリケーションとWebアプリケーションサーバの間のインタフェースを定めたものです[4]。JavaのServlet、PythonのWSGI、PerlのPSGI、RubyのRackに相当し、サーバとアプリケーション双方の可搬性を高めます。WAIアプリケーション[5]の実行環境はWAIハンドラと呼ばれます。CGI、SCGI、FastCGIなどのWAIハンドラ（サーバ）が用意されています。最も利用されているのは**Warp**[6]と呼ばれるハンドラです。WarpはWAIアプリケーションを動かすWebアプリケーションサーバです。HTTP/2への対応など、現在も活発に開発が続いています。

10.1.2　Webアプリケーションフレームワークの選定

　WAIアプリケーションを作成するためのフレームワーク（Webアプリケーションフレームワー

---

[1]　Windowsは依存する共有ライブラリのビルドが別途必要です。本書では割愛します。

[2]　仕様と設計については10.2で解説します。

[3]　WAIはWarpと共にhttps://github.com/yesodweb/waiのリポジトリで開発されています。

[4]　Happstack（http://happstack.com/）、Snap（http://snapframework.com/）など有名なフレームワークでもWAIに準拠していないものがあり、注意が必要です。

[5]　WAIに準拠したWebアプリケーション。

[6]　現状、WAIアプリケーションの性能を十分に発揮させるには、事実上Warpしか選択肢がなくデファクトスタンダードになっています。

ク）には、いくつか選択肢があります。今回はSpockを採用します。他の選択肢と合わせて、このWebアプリケーションフレームワークの特徴を確認しましょう。

Spock

　Spock[7][8]は小規模のサービスを構築に向いたフレームワークです。Webアプリケーション開発においては、MVCのコントローラ層を担います。RubyのSinatraに影響を受けています。ある程度薄いフレームワークながら、基本機能を不足なく備えており、セッションやDBのコネクションプールなど実用的なWebアプリケーションに必要な機能も自前で提供しているのが特徴です。Spockの主な機能をまとめました。基本的なWebアプリケーションの作成には十分です。

- Sinatra風のルーティング
- セッション管理
- クッキー
- データベースのヘルパー
- json
- CSRF対策

　さらに、ルーティングが高速かつ型安全であるなど、Haskellだからこそ生まれるメリットも多く備えています。ある程度の薄さは保ちつつ、コードを書く範囲は少なくて済む点はサンプルアプリケーションに適しています。今回はSpockをフレームワークとして利用し、データベース操作にHRRとHDBC（10.3参照）、ビューのテンプレートエンジンにmustache（10.5参照）を利用します。

Yesod

　HaskellのWebアプリケーションフレームワークでもっとも実績があるものはYesod[9][10]です。
　YesodはWeb開発に必要な機能はすべて兼ね備えている一枚岩のフレームワーク、いわゆるフルスタックフレームワークです。MVCのモデル、ビュー、コントローラのいずれについてもYesodのライブラリ内でまかなえます。大人数で一貫性を持った堅固なシステムを開発するのに向いています。ただし、本書の目的に対してはやや重厚長大すぎる感があり、学習コストも低くありません。今回は採用を見送りました。

---

*7　http://www.spock.li
*8　もともとScottyのラッパーとして実装されていましたが、現在は独立した1つのフレームワークとして開発されています。
*9　http://www.yesodweb.com/
*10　WAIはYesodを視野に策定されました。特に初期の仕様ではresourcetやconduitというYesodで使われる特定のパッケージに密結合したインタフェースだったため、普及が遅れました。そのような歴史的経緯からWAIに準拠していないフレームワークもあります。

第10章 Webアプリケーションの作成

■————Scotty

小規模のサービスを気軽に構築するためのフレームワークとしては、Scotty[11]も挙げられます。ScottyもRubyのSinatraに影響を受けています。いわゆる薄いフレームワークです。Webアプリケーションを少ない記述で作成できることが魅力です。Spockと比べると、より自由度が高く、自前で実装あるいはライブラリ選定しなければいけない範囲が広範にわたります。Scottyは第11章のサーバサイドの実装に使いますが、本章では手を動かす範囲を限定したいため、採用を見送りました。

10.1.3 選定技術の一覧

アプリケーションサーバとWebアプリケーションフレームワークが、それぞれWarpとSpockに決まりました。今回選定した技術や用語を一覧で確認しておきましょう。対応関係がわかりやすいよう、Web開発に使われることの多い、Rubyとの比較も載せます[12]。

機能	Haskell	Ruby
サーバ・アプリケーション間のAPI	WAI	Rack
アプリケーションサーバ	Warp	Unicorn
Webアプリケーションフレームワーク	Spock	Sinatra
クエリ生成（ORMや類似機能）	HRR	ActiveRecord
データベース接続	HDBC-sqlite3	sqlite3
テンプレートエンジン	mustache	mustache

10.2 開発の準備

早速Webサービスの開発に取り組みます。実際にコードを書き始める前に、作るサービスの仕様を決め[13]、プロジェクトを作成します。アプリケーションに必要なデータベースの設計も行います。

10.2.1 Webサービスの概要・仕様

まずは、作成するサービス「Weight Recorder」の目的を押さえましょう。Weight Recorderは、

---

[11] https://github.com/scotty-web/scotty

[12] 厳密な一対一対応の用語ではなく、あくまで似た機能を持ったものを並べただけであることに注意してください。HRRとActive Recordは機能面の差異が多く、Rubyのsqlite3はHDBC-sqlite3のような統一的なインタフェースを意識したライブラリではありません。

[13] 今回は学習のために、ライブラリ選定が仕様決定に先んじています。

330

開発の準備 **10.2**

毎日の体重を記録して健康管理に役立てることを目的としたサービスです。毎日の体重の変化を知ることは、健康管理の基本です。体重の増加に早く気が付ければ、摂取カロリーや日々の運動量を調整して未然に肥満を防げます。

仕様

簡単な仕様に落とし込みます。

（1）利用者がWeight Recorderのトップ画面を開くと、ログインとユーザ登録用のフォームが表示される

（2）ユーザ登録がまだ済んでいない利用者は、ユーザ登録用のフォームからユーザIDとパスワードを登録する。ユーザ登録が済んだら、登録したユーザIDとパスワードを使ってログインする

（3）ログインするとメイン画面に遷移、現在の体重を入力するフォームと、今まで入力した体重の一覧が表示される

（4）利用者が新たな体重を入力するたびに、体重の一覧が更新されていく。また、体重一覧の下には、Google Charts API を使って体重変化のグラフを表示する

次の2つの画面があります。

- トップ画面
  - ログインフォーム
  - ユーザ登録フォーム
- メイン画面
  - 体重入力フォーム
  - 体重一覧
  - 体重一覧グラフ（Google Charts API 依存）

設計

設計としては、一般的なWebアプリケーションにも多くみられる、MVCを採用します。

モデル層（10.3）はデータベースとのやりとりを、コントローラ層（10.4）はHTTPリクエストの解釈とモデルの呼び出しを、ビュー層（10.5）はテンプレートエンジンを用いて、コントローラ層から渡されたデータの表示を担当します。

詳細は10.3以降のコードに譲りますが、MVCを採用したWebアプリケーションを開発したことがある人には、突飛なところはありません。第1章でも述べたように、Haskellだからといって、一般的なアプリケーションの作成が各段特別なものになるわけではありません。Spockは今回作成するアプリケーションで重要なコントローラ層を担当し、モデル層とビュー層はそれぞれ別のライブラリが担います（それぞれ10.3と10.4参照）。

331

第**10**章　Webアプリケーションの作成

10.2.2　プロジェクトの作成

Weight Recorderは、ここまで使ってきたようにStackでプロジェクトを作成し、開発します。
stackコマンドで新しいプロジェクトを作成します。ビルドの再現性を担保するために、
resolverとしてlts-8.24を指定します。末尾に指定しているspockはプロジェクトテンプレート名です[14]。

```
$ stack --resolver lts-8.24 new weight-recorder spock
Downloading template "spock" to create project "weight-recorder" in weight-recorder/ ...
Looking for .cabal or package.yaml files to use to init the project.
Using cabal packages:
- weight-recorder/weight-recorder.cabal

..略..

Writing configuration to file: weight-recorder/stack.yaml
All done.
```

プロジェクトはCabal形式(weight-recorder/weight-recorder.cabal)で管理されます。
ビルド対象とするモジュールはすべて*.cabalファイル内に列挙する必要があるため、今後
作成したソースコードに合わせて、weight-recorder/weight-recorder.cabalファイル
を更新していきます。

10.2.3　パッケージの追加

cabalファイルには依存するパッケージも記述します。ライブラリ、実行ファイル、単体テス
トがそれぞれ使うパッケージを、対応するブロックのbuild-dependsへ記入します。今後の
開発で必要となるパッケージを、先に記載します。weight-recorder.cabalファイルの末尾
に以下を追記します。

```
library
  build-depends:        base >= 4.7 && < 5
                      , bcrypt
                      , bytestring
                      , filepath
                      , HDBC
                      , HDBC-sqlite3
                      , http-types
                      , Spock
                      , mustache
```

----

[14] Stackではプロジェクトテンプレートとしてhttps://github.com/commercialhaskell/stack-templatesに存在するものを指定できます。今回はSpock用の雛形を用います。

```
            , persistable-record
            , relational-query-HDBC
            , relational-query
            , resource-pool
            , text
            , time
            , transformers
            , wai
```

今回のアプリケーションでは、SQLiteへ接続するために**HDBC-sqlite3**が必要です。このパッケージは現在のStackageのLTSには存在していません[*15]。そのため、Hackageから直接インストールする必要があります。

stack.yamlの**extra-deps:**フィールドを次のように変更して、Stackageではなく Hackageにあるパッケージを直接取得させます。**stack.yaml**に記述するときはバージョンを指定する必要があることに気を付けてください。ここでは執筆時点での最新のバージョンを指定します。

```
# extra-deps: []
extra-deps:
  - HDBC-sqlite3-2.3.3.1
```

パッケージの指定が終わったら、**stack build**でパッケージを用意しておきましょう。

■──── その他のCabal設定

さらに、cabalファイルの**library**セクション末尾に次の2行を追加します。それぞれ、第9章で紹介したGHCのオプションと言語仕様の指定です。

```
ghc-options:        -Wall
default-language:   Haskell2010
```

10.2.4 テーブル定義

パッケージが一式準備できたら、データベースの設定も済ませておきます。Weight Recorderでは、アカウントを管理する**user**テーブルと入力された体重を保存する**weight_record**テーブルを利用します。テーブル定義は次のようになります。**user**テーブルにはユーザ名、パスワードが格納されます。**weight_record**にはユーザID、登録時刻、体重が格納されます。このDDLは**data/schema.sql**というファイルに保存しておきます。こうしておけば、例えば単体テスト（コラム「単体テストの重要性」参照）などで利用することができます。

[*15] lts-6.x系まではStackageに含まれていました。

```
CREATE TABLE user
  (id INTEGER PRIMARY KEY AUTOINCREMENT NOT NULL,
   name TEXT NOT NULL,
   password TEXT NOT NULL
  );
CREATE UNIQUE INDEX user_name ON user(name);

CREATE TABLE weight_record
  (id INTEGER PRIMARY KEY AUTOINCREMENT NOT NULL,
   user_id INTEGER NOT NULL,
   time DATETIME NOT NULL,
   weight FLOAT(5,2) NOT NULL
  );
```

■────── SQLiteの準備

今回はRDBMSとしてSQLite[*16]を利用します。

SQLiteは複数コネクションからの同時更新ができないなど、高負荷なWebサービスを実運用するには現実的ではない選択肢ですが、他のRDBMSよりも環境を用意しやすいため、今回のようなサンプルアプリケーションには適しています。実際にサービスを公開する場合はMySQLやPostgreSQLなどを利用してください[*17]。

sqlite3コマンドでデータベースを作成します。今回はプロジェクトルートに**weight.db**という名前のデータベースファイルを作成します。これでデータベースの準備は完了です。

```
$ sqlite3 weight.db < data/schema.sql
```

10.2.5 URL設計

ルーティングやファイル配置の参考のために、URL設計を簡単に行っておきましょう。ルートにアクセスしてログイン状態で表示を切り替えて利用します。あとのURLにはフォームからのPOSTのみという構成です。

URL	動作	ファイル	補足（ログイン時）
GET /	画面の表示	src/Web/View/Main.hs	src/Web/View/Start.hs
POST /regsiter	ユーザ登録	src/Web/Action/Register.hs	
POST /login	ログイン	src/Web/Action/Login.hs	
POST /new_record	体重の新規追加	src/Web/Action/NewRecord.hs	

....

[*16] https://www.sqlite.org/　Ubuntuでは**apt install sqlite3 libsqlite3-dev**で2つのパッケージ、本体とライブラリをインストールします。

[*17] HDBCによってデータベースに関するAPIを統一的にあつかえるため、SQLiteからMySQLに移行するような場合もコード自体の書き換えはそこまで発生しません。

開発の準備 **10.2**

10.2.6 ディレクトリ構成と全体像

いよいよ実際にコードを書いていくことになります。モデル層、コントローラ層、ビュー層の順に実装した後で簡単なテストを追加します。あらかじめファイル構成を確認しましょう[*18]。特段変わったところのないディレクトリ構成です。`Setup.hs`や`weight-record.cabal`など Cabal形式特有のファイルには注意が必要ですが、開発経験がある人はこれだけでおおよその全体像はつかめます。

```
$ tree
.
|____app
| |____Main.hs
|____data
| |____schema.sql
|____Setup.hs
|____src
| |____Entity
| | |____User.hs
| | |____WeightRecord.hs
| |____Model
| | |____User.hs
| | |____WeightRecord.hs
| |____Web
| | |____Action
| | | |____Login.hs
| | | |____NewRecord.hs
| | | |____Register.hs
| | |____Core.hs
| | |____View
| | | |____Main.hs
| | | |____Start.hs
| | |____WeightRecorder.hs
|____stack.yaml
|____templates
| |____main.mustache
| |____start.mustache
|____test
| |____test.hs
|____weight-recorder.cabal
```

■——— アプリケーションの実装

`src`以下にアプリケーションの実装が保存されています。`src`直下の`WeightRecorder.hs`がアプリケーション本体です。

[*18] ここでは`tree`コマンドで表示を確認しています。

● モデル

モデル層はデータベースにもとづきデータ型を指定する**Entity**ディレクトリ以下、HRRとデータベースのやりとりを担う、実際のモデル層を**Model**ディレクトリ以下に作成します。それぞれテーブルに合わせてファイルを分割しているため下記のような構成になります。

- src
  - Entity
    - User.hs
    - WeightRecord.hs
  - Model
    - User.hs
    - WeightRecord.hs

● コントローラ

コントローラ層は今回作成するアプリケーションの中でも最も複雑な構成になっています。しかし、一般的なWebアプリケーション開発から考えれば難しいものではありません。

src/Web以下にまとめられています。**Core.hs**にルーティングなど主要な実装がまとめられています。**Action**以下にはログイン、体重登録、ユーザ登録の操作に応じて分割されたファイルが保存されています。

- src
  - Web
    - Action
      - Login.hs
      - NewRecod.hs
      - Register.hs
    - Core.hs

● ビュー

ビュー層は実際の処理を書く、**src/Web/View**以下とテンプレートエンジンのファイルを格納する**templates**以下が担います。それぞれメイン画面とスタート画面に対応するファイル構成です。

.hs以外のファイル（**.mustache**ファイル）もCabalファイルに記載する点に注意しましょう。

- src
  - Web
    - View
      - Main.hs

336

　　　　　　　　　　• Start.hs
　　• Templates
　　　　　　　　　　• main.mustache
　　　　　　　　　　• start.mustache

■───── その他のファイル

　appディレクトリ以下に実行ファイル作成用の**Main.hs**があります。10.6で実際にアプリケーションを作成するまでは編集する必要はありません。**test**ディレクトリ以下にテスト用の**test.hs**があります。本書ではページ数の都合で実装できませんが、10.6のコラムも参照して実装してみるのがいいでしょう。以下は設定ファイルです。いずれもプロジェクトルートに配置されます。

- Setup.hs（Cabal形式を扱うときに付随するセットアップファイル、編集しない）
- stack.yaml
- weight-recorder.cabal

10

10.3　モデルの開発

　アプリケーションのモデル層は、主にSQLiteとのデータのやりとりを担当します。データベースの定義、作成は済ませたので、ここではHaskell側からのデータベースとのやりとりをコードに落とし込んでいきます。
　データベースから生成するデータ型定義は**src/Entity/User.hs**と**src/Entity/Weight Record.hs**に、具体的な処理は**src/Model/User.hs**と**src/Model/WeightRecord.hs**に書き込んでいきます。Haskellのデータ型とRDBMSを対応させる[19]ためのライブラリとして、HRR（haskell relational record）[20]を利用します[21]。

10.3.1　HDBCによるDB接続

　まずはデータベース接続の概要から押さえましょう。Haskellでは、RDBMSに接続する方法が何通りかありますが[22]、本書ではHRRを使うため、HRRが依存するHDBC[23]を利用します。

──

[19] Object Relational Mapperのように、クエリ生成やマッピングを行います。

[20] http://khibino.github.io/haskell-relational-record/

[21] HaskellとRDBMS間のマッパーは、HRRの他にYesodの**persistent**と**esqueleto**、**opaleye**などが使われています。

[22] HDBCの他にHaskellでよく使われるのは**postgresql-simple**、**mysql-simple**などRDBMS毎に固有のパッケージです。それぞれのRDBMS固有の機能まで最大限に活かせるとされています。Yesodの**persistent**は、これらをラップして統一のインタフェースを提供します。

[23] https://github.com/hdbc/hdbc

第**10**章 Webアプリケーションの作成

HDBCはJavaのJDBCやPerlのDBIのように、異なるRDBMSに対して同一のAPIを提供するための枠組みです。

■――――― **クエリ発行**

HDBCでは**IConnection**という型クラスが定義されており、このインタフェースで一通りのクエリ発行ができます。

各RDBMSに対応したドライバを利用して、**IConnection**型クラスのインスタンスである値を、DB接続として得ます。この型クラスのメソッドを利用してクエリを発行します。

```
class IConnection conn where
    disconnect :: conn -> IO ()
    commit :: conn -> IO ()
    rollback :: conn -> IO ()
    prepare :: conn -> String -> IO Statement

execute :: Statement -> [SqlValue] -> IO Integer

fetchRow :: Statement -> IO (Maybe [SqlValue])
```

IConnection型クラスの**prepare**でSQLから**Statement**を作成します。**execute**関数で、**Statement**型の値を実行します。**fetchRow**関数で、**Statement**型の値から結果を取り出します。**SqlValue**はSQLで扱える型を直和でまとめた代数的データ型で、**SqlString**や**SqlLocalTime**などのコンストラクタで構成されています。

■――――― **データベースへの接続**

DBへの接続は、各RDBMSへのドライバを通して行います。SQLiteの場合は**HDBC-sqlite3**がそれにあたります。HDBC-sqlite3パッケージの**Database.HDBC.Sqlite3**モジュールでは、SQLiteへ接続するための関数が定義されています。HDBC-sqlite3パッケージのドキュメントから**IConnection**のインスタンスとなっている型を探すと、**Connection**型が該当することがわかります。

```
instance Types.IConnection Connection where
  ...
```

同じようにドキュメントから**Connection**を返す関数を探すと、**IO**モナドにおける**connect Sqlite3**という操作が見つかります。

```
connectSqlite3 :: FilePath -> IO Connection
```

次の例では、HDBCを用いて**weight.db**テーブルの**user**テーブルに格納されたデータの件数

をカウントします。テーブルにまだデータを入れていないので、0件を表す値が返ってきます[*24]。

```
ghci> import Database.HDBC.Sqlite3
ghci> conn <- connectSqlite3 "weight.db"  -- 接続を開始
ghci> import Database.HDBC
ghci> st <- prepare conn "SELECT COUNT(*) FROM user" -- 利用する接続と実行内容を定義
ghci> _ <- execute st [] -- 実行する
ghci> fetchRow st -- 実行内容を読み込む
Just [SqlInt64 0]
ghci> fetchRow st
Nothing
ghci> disconnect conn -- 接続断
```

10.3.2　HRRの導入

　HRRは関係代数をベースとしてSQLを組み立てるためのライブラリです。SQLを文字列で書くとコンパイル時に型チェックの恩恵を受けられず、文法的に誤りが含まれてしまいかねません。HRRを用いてHaskellの式からSQLを生成し、型チェックの恩恵が受けられるようになります。HRRはSQLで扱う値とHaskellの型をマッピングする機能も備えており、HaskellからRDBMSにアクセスするのに役立ちます。

　HRRは複数のパッケージから成ります。HRRの利用時は次の3つのパッケージを使います。persistable-recordパッケージはSQLとHaskellの型の変換を定義します。relational-queryはSQLを生成する、HRRのコアパッケージです。relational-query-HDBCはHRRをHDBCから使うためのラッパーです。

Column

メタパッケージの活用

　HRRにはrelational-recordという名前だけ見るとコアで使われそうなパッケージもあります。これはHRRインストール用のメタパッケージです。プロジェクト外でstack ghci経由でHRRを呼び出したい場合などに、このパッケージを指定して簡単にインストールできます。

```
$ stack ghci relational-record # インストールしておく
..略..
Loaded GHCi configuration from /tmp/ghci7564/ghci-script
Prelude> import Database.Relational.Query
```

---

*24　SQLiteが動作する状態か確認しておきましょう。

第**10**章　Webアプリケーションの作成

10.3.3　RDBMSと対応するデータ型の定義

HRRには、RDBMSに対応するデータ型を定義する方法として、**Template Haskell**が使われています。

■————— **HRRによるデータ型の自動生成**

今までも何度か見てきたTemplate Haskellは、コンパイル時メタプログラミングのためのGHCの拡張です。Haskellの抽象構文木の生成や変換などの操作を可能にします。平たく言えば、LISPのマクロのようなものです。これによって、Haskellの言語仕様に則って記述すると冗長になってしまうボイラープレートのようなコードを簡潔に記述できます。

relational-query-HDBCパッケージの提供する**Database.HDBC.Query.TH**モジュールで、コンパイル時にRDBMSからテーブル定義を読み込み、対応するHaskellのデータ型を自動生成します。コンパイル時にデータ型を作成するため、RDBMS内のテーブル定義とHaskellのプログラムとの矛盾点を、プログラムの実行なしに見付けられることも強みです。ただし、この枠組みを利用する場合、RDBMSに接続できなければコンパイルができないことには注意が必要です。

先ほど作成した**weight.db**から**dataUser**型を作成します。自動生成されるデータ型は、**Entity.User**というモジュールに置くことにしましょう。**src/Entity/User.hs**というファイルを次のような内容で作成します。

```
-- src/Entity/User.hs
{-# LANGUAGE FlexibleInstances, MultiParamTypeClasses, TemplateHaskell #-}

module Entity.User where

import Database.HDBC.Query.TH      (defineTableFromDB)
import Database.HDBC.Schema.Driver  (typeMap)
import Database.HDBC.Schema.SQLite3 (driverSQLite3)
import Database.HDBC.Sqlite3        (connectSqlite3)

-- Template Haskellを用いてデータ型を定義する
defineTableFromDB (connectSqlite3 "weight.db")
  (driverSQLite3 { typeMap = [("INTEGER", [t|Int|])] })
  "main" "user" [''Show]
```

言語拡張で**TemplateHaskell**が有効にされています。

defineTableFromDBがTemplate Haskellとして解釈される関数です。この関数はコンパイル時に実行され、戻された構文木がそのままソースコードに埋め込まれます。**defineTableFromDB**には、DB接続するためのI/Oアクション、RDBMSに対応したデータ型生成用のドライバ、スキーマ名、テーブル名、**driving**句に追加する型クラス名を渡す必要があります。

340

モデルの開発 **10.3**

　DB接続には**HDBC-sqlite3**パッケージが提供する**connectSqlite3**関数を用います。**"weight.db"**ファイルへ接続するように指定しています。

　ドライバは**relational-query-HDBC**パッケージで定義されている**Database.HDBC. Schema.SQLite3**モジュールが提供しています。**driverSQLite3**の指定を確認してください。ドライバの指定はこれだけでもいいのですが、今回は少し凝った実装にしています。

　続いてスキーマ名[*25]**"main"**とテーブル名**"user"**を指定します。最後の**''Show**はTemplate Haskellの特殊な記法です。**Show**型クラスの名称を表す値を生成します。

> **Column　自動生成時の追加指定**
>
> 　ドライバ指定時に今回は少々工夫を加えています。**driverSQLite3**ドライバをそのまま指定してもいいのですが、デフォルトではSQLiteの**INTEGER**がHaskellの**Int32**へマッピングされてしまう欠点があります。ここではそれを嫌って、**Int**にマッピングされるように**typeMap**フィールドを書き換えています。**[t|Int|]**はTemplate Haskellの記法で、構文木の**Int**に該当する値を作成しています。データの自動生成とそのタイミングでの型の変更にTemplate Haskellの強力さが表れます。

● 生成したデータ型を確認する

　作成したプログラムをREPLへロードしてみましょう。**stack ghci**はデフォルトでは***.cabal**ファイルに基いてソースコードをREPLへロードしようとします。ここでは**src/ Entity/User.hs**だけを確認したいので、**--no-load**を指定します[*26]。ロード時にはコンパイルされます。

```
$ stack ghci --no-load
..略..
Prelude> :l src/Entity/User.hs
[1 of 1] Compiling Entity.User      ( src/Entity/User.hs, interpreted )
Ok, modules loaded: Entity.User.
```

　コンパイルされたことでTemplate Haskellに任せて記述した部分が展開されているはずです。さて、先ほどの**defineTableFromDB**が実際にはどのような型を生成したか、**:browse**コマンドで確認できます。

---

*25　スキーム名とはSQLiteではデータベース名のことであり、SQLiteの仕様から**"main"**という名前に決まります。

*26　今はまだ適切な***.cabal**ファイルを準備していないのも理由の1つです。

第**10**章 Webアプリケーションの作成

```
*Entity.User> :browse Entity.User
data User
  = User {Entity.User.id :: !Int,
          name :: !String,
          password :: !String}
columnOffsetsUser :: GHC.Arr.Array Int Int
tableOfUser :: Database.Relational.Query.Table.Table User
user :: Database.Relational.Query.Monad.BaseType.Relation () User
insertUser :: Database.Relational.Query.Type.Insert User
insertQueryUser ::
  Database.Relational.Query.Monad.BaseType.Relation p0 User
  -> Database.Relational.Query.Type.InsertQuery p0
id' :: Database.Relational.Query.Pi.Unsafe.Pi User Int
name' :: Database.Relational.Query.Pi.Unsafe.Pi User String
password' :: Database.Relational.Query.Pi.Unsafe.Pi User String
selectUser :: Database.Relational.Query.Type.Query Int User
updateUser :: Database.Relational.Query.Type.KeyUpdate Int User
fromSqlOfUser ::
  Database.Record.FromSql.RecordFromSql SqlValue User
toSqlOfUser :: Database.Record.ToSql.RecordToSql SqlValue User
```

data Userはuserテーブルの行を表すデータ型です。DDLと見比べて定義を確認するとわかりやすいです。userは関係を表すデータで、FROM句で利用されます。'が付いたpassword'などは射影[27]を意味する値であり、WHERE句で条件指定をするために使われます。tableOfUserはuserテーブルそのものを表し、INSERT文の対象として利用できます。

● 残りの部分のデータ生成

測定した体重を保存するweight_recordテーブルのためのEntityも同様に定義します。src/Entity/WeightRecord.hsの中身は次のようになります。おおよそ、src/Entity/User.hsと変わりありません。こちらでもtypeMapでFLOATをDoubleに、INTEGER（Haskell上ではInt32）をIntにマッピングしています。

```
{-# LANGUAGE FlexibleInstances, MultiParamTypeClasses, TemplateHaskell #-}

module Entity.WeightRecord where

import Database.HDBC.Query.TH       (defineTableFromDB)
import Database.HDBC.Schema.Driver  (typeMap)
import Database.HDBC.Schema.SQLite3 (driverSQLite3)
import Database.HDBC.Sqlite3        (connectSqlite3)

defineTableFromDB (connectSqlite3 "weight.db")
  (driverSQLite3 { typeMap = [("FLOAT", [t|Double|]), ("INTEGER", [t|Int|])] })
```

---

[27] 射影とはリレーショナルデータベースの用語で、取り出すカラムを指定したものだけに限定することです。

```
"main" "weight_record"
['`Show]
```

■————— cabalファイルへの追記

.cabalファイルへビルドするモジュール名を列挙し、stackコマンドのビルド対象となるようにしておきましょう。weight-recorder.cabalファイルのlibraryブロック内へ次の内容を追記します。

これらのデータ型はSQL生成などに利用されるため、ここで指定しておくことで以降のプロセスで確認がしやすくなります。

```
library
  ..略..
  hs-source-dirs:     src/
  exposed-modules:    Entity.User
                    , Entity.WeightRecord
  ..略..
```

10.3.4 SQLの生成

データ型を生成したら、次はSQLを作成します。relational-queryパッケージを用います。REPLを起動して確認してみましょう[28]。Database.Relational.Queryをロードします。

```
$ stack ghci
ghci> :m +Database.Relational.Query
```

■————— HRRからのSELECT文の実行

HRRは、SQLを関係代数として記述して型チェックを可能にするライブラリです。本書で利用する範囲では、関数によってクエリを発行できるため型チェックがきくORMapperのようなものだと考えてください。HRRでSELECT文は、Relation型として表されます[29]。Entity.Userに定義されたuserは、次のようなSQLを表現しています。SQL文をある程度抽象化して関数として実行できることがわかります。

```
-- 生成したデータ型から一部抜き出したもの
user :: Database.Relational.Query.Monad.BaseType.Relation () User
```

```
ghci> user
SELECT id, name, password FROM MAIN.user
```

---

[28] *.cabalファイルにビルド対象を列挙したので、Entity.Userモジュールをロードさせます。今度は--no-loadを指定しないよう注意しましょう。

[29] Relation型はShow型クラスのインスタンスです。つまりREPLで表示できます。`

第**10**章　Webアプリケーションの作成

■────── 複雑なクエリの生成

もう少し複雑なクエリを書いてみます。user.nameが"hiratara"である行の、password
列を選択するSQLは、次のように生成します。

```
ghci> :{
ghci| relation $ do -- relation関数に与えるdo式内でクエリを作る
ghci|   u <- query user
ghci|   wheres $ u ! name' .=. value "hiratara"
ghci|   return $ u ! password'
ghci| :}
SELECT ALL T0.password AS f0 FROM MAIN.user T0 WHERE (T0.name = 'hiratara')
```

先ほどのシンプルな例と同じく、SELECT文の生成にはRelation型が必要です。この型の
生成には、QuerySimpleモナドを利用します[30]。relation関数にdo式を渡すと、そのブロッ
クはQuerySimpleモナドにおけるアクションを記述できるブロックとして解釈し、これをもと
にRelation型の値を生成します。このdo式に一連の条件を書き込んでいきます。

```
ghci> :t relation
relation :: QuerySimple (Projection Flat r) -> Relation () r
```

wheresには条件式を書きます。(.=.)、(.<.)、(.<=.)などドットで挟まれた名前を持つ
演算子を使います。数値や文字列を.=.に適用するには、value関数で型を合わせる必要があ
ります[31]。

```
ghci> :t wheres
wheres
  :: MonadRestrict Flat m => Projection Flat (Maybe Bool) -> m ()
```

```
ghci> :t (.=.)
(.=.)
  :: (ProjectableShowSql p,
      Database.Relational.Query.Projectable.OperatorProjectable p) =>
     p ft -> p ft -> p (Maybe Bool)
ghci> :t value
value
  :: (Database.Relational.Query.Projectable.OperatorProjectable p,
      ShowConstantTermsSQL t) =>
     t -> p t
```

queryで得られた射影の中からフィールドを選択するには、(!)を用います。Entity.User

....

[30] QuerySimpleモナドは、MonadQuery型クラスやMonadRestrict型クラスに属しています。これらの型クラスが、クエリを生
成するためのアクションを提供してくれます。

[31] OperatorProjectable型制約はSQLの = の左右に書けることを保証する型制約です。query関数で得られるProjection
Flat型コンストラクタなどはこの型クラスのインスタンスです。

344

で自動生成された`'`を末尾に持つ識別子を使うことで、`.=.`で使える値を得られます。この、`'`を末尾に持つ識別子は射影を表す`Pi`という型を持ちます。このように`QuerySimple`モナド上の操作を組み合わせることでSELECT句を記述できます。これが先に述べたモナディックなAPIの実例です。

```
ghci> :t (!)
(!) :: Projection c a -> Pi a b -> Projection c b
```

INSERT文は`Insert`という型で表されます。INSERT文は`typedInsert`関数に`Table`と射影を渡すことで作れます。`User`から`User`への射影は`Database.Relational.Query`モジュールの`id'`関数で作れます。主なSQLの作り方は、relational-record-examplesパッケージにまとまっています。必要に応じて、ソースコード[*32]を参照してください。

```
ghci> typedInsert tableOfUser Database.Relational.Query.id'
INSERT INTO MAIN.user (id, name, password) VALUES (?, ?, ?)
```

10.3.5 モデルの実装

アプリケーション作成に必要なSQL生成の基礎はマスターしました。

実際にHRRを使ってSQLiteとデータのやりとりをするためのモジュールを作ります。今回のサンプルアプリケーションはシンプルなものなので、実装すべきは下記の**Create**と**Read**のためのモジュールだけです。

- 新規ユーザ登録
- ユーザ登録情報の読み込み

`src/Model/User.hs`にこのモジュールを実装しましょう。まず、必要となる`import`文を書きます。

```haskell
{-# LANGUAGE FlexibleInstances, MultiParamTypeClasses, TemplateHaskell #-}

module Model.User
    ( NewUser(NewUser, nuName, nuPassword)
    , nuName'
    , nuPassword'
    , insertUser
    , selectUser
    )
  where
```

[*32] https://github.com/khibino/haskell-relational-record/blob/master/relational-record-examples/src/examples.hs

```
import           Control.Exception        (catch)
import           Crypto.BCrypt
    ( hashPasswordUsingPolicy
    , slowerBcryptHashingPolicy
    , validatePassword
    )
import qualified Data.ByteString          as BS
import           Data.Text                (pack, unpack)
import           Data.Text.Encoding       (decodeUtf8, encodeUtf8)
import           Database.HDBC
    ( IConnection
    , SqlError
    , withTransaction
    )
import           Database.HDBC.Query.TH   (makeRecordPersistableDefault)
import qualified Database.HDBC.Record      as DHR
import qualified Database.Relational.Query as HRR
import qualified Entity.User               as User
import           System.IO                (hPrint, hPutStrLn, stderr)
```

■──────── 新規ユーザ登録

新規ユーザ登録から実装します。

先ほどのINSERT文では id' を Pi として使いました。この射影は恒等射影なので user.id フィールドも含みますが、実際には user.id は AUTOINCREMENT です。このカラムは INSERT 対象にしたくありません。そのため、NewUser という id フィールドのないデータ型を定義し、piNewUser という新たな射影を定義します。

makeRecordPersistableDefault は NewUser を ProductConstructor という型クラスのインスタンスにするための TemplateHaskell です。

この型クラスのインスタンスにすることで、(|$|) と (|*|) の2つの演算子を使えます[33]。

```
data NewUser = NewUser
  { nuName     :: !String
  , nuPassword :: !String
  }

makeRecordPersistableDefault ''NewUser

-- 射影を定義
piNewUser :: HRR.Pi User.User NewUser
piNewUser = NewUser HRR.|$| User.name' HRR.|*| User.password'
```

---

[33] これらの演算子は、Applicative型クラスの<$>と<*>と同じような使い方ができ、NewUserコンストラクタをPi User型コンストラクタ上で適用できるように持ち上げます。

● ユーザ登録のためのINSERT

insertUser関数はidフィールドを含まないNewUser型の値とIConnectionを受け取り、INSERT文を発行するI/Oアクションです。返り値はINSERTされた行の数です。通常は1を返し、INSERTしなかった場合は0を返します。user.idフィールドはAUTOINCREMENTにより自動で振られます。今回はbcryptパッケージのCrypto.BCryptモジュールでセキュアにしたい情報をハッシュ化します[34]。

ハッシュ化に成功したらINSERT文を実行します[35][36]。

```
-- src/Model/User.hsに追記
-- 第一引数で新ユーザ、第二引数で接続を指定
insertUser
  :: IConnection c
  => NewUser -> c -> IO Integer
insertUser u conn = do
  mHashed <-
      -- ハッシュ生成。第一引数はハッシュ化ポリシー設定
      hashPasswordUsingPolicy slowerBcryptHashingPolicy $
      enc . nuPassword $ u
  case mHashed of
    -- ハッシュ生成失敗の場合
    Nothing -> do hPutStrLn stderr "Failed to hash password"
                  return 0
    -- ハッシュ生成成功の場合
    Just hashed -> do
      let ins = HRR.typedInsert User.tableOfUser piNewUser
          u' =
            u
            { nuPassword = dec hashed
            }
      -- 最後にcommitが呼び出されることを保証
      withTransaction conn $
        \conn' ->
          -- ここでINSERT文実行
          DHR.runInsert conn' ins u' `catch`
          \e ->
            do hPrint stderr (e :: SqlError)
               return 0
```

---

[34] hashPasswordUsingPolicy関数はハッシュ化する際のポリシーを受け取ります。今回は速度より安全性を重視したslowerBcryptHashingPolicyというポリシーを利用します。このモジュールはStringではなくByteStringを扱うので、enc関数を用意して変換する必要があります。

[35] ハッシュの生成に成功した場合はJustコンストラクタの値が返ってくるので、それを見てINSERT文を実施します。SQLの実行はrelational-query-HDBCパッケージのDatabase.HDBC.Recordモジュールが担当します。Insert型を実行するには、runInsert関数を使います。

[36] HDBCが提供するwithTransactionを利用すると、commitやrollbackを呼び忘れる事故を防ぎます。また、UNIQUE制約に引っかかるとrunInsertはSqlErrorを例外として吐くので、これをcatchしてINSERTできなかったことを表す0を返しています。

第10章 Webアプリケーションの作成

```
-- ハッシュ化した情報を取り扱うエンコーダとデコーダ
enc :: String -> BS.ByteString
enc = encodeUtf8 . pack

dec :: BS.ByteString -> String
dec = unpack . decodeUtf8
```

■ ユーザデータの読み込み

ユーザ登録が実装できました。続いてはデータの読み込みです。

selectUser関数はnameとpasswordを用いてuserテーブルからデータをロードします。ユーザ情報の呼び出しのSELECT文発行にはrunQuery関数を使います。

ハッシュ化したパスワードの照合はvalidatePassword関数へハッシュ化されたパスワードと入力されたパスワードを渡すことで判定できます。

```
-- src/Model/User.hsに追記
-- 第一引数にユーザ名、第二引数にパスワード、第三引数に接続を指定
selectUser
  :: IConnection c
  => String -> String -> c -> IO (Maybe User.User)
selectUser name pass conn = do
    -- runQueryでクエリ実行で情報取り出し、listToUniqueでリストを一意に
    user <- DHR.runQuery conn q name >>= DHR.listToUnique
    return $ user >>= checkHash
  where
    -- 関数の性格上、where以下に定義する
    -- クエリの定義
    q :: HRR.Query String User.User
    q =
      HRR.relationalQuery . HRR.relation' . HRR.placeholder $
      \ph ->
        do a <- HRR.query User.user
           HRR.wheres $ a HRR.! User.name' HRR..=. ph
           return a
    -- ハッシュをチェックする
    checkHash :: User.User -> Maybe User.User
    checkHash user
        | validated = Just user
        | otherwise = Nothing
      where
        hashed = User.password user
        -- ハッシュ化したパスワードとの照合
        validated = validatePassword (enc hashed) (enc pass)
```

placeholder関数を用いて生成した変数phはプレースホルダの役割を持ちます。phは.=.演算子で使えます。ユーザ名は後から入るので現段階ではプレースホルダにしています。プレースホルダを使う場合、relationの代わりにrelation'を使います。relationalQueryはRelation型をrunQuery関数に渡せるQueryという型に変換するものです。

348

モデルの開発 **10.3**

● **残りの部分の実装**

　`Model.WeightRecorder`についても同様にデータ登録と読み込みを実装します。こちらは
ハッシュ化などもなく`User`よりも単純で、特筆すべき点は特にありません。他のモジュールか
ら使うことを意識しているために、逐一実行しての確認はできませんが、ひとまずこれでモデル
層は完成です。HRRやそれに付随するTemplate Haskellなど学習することが多かったですが、
どれもHaskellで実践的なアプリケーションを開発するときには重宝する知識です。

```haskell
{-# LANGUAGE FlexibleInstances, MultiParamTypeClasses, TemplateHaskell #-}

module Model.WeightRecord
    ( NewWRecord(NewWRecord, nwrUserId, nwrTime, nwrWeight)
    , nwrUserId'
    , nwrTime'
    , nwrWeight'
    , insertNewWRecord
    , selectWRecord
    )
  where

import           Control.Exception        (catch)
import qualified Data.Time.LocalTime      as TM
import           Database.HDBC
    ( IConnection
    , SqlError
    , withTransaction
    )
import           Database.HDBC.Query.TH   (makeRecordPersistableDefault)
import qualified Database.HDBC.Record      as DHR
import qualified Database.Relational.Query as HRR
import qualified Entity.WeightRecord       as WRecord
import           System.IO                (hPrint, stderr)

data NewWRecord = NewWRecord
    { nwrUserId :: !Int
    , nwrTime   :: !TM.LocalTime
    , nwrWeight :: !Double
    }

makeRecordPersistableDefault ''NewWRecord

insertNewWRecord
  :: IConnection c
  => NewWRecord -> c -> IO Integer
insertNewWRecord wr conn = do
  let ins = HRR.typedInsert WRecord.tableOfWeightRecord piNewWRecord
  withTransaction conn $
    \conn' ->
      DHR.runInsert conn' ins wr `catch`
      \e ->
```

349

第**10**章　Webアプリケーションの作成

```
          do hPrint stderr (e :: SqlError)
             return 0

piNewWRecord :: HRR.Pi WRecord.WeightRecord NewWRecord
piNewWRecord =
  NewWRecord HRR.|$| WRecord.userId' HRR.|*| WRecord.time' HRR.|*|
  WRecord.weight'

selectWRecord
  :: IConnection c
  => Int -> c -> IO [WRecord.WeightRecord]
selectWRecord uid conn = DHR.runQuery conn q uid
  where
    q :: HRR.Query Int WRecord.WeightRecord
    q =
      HRR.relationalQuery . HRR.relation' . HRR.placeholder $
      \ph ->
        do a <- HRR.query WRecord.weightRecord
           HRR.wheres $ a HRR.! WRecord.userId' HRR..=. ph
           HRR.desc $ a HRR.! WRecord.time'
           return a
```

これらのモジュールも、`weight-recorder.cabal`へ追記しておきましょう。

```
library

  exposed-modules:
  ..略..
                   , Model.User
                   , Model.WeightRecord
  ..略..
```

10.4　コントローラの開発

　次はWeight Recorderアプリケーションが受け取ったHTTPリクエストを解釈し、モデルを呼び出すためのコントローラの開発に移りましょう。このアプリケーションでは最も重要な部分ともいえます。コントローラの開発にはSpockを用います。

10.4.1　コア機能の定義

　Weight Recorderアプリケーションのコア機能を作成します。アプリケーション全体を通して利用する型や基本的な関数は、`src/Web/Core.hs`にまとめ、各モジュールから参照させます。必要となる`import`文は次のとおりです。

```
-- src/Web/Core.hs
module Web.Core
    (WRState(WRState, wrstMainTemplate, wrstStartTemplate),
     WRContext(WRContext, wrconUser), emptyContext, WRConnection,
     WRSession(WRSession, wrsesUser), emptySession, WRApp, WRAction,
     runSqlite, WRConfig(WRConfig, wrcDBPath, wrcTplRoots, wrcPort))
  where

import             Control.Monad.IO.Class (liftIO)
import             Database.HDBC.Sqlite3  (Connection)
import qualified   Entity.User            as User
import             Text.Mustache          (Template)
import             Web.Spock              (SpockActionCtx, SpockCtxM, runQuery)
```

■────── モナド

全体で利用するモナドに関する事項を src/Web/Core.hs 以下に実装します。既存のモナドを利用するので、type で型シノニムを定義するだけです。Spock の持つモナドを使います。Spock では、主に2つのモナドを利用します。1つ目のモナドはルーティング定義の SpockCtxM モナド、2つ目のモナドはルーティングで呼ばれる実際の処理を記述する SpockActionCtx モナドです。

SpockCtxM モナドが、最終的に Spock アプリケーションを生成する spock 関数の引数となります。これらのモナドを理解することが Spock でアプリケーション開発するうえでは欠かせません。

● SpockCtxM

SpockCtxM によるモナドが提供する操作は、各HTTPメソッドに対応するルーティングを定義するための get や post、PATH に基づいた共通動作を定義する prehook、WAIの Middleware を適用するための middleware などがあります。

SpockCtxM は、SpockCtxM ctx conn sess st のように4つ型を適用するとモナドとなります。ctx は prehook によって生成されるデータの型であり、ルーティングにどんな prehook が定義されているかによって型は変わります。conn はDB接続の型であり、Spock によってコネクションプールで管理されます。sess はセッションとして保持するデータの型です。デフォルトで Spock はメモリ上にセッションデータを保持します。st はアプリケーションの状態の型で、ユーザが自由に定義できます。

● SpockActionCtx

SpockActionCtx モナドは、ルーティングで呼ばれる実際の処理を記述します。このモナドで使えるアクションを見ていきましょう。Webアプリケーションには欠かせないものがそろっています。

第**10**章　Webアプリケーションの作成

- HTTPリクエストにアクセスする`header`、`param`、`body`
- HTTPレスポンスを生成する`setStatus`、`setHeader`、`html`、`redirect`
- `prehook`から渡されたデータにアクセスする`getContext`
- コネクションプールからDB接続を得る`runQuery`
- アプリケーションの状態へアクセスする`getState`
- セッションへの読み書きを行う`readSession`、`writeSession`、`modifySession`

● 型シノニムによる簡略化

どちらのモナドも定義が煩雑なので、使いやすいように`type`で型シノニムを定義しておきます。

```
-- 接頭辞のWRはアプリケーション名に由来
type WRApp ctx = SpockCtxM ctx WRConnection WRSession WRState
type WRAction = SpockActionCtx WRContext WRConnection WRSession WRState
```

`WRApp`と`WRAction`はWeight Recorderアプリケーションで利用するモナドです。

先ほどコンテキストには`WRContext`を使うものとして`src/Web/Core.hs`に定義しました。しかし、`/`のコンテキストは必ず`()`になるため、`WRContext`は適しません。そのため、ルーティングに用いる`WRApp`では`()`にも対応できるよう、`ctx`を指定できるよう定義しています。一方で、ロジックを実際に記述する`WRAction`のコンテキストは、`()`を受け取らないようにできるため、型変数ではなく`WRContext`固定としています。このため、ルーティングの根本でコンテキストを`WRContext`に設定する必要があります。

■——— 必要な型の作成

ここからはアプリケーションに必要な型を作成していきます。データ型、アプリケーション内で扱いやすくするためのシノニムなどがあります。

`WRConfig`はWeight Recorderアプリケーションの設定です。SQLiteのデータベースファイルのパス、テンプレートのルートディレクトリ、Webサーバがlistenするポートを持ちます[*37]。

```
data WRConfig = WRConfig
  { wrcDBPath   :: !FilePath
  , wrcTplRoots :: ![FilePath]
  , wrcPort     :: !Int
  }
```

`WRState`は`st`型変数として用いるWeight Recorderの状態を表す型です。今回はHTMLのテンプレートを状態として、画面毎にそれぞれ`wrstStartTemplate`フィールドと`wrstMain`

─────────────────────────────

[*37] この型は`Main`モジュールのコマンドラインオプションのパーサと、そこからWeight Recorderアプリケーションへ値を渡すために使います（10.6参照）。

Templateフィールドへ持たせます。**WRState**型に合めておくことで、アプリケーションの任意の場所からこの値を取り出せます[*38]。

```
data WRState = WRState
  { wrstStartTemplate :: !Template
  , wrstMainTemplate  :: !Template
  }
```

WRContext は **prehook** から所属するルーティングへ提供する情報の型です。Weight Recorder アプリケーションではユーザ認証を実装し、これがルーティングに影響します。ログイン中のユーザを格納する**wrconUser**フィールドを持たせました。ログインしていない場合は**Nothing**を格納したいので、**Maybe User**型で定義しています[*39]

```
-- ルーティングに提供する情報
newtype WRContext = WRContext
  { wrconUser :: Maybe User.User
  }

emptyContext :: WRContext
emptyContext = WRContext Nothing
```

WRConnection は Spock のコネクションプールで管理するための、DB 接続を表す型です。**Database.HDBC.Sqlite3** モジュールで得られる接続をそのまま使うこととし、**type** で型シノニムとして定義しました。

```
-- コネクションプールの型
type WRConnection = Connection
```

WRSession は HTTP セッションとして保持するデータの型です。今回セッションはログイン管理にしか用いないため、**Nothing**であるかログイン中の **User** 型を保持するかのどちらかです。**emptySession** はセッションの初期値を表す値です[*40]。

```
-- HTTPセッションのデータ型
newtype WRSession = WRSession
  { wrsesUser :: Maybe User.User
  }

emptySession :: WRSession
emptySession = WRSession Nothing
```

[*38] テンプレート、ビューまわりは10.5で解説します。

[*39] この型はフィールドが1つしかないため、newtypeを使って定義をするとコンストラクタを着脱するオーバーヘッドを避けられます。フィールドが増えたらdataを使って定義するよう変更してください。emptyContextは/のルーティングにて初期値として用いる空の値です。

[*40] ログイン状況とは関係なく、Spockはアプリケーションにアクセスしてきたユーザについてクッキーを発行したうえでセッションを保持しようとします。ログインが成功するまではemptySessionがセッションへ保持される値となります。

runSqliteはWRActionモナドからModelモジュールのI/Oアクションを呼ぶために提供するユーティリティアクションです[41]。runQueryはSpockの提供する操作であり、コネクションプールから接続を1つ渡してくれます。これを用いてI/Oアクションfを実行し、WRActionモナドへliftIOによって持ち上げています。

```
-- モデル呼び出し(SQLite実行)の関数
runSqlite :: (Connection -> IO m) -> WRAction m
runSqlite f = runQuery $ liftIO . f
```

10.4.2　各種操作の実装

Webアプリケーションの実際の各種操作(WRActionモナドで呼び出せるアクション)を実装していきます。操作ごとに別ファイルに分けています。

■——— ユーザ登録

src/Web/Action/Register.hsには、ユーザ登録フォームから呼ばれる動作を定義します。このモジュールでは、フォームからnameとpasswordの2つのフィールドを受け取り、それを新規ユーザとしてSQLiteへ保存するアクションを定義します。

```
{-# LANGUAGE OverloadedStrings #-}
-- src/Web/Action/Register.hs

module Web.Action.Register (registerAction) where

import Control.Monad  (when)
import Model.User     (NewUser (NewUser), insertUser)
import Web.Core       (WRAction, runSqlite)
import Web.Spock      (param')
import Web.View.Start (startView)

registerAction :: WRAction a
registerAction = do
  name <- param' "name" -- paramで値を取り出す
  password <- param' "password"
  -- 未入力項目があれば入力を促す
  when (null name || null password) $ startView (Just "入力されてない項目があります")
  n <- runSqlite $ insertUser (NewUser name password)
  when (n <= 0) $ startView (Just "登録に失敗しました") -- INSERT失敗時に登録失敗を返す
  startView (Just "登録しました。ログインしてください。")
```

param'によってフォームから値を取り出し、空文字列だった場合はエラーメッセージを出して

------

[41] このアクションを簡単に使えるようにするため、ModelモジュールのI/Oアクションはすべて返り値がConnection -> IO mという型になるよう揃えています。

ユーザ登録フォームへ戻ります。whenは任意のモナドで使えるアクションで、条件式がTrueだったときにアクションを実行し、条件式がFalseの場合は何もしません。startViewはユーザ登録フォームとログインフォームをレスポンスとして返すアクションです。後で実装します。startViewは呼び出し後、次の行以降に書かれた操作へは戻ってこないようにします。runSqliteアクションでinsertUserI/Oアクションを実行して成功したら、ログインを促すメッセージを出してログインフォームへ戻ります。

■──── ユーザログイン

src/Web/Action/Login.hsは、ログインフォームからnameとpasswordの2つのフィールドを受け取り、ログイン処理を実行します。

```
{-# LANGUAGE OverloadedStrings #-}
-- src/Web/Action/Login.hs

module Web.Action.Login (loginAction) where

import Control.Monad   (when)
import Model.User      (selectUser)
import Web.Core        (WRAction, runSqlite, wrsesUser)
import Web.Spock       (modifySession, param', redirect)
import Web.View.Start (startView)

loginAction :: WRAction a
loginAction = do
  name <- param' "name"
  password <- param' "password"
  when (null name || null password) $ startView (Just "入力されてない項目があります")
  mUser <- runSqlite $ selectUser name password
  case mUser of
    Nothing -> startView (Just "ログインに失敗しました")
    Just user -> do
      modifySession $
        \ses ->
          ses
          { wrsesUser = Just user
          }
      redirect "/"
```

ユーザ登録と似ています。違っているのはユーザの取得とセッション書き込み、リダイレクトです。selectUserI/Oアクションによって指定されたユーザ名とパスワードに該当するユーザが存在するかを確認し、ユーザが存在した場合はログインに成功したものとしてmodifySession操作によってセッションへログイン中のユーザを書き込みます。その後、redirectアクションによってメイン画面[42]へリダイレクトします。

＊42 Weight Recorderアプリケーションのメイン画面は、この後実装する体重登録フォームを表示します。

第10章 Webアプリケーションの作成

10.4.3 体重入力の実装

src/Web/Action/NewRecord.hsは体重登録フォームからweightを受け取り、SQLiteへ記録します。今までは未ログイン状態でも呼び出せるアクションを定義しましたが、このモジュールで定義されるアクションを呼び出すにはログイン状態の必要があります。入力された体重はログインしているユーザのものとして記録されます。

```haskell
{-# LANGUAGE OverloadedStrings #-}

module Web.Action.NewRecord (newRecordAction) where

import           Control.Monad          (when)
import           Control.Monad.IO.Class (liftIO)
import qualified Data.Time.Clock        as TM
import qualified Data.Time.LocalTime    as TM
import qualified Entity.User            as User
import           Model.WeightRecord
    ( NewWRecord (NewWRecord)
    , insertNewWRecord
    )
import           Web.Core               (WRAction, runSqlite, wrconUser)
import           Web.Spock              (getContext, param, redirect)
import           Web.View.Main          (mainView)


newRecordAction :: WRAction a
newRecordAction = do
    mWeight <- param "weight"  -- 体重を取得
    case mWeight of
        -- 体重の取得失敗を通知、mainViewは後で実装
        Nothing -> mainView (Just "体重が誤っています")
        Just weight -> do
          Just user <- wrconUser <$> getContext  -- wrconUserからユーザを取得
          now <- liftIO utcTime
          let record = NewWRecord (User.id user) now weight
          n <- runSqlite $ insertNewWRecord record
          when (n == 0) $ mainView (Just "記録に失敗しました")
          redirect "/"
  where
    utcTime = TM.utcToLocalTime TM.utc <$> TM.getCurrentTime
```

paramはフォームから値を取り出すときに、適切な型へ自動的に変換してくれます[43]。体重は小数で保持したいので、ここではDouble型に変換させます。param'とparamの違いは、前者は変換できなかった場合にボトムを返すのに対し、後者はMaybe型で値を返すことです。ここでは不正な入力を拾いたいので、paramで処理します。ログイン中のユーザはgetContextで

---

*43 変換が可能な型は、http-api-dataパッケージにおいて定義されたFromHttpApiData型クラスのインスタンスです。

取得した、**WRContext**型の**wrconUser**フィールドを参照します。体重を記録する時刻を得るには、**time**パッケージを使います。**getCurrentTime**で標準時を表す**UTCTime**値を得て、**utcToLocalTime**によって**LocalTime**型に変換します[44]。

10.5 ビューの開発

　ビューを作成します。テンプレートエンジンの解説を済ませた後、仕様（10.2参照）にしたがい、トップ画面とメイン画面の2画面を用意します。メイン画面ではGoogle Chart APIを利用します。

　ビューの開発は、10.3や10.4に比べると Haskell 特有の事項が少ないため、他言語で開発したことがあれば、だいぶ理解しやすいはずです。

10.5.1 mustacheパッケージ

　ビューを実装するために用いるテンプレートエンジンについて、Haskellにはいくつか選択肢があります[45]。

　ここでは他言語の経験者にも馴染み深い、**mustache**パッケージ[46]を利用します。Mustache[47]はRubyを起源とし、その後さまざまな言語で実装されているテンプレートエンジンです。ロジックとテンプレートを完全に分離していることが特徴で、テンプレート内にループや条件分岐を書けません。mustache（口ひげ）という名前が表す通り、口ひげに見える{記号でデータを埋め込みます[48]。

■──── mustacheの動作を確認する

　mustacheパッケージの動作を確認しましょう。このパッケージはモナディックなAPIは持っておらず、普通の関数としてテンプレートの処理を行います。**mustache**を有効にして、REPLを立ち上げます。必要な関数や演算子は**Text.Mustache**モジュールが提供しています。**Text**型を使うので、文字列の扱いを簡便化するために**OverloadedStrings**拡張を有効にします。

----

[44] ここで型は**LocalTime**になりますがタイムゾーンとして標準時である**utc**を指定していることに注意してください。SQLiteには標準時で保存しておきたいためです。**insertNewWRecord**I/Oアクションを呼び出してデータを登録したら、**redirect**で"**/**"に戻ります。

[45] lucid、blaze-html、Yesodで使われるshakespeareなど。

[46] https://github.com/JustusAdam/mustache

[47] http://mustache.github.io/

[48] mustacheではテンプレートの**{{と}}**で囲まれた部分には、渡したデータの対応するフィールドの値が埋め込まれます。

第**10**章　Webアプリケーションの作成

```
$ stack ghci mustache # mustacheをあらかじめcabalで指定しておく
```

```
ghci> import Text.Mustache
ghci> :set -XOverloadedStrings
```

■────── 表示の確認

テンプレートに文字列を渡して動作を確認します[49][50]。もととなる文字列をcompileTemp late関数に渡してテンプレートを用意します。

```
ghci> let txtTpl = "Hello{{#people}}, {{name}}{{/people}}!" -- テンプレート文字列
ghci> let Right tpl = compileTemplate "" txtTpl -- テンプレートを用意
ghci> :{
ghci| let p = object [ "people" ~> [ object ["name" ~> "shu1"]
ghci|                              , object ["name" ~> "pinnyu"]
ghci|                              ]
ghci|                 ]
ghci| :}
ghci> substitute tpl p -- テンプレートを表示
"Hello, shu1, pinnyu!"
```

txtTplは、peopleへリストを渡し、そのリストの{{name}}フィールドをカンマ区切りで表示させるテンプレートです[51]。テンプレートへ渡すデータpは、Value型です。この型はobject関数と~>演算子で簡単に作れます。substitute関数にコンパイルしたテンプレートとValue型の値を渡します[52]。~>で作ったキー・バリューのペアを配列にし、objectに渡します。テンプレートにデータを適用するには、substituteでテンプレートとデータから文字列を生成します[53]。

10.5.2　テンプレートファイルの保存先

さて、mustacheパッケージの基本的な動作はわかりました。続いてはテンプレートファイルを保存する位置を決めましょう。Weight Recorderでは、実行ファイルと一緒にインストールされるものとします[54]。

....

[49] テンプレートの表示を確認するとき、通常はファイル名を渡してテンプレートを一度コンパイルさせます。今回は動作を簡単に試しただけなので、compileTemplateへ直接テンプレートを文字列として渡して動作させます。

[50] compileTemplateの第一引数はテンプレート名を指定して、キャッシュのキーとして用います。アプリケーションならキャッシュを活用できますが、動作を確認するだけのここでは不要なので空文字列""を渡します。

[51] リストをテンプレートを使って展開する場合など、領域を指定する必要があるデータを持つフィールドについては{{#...}}と{{/...}}という書式を使います。

[52] Value型、object関数、~>演算子、substitute関数はいずれもmustacheパッケージ内で定義されています。詳細はドキュメントから確認してください。

[53] substituteは、aesonのValueもデータとして受け取れます。JSONのAPI作成に便利です。

[54] こうするとテンプレートの文言変更が気軽にできないなど柔軟性を欠く面もありますが、常に実行ファイルと一緒に扱うことで、実行ファイルとテンプレートのバージョンの乖離を防げます。他にはテンプレートファイルを任意の場所に置くという方法も考えられますが今回は採用しません。

358

ビューの開発 **10.5**

■────── 静的ファイルのための機構

Cabalには実行ファイルと一緒に、静的なテンプレートファイルや設定ファイルなどのデータファイルをインストールするための機構が用意されています。まず、`weight-recorder.cabal`ファイルに同梱したいファイルのパスを記述します。

```
data-files:                  templates/start.mustache
                           , templates/main.mustache
                           , data/schema.sql
```

続いて`data-files`次のファイルにアクセスするための、特殊なモジュールを`import`します[55]。ここでは`import Paths_weight_recorder`と指定します。このモジュールは、次のような関数を提供します。アプリケーション（パッケージ）全体のパスに関する操作がまとまっています。先ほど指定した`data-files`にかかわるもの以外に、`bindir`（バイナリディレクトリ）などが定数として取得できます。`datadir`よって`data-files`に指定したディレクトリ、さらにそこからファイルを触れます。

```
version :: Version
bindir, libdir, dynlibdir, datadir, libexecdir, sysconfdir :: FilePath
getBinDir, getLibDir, getDynLibDir, getDataDir, getLibexecDir, getSysconfDir :: ⏎
IO FilePath
getDataFileName :: FilePath -> IO FilePath
```

10.5.3　トップ画面の実装

Weight Recorderアプリケーションでは2つのビューを用意します。最初のビューはユーザ登録フォームとログインフォームをまとめた、トップ画面です。仕様に加えて、エラーメッセージなど、ユーザに何らかの情報を伝えられるようにしておきます。mustacheのテンプレートを`templates/start.mustache`として作成します。

```html
<html>
<head>
<meta charset="UTF-8">
<title>Weight Recorder</title>
</head>

<body>

{{#message}}
<div style="background-color: red">{{message}}</div>
{{/message}}
```

---

[55] Cabalはビルド時に、`Paths_`パッケージ名`.hs`というファイルを自動的に生成します。

第**10**章　Webアプリケーションの作成

```html
<h2>ユーザ登録</h2>

<form method="POST" action="/register">
  <ul>
  <li>アカウント名 <input type="text" name="name" /></li>
  <li>パスワード <input type="text" name="password" /></li>
  </ul>
  <input type="submit" value="登録" />
</form>

<h2>ログイン</h2>

<form method="POST" action="/login">
  <ul>
  <li>アカウント名 <input type="text" name="name" /></li>
  <li>パスワード <input type="text" name="password" /></li>
  </ul>
  <input type="submit" value="ログイン" />
</form>

</body>

</html>
```

■──── テンプレートに対応するコード

　テンプレートstart.mustacheに表示するビューは、src/Web/View/Start.hsに定義します。処理の失敗を理解しやすくするために、このビューにはエラーメッセージが渡せるようになっています。メッセージがNothingではない場合は、"message"キーへその値を設定してテンプレートへ渡しています。

```haskell
{-# LANGUAGE OverloadedStrings #-}
-- src/Web/View/Start.hs

module Web.View.Start (startView, loadStartTemplate) where

import qualified Data.Text       as TXT
import           Text.Mustache
    ( Template
    , automaticCompile
    , object
    , substitute
    , (~>)
    )
import           Web.Core
    ( WRAction
    , WRConfig (wrcTplRoots)
```

360

```
      , WRState (wrstStartTemplate)
      )
import         Web.Spock      (getState, html)

-- トップ画面のテンプレートを読み込む
loadStartTemplate :: WRConfig -> IO Template
loadStartTemplate cfg = do
  compiled <- automaticCompile (wrcTplRoots cfg) "start.mustache"
  case compiled of
    Left err -> error (show err)
    Right template -> return template

-- 以前出てきたstartView関数は、トップ画面の表示を行う
startView :: Maybe TXT.Text -> WRAction a
startView mMes = do
    tpl <- wrstStartTemplate <$> getState
    -- ブラウザ側にテンプレートから生成されたHTMLを返す
    html $ substitute tpl $ object (toPairs mMes)
  where
    toPairs (Just mes) = ["message" ~> mes]
    toPairs Nothing = []
```

loadStartTemplateは、テンプレートを読み込んでコンパイルするI/Oアクションです。アプリケーションの初期化時に呼ばれ、コンパイルされたテンプレートはWRStateへ保持されます。automaticCompileはcompileTemplateと同様テンプレートのコンパイルを行う関数です。指定したファイルを読み込んでコンパイルをしてくれます。コンパイルに失敗した場合は、単にボトムを返しています。startViewは初期ページを表示するアクションです。getStateによりコンパイル済のテンプレートを受け取り、substituteを呼び出してHTMLを生成します。htmlはSpockが提供しているアクションで、HTMLをブラウザへ返します。Spockでは、textやhtmlやredirectなどのブラウザに結果を返すアクションは、呼び出し後戻ってこず、そこで処理が終了します。ブラウザに結果を返せば終わりです。この挙動は、ネストされた深い関数から残りの処理をスキップして処理を終わらせるために便利です[56]。

10.5.4　メイン画面の作成

　Weight Recordアプリケーションのもう1つのビューは、体重の入力フォームと、今まで入力した体重の履歴をそれぞれ表示するメイン画面です。このビューでは、さらにGoogle Charts APIによるグラフの描画も行います。templates/main.mustacheへ次の内容を記述します。入力履歴は"records"というキーで、グラフ用のデータは"graphs"というキーで、それぞれ受け取るものとします。

---

[56]　この振る舞いを実現するために、内部的にはExceptTモナドが利用されています。

第 **10** 章 Web アプリケーションの作成

```html
<html>
<head>
<meta charset="UTF-8">
<title>Weight Recorder</title>
  <!-- Google Charts用の処理 -->
  <script type="text/javascript" src="https://www.gstatic.com/charts/loader.js"></script>
  <script type="text/javascript">
    google.charts.load('current', {'packages':['corechart']});
    google.charts.setOnLoadCallback(drawChart);

    function drawChart() {
      var data = google.visualization.arrayToDataTable([
          ['日付', '体重']
        {{#graphs}}
        , ['{{day}}', {{weight}}]
        {{/graphs}}
      ]);

      var options = {
        title: '体重の推移',
        curveType: 'function',
        legend: { position: 'bottom' }
      };

      var chart = new google.visualization.LineChart(document.getElementById('curve_chart'));

      chart.draw(data, options);
    }
  <!-- Google Charts用の処理終わり -->
  </script>
</head>
<body>

{{#message}}
<div style="background-color: red">{{message}}</div>
{{/message}}

{{user.name}}さん、こんにちは

<h2>体重の入力</h2>

<form method="POST" action="/new_record">
  <input type="text" name="weight" /> Kg
  <input type="submit" value="登録" />
</form>

<!-- 体重リスト -->
<ul>
{{#records}}
<li>{{time}}: {{weight}} Kg</li>
{{/records}}
```

```
    </ul>

    <!-- 体重チャート -->
    <div id="curve_chart" style="width: 900px; height: 500px"></div>

    </body>
    </html>
```

■──── テンプレートに対応するコード

mustache はロジックを書き込めないので、ロジック部分はすべて Haskell 側のコードが担います。ビューの対応するコード部分は src/Web/View/Main.hs に定義します。必要となる import 文は次のとおりです。

```
{-# LANGUAGE OverloadedStrings #-}
-- src/Web/View/Main.hs

module Web.View.Main (loadMainTemplate, mainView) where

import           Control.Monad.IO.Class (liftIO)
import           Data.Function          (on)
import           Data.List              (groupBy, sortBy)
import qualified Data.Text              as TXT
import qualified Data.Time.Format       as TM
import qualified Data.Time.LocalTime    as TM
import qualified Entity.User            as User
import qualified Entity.WeightRecord    as WRecord
import           Model.WeightRecord     (selectWRecord)
import           Text.Mustache
    ( Template
    , automaticCompile
    , object
    , substitute
    , (~>)
    )
import           Text.Mustache.Types    (Value)
import           Web.Core
    ( WRAction
    , WRConfig (wrcTplRoots)
    , WRState (wrstMainTemplate)
    , runSqlite
    , wrconUser
    )
import           Web.Spock              (getContext, getState, html)
```

● 基礎部分の実装

基礎部分、外部の API に触らず内部だけで処理できる部分を先に実装します。

第**10**章　Webアプリケーションの作成

```
-- src/Web/View/Main.hsに追記
-- テンプレートの読み込み
loadMainTemplate :: WRConfig -> IO Template
loadMainTemplate cfg = do
  compiled <- automaticCompile (wrcTplRoots cfg) "main.mustache"
  case compiled of
    Left err -> error (show err)
    Right template -> return template

-- ユーザ情報を変換して渡せるようにする
userValue :: User.User -> WRAction Value
userValue u = return $ object ["id" ~> User.id u, "name" ~> User.name u]

-- 体重の履歴を変換して渡せるようにする
weightRecordValue :: WRecord.WeightRecord -> WRAction Value
weightRecordValue wr = do
  ztime <- liftIO $ toZonedTime $ WRecord.time wr
  return $ object ["weight" ~> WRecord.weight wr, "time" ~> show ztime]

-- SQLite中のUTCからローカルタイムに変換する
toZonedTime :: TM.LocalTime -> IO TM.ZonedTime
toZonedTime = TM.utcToLocalZonedTime . TM.localTimeToUTC TM.utc
```

テンプレートをコンパイルするための`loadMainTemplate`はトップ画面と大差ありません。`userValue`関数は、セッション中のユーザ情報を`"user"`キーに渡すデータに変換するアクションです。同様に、`weightRecordValue`は`selectWRecord`I/OアクションでSQLiteから取得した体重の履歴を、`"records"`キー用のデータへ変換します。`toZonedTime`でローカルのタイムゾーンへ戻します[*57]。

● **グラフ表示部の実装**

続いてグラフ表示部分の実装です。Mustacheではテンプレートにロジックを一切書けないため、グラフの描画に必要なデータの成形はすべてHaskell側で済ませる必要があります[*58]。ここでは`src/Web/View/Main.hs`以下で対処します。

```
-- グラフ表示の実装
weightGraphValue :: [WRecord.WeightRecord] -> WRAction [Value]
weightGraphValue wrs = do
    flatWrs <- liftIO $ mapM flat wrs
    let wrss = groupBy ((==) `on` fst) . sortBy (compare `on` fst) $ flatWrs
    return $ map groupToValue wrss
  where
    -- WeightRecord型を日付と体重のタプルにして扱いやすくする
```

＊57　SQLiteへはUTCで時刻を登録していました。ユーザの表示用にこれをローカルタイムに変更します。

＊58　JavaScriptによる簡単な処理はmustache内に記述しています。

364

```
    flat wr = do
      ztime <- toZonedTime $ WRecord.time wr
      let ztimeStr = TM.formatTime TM.defaultTimeLocale "%m/%d" ztime
          w = WRecord.weight wr
      return (ztimeStr, w)
    -- グループをmustacheで扱うための値にする
    groupToValue gr =
      let dt = head $ map fst gr -- groupByの仕様からgrは[]ではなく、headが使える
          wt = avg $ map snd gr
          avg xs = sum xs / fromIntegral (length xs)
      in object ["day" ~> dt, "weight" ~> wt]
```

　weightGraphValueは、体重データをグラフ表示用のデータに変換します。where以下で定義しているflatは、WeightRecord型を日付の文字列と体重のタプルにします。日付文字列を作成する際、SQLiteへは秒単位の時刻で記録しているのでformatTime関数によって"%m/%d"形式の日付だけの文字列に変換しています[59]。

　文字列と体重のタプルにした後は、sortByによって日付順に並び替え、groupByによって同じ日付毎にグループ化します。onはData.Functionモジュールが定義する関数で、第二引数の関数を適用してから第一引数の2項演算子を適用するというはたらきをします。(==)`on` fstは、タプルにfstを適用して日付文字列を取り出してから、==で比較することを意味します。最後にwhere以下で定義したgroupToValueで各グループを潰してMustacheに渡せるValue型にします。各グループの日付文字列はすべて同じなのでheadで先頭を取り、体重については定義したavg関数で平均を求めます。

● 全体の実装をまとめる

　個々の実装に必要な関数はまとまりました。実際に描画するmainView関数を実装します。mainViewがメイン画面を表示するアクションです。startViewと同様にメッセージを受け取れるようにしています。メッセージがJust値のときのみ、"message"フィールドをテンプレートへ渡します。ユーザ情報はセッションから、体重の履歴はSQLiteから取得し、それらをテンプレートに渡す形に変換した後に最終的にテンプレートを呼び出します。テンプレートとの対応をmustacheファイルを見ながら確認するとわかりやすいです。

```
-- src/Web/View/Main.hsに追記する
-- メッセージを受け取って
mainView :: Maybe TXT.Text -> WRAction a
mainView mMes = do
    Just user <- wrconUser <$> getContext
    uv <- userValue user -- ユーザ情報
```

---

[59] ztimeでローカル時刻にする処理も挟んでいます。

第**10**章　Webアプリケーションの作成

```
    rs <- runSqlite $ selectWRecord (User.id user) -- SQLiteの情報
    rvs <- mapM weightRecordValue rs
    wgv <- weightGraphValue rs
    tpl <- wrstMainTemplate <$> getState
    let v =
            object $
            appendMessage
                mMes
                ["user" ~> uv, "records" ~> rvs, "graphs" ~> wgv]
    html $ substitute tpl v
  where
    appendMessage (Just mes) ps = "message" ~> mes : ps
    appendMessage Nothing ps = ps
```

　以上でWeight Recorderアプリケーションで利用するビューが定義できました。各層がそろったので、残すはこれらのつなぎ込みと実際のアプリケーション実行用に**app/Main.hs**を編集するだけです。ここまでで**weight-recorder.cabal**へ追記すべきモジュール名は、次のとおりです。

```
library

    exposed-modules:
    ..略..
                        , Web.Action.Register
                        , Web.Action.Login
                        , Web.Action.NewRecord
                        , Web.Core
                        , Web.View.Main
                        , Web.View.Start
    ..略..
```

10.6　実行ファイルの作成

　ここまででWeight Recorderアプリケーションを動作させるための道具がすべて揃いました。これらを組み立てて、アプリケーションを実行できるようにしましょう。アプリケーションをまとめる処理は**src/Web/WeightRecorder.hs**、最後の実行用アプリケーションの作成は**app/Main.hs**が担います。

10.6.1　ルーティング

　まずはルーティングです。定義したアクション層（10.3参照）と、ビュー層（10.5参照）を、適切なパスに紐付けます。ルーティングのために**WRApp**モナドを定義しました（10.4参照）。この

366

モナド上のアクションを利用してルーティングを完成させます。

アプリケーション全体で欠かせないため、ログイン認証から実装します。ログイン認証は
WRActionモナドで記述し、WRAppモナドのアクションであるprehookによって必要なパスに
適用させます。src/Web/WeightRecorder.hsにコードを実装します。まず、必要となる
import文を並べましょう。

```haskell
{-# LANGUAGE OverloadedStrings #-}
-- src/Web/WeightRecorder.hs

module Web.WeightRecorder
       (runWeightRecorder, weightRecorderMiddleware, WRConfig(..)) where

import              Data.Pool              (Pool, createPool)
import              Database.HDBC          (IConnection (disconnect))
import              Database.HDBC.Sqlite3  (Connection, connectSqlite3)
import qualified    Network.Wai            as WAI
import              Web.Action.Login       (loginAction)
import              Web.Action.NewRecord   (newRecordAction)
import              Web.Action.Register    (registerAction)
import              Web.Core
    ( WRAction
    , WRApp
    , WRConfig (..)
    , WRContext (wrconUser)
    , WRSession (wrsesUser)
    , WRState (WRState, wrstMainTemplate, wrstStartTemplate)
    , emptyContext
    , emptySession
    )
import              Web.Spock
    ( get
    , getContext
    , post
    , prehook
    , readSession
    , root
    , runSpock
    , spock
    )
import              Web.Spock.Config
    ( PoolOrConn (PCPool)
    , defaultSpockCfg
    )
import              Web.View.Main          (loadMainTemplate, mainView)
import              Web.View.Start         (loadStartTemplate, startView)
```

第**10**章　Webアプリケーションの作成

■——— ログイン認証向けアクションの作成

　authHookはログイン認証を行うアクションです。パスごとに認証が必要かどうかがかわるので、パスごとにフックして処理を分ける必要があります。このアクションは既存のWRContext上で動作し、返り値として新たなWRContextを返します。これによってログイン状態を判別、取得します。prehookへ渡すと、返り値のWRContextを配下のパスへ渡してもらえます。authHookは、現在のコンテキストctxを取得し、セッションから取得したUserをセットして返します。セッション内にUser型の値がない場合は、startViewを呼び出してログインフォームとユーザ登録フォームを表示します。

```
-- src/Web/WeightRecorder.hsに追記
authHook :: WRAction WRContext
authHook = do
  ctx <- getContext
  mUser <- fmap wrsesUser readSession
  case mUser of
    Nothing -> startView Nothing
    Just user ->
      return $
      ctx
      { wrconUser = Just user
      }
```

■——— 全体のルーティングの定義

　spockAppが実際のルーティングの定義です（10.2.5参照）。Weight RecorderアプリケーションではすべてのパスにおいてWRContextをコンテキストとして利用するので、最初にprehookによって空のWRContextを用意しています。root[60]と新しい体重を記録する/new_recordの2つのパスではログインしている必要があるため、prehook authHookによってユーザ認証をかけています。getとpostはSpockが提供するアクションで、それぞれHTTPのPOSTとGETメソッドで指定したパスへアクセスがあった場合に、WRActionを実行できるようルーティングを行います。registerActionとloginActionはログインしていない状態で呼び出す必要があるアクションです。prehookの外に書いています。これらのパスではログイン認証authHookは実行されません。以上で、Weight Recorderアプリケーションのルーティングの設定が終わりました。

```
-- src/Web/WeightRecorder.hsに追記
-- ルーティング定義
spockApp :: WRApp () ()
spockApp =
  prehook (return emptyContext) $
```

---

*60　rootは/のパスを意味します。

```
do prehook authHook $
    do get root $ mainView Nothing
        post "new_record" newRecordAction
    post "register" registerAction
    post "login" loginAction
```

10.6.2　アプリケーション本体の完成

　ルーティングと各層のつなぎ込みが終わりました。あとはアプリケーション本体[61]を完成させるだけです weightRecorderMiddleware は WRApp モナドへ必要な初期値を与え、Spock アプリケーションを生成します[62]。合わせて内部で使う sqlitePool も定義してしまいます。

```
-- src/Web/WeightRecorder.hsに追記
weightRecorderMiddleware :: WRConfig -> IO WAI.Middleware
weightRecorderMiddleware cfg = do
    -- テンプレートの読み込み
    starttpl <- loadStartTemplate cfg
    maintpl <- loadMainTemplate cfg
    -- 状態を作成
    let state =
            WRState
            { wrstStartTemplate = starttpl
            , wrstMainTemplate = maintpl
            }
    pool <- sqlitePool $ wrcDBPath cfg
    -- セッションと状態を渡して設定を作成
    spCfg <- defaultSpockCfg emptySession (PCPool pool) state
    spock spCfg spockApp -- 生成
```

```
-- src/Web/WeightRecorder.hsに追記
sqlitePool :: FilePath -> IO (Pool Connection)
sqlitePool dbpath = createPool (connectSqlite3 dbpath) disconnect 1 60 5
```

　ビュー側で用意してあった loadStartTemplate と loadMainTemplate を呼び出し、Mustache テンプレートのコンパイルをします。sqlitePool I/O アクションを呼び出して SQLite のコネクションプールを作ります。createPool I/O アクションは、リソースの確保と解放を行う I/O アクションをそれぞれうけとり、そこからリソースプールを生成します。ここでは、60秒間保持される5本のDB接続を保持するプールを1つ用意する、という意味の引数を渡しています。

　emptySession :: WRSession、state :: WRState、そして WRConnection をプール

---

[61] app/Main.hsが実際に起動するバイナリという、外部へのインタフェースなのに対し、src/Web/WeightRecorde.hsはアプリケーション本体としてここでは記述しています。

[62] Spockアプリケーションは他のWAIアプリケーションと組み合わせられるようにWAIのMiddlewareとして定義されています。

第**10**章　Webアプリケーションの作成

するコネクションプール（(PCPool pool)）[63]の3つの値を用意します。defaultSpockCfg関数へ渡してSpockの設定spCfgを作ります。

■―――― モジュールのエントリポイント

設定はできました。アプリケーションのエントリポイントを作成しましょう。spockI/Oアクションへ、先ほど作成したSpockの設定と、WRAppモナドとして10.6.1で作成したルーティング定義を渡します。

```
-- src/Web/WeightRecorder.hsに追記
runWeightRecorder :: WRConfig -> IO ()
runWeightRecorder cfg = runSpock (wrcPort cfg) (weightRecorderMiddleware cfg)
```

runWeightRecorderI/Oアクションはこのモジュールのエントリポイントで、Webアプリケーションサーバを起動します。runSpockにポート番号と先ほどのコードで生成するMiddlewareを渡すと、サーバが起動されます。Mainモジュールから受け取ったポート番号でサーバを起動します。

10.6.3　Mainモジュールの実装

ここまででルーティングの定義が終了し、アプリケーションの各層のつなぎ込みは成功しました。実際に実行ファイルを生成するためのMainモジュールを実装します。

■―――― コマンドラインオプションのパース

Mainモジュールは実行用のバイナリを生成するためのモジュールです。コマンドラインオプションのパースもここで行う必要があります。

app/Main.hsを次のような内容となるように書き換えます。Options.Applicativeモジュールによってコマンドライン引数をパースし、Weight Recorderアプリケーションの設定を作成してrunWeightRecorderを呼び出します。

```
-- app/Main.hs
module Main (main) where

import Data.Monoid ((<>))
import Options.Applicative
    ( Parser
    , auto
```

---

*63　コネクションプールにはresource-poolパッケージのData.Poolモジュールか、Spockで定義するConnBuilder型の値からも作れます。今回はresource-poolパッケージを用いるためPCPoolコンストラクタでラップして用いています。

370

```
        , execParser
        , header
        , help
        , helper
        , info
        , long
        , metavar
        , option
        , progDesc
        , short
        , value
        )
import Paths_weight_recorder (getDataDir)
import System.FilePath      ((</>))
import Web.WeightRecorder    (WRConfig (WRConfig), runWeightRecorder)

buildCfgParser :: IO (Parser WRConfig)
buildCfgParser = do
   datadir <- getDataDir
   let db =
          option
            auto
            (long "db" <> short 'd' <> metavar "DB" <> help "SQLite DB" <>
             value "weight.db")
       tplroot =
          option
            auto
            (long "tplroot" <> short 't' <> metavar "ROOT" <>
             help "the root path of template directory" <>
             value (datadir </> "templates"))
       port =
          option
            auto
            (long "port" <> short 'p' <> metavar "PORT" <>
             help "listen PORT" <>
             value 8080)
   return $ WRConfig <$> db <*> ((: []) <$> tplroot) <*> port

main :: IO ()
main = do
   parser <- buildCfgParser
   let opts =
          info
            (helper <*> parser)
            (progDesc "Run the Weight Recorder server" <>
             header
               "weight-recorder - A web application to record your weights")
   cfg <- execParser opts
   -- アプリケーションをコマンドラインオプションを渡して起動
   runWeightRecorder cfg
```

第**10**章 Webアプリケーションの作成

● Options.Applicative の活用

上のコードで用いた`Options.Applicative`は、`optparse-applicative`パッケージのモジュールです。コマンドライン引数を`Applicative`ファンクタによって定義でき、オプション解釈のために活用しています。

このモジュールから`option`関数が使われています。`option`に値を生成する関数と作りたいコマンドラインオプションの設定を渡すとパーサが作れます。

`auto`は`read`を使って値を生成する関数で、通常はこの関数を使えば十分です。設定は`Monoid`型クラスのインスタンスであり、`<>`演算子によってつなげられます。利用している設定の概要は次の通りです。

設定名	概要
long	オプション名
short	オプション名（1文字）
metavar	設定値を意味するメタ変数。helpの表示に使われる
help	オプションの説明
value	デフォルト値

パーサは`Applicative`ファンクタになっており、`<$>`と`<*>`を使ってさらに大きなパーサを組み立てられます。

`buildCfgParser`I/Oアクションでは`db`、`tplroot`、`port`の3つのパーサを合わせ、`WRConfig`を生成するパーサを定義しています。また、`helper`は`--help`オプションを加えるパーサです。このパーサは`pure id`に相当し、`<*>`によって適用できます。組み上げたパーサは`info`関数によってコマンドの情報と合わせたうえで、`execParser`関数へ渡すとコマンドライン引数をパースできます。`info`関数で使っているオプションは次のとおりです。

オプション名	概要
progDesc	プログラムの説明
header	ドキュメントのヘッダ

10.6.4 ビルドと実行

実行ファイル作成の準備が整いました。実際にプロジェクトをビルドし、Webアプリケーションサーバを動かしましょう。

■——— ビルドファイルの整理

`.cabal`ファイルに依存するすべてのパッケージと、プロジェクト内のモジュール名、ファイ

ル名を記載します。今までも記述してきましたが、あらためて全体像を抑えましょう。このように
な cabal ファイルができれば、ビルドの準備は完了です。

```
data-files:            templates/start.mustache
                     , templates/main.mustache
                     , data/schema.sql

library
    hs-source-dirs:    src
    exposed-modules:   Entity.WeightRecord
                     , Entity.User
                     , Model.User
                     , Model.WeightRecord
                     , Web.Action.Register
                     , Web.Action.Login
                     , Web.Action.NewRecord
                     , Web.Core
                     , Web.WeightRecorder
                     , Web.View.Main
                     , Web.View.Start
    build-depends:     base >= 4.7 && < 5
                     , bcrypt
                     , bytestring
                     , filepath
                     , HDBC
                     , HDBC-sqlite3
                     , http-types
                     , Spock
                     , mustache
                     , persistable-record
                     , relational-query-HDBC
                     , relational-query
                     , resource-pool
                     , text
                     , time
                     , transformers
                     , wai
    ghc-options:       -Wall
    default-language:  Haskell2010

executable weight-recorder
    hs-source-dirs:    app
    main-is:           Main.hs
    other-modules:     Paths_weight_recorder
    ghc-options:       -Wall -threaded -rtsopts -with-rtsopts=-N
    default-language:  Haskell2010
    build-depends:     base >= 4.7 && < 5
                     , filepath
                     , optparse-applicative
                     , weight-recorder
```

第**10**章 Webアプリケーションの作成

■──── ビルド・実行

ここまでで準備ができていれば、ビルドは`stack build`コマンドを使うだけです。weight-recorderの実行ファイルをビルドしたいので、これをターゲットとして指定します。：の後に続けて書きます。ビルドした実行ファイルは、Stackの作業ディレクトリに置かれます。

```
$ stack build :weight-recorder
```

`stack exec`コマンドで先ほど作成したビルドを実行します。http://localhost:8080/ へアクセスすると、Weight Recorderアプリケーションのログインフォームが表示されます。実際に動作を試してみましょう。

```
$ stack exec -- weight-recorder --port 8080
Spock is running on port 8080
```

Column

単体テストの重要性

第9章ですでに見たように、実際のアプリケーション開発ではきちんと単体テストを書くべきです。Haskellには強力な型システムが備わっていますが、アプリケーションには型で表しきれない仕様もたくさんあります。そのような仕様がきちんと満たされているかを、単体テストを使ってチェックすることができます。

WAIには、WAIアプリケーションをテストするための`Network.Wai.Test`というモジュールが用意されており、`wai-extra`パッケージに定義されています。紙面では割愛しますが、実際のユースケースに合わせてユーザ登録、ログイン、体重の登録の流れを単体テストでチェックできるといいでしょう。

10.7 まとめ

本章ではMVCに基づくWebアプリケーションを作成しました。

簡略化した部分はあったものの、他のプログラミング言語で行えるような、一般的なWebアプリケーション開発ができました。

今回はSQLiteの採用など、動作環境やライブラリ選定を学習用に偏らせています。また、サーバの詳細な設定やCIツール選定のようなコード外の事項にも触れていません。

MySQLを投入する、Spockを最も人気のあるWebフレームワークであるYesodに置き換える、CIを考えるなどより実践を意識して本章のアプリケーションを再実装すると学びがあるはずです。

第 **11** 章
サーバとクライアントの連携

第11章 サーバとクライアントの連携

　この章ではサーバ、クライアント間の連携を重視したオークションシステムを構築します。オークションサーバと対話型クライアントの2つで構成されます。

　ここまでの章では、CLI、Webアプリケーションといった基本的なアプリケーション作成を行ってきました。アプリケーション作成以外にHaskellの特徴やStackの機能などを意識しなければならず、簡単ではなかったかもしれません。しかし、アプリケーションとしてはシンプル、あるいはよくある設計でした。本章では、サーバアプリケーションと対話型インタフェースを作り、さらにそれにやりとりをさせるなど複雑度は増しています。

　本章ではアプリケーション作成の際、次の点に注目します。

- 型を用いた設計とそれに沿った実装
- 並行システム
- エンジニアリング面からの視点

　実践章としてこれまで出てこなかった言語拡張やモナド変換子なども例を交えて見ていきます。第9章、第10章と同様にアプリケーション作成のためコード量は多くなります。書籍中で紙面の制約もあり全体像を把握しづらいので、サンプルファイルと見比べながら実装を確認してください。

11.1　開発の準備

　仕様の策定とプロジェクト作成を行います。

11.1.1　サービスの概要・仕様

　この章で作成するオークションの流れを押さえて、実装の参考にしましょう[*1]。

- （1）商品提供者が商品を用意してオークションに提供します
- （2）商品には初期値と期間が設定され、オークションが開始されます
- （3）入札者はその商品に対し入札を行います。入札値は現在の商品の価格より大きい値を設定しなければなりません
- （4）オークションが終わったときに最も高い値で入札した人がその価格で落札します

　これを踏まえて、サーバとクライアントの役割を次のように分類します。システムはサーバとクライアントに分けて構築します。

[*1] 問題を単純化するためにシステム手数料等は考えません。また、オークション自体も同時に1つしか開催されないとします。商品は商品情報のみ扱い、入金周りや郵送といったところも考慮しません。

- サーバ
  - オークションの開始・管理
  - アイテムの登録（出品）・管理
  - ユーザの登録・管理
  - 入札・落札などのオークション内の操作
- クライアント
  - 各種操作のサーバ側への送付

　サーバ上で動作するオークションシステムに対して、クライアントプログラムがHTTPでやりとりするという構成にします。クライアント側に余計な処理を一切持ち込まないことで設計をきれいに保ちます。

　これらをもとに一気に実装してもいいですが、今回は本来の実装を行う前に簡易実装を行います。そこで得た経験を活かして最終的な実装を行います。

11.1.2　プロジェクト作成

　さて上記の簡易な仕様をもとに、今までと同じようにプロジェクト作成をします。ファイルも作成してしまいましょう[*2]。srcにアプリケーション本体を書き、app以下に実アプリケーションのインタフェースを書き込むのは今までと変わりありません[*3]。srcではClien.hsとServer.hsに加えて、Types.hsを定義しています。サーバ・クライアント間でともに利用する型があるためです。

```
$ stack new auction
..略..
$ tree auction
auction
├── app
│   ├── bidder-bot.hs
│   ├── counter.hs
│   ├── client.hs
│   └── server.hs
├── auction.cabal
├── src
│   ├── Auction
│   │   ├── Client.hs
│   │   ├── Server.hs
│   │   └── Types.hs
```

[*2]　本章ではテストの解説は割愛しています。

[*3]　bidder-bot.hsとcounter.hsはオークションサーバ本体とは関係ありません。

377

```
|     ├── Logger.hs
|     ├── Supervisor.hs
├── Setup.hs
├── stack.yaml
└── test
      └── scenario.hs
```

■─────── パッケージのインストール

auction.cabalを編集します。ここでstack buildも済ませてしまうとパッケージのビルド
が終わるので以後素早く動作確認できます。

```
library
  hs-source-dirs:       src
  exposed-modules:      Auction.Types
                      , Auction.Server
                      , Auction.Client
                      , Supervisor
                      , Logger
  build-depends:        base >= 4.7 && < 5, random
                      , async, safe-exceptions, stm
                      , transformers, mtl, lens, lens-aeson
                      , aeson, text, time
                      , containers, bytestring, http-types, uuid
                      , unordered-containers, hashable
                      , wreq, scotty
  default-language:     Haskell2010
  ghc-options:          -Wall

executable auction-server
  hs-source-dirs:       app
  main-is:              server.hs
  ghc-options:          -threaded -rtsopts -with-rtsopts=-N -Wall
  build-depends:        base, auction
                      , async, stm, text, safe-exceptions
  default-language:     Haskell2010

executable auction-client
  hs-source-dirs:       app
  main-is:              client.hs
  ghc-options:          -threaded -rtsopts -with-rtsopts=-N -Wall
  build-depends:        base, auction
                      , time
                      , lens, transformers, mtl
                      , safe-exceptions, exceptions, safe
                      , haskeline
  default-language:     Haskell2010

executable bidder-bot
  hs-source-dirs:       app
```

```
    main-is:                bidder-bot.hs
    ghc-options:            -threaded -rtsopts -with-rtsopts=-N -Wall
    build-depends:          base, auction, lens
    default-language:       Haskell2010

executable counter-system
    hs-source-dirs:         app
    main-is:                counter.hs
    ghc-options:            -threaded -rtsopts -with-rtsopts=-N -Wall
    build-depends:          base, aeson, wreq, lens
                          , stm, scotty, http-types, safe-exceptions
    default-language:       Haskell2010
```

11.2 クライアント・サーバシステムの簡易実装

　ここではクライアントサーバシステムを簡易的に実装し、以後の実装の足掛かりとします。

　1つの大きなシステムを端から一筆書きをするのは困難です。その強行はしばしば歪なシステムを生み出す原因となります。そこで全体のシステムを分割（あるいは簡易化）した実装を行ってから、実際の実装に移る開発スタイルがあります。未知のシステム実装を行う際にはこのように主要要素の簡略実装を行うことで把握していなかった問題に気づき、結果的に手戻りが少なくなることが筆者の経験上多いです。

　次の2点を実装します。

- クライアント・サーバ間のWeb API（HTTP）によるやりとり
- オークションシステム

　技術的な挑戦として、クライアントサーバ間のやりとりでは**GADTs**を用いた実装[4]、オークションシステムでは複数スレッドでの状態の共有に関する実装を行います。

　実装に入る前に簡単に文法事項も押さえておきましょう。

11.2.1 GADTs

　複数スレッドについてはすでに第8章で実践してきましたが、**GADTs**について、本書では第7章で簡単に触れたのみでほとんど解説していません。実装の前に**GADTs**について簡単にまとめます。また、型が複雑なコードに対処するため**TypeApplications**についても触れておきます。

---

*4　前者はWebフレームワークを用いて素朴に実装してもいいですが、すでに第10章に挑戦したトピックなので、ここではGADTsで型を生かした実装を試みます。第7章Operationalモナドでも扱いましたが、GADTsを用いるとさまざまなAPIを表現できます。

第**11**章 サーバとクライアントの連携

TypeApplications

言語拡張TypeApplicationsを指定すると、関数に型を明示的に渡すことが可能となります[*5]。TypeApplicationsを用いると、関数が持つ型変数に具体的な型を明示的に渡せます。

f :: a -> m cという関数に対して型変数の出現順にそれぞれInt、[]、String、引数に42を指定するときには、f @Int @[] @String 42のように引数の型と引数を指定します。

実際に試してみましょう。read :: Read a => String -> aは引数から型が推論できないため、うっかりすると返り値の型情報が足りずにambiguous type variable errorが発生してしまいます。

```
main :: IO ()
main = do
    print $ map read ["33", "4"]
    print $ show . read $ "42"
```

これは実行するとコンパイルエラーが出ます。

ここで出てくる二つの`read`がどの型へ変換すればいいか推論できないためです。

```
$ stack runghc type-applications1.hs

type-applications1.hs:3:5: error:
    • Ambiguous type variable 'b0' arising from a use of 'print'
      prevents the constraint '(Show b0)' from being solved.
      Probable fix: use a type annotation to specify what 'b0' should be.
    ..略..
```

ここでTypeApplicationsを用いると、関数を引数に適用するように、関数を型に適用することができます。

```
{-# LANGUAGE TypeApplications #-}
main :: IO ()
main = do
    print $ map (read @Int) ["33", "4"]
    print $ show @Int . read $ "42"
```

readに対して型を指定している箇所は異なりますが、これでGHCは全ての型を推論できるようになったため、コンパイルが可能になりました。型アノテーションで明示的に指定してもいいですが、TypeApplicationsを用いた方が手軽なことがわかるでしょう。

```
main = print $ (show :: Int -> String) . read $ "42"
```

....
[*5] TypeApplicationsの理解にはforallによる量化など、バックグラウンドの理解も大切です。TypeApplicationsにはいくつか利用方法がありますが、割愛しています。

380

クライアント・サーバシステムの簡易実装 **11.2**

　開発時に抽象的なコードを扱っていると、少しの変更でAmbiguousエラーが出たり出なかったりしてしまうことがあります。その際には推論させる必要がない箇所の型を明示的に指定しておくと、型エラーを避けやすくなります。抽象的なコードを扱う際の強力な道具だと思って覚えておくといいでしょう。また、コードを読む際にも頭の中で型推論する必要がなくなり、`TypeApplications`導入によってコードが読みやすくなります*6。

■────── GADTsの文法的な特徴

　GADTsの文法的な特徴を押さえましょう。

　GADTs（generalized algebraic data types、一般化代数的データ型）はGHCの言語拡張の1つです。Haskellの型は代数データ型（ADT）と呼んでいることを思い出してください。GADTsはその名の通りADTを一般化したものです。一般化と言うと伝わりづらいですが、ADTに対するGADTsの特徴は値コンストラクタ毎に型シグネチャを書けるようになる点です。

　GADTsを有効にした状態ではGADT-styleと呼ばれる**data**構文が記述可能です。対して、これまでの構文はHaskell98-styleと呼ばれます。これらはスタイルの違いでしかなく、どちらのスタイルで書いても実体に差異はありません。

　GADT-styleはHaskell98-styleのすべての記述を利用でき、加えてコンストラクタ毎に別々の型を持たせることが可能です。Haskell98-style、GADT-styleでそれぞれ次のように記述可能な例を見てみましょう。

```
-- Haskell98-style
data Either a b = Left a | Right b

-- GADT-style
data Either a b where
  Left :: a -> Either a b
  Right :: b -> Either a b

-- Haskell98-style
data List a = Nil | Cons a (List a)

-- GADT-style
data List a where
  Nil :: List a
  Cons :: a -> (List a) -> List a
```

───

＊6　GHC言語拡張で型変数を他の関数に渡すことも可能です。言語拡張`ScopedTypeVariables`を有効にし、`forall`で型変数を明示的に宣言すれば、その型変数をスコープ内で使用可能となります。

第11章 サーバとクライアントの連携

■———— 値コンストラクタのパターンマッチ

　この型Counterはこれから作るカウンターシステムのAPIを表したものです。GADTsを利用した次の例を考えます。ExplicitForAllはforall明示のための言語拡張です。

```
{-# LANGUAGE ExplicitForAll, GADTs #-}

data Counter a where
  Add :: Int -> Counter Int
  Reset :: Counter ()

evalCounter :: forall a. Counter a -> IO a -- 説明のためforall明示
evalCounter (Add n) = return n -- 型変数aがIntになる(a ~ Int)
evalCounter Reset = return ()  -- 型変数aが()になる(a ~ ())
```

- Addは引数IntをとってCounter Intの型を持つ
- Resetは引数をとらずにCounter ()の型を持つ

　Counter IntとCounter ()は見ての通り別の型です。このようなGADTsに対して、次のような関数を書くことが可能です[7][8]。

　このコードは不思議な型と実装を持っています。return nの型はIO Int、return ()はIO ()であるため、一見型が合いそうにないのです。しかし型チェッカーを通ります。

　この動作の原因はGADTsのパターンマッチにあります。GADTsのパターンマッチ時には、値コンストラクタが持つ型制約が値コンストラクタごとに追加されます。つまりcaseによるパターンマッチの分岐毎に別々の型制約が追加されるということです。

　先ほど見たTypeApplicationsで言えばCounter @Int aやCounter @() aという制約があるのと同じです。evalCounterの型についてもう少し考えてみます。Counterの持つ制約によって実際にaがとれる型はInt、()のどちらかのみです。次の例を読むと、型と実装の乖離も存在せず、問題ないことが確認できると思います。

- a ~ Int、つまりevalCounter @Int :: Counter Int -> IO Intのケース
  - 引数がCounter Int、つまりAddの場合には返り値にIO Intを返す
- a ~ ()、evalCounter @() :: Counter () -> IO ()のケース
  - 引数がCounter ()の場合、つまりResetの場合は返り値にIO ()を返す
- それ以外の型の値は(bottom以外)つくれない

　GADTsによる型の表現力の向上によって、WebアプリケーションのAPIも型で表現可能になります。この章ではAPI定義などでGADTsを活用します。

....

[7]　ここの具体的な実装(return)に特別な意味はなく、型に対応する(undefined以外の)実装の存在を示しているだけです。

[8]　x ~ yは型同値制約を表しています。ここでは型aとInt、aと()が同じという制約です。

382

11.2.2　簡易実装の作成

さて、GADTsの知識から実装に戻ります。

本格的なオークションシステムの前に、まずはクライアントとサーバのやりとりとして簡単なカウンターを実装します。

- クライアントの取れるアクションはadd、resetの2つのみ
- サーバ側は起動時に初期値0のカウンターを保持する
- クライアントがadd nを実行した際、サーバ側は保持するカウンターにnだけ加算し、その結果を返す
- クライアントがresetを実行した場合、サーバ側は保持するカウンターを0に戻す

カウンターはサーバが状態を保持しており、サーバは複数のクライアントからの同時リクエストに対しても常に一貫性を保持する必要があります。オークションシステムとも一部に通った特徴を持ちます。

本来は好ましくありませんが、ここでは実装を簡易にするために**app/counter.hs**にすべて書いてしまいます。次のように言語拡張を有効にし、モジュールをインポートしてください。パッケージをインストールしておきます。

```
{-# LANGUAGE OverloadedStrings, TypeApplications , LambdaCase , GADTs ,
GeneralizedNewtypeDeriving , TemplateHaskell , RankNTypes #-}
-- counter.hs
module Main where

import Control.Monad.IO.Class (liftIO)
import Control.Exception.Safe
import Control.Concurrent
import Control.Concurrent.STM


import Data.String (IsString)
import Data.Monoid ((<>))
import Data.Aeson (FromJSON(..), ToJSON(..), defaultOptions, encode, decode)
import Data.Aeson.TH (deriveJSON)
import Control.Lens ((^?))
-- wreq(Wreq)はHTTPリクエスト用のモジュール
import qualified Network.Wreq as Wreq (post, responseBody)
import qualified Web.Scotty as Scotty (scotty, post, body, json, status)
import Network.HTTP.Types.Status (badRequest400)
```

第**11**章 サーバとクライアントの連携

11.2.3　サーバサイドの実装

　まずはサーバ側を実装します。サーバは状態を初期値0で保持し、リクエストに対処します。クライアントはCounter aの値をリクエストとしてサーバに対して送信してくるため、これを適切に評価するeval関数を実装すればいいということです。これをevalCounterServerとします。Counterとそれに付随する型、関数を定義します。

```
-- counter.hsに追記
data Counter a where
  Add :: Int -> Counter Int
  Reset :: Counter ()

-- サーバが持つ状態。並行で処理出来るようにTVarを用いる
data CounterState = CounterState { counter :: TVar Int }

-- データコンストラクタごとに処理を記述
evalCounterServer :: CounterState -> Counter a -> IO a
evalCounterServer state (Add n) = atomically $ do
  m <- readTVar (counter state)
  writeTVar (counter state) (m + n)
  return (m + n)
evalCounterServer state Reset = atomically $ writeTVar (counter state) 0
```

　evalCounterServerはサーバが持つ状態を書き換えます。この状態をCounterStateとしてTVarを用いて定義します。Addの場合はカウンターに加算し結果を返し、Resetの場合はカウンターに0をセットします。

　ここで使っているatomicallyは以後に続くdo式を、STMモナド内で実行するためのものです。

■───── サーバクライアント間のやりとり

　サーバクライアント間のやりとりにはHTTP上でJSONを用います。Scotty（10.1.2参照）を簡単にラップしてjsonServerを定義します。ポート番号とリクエストハンドラを渡せばこの関数はJSON APIサーバとして動作します。簡素ではありますが、今回用いる分には十分です。

```
-- counter.hsに追記
newtype Port = Port Int deriving (Num, Show)

jsonServer :: (FromJSON request, ToJSON response) => Port -> (request -> IO
response) -> IO ()
jsonServer (Port port) requestHandler = Scotty.scotty port $ do
  Scotty.post "/api" $ do
    reqBody <- Scotty.body
    case decode reqBody of
```

```
        Just request -> do
            response <- liftIO $ requestHandler $ request
            Scotty.json response
        Nothing -> Scotty.status badRequest400
```

後は`Counter a`を`FromJSON`、`Counter a`の`eval`結果を`ToJSON`に対応させればサーバは完成します。

```
-- counter.hsに追記
data CounterRequest = Add' Int | Reset'
data CounterResponse = Add'' Int | Reset'' ()

deriveJSON defaultOptions ''CounterRequest
deriveJSON defaultOptions ''CounterResponse
```

`Counter a`と同じ情報を持った`CounterRequest`、`eval`結果と同じ情報を持つ`CounterResponse`を定義し、それぞれ`FromJSON`、`ToJSON`のインスタンスにします。`Counter a`のシリアライズやデシリアライズには`CounterRequest`を経由します。

■──── 関数をまとめる

ここまでの関数を用いて、目的のサーバ関数`counterServer`を定義します。`counterServer`は`CounterState`を初期値0で生成した後、`jsonServer`を立ち上げます。`jsonApiRequestHandler`はそれぞれのリクエストに対して`evalCounterServer`を呼び、`state`を変化させます。サーバサイドはここまでです。

```
-- counter.hsに追記
newCounterState :: Int -> IO CounterState
newCounterState n = do
  tv <- newTVarIO n
  return $ CounterState tv

jsonApiRequestHandler :: CounterState -> CounterRequest -> IO CounterResponse
jsonApiRequestHandler state (Add' n) = Add'' <$> evalCounterServer state (Add n)
jsonApiRequestHandler state Reset' = Reset'' <$> evalCounterServer state Reset

-- IOモナドによるサーバ
counterServer :: Port -> IO ()
counterServer port = do
  state <- newCounterState 0
  jsonServer port (jsonApiRequestHandler state)
```

第**11**章　サーバとクライアントの連携

11.2.4　クライアントの実装

　クライアントを実装します。カウンターの状態などの処理の責務はサーバ側に預けてあるので、実装は少なく済みます。

　クライアントはCounterのそれぞれの値コンストラクタにサーバへリクエストを投げ、結果を取得します。Counterに対して、この条件に合致するeval関数を実装します。evalCounterClientと名付けました。

```haskell
-- counter.hsに追記

-- ホスト(ドメイン名相当)定義
newtype Host = Host String deriving (IsString, Show)

-- エラー定義
data CounterError = CounterError String deriving (Show, Typeable)
instance Exception CounterError

-- API呼び出し、ホストやポート情報をもとにAPIを呼ぶ
callCounterApi :: Host -> Port -> CounterRequest -> IO CounterResponse
callCounterApi (Host host) (Port p) request = do
  response <- Wreq.post ("http://" <> host <> ":" <> show p <> "/api") (encode ↵
@CounterRequest request)
  case response ^? Wreq.responseBody of
    Just body -> case decode @CounterResponse body of
      Just myResponse -> return myResponse
      Nothing -> throwIO (CounterError "Response decode error")
    Nothing -> throwIO (CounterError "network error")

-- CounterClientの実行
evalCounterClient :: Host -> Port -> Counter a -> IO a
evalCounterClient host port (Add n) =
  let unwrap (Add'' x) = x
  in unwrap <$> callCounterApi host port (Add' n)
evalCounterClient host port Reset =
  let unwrap (Reset'' x) = x
  in unwrap <$> callCounterApi host port Reset'
```

　callCounterApiが実際にサーバへリクエストを投げる箇所です。結果をデコードし、型を合わせて返すだけです。クライアントもこれで完成です[*9]。

　次の内容を最後にまとめて書いて、starck runghc counter.hsで実行しましょう。1つのファイルにまとめて書き込むなどラフな実装ではありますが、動作していることが確認できます。

----

*9　簡易実装なのでエラー処理などはほとんどやっていません。

```
-- couter.hsに追記
main :: IO ()
main = do
  let port = 4000
  let host = "localhost"
  let add n = evalCounterClient host port (Add n)
  let reset = evalCounterClient host port Reset

  _ <- forkIO $ counterServer port

  threadDelay 1000000
  print =<< add 1
  print =<< add 1
  print =<< reset
  print =<< add 1
```

　GADTs[10]によるAPI定義からはじまり、それを中心にサーバとクライアントを実装しました。
この基礎となる実装をもとに11.3以降で作りこんでいきます。

column

GADTsによる実装の考察

　GADTsを用いた今回の設計方針について考察します。型の表現力はアプリケーションの実装に
どう影響するのでしょうか。型によるAPI設計は本章の大きな特徴です。APIを型で宣言したこと
により、以降の実装はその型に沿って行います。もし実装中に型がどうしても合わなくなってきたと
感じたら、おそらくAPIの設計ミスです。その場合、APIの型から見直して修正を行い、再度実装
を進めます。今回、このAPIの型（Counter）をクライアント、サーバ両方で用いています。これ
によって全体の見通しがよくなります。

　型中心で進めたことによって、ライブラリへの非依存性も生まれます。今回はAPIの定義に外部
のライブラリ由来の型を用いませんでした。そのため、特定のライブラリに縛られる危険性が少なく
なっています[11]。便利なライブラリやフレームワークがすでに存在するならば、それらを利用する
のもいい選択肢です。しかし、それを使わずに済む場合の選択肢との比較検討も重要です。

　特定のライブラリに縛られるのを防ぐための手段としては、高階関数を用いて、ライブラリ依存
の部分を適切にを切り出すと方法などがあります。Haskellの抽象化の容易さはこのような面でも
生きてきます。今回の手法を一般化すると、問題を表現する型を定義（Counter）して、評価・
実行するという流れになっています。中心的な問題を表現する部分については特定のライブラリに
縛られない手段を取り、実行の過程でライブラリを使ったに過ぎません。この手法は例えば外部シ

---

[10] 今回はサーバクライアントというやりとりを行う都合上シリアライズを行いましたが、必ず必要というわけでもありません。GADTsとシ
リアライズ用の型を別に定義するのはあまりスマートではないかもしれませんが、パフォーマンスの問題が出てきたならそのときに直せ
ば十分です。パフォーマンス向上のために、このような機械的な導出を自動でしたいならTemplate Haskellの出番です。

[11] 今回はWebフレームワークにscotty、シリアライズ形式にJSONを用いていますが、局所的に使用しているだけなのでライブラリや
フォーマットは容易に切り替えられます。

ステムとのやりとりを行う際に有効です。自分たちが解きたい問題に対してクエリを (G) ADT で簡潔に表現し、実行するときだけライブラリを用いて外部システムとやりとりをします。こうしておくと、外部システムの実行の方法のみを変更すればよく、問題に対して重要なロジックの開発に集中できます。自分で定義した型はライブラリの提供する型に比べたら修正が容易です。柔軟性が足りずに修正がたびたび入るかもしれませんが、(G) ADT で適切に定義しておけば修正は容易ですし、リフレクションを触り続けるコストに比べたら安いものです。

テストを考えると、ADT で対応した型はモックを書くことが容易です。また、テスト用のデータ生成や QuickCheck 等のライブラリ使用の際にも自前で定義した型は容易に対応が可能です。今回の Counter の場合、サーバの初期状態とリクエスト列を入力としてテストを書くことも可能です。

また、GADTs で定義した型に対し、Operational モナドを用いて汎用性の高い DSL にすることも考えられます。クライアント側を Operational でモナドトランスフォーマーにし、外部にライブラリとして提供できます。

11.3 オークションシステムの構築

簡易実装でおおよその設計方針や作業の進め方がつかめました。型でやりとり（API）を定義して実装していきます。オークションシステムについて本番の実装をしましょう。

Auction/Server.hs にサーバ実装をまとめつつ、クライアントプログラムからも参照するだろう全体の型定義、ロガーなど個別の機能は別ファイルに切り出します。

11.3.1 API の定義

まずはオークションの型を定義します。Auction としましょう。この型によればユーザが可能なアクションは 6 つです。型情報は Types.hs に保存します。

```
-- Types.hs
data Auction a where
    RegisterUser :: NewUser -> Auction UserId -- ユーザ登録
    CheckUser :: UserId -> Auction User -- ユーザ情報取得
    RegisterItem :: UserId -> NewItem -> Auction ItemId -- アイテムの登録
    SellToAuction :: UserId -> Item -> Term -> Price -> Auction () -- 出品
    ViewAuctionItem :: Auction (Maybe AuctionItem) -- 商品の参照
    Bid :: UserId -> Price -> Auction () -- 入札
```

RegisterUser はシステムへのユーザ登録です。ユーザ情報を引数、返り値をユーザ ID とします。今回認証機能は実装しないため、システムはこのユーザ ID を用いてユーザを一意に識別します。CheckUser はユーザ情報の取得です。引数はユーザ ID、返り値にユーザ情報とします。

RegisterItemとはオークションにかけるアイテムをサーバに登録することを意味しています。そのため引数はユーザIDに加えてアイテムの情報、返り値は登録したアイテムIDです。SellToAuctionはその登録したアイテムを競売にかけるアクションです。そのために必要な情報はユーザID、アイテム、期間、初期値を渡します。返り値は必要ないので()を返します。失敗時には例外を投げることにします。ViewAuctionItemはオークションにかけられているアイテムを確認するアクションです。今回オークションにかけられるアイテムは同時に1つまでとしているため、引数はありません。返り値はオークションが開催していない場合を考慮してMaybe AucitonItemとします。Bidはオークションアイテムへの値段を指定しての入札なので、ユーザIDと値段を引数にします。返り値はありません。

■─── APIに基づく型定義
次にこの型に基づいて、必要となるデータ型を定義します[12]。

```
-- Types.hs
-- IDや金額、価格
newtype ItemId = ItemId UUID deriving (Show, Eq, Ord)
newtype UserId = UserId UUID deriving (Eq, Ord, Show, Hashable)
newtype Money = Money Int deriving (Show, Read, Eq, Ord, Num)
newtype AuctionItemId = AuctionItemId UUID deriving (Show, Eq, Ord)
data Term = Term { startTime :: UTCTime, endTime :: UTCTime } deriving Show
type Price = Money

-- アイテム
data NewItem = NewItem
    { _newItemName :: String
    , _newItemDescription :: String
    } deriving Show
makeFields ''NewItem

data Item = Item
    { _itemId :: ItemId
    , _itemName :: String
    , _itemDescription :: String
    } deriving Show
makeFields ''Item

-- 在庫
newtype Inventory = Inventory [Item] deriving Show

-- ユーザ
data NewUser = NewUser
    { _newUserName :: String
```

---

[12] これらの細かな型を最初からすべて用意するのは難しく、その必要性も低いため、実際には開発時に必要に応じ、追加修正していきます。

```haskell
    , _newUserMoney :: Money
    } deriving Show
makeFields ''NewUser

data User = User
    { _userId :: UserId
    , _userName :: String
    , _userInventory :: Inventory
    , _userMoney :: Money
    }
    deriving Show
makeFields ''User

-- オークション商品(TVarを利用するためにシリアライズ不可能)
data AuctionItem' = AuctionItem'
    { _auctionItem'AuctionItemId :: AuctionItemId
    , _auctionItem'Seller :: TVar User
    , _auctionItem'CurrentPrice :: Price
    , _auctionItem'CurrentUser :: Maybe (TVar User)
    , _auctionItem'AuctionTerm :: Term
    , _auctionItem'AuctionTargetItem :: Item
    }
makeFields ''AuctionItem'

-- オークション商品(シリアライズ用)
data AuctionItem = AuctionItem
    { _auctionItemAuctionItemId :: AuctionItemId
    , _auctionItemSellerId :: UserId
    , _auctionItemCurrentPrice :: Price
    , _auctionItemCurrentUserId :: Maybe UserId
    , _auctionItemAuctionTerm :: Term
    , _auctionItemAuctionTargetItem :: Item
    }
    deriving Show
makeFields ''AuctionItem

-- TemplateHaskellによるシリアライズ(JSON化)のためのインスタンス生成
deriveJSON defaultOptions ''Money
deriveJSON defaultOptions ''AuctionItemId
deriveJSON defaultOptions ''AuctionItem
deriveJSON defaultOptions ''ItemId
deriveJSON defaultOptions ''NewItem
deriveJSON defaultOptions ''Item
deriveJSON defaultOptions ''Term
deriveJSON defaultOptions ''NewUser
deriveJSON defaultOptions ''User
deriveJSON defaultOptions ''Inventory
deriveJSON defaultOptions ''UserId
deriveJSON defaultOptions ''UUID

-- オークションの状態を表す型
```

```
data AuctionState = AuctionState
    { registeredUsers :: TVar (M.HashMap UserId (TVar User))
    , currentAuctionItem :: TMVar AuctionItem'
    }
```

　全体で注目すべきは、情報が1つであっても**newtype**で新しい型を定義して値が混ざらないようにしていることと、将来的に拡張することがわかっている箇所は**data**を用いて拡張しやすくまとめることです。Haskellで型の作成コストは低いため、必要があれば、どんどん作りましょう。

　NewItemと**Item**、**NewUser**と**User**はフィールド名が被るため、**makeFields**で Lens にしてあります。

　AuctionItem'はサーバ内部でのみ用いられる型として設計しています。ユーザ情報が必要な箇所には**TVar User**を保持します。対して**AuctionItem**はシステムの外のユーザから参照される型として設計しています。そこで**User**の代わりに**UserId**を割り当てています。**UserId**は外部に晒される値として**UUID**を用いています[*13]。**AuctionItem**はシリアライズするために**TVar**等は使わないようにしています。サーバ内部では基本すべて**AuctionItem'**を用い、クライアントに渡すときのみ**AuctionItem**へ変換しています。

　型のシリアライズには**deriveJSON**を用いて TemplateHaskell で**FromJson**、**ToJSON**のインスタンスを生成しています[*14]。

　AuctionStateにはユーザ情報と現状開催されているオークションアイテムを格納します。**TMVar**を用いることで空のときと中身があるときの2パターンが存在することと、複数スレッドから更新されうるということを表現しています。

11.3.2　サーバサイドの実装

　型が完成しました。いよいよサーバーサイドを具体的に実装していきます。

■──────　必要なモジュールをまとめる

　サーバ実装に必要なモジュールをリストアップしておきます。

```
-- Server.hs
{-# LANGUAGE OverloadedStrings, LambdaCase, ScopedTypeVariables, GADTs #-}
module Auction.Server (jsonServer, Port(..), auctionService, facilitator) where

import Prelude hiding (id)
import Control.Monad (void)
```

[*13] 今回のシステムは簡略化するために DB を用いないで作りますが、DB を用いる際にも DB で生成される**id**をそのまま外部へ晒すことは推測の危険性から好ましくありません。

[*14] 今回は JSON の形を気にする必要はないため、**defaultOptions**を使っていますが、外部の API を用いる際には調整する必要があります。

第**11**章　サーバとクライアントの連携

```
import Control.Concurrent
import Control.Concurrent.STM
import Control.Exception.Safe
import Control.Monad.IO.Class (liftIO)
import Control.Lens ((^.), (.~), (&))
import qualified Data.Text as T
import Data.Aeson
import Data.Time.Clock
import qualified Data.HashMap.Strict as M
import Web.Scotty as Scotty (scotty, post, body, json, status)
import Network.HTTP.Types.Status (badRequest400)
import Auction.Types
```

■————　処理をまとめていく

　11.3.1のAuctionに対してevalAuction関数を定義してオークションを実行します。引数を見るとオークションの状態、ユーザ情報、オークションに関する具体的な操作のようです[15]。

```
evalAuction :: AuctionState -> Auction a -> IO a
```

　ユーザ情報に関しては他のスレッドによって書き換えが発生する可能性があるため、今回はTVar付きで引数に渡しています。サーバはどこかにTVar Userの情報を貯めておき、evalAuctionを呼び出す際にそのセッションに応じたユーザを一緒に渡します。

　ここまでくればevalAuctionの実装はさほど難しいものではありません。必要な情報と必要な手段は揃っているのであとはアクションごとに個別に実装していくだけです。evalAuctionの処理をまとめていきます。

　RegisterUserではNewUser情報から、Userを生成してシステムに登録し、UserIdを返します。

```
evalAuction :: AuctionState -> Auction a -> IO a
evalAuction state (RegisterUser newUser) = do
    user <- buildUser newUser
    registerUser state user
    return $ user ^. id
```

　RegisterItemではItem情報から、Itemを生成してUserのInventoryに追加します。

```
-- Server.hs
evalAuction state (RegisterItem uid ni) = do
    tUser <- getLoginUser state uid
    item <- buildItem ni
    atomically $ addItemToUser tUser item
```

＊15　後出しの情報になってしまいますが、実はAuctionの定義はこのevalAuctionの型も考慮したうえで決めています。もしここにユーザ情報の引数を含めるとすれば、Auction側の引数にいちいち入っているUserIdは省くことができるでしょう。AuctionStateに関しても同様です。

392

`ViewAuctionItem`では`AuctionState`の`currentAuctionItem`を参照し、`AuctionItem'`を`AuctionItem`へ変換して返します。

```
-- Server.hs
evalAuction state ViewAuctionItem = do
    mtAuctionItem <- atomically $ tryReadTMVar (currentAuctionItem state)
    case mtAuctionItem of
        Just tAuctionItem -> do
            auctionItem <- toAuctionItem tAuctionItem
            return $ Just auctionItem
        Nothing -> return Nothing
```

`CheckUser`は`User`を返すだけです。

```
-- Server.hs
-- ユーザを返す
evalAuction state (CheckUser uid) = getLoginUser state uid >>= readTVarIO
```

`SellToAuction`ではパラメータをチェックした後、`AuctionState`の`currentAuctionItem`を置き換えます。

```
-- Server.hs
-- 出品
evalAuction state (SellToAuction uid item term price) = do
    tUser <- getLoginUser state uid
    currentTime <- getCurrentTime
    if startTime term < endTime term && currentTime < endTime term
        then if price < 0
            then throwIO InvalidFirstPrice
            else do
                _ <- putItemToAuction state tUser item term price
                return ()
        else throwIO InvalidTerm
```

■──────入金処理

Bid（ビッド、入札・入金）は処理が少々長いので個別に確認します。

```
-- Server.hs
evalAuction state (Bid uid bidPrice) = do
  tUser <- getLoginUser state uid
  currentTime <- getCurrentTime
  atomically $ do
    user <- readTVar tUser
    -- 金額が基準に達しているか確認
    if user ^. money < bidPrice
      then throwIO NoEnoughMoney
```

第**11**章　サーバとクライアントの連携

```
    else do
      mAuctionItem <- tryTakeTMVar $ currentAuctionItem state
      case mAuctionItem of
        Nothing -> throwIO NoAuctionItem
        Just auctionItem ->
          -- オークションにビッド可能か確認
          if checkInTerm currentTime (auctionItem ^. auctionTerm)
            -- ビッド額と現在価格の比較
            then if bidPrice <= (auctionItem ^. currentPrice)
              then throwIO LowPrice
              else do
                let auctionItem' = auctionItem
                      & currentPrice .~ bidPrice
                      & currentUser .~ Just tUser
                putTMVar (currentAuctionItem state) auctionItem'
            else throwIO OutOfTerm
```

　処理自体は長いですが、手続き型言語でよくある**if**文による比較や確認のフェーズだと思えばそう難しくはありません。ここでは現在時刻を取得した後、**atomically**でSTMを実行しています。入金可否などは処理の一貫性が求められるのでSTMが最適です。STMを用いることで安全性が非常に安価に手に入り（8.3参照）、エラー処理の記述も大幅に楽になります[16]。

　安価な安全性のトレードオフの1つはパフォーマンスの低下です。トランザクション内で読み取る**TVar**の数に応じてトランザクションは遅くなっていきます。また、他のスレッドとぶつかることが多くなると、それだけリトライ回数が多くなってしまいます。対策としてはトランザクションは可能な限り短く、読み取りは少なく、**TVar**を用いた型設計はリトライ回数が少なくなるように行うことが望ましいです。

---

column

深いインデントは悪か

　Bidアクションのインデントの深さに少し嫌な顔をする人がいるかもしれません。

　筆者はインデントの深さが嫌われる原因になることは理解しています。しかし「インデントを浅く見やすくするべきだ」という方針は人間のための方針であって、プログラムの構造のためではありません。もちろんチーム開発を行うならば人間の問題も大きな問題ではありますが、並行プログラミングの問題を適切に解く方がより重要であるでしょう。そちらを解かなければシステムは完成しないからです。インデントの深さや引数の多さといった人間の都合による問題は、より大きな問題を解決した後に直してもきっと間に合うでしょう。幸いHaskellはリファクタリングが得意です。

---

[16]　エラー処理の方針を考えると、基本的に大抵のサーバシステムにおいて、クライアントのデータや条件が悪ければそのままクライアントにエラーを返す、そうでなければサーバ内で対処するというのが大枠の方針となるはずです。今回はサーバ側の処理が複雑なケースですが、STMのおかげで非常に単純になっています。

その他の処理

evalAuctionというメインとなる関数の実装が終わったので、残りのこまごました関数もまとめてしまいましょう。

```
-- Server.hs
-- ユーザにアイテムを渡す
addItemToUser :: TVar User -> Item -> STM ItemId
addItemToUser tUser item = do
  updateUser tUser
      (\user -> user & inventory .~ addItem (user ^. inventory) item)
  return $ item ^. id

-- ユーザのもつアイテムを減らしてオークション商品として登録する
putItemToAuction :: AuctionState -> TVar User -> Item -> Term -> Price ->
IO AuctionItem'
putItemToAuction state tUser item term price = do
  aiid <- newAuctionItemId
  atomically $ do
    user <- readTVar tUser
    let Inventory inventoryItems = user ^. inventory
    if item ^. id `elem` fmap (^. id) inventoryItems
        then do
            -- ユーザのインベントリからアイテムを削除する
            let inventoryItems' =
                    filter (\item' -> item' ^. id /= item ^. id)
                    inventoryItems
            let user' = user & inventory .~ Inventory inventoryItems'
            writeTVar tUser user'
            mAuctionItem <- tryTakeTMVar $ currentAuctionItem state
            case mAuctionItem of
              Just _ -> throwIO AuctionItemAlreadyExist
              Nothing -> do
                -- オークション商品に登録
                let tAuctionItem =
                        AuctionItem' aiid tUser price Nothing term item
                putTMVar (currentAuctionItem state) tAuctionItem
                return tAuctionItem
        else throwIO ItemNotFound
```

これでリクエストに対するオークション本体の実装は終わりました。

サーバが実際のHTTPリクエストを受け取ってevalAuctionを実行するまで、evalAuctionの結果を実際のHTTPレスポンスにするまでを実装します。evalAuctionをラップし、サーバへのリクエストからレスポンスを返す部分、一般のWeb Frameworkにおけるルーティング部を実装します。

第**11**章　サーバとクライアントの連携

```
-- Types.hs
data AuctionRequest
    = ViewAuctionItemReq
    | RegisterUserReq NewUser
    | CheckUserReq UserId
    | RegisterItemReq UserId NewItem
    | BidReq UserId Price
    | SellToAuctionReq UserId Item Term Price

data AuctionResponse
    = ViewAuctionItemRes (Maybe AuctionItem)
    | RegisterUserRes UserId
    | CheckUserRes User
    | RegisterItemRes ItemId
    | BidRes ()
    | SellToAuctionRes ()
```

　このAuctionRequestとAuctionResponseはAuctionをシリアライズできるように用意
した型です。そのため、Auctionが保持する情報はAuctionRequestと一対一に対応し、
Auctionを評価した結果はAuctionResponseと一対一となるように設計してあります。

　これをさらにラップしたAuctionServerRequest、AuctionServerResponseを定義しま
す。実際にサーバが返すレスポンスはエラー情報も含まれるためです。

```
-- Types.hs
newtype AuctionServerRequest = AuctionServerRequest AuctionRequest
data AuctionServerResponse = AuctionOk AuctionResponse | AuctionErr AuctionException
```

　最後にAuctionServerRequestからAuctionServerResponseを返す関数を定義します。

```
auctionService :: AuctionState -> AuctionServerRequest -> IO AuctionServerResponse
auctionService auctionState (AuctionServerRequest request) = requestHandler
    `catch` \(e :: AuctionException) -> return (AuctionErr e)
    `catch` \(_ :: SomeException) -> return (AuctionErr UnknownError)
  where
    requestHandler = case checkInput request of
        Err msg -> return $ AuctionErr (BadData msg)
        Ok -> case request of
            ViewAuctionItemReq -> do
                result <- evalAuction auctionState ViewAuctionItem
                return $ AuctionOk (ViewAuctionItemRes result)
            RegisterUserReq newUser -> do
                result <- evalAuction auctionState (RegisterUser newUser)
                return $ AuctionOk (RegisterUserRes result)
            CheckUserReq uid -> do
                result <- evalAuction auctionState (CheckUser uid)
                return $ AuctionOk (CheckUserRes result)
            RegisterItemReq uid item -> do
                result <- evalAuction auctionState (RegisterItem uid item)
```

396

```
                    return $ AuctionOk (RegisterItemRes result)
          BidReq uid price -> do
              result <- evalAuction auctionState (Bid uid price)
              return $ AuctionOk (BidRes result)
          SellToAuctionReq uid item term price -> do
              result <- evalAuction auctionState (SellToAuction uid item term ↵
price)
              return $ AuctionOk (SellToAuctionRes result)
```

これらデータ型は全てJSONとの相互変換ができるようにしておきます。

```
-- Types.hs
deriveJSON defaultOptions ''AuctionRequest
deriveJSON defaultOptions ''AuctionResponse
deriveJSON defaultOptions ''AuctionServerRequest
deriveJSON defaultOptions ''AuctionServerResponse
deriveJSON defaultOptions ''AuctionException
```

リクエストに対するサーバの実装が終わりました。すでに`jsonServer`という関数を実装し
てあるからです。

```
jsonServer :: (FromJSON request, ToJSON response) => Port -> (request -> IO    ↵
response) -> IO ()
```

11.3.3　オークション進行の実装

さてここまでではオークションの開催はできても終わらせられません。オークションの進行役
（`facilitator`）が必要です。`facilitator`は定期的にオークションアイテムをチェックして、
もしオークションが終了していた際には終了処理を行います。つまり商品のユーザ間の移動と、
お金の移動がその役割です。

```
-- Server.hs
-- TQueueはSTMによるキュー。ロギングのために用いる
facilitator :: TQueue T.Text -> AuctionState -> IO ()
facilitator queue state = loop
  where
    loop = do
      threadDelay $ 1000 * 1000 -- 1sec
      handleFinishedAuctionItem queue state
      loop

handleFinishedAuctionItem :: TQueue T.Text -> AuctionState -> IO ()
handleFinishedAuctionItem queue state = do
  currentTime <- getCurrentTime
  atomically $ do
    -- オークションが開催されているかどうか確認する
    mAuctionItem <- tryReadTMVar (currentAuctionItem state)
```

第**11**章　サーバとクライアントの連携

```
   case mAuctionItem of
     Nothing -> writeTQueue queue "FACILITATOR: Auction doesn't hold"
     Just auctionItem -> if currentTime < endTime (auctionItem ^. auctionTerm)
       then writeTQueue queue "FACILITATOR: Auction holds"
       else do
         -- オークションを終わらせる
         void $ takeTMVar (currentAuctionItem state)
         case auctionItem ^. currentUser of
           Just tWinner -> do
             -- winnerの所持金を減らし、アイテムを渡す
             updateUser tWinner
               (\winner ->
                   winner & inventory .~ addItem
                                 (winner ^. inventory)
                                 (auctionItem ^. auctionTargetItem)
                        & money .~
                            (winner ^. money) - (auctionItem ^. currentPrice))

             let tSeller = auctionItem ^. seller
             -- sellerの所持金を増やす
             updateUser tSeller
               (\sellUser ->
                   sellUser & money .~
                       (sellUser ^. money) + (auctionItem ^. currentPrice))
             writeTQueue queue "FACILITATOR: Auction finished successfully"
           Nothing -> do -- bidderがいない場合、sellerにアイテムを返す
             let tSeller = auctionItem ^. seller
             void $ addItemToUser tSeller (auctionItem ^. auctionTargetItem)
             writeTQueue queue "FACILITATOR: Auction finished with no bidder"
```

11.3.4　supervisorとロガー

supervisorとロガーを作成しましょう。

Server.hsの進行役はあるスレッド上で動作させ続けるわけですが、もし実行時例外が発生して進行役スレッドがいなくなってしまったらオークションは進まなくなってしまいます。そこで監督者(**supervisor**)を立てることにします。**supervisor**は引数のアクションをworkerとして起動させ、もしworkerが例外で止まってしまったら再起動させます。**supervisor**自体が非同期例外を受け取った場合、**supervisor**はworkerを止めます。また、workerが正常終了した場合には**supervisor**も終了します。性質上、別ファイルに切り出します。

```
-- Supervisor.hs
{-# LANGUAGE OverloadedStrings #-}
module Supervisor (supervisor) where

import Data.Monoid ((<>))
import Data.Text as T
```

```haskell
import Control.Concurrent.STM
import Control.Concurrent.Async
import Control.Exception.Safe

supervisor :: TQueue T.Text -> IO () -> IO ()
supervisor queue action = do
    atomically $ writeTQueue queue $ "SUPERVISOR: launch worker"
    loop
  where
    loop = do
      result <- mask $ \restore -> do
        result <- bracket
          (async $ restore action)
          (\as -> cancel as)
          (\as -> waitCatch as)
        case result of
          Left e -> atomically $ writeTQueue queue $ "SUPERVISOR: catch
exception: " <> T.pack (show e)
          Right _ -> return ()
        return result
      case result of
        Left _e -> do
          atomically $ writeTQueue queue $ "SUPERVISOR: re-launch worker"
          loop
        Right _ -> return ()
```

簡単なロガーも作っておきます。こちらも別ファイルに切り出しました。

```haskell
-- Logger.hs
module Logger where

import Data.Text as T
import Control.Concurrent.STM
import Control.Monad
logWriter :: TQueue T.Text -> (T.Text -> IO ()) -> IO ()
logWriter queue logfunc = forever $ do
  msg <- atomically $ readTQueue queue
  logfunc msg
```

11.3.5　サーバの完成と起動

　サーバを完成させます。アプリケーション本体として呼び出すので app/server.hs に定義します。ポート番号の指定、認証やオークションの状態の作成、オークションの開始などここまでの定義を見ていれば特に難しいところはありません。オークションサーバの完成です。

第**11**章　サーバとクライアントの連携

```
module Main where

import qualified Data.Text.IO as T
import Control.Concurrent.Async
import Control.Concurrent.STM
import Control.Exception.Safe
import System.IO (stdout)
import Auction.Types
import Auction.Server
import Supervisor
import Logger

main :: IO ()
main = do
  let port = Port 4000

  auctionState <- newAuctionState

  let logfunc = T.hPutStrLn stdout
  queue <- newTQueueIO -- ロガーで用いるキューの作成
  a1 <- async $ supervisor queue $ logWriter queue logfunc
  a2 <- async $ supervisor queue $ facilitator queue auctionState

  let auctionServer = jsonServer port (auctionService auctionState)
  supervisor queue auctionServer `finally` do
    putStrLn "Shutting down..."
    cancel a2
    cancel a1
```

```
$ stack install --local-bin-path=./bin # インストール場所を指定
...
$ ./bin/auction-server # サーバを起動する
```

11.4　オークションシステムのクライアントプログラム

　ここまでオークションシステムのサーバ実装を行いました。ここではクライアントライブラリ
を実装し、実際に連動させます。

11.4.1　クライアントサイドの実装

　クライアントを同様に**Auction**から実装します。ここでのクライアントとはアプリケーショ
ンの表側に立ってサーバとやりとりするものを指します。クライアントでは**Counter**で実装し
た際と同じ方針で実装します。つまりサーバへリクエストを投げ、その結果を取得するだけです。

400

クライアントを実装するのに、今回は外部にも公開できるライブラリをつくるように型や関数を定義してから、それをもとに実際のプログラムに落とし込みます。

■──── モジュールと言語拡張

モジュールと言語拡張の定義を確認しましょう。JSONのやりとりのための**Data.Aeson**などサーバ側を実装した後だと見覚えのあるものが並びます。注目すべきはモナド関連のモジュールが多いところです。ここではモナディックなAPIを実装します。

```
{-# LANGUAGE GADTs, GeneralizedNewtypeDeriving, TypeApplications, LambdaCase #-}
module Auction.Client
( evalAuctionOnClient
, AuctionSessionT, ClientSession(..), runAuctionSession
, getCurrentUserId
, registerUser, checkUser, viewAuctionItem, registerItem, sellToAuction, bid
) where

import Data.Aeson
import Control.Monad.IO.Class (MonadIO, liftIO)
import Control.Monad.Trans.Class (MonadTrans)
import Control.Monad.Reader (ReaderT, runReaderT, MonadReader(..), asks)
import Control.Lens
import Control.Exception.Safe
import qualified Network.Wreq as Wreq
import Auction.Types
```

■──── クライアント部分の実装

まず**evalAuctionOnClient**を実装してしまいます。URL（**String**）とサーバへのリクエスト情報（**Auction a**）を引数に、実際のHTTPリクエストを伴う**IO a**を返します。

```
-- src/Auction/Client.hs
serverUrl :: String
serverUrl = "http://localhost:4000/api" -- 今回はここでURLを定義

evalAuctionOnClient :: Auction a -> IO a
evalAuctionOnClient request = evalAuction serverUrl request

evalAuction :: String -> Auction a -> IO a
evalAuction url request = case request of
    ViewAuctionItem -> do
        sendAuctionServerRequest url (AuctionServerRequest ViewAuctionItemReq)  ↵
>>= \case
            AuctionOk (ViewAuctionItemRes mAuctionItem) -> return mAuctionItem
            AuctionErr e -> throwIO e
            _ -> throwIO UnknownError
    RegisterUser newUser -> do
```

第11章 サーバとクライアントの連携

```
            sendAuctionServerRequest url (AuctionServerRequest (RegisterUserReq
newUser)) >>= \case
              AuctionOk (RegisterUserRes uid) -> return uid
              AuctionErr e -> throwIO e
              _ -> throwIO UnknownError
    CheckUser uid -> do
            sendAuctionServerRequest url (AuctionServerRequest (CheckUserReq uid))
>>= \case
              AuctionOk (CheckUserRes user) -> return user
              AuctionErr e -> throwIO e
              _ -> throwIO UnknownError
    RegisterItem uid item -> do
            sendAuctionServerRequest url (AuctionServerRequest ((RegisterItemReq
uid item))) >>= \case
              AuctionOk (RegisterItemRes itemId) -> return itemId
              AuctionErr e -> throwIO e
              _ -> throwIO UnknownError
    Bid uid price -> do
            sendAuctionServerRequest url (AuctionServerRequest (BidReq uid price))
>>= \case
              AuctionOk (BidRes unit) -> return unit
              AuctionErr e -> throwIO e
              _ -> throwIO UnknownError
    SellToAuction uid item term price -> do
            sendAuctionServerRequest url (AuctionServerRequest (SellToAuctionReq
uid item term price)) >>= \case
              AuctionOk (SellToAuctionRes unit) -> return unit
              AuctionErr e -> throwIO e
              _ -> throwIO UnknownError
```

　Auction aのそれぞれの値に対してAuctionRequestへ変換し、sendAuctionRequest
にてサーバへHTTPリクエストを投げます*17。

　実際にサーバへリクエストを投げるsendAuctionServerRequestを実装します。

```
-- 前出の関数をまとめる
sendAuctionServerRequest :: String -> AuctionServerRequest -> IO AuctionServerResponse
sendAuctionServerRequest url request = do -- URLにJSONエンコードしたリクエストをPOST
    res <- Wreq.post url (encode request)
    case res ^? Wreq.responseBody of -- レスポンスでパターンマッチ
        Just body -> case decode body of
            Just response -> return response
            Nothing -> throwIO DecodeError
        Nothing -> throwIO NetworkError
```

----

*17 冗長に見えますが今回の仕組みでは仕方ありません。コード自体は長いですが、パターンマッチが続いているだけで難しいものでは
　　ありません。そのためコメントもあまり入れていません。

AuctionRequestをJSONへencodeし、サーバへリクエストを投げ、その結果をdecodeし、AuctionResponseとして返します。

クライアントサイドのベースは完成しました。サーバにほとんどの責務を与えているので手短で済みます。ここに使いやすいインタフェースを加えていきます。

■───── インタフェースの洗練

これだけでは使いにくいため、もう少し使いやすいインタフェースを考えます。オークションのためのモナド変換子といくつかのアクションを作成します。

```haskell
-- クライアントセッションの型
data ClientSession = ClientSession
    { csUserId :: UserId
    }

-- モナド変換子 AuctionSessionT
newtype AuctionSessionT m a = AuctionSessionT { unAuctionSessionT :: ReaderT
ClientSession m a }
    deriving -- 必要なインスタンスを導出しておく
        ( Functor, Applicative, Monad
        , MonadIO, MonadReader ClientSession, MonadTrans
        , MonadThrow, MonadCatch
        )

runAuctionSession :: Monad m => ClientSession -> AuctionSessionT m a -> m a
runAuctionSession cs m = runReaderT (unAuctionSessionT m) cs

getCurrentUserId :: Monad m => AuctionSessionT m UserId
getCurrentUserId = asks csUserId
```

AuctionSessionTはReaderTのWrapperです[18]。

runAuctionSessionはrunReaderT相当の関数です。AuctionSessionT m aアクションをモナドm aコンテキスト上で実行します。

関連するアクションを定義していきます。

```haskell
-- 先ほど定義したevalAuctionOnClientを使いやすくしている
registerUser :: MonadIO m => String -> Money -> m UserId
registerUser n m = liftIO $ evalAuctionOnClient $ RegisterUser (NewUser n m)

checkUser :: MonadIO m => AuctionSessionT m User
checkUser = do
```

....
*18 MonadやMonadTransといった必要なインスタンスはすべてderivingを用いて導出しています。今回AuctionSessionTは
   newtypeを用いた単純なwrapperとして定義したため、基本的なインスタンスはReaderTがすべて持っており、それをそのまま使
   えば十分だからです。このderivingには言語拡張GeneralizedNewtypeDerivingを有効にする必要があります。

403

第11章　サーバとクライアントの連携

```
    uid <- getCurrentUserId
    liftIO $ evalAuctionOnClient (CheckUser uid)

viewAuctionItem :: MonadIO m => AuctionSessionT m (Maybe AuctionItem)
viewAuctionItem = liftIO $ evalAuctionOnClient ViewAuctionItem

registerItem :: MonadIO m => NewItem -> AuctionSessionT m ItemId
registerItem ni = do
    uid <- getCurrentUserId
    liftIO $ evalAuctionOnClient (RegisterItem uid ni)

sellToAuction :: MonadIO m => Item -> Term -> Price -> AuctionSessionT m ()
sellToAuction i t p = do
    uid <- getCurrentUserId
    liftIO $ evalAuctionOnClient (SellToAuction uid i t p)

bid :: MonadIO m => Price -> AuctionSessionT m ()
bid p = do
    uid <- getCurrentUserId
    liftIO $ evalAuctionOnClient (Bid uid p)
```

　registerUserはMonadIO上でのアクションです[19]。checkUser、viewAuctionItem、registerItem、sellToAuction、bidはそれぞれAuctionSessionT m上のアクションで、Auctionの各コンストラクタに対応しています。

　インタフェースを使いやすくしました。これらをもとにいよいよ実際の対話クライアントを作成します。

11.4.2　対話型クライアント

　ここまでの実装をもとに対話型のクライアントプログラムをapp/client.hsに作成します。対話型プログラムを実装する際にはREPL用のライブラリを用いると簡単です。ここではhaskelineを用います。

　今まではこの部分の実装はかなり薄いものでしたが、今回はREPLとして実行できるようにするため比較的しっかりしたものになっています。

■―――― 事前の定義

　まずは言語拡張、モジュール、グローバルに使う型定義やインスタンス定義をまとめておきます。

　MonadIOのインスタンスはliftIOを通して任意のI/Oアクションが実行できます。これによってIOを手続き的に書けるメリットを享受できます。AuctionSessionT (InputT IO)も

---

*19　今後複数のモナドを扱うため、IOではなくMonadIOと抽象化しています。

404

MonadIOのインスタンスです[20]。

AuctionSessionTはさらにderiving (MonadThrow, MonadCatch)によって次のインスタンスがすでに生成されています。safe-exceptionsパッケージを用いるために必要です。

```haskell
-- app/client.hs
{-# LANGUAGE OverloadedStrings, TypeApplications, GADTs, GeneralizedNewtypeDeriving,
ScopedTypeVariables, FlexibleInstances #-}
module Main where

import qualified Prelude (putStrLn, putStr, print)
import Prelude hiding (putStrLn, putStr, print)
import System.Console.Haskeline (InputT, runInputT, defaultSettings, getInputLine)
import qualified System.Console.Haskeline.MonadException as Haskeline (catch)
import Text.Read (readMaybe)
import Control.Monad (forM_, when)
import Control.Monad.IO.Class (MonadIO, liftIO)
import Control.Monad.Trans.Class (lift)
import Control.Monad.Trans.Maybe (MaybeT(..), maybeToExceptT)
import Control.Monad.Trans.Except (ExceptT(..), runExceptT, throwE)
import qualified Control.Monad.Catch as Catch (MonadThrow(..), MonadCatch(..))
import Control.Exception.Safe (Exception, SomeException, throwIO, catch,
isSyncException)
import Control.Lens ((^.))
import Data.List (findIndex, splitAt, dropWhile, isPrefixOf)
import Safe (atMay)
import Data.Time.Clock (getCurrentTime, addUTCTime)
import Data.String (IsString)
import Auction.Types
import Auction.Client

putStrLn :: MonadIO m => String -> m ()
putStrLn x = liftIO $ Prelude.putStrLn x
putStr :: MonadIO m => String -> m ()
putStr x = liftIO $ Prelude.putStr x
print :: (MonadIO m, Show s) => s -> m ()
print x = liftIO $ Prelude.print x

instance Catch.MonadThrow (InputT IO) where
  throwM e = liftIO $ throwIO e
instance Catch.MonadCatch (InputT IO) where
  catch act handler = Haskeline.catch act $ \e ->
    if isSyncException e
      then handler e
      else throwIO e

-- クライアントのモナド定義
type AuctionClient = AuctionSessionT (InputT IO)
```

---

[20] InptT m(haskelineが持つ)とIOはもともと、AuctionSessionTは自前で設定しています。

405

第**11**章　サーバとクライアントの連携

```
-- エラー定義
newtype ClientError = ClientError String deriving (Show, IsString)
instance Exception ClientError

-- 入力時のエラーに対応する
toExcept :: e -> InputT IO (Maybe a) -> ExceptT e AuctionClient a
toExcept err act = maybeToExceptT err $ MaybeT $ lift act
```

今回はセッションを表すのに`AuctionSessionT`を用います。

それらと`IO`を組み合わせて、`AuctionClient`モナドを定義します[21]。これでクライアントをモナディックに書けます。

末尾に定義している`toExcept`によって次のことが可能となります。REPLの実行を滞りなくするために重要です。

- ユーザとの対話によって一連の情報を収集
- 問題が起きた場合は全体をキャンセル
- キャンセル時は問題に応じたエラーメッセージをユーザに返す
- コードはネストせず、拡張が容易
- 分岐の処理がしやすい

■——— コマンドライン引数の処理

`main`関数の実装です。サインアップ、サインインを主に担当し、サインイン後はオークションのためのREPL関数（`auctionRepl`関数）を呼び出して操作します。

引数と対応する操作については今後のコードも見て確認してください。

```
-- app/client.hsに追記
main :: IO ()
main = runInputT defaultSettings loop
  where
    loop :: InputT IO ()
    loop = do
      showHelp
      mCommand <- getCommand "> " -- REPL表示時に入力されたコマンド
      case mCommand of
        Nothing -> loop
        Just (command, rest) -> case command of -- 引数で処理の出し分け
          "/quit" -> return ()
```

---

[21] ここで`newtype`ではなく`type`を用いているのは実装の簡略化のためです。`newtype`を用いると内部の構造を隠蔽できるため、ライブラリで提供する際はそちらの方が適切です。ここで書こうとしているものはライブラリでもなく、大きいプログラムでもないため、`type`で十分です。

```haskell
          "/signup" -> if null rest
            then putStrLn "/signup <name>" >> loop
            else do
              uid <- registerUser rest 10000
              putStrLn $ "Your UserId: " ++ userIdToString uid
              runAuctionSession (ClientSession uid) auctionRepl -- サインイン後の処理
              loop
          "/signin" -> do
            case stringToUserId rest of
              Just uid -> do
                runAuctionSession (ClientSession uid) auctionRepl -- サインイン後の処理
                loop
              Nothing -> loop
          _ -> loop

    showHelp = putStrLn $ mconcat
                        [ "/quit: Quit REPL\n"
                        , "/signup <name>: Signup as <name>\n"
                        , "/signin <user_id>: Signin with <user_id>"
                        ]
```

上述のコードにも出てきた、起動時の引数の処理を定義します。

```haskell
-- app/client.hsに追記
-- コマンド（文字列）の処理
getCommand :: String -> InputT IO (Maybe (String, String))
getCommand prompt = do
    mInput <- getInputLine prompt
    case mInput of
        Nothing -> return Nothing
        Just _input ->
            let input = dropWhile (== ' ') _input
            in if "/" `isPrefixOf` input
                then case findIndex (== ' ') input of
                    Just index -> case splitAt index input of
                        (command, rest) -> return $ Just (command,
dropWhile (== ' ') rest)
                    Nothing -> return $ Just (input, "")
                else return Nothing

-- 引数のうちIntとして処理すべきものの処理
getInt :: String -> InputT IO (Maybe Int)
getInt prompt = do
    mInput <- getInputLine prompt
    case mInput of
        Nothing -> return Nothing
        Just input -> case readMaybe $ dropWhile (== ' ') input of
            Nothing -> return Nothing
            Just num -> return $ Just num
```

第**11**章 サーバとクライアントの連携

■——— 機能ごとの REPL 詳細

　サインイン終了後main関数から呼び出される、auctionReplは名前の通りREPLを実現します。ユーザから入力を受け取り、それに応じた挙動（Repl関数の処理）を返すだけです。

　各処理内はモナドで手続き的に書けるので比較的読みやすいはずです。auctionReplと単純な関数をまとめて定義してしまいましょう。

```haskell
-- app/client.hsに追記
auctionRepl :: AuctionClient ()
auctionRepl = loop `catch` \e -> print (e :: SomeException)
  where
    loop = do
        showHelp
        user <- checkUser
        mCommand <- lift $ getCommand $ (user ^. name) ++ "> "
        case mCommand of
            Nothing -> loop
            Just (command, _rest) -> case command of
                "/signout" -> return ()
                "/status" -> checkUserRepl >> loop
                "/check" -> checkItemRepl >> loop
                "/register" -> registerItemRepl >> loop
                "/sell" -> sellToAuctionRepl >> loop
                "/bid" -> bidRepl >> loop
                _ -> loop
    showHelp = putStrLn $ mconcat
                        [ "/signout: Sign out\n"
                        , "/status: Show user's status\n"
                        , "/check: Show current auction item\n"
                        , "/register: register item to sell\n"
                        , "/sell: sell item to auction\n"
                        , "/bid: bid auction item"
                        ]
-- ユーザ確認
checkUserRepl :: AuctionClient ()
checkUserRepl = repl `catch` \e -> print (e :: SomeException)
  where
  repl = do
        user <- checkUser
        print user

-- アイテム確認
checkItemRepl :: AuctionClient ()
checkItemRepl = repl `catch` \e -> print (e :: SomeException)
  where
    repl = do
        mAuctionItem <- viewAuctionItem
        case mAuctionItem of
            Just auctionItem -> print auctionItem
            Nothing -> putStrLn "No AuctionItem now"
```

オークションシステムのクライアントプログラム **11.4**

アイテム登録は先ほどの確認とは違いこちらから情報を渡すため少し実装が複雑です。runExceptTを活用してエラー処理を少し工夫しています。そうはいっても、whenで場合ごとに処理を分けてthrowEでエラーを投げるだけと素朴に読める実装です。

```
-- アイテムの登録
registerItemRepl :: AuctionClient ()
registerItemRepl = repl `catch` \e -> print (e :: SomeException)
  where
    repl = do
        ei <- runExceptT @ClientError $ do -- ExceptT ClientError ↵
(AuctionSessionT (InputT IO)) a
            nm <- toExcept "canceled" (getInputLine "item name: ")
            when (length nm <= 0) $ throwE "empty name"
            desc <- toExcept "canceled" (getInputLine "item desc: ")
            when (length desc <= 0) $ throwE "empty description"
            itemId <- lift $ registerItem (NewItem nm desc)
            return (nm, itemId)
        case ei of
            Right (nm, ItemId itemId) -> putStrLn $ "Registered item(" ++ nm ++ ↵
":" ++ show itemId ++ ")"
            Left (ClientError msg) -> putStrLn msg
```

オークション出品も少し複雑です。おなじくExceptTを使っている他、単純に渡す情報が多いためです。

```
-- オークション出品
sellToAuctionRepl :: AuctionClient ()
sellToAuctionRepl = repl `catch` \e -> print (e :: SomeException)
  where
    repl = do
        user <- checkUser
        let Inventory items = user ^. inventory
        let revItems = reverse items
        forM_ (zip revItems [1::Int ..]) $ \(item, ix) -> do
            putStrLn $ show ix ++ ": " ++ item ^. name

        ei <- runExceptT @ClientError $ do -- ExceptT ClientError ↵
(AuctionSessionT (InputT IO)) a
            index <- toExcept "invalid input" $ getInt "select one: "
            item <- toExcept "invalid index" $ return $ revItems `atMay` (index-1)
            sec <- toExcept "invalid input" $ getInt "length(sec): "
            when (sec <= 0) $ throwE "invalid length"
            firstPrice <- toExcept "invalid input" $ getInt "first price: "
            when (firstPrice < 0) $ throwE "invalid first price"
            currentTime <- liftIO getCurrentTime
            let et = addUTCTime (fromIntegral sec) currentTime
            let term = Term currentTime et
            lift $ sellToAuction item term (fromIntegral firstPrice)
```

409

第**11**章　サーバとクライアントの連携

```
                return item
        case ei of
            Right item -> putStrLn $ "Sold " ++ (item ^. name) ++ " to auction"
            Left (ClientError msg) -> putStrLn msg
```

入札処理はかなり単純です。金額以外の情報を渡す必要がなく、詳細な処理をすべてサーバ側が担当するためです。

```
bidRepl :: AuctionClient ()
bidRepl = repl `catch` \e -> print (e :: SomeException)
  where
    repl = do
        mInput <- lift $ getInputLine "bid price: "
        case mInput of
            Nothing -> return ()
            Just input -> case readMaybe input of
                Nothing -> putStrLn "invalid input"
                Just (price :: Int) -> do
                    bid (fromIntegral price)
                    putStrLn $ "Bid at " ++ show price
```

全体を振り返るとコード中にregisterItemReplとsellToAuctionReplでExceptTを用いていて、他と若干処理の流れが違います。ユーザから情報を対話的に聞き取りながら、問題があればthrowEでその箇所の対話をすべて中止しています。

これは一時的にモナド変換子を使う例として使いました。runExceptTから始まるdo式は、その地点のコンテキスト、AuctionClient aに対して数行だけExceptTを被せたもので、ExceptT ClientError AuctionClientというモナドになっています。しかしそのモナドはrunExceptTによってすぐにAuctionClientに戻されます。

クライアントとしての実装を満たして、Haskellの特徴を生かしながら書けました。以上で対話型クライアントの実装は終わりです。

最後にこれらのプログラムが実際に協調して動作するところを確認しましょう。REPLでサーバを叩いてみてください。

```
$ stack install --local-bin-path=./bin
..略..
$ ./bin/auction-client # 必ずサーバを作動させておく。
..略..
```

410

> **Column**

ボット型クライアント

クライアントには、自動入札や価格検知などの目的に特化して、自動で動き続けるボット型も考えられます。オークションのアイテムに対し、現在価格より100高い値段をbidするボットを実装してみました。

今回はhaskelineはいらないため、AuctionSessionTとIOを直に組み合わせます。これもAuctionSessionTを用いた実装として、対話型プログラムと比較してみてください。モナド変換子についての理解が深まるはずです。

```haskell
-- bidder-bot.hs
module Main where

import Prelude hiding (id)
import Control.Monad.IO.Class (liftIO)
import Control.Concurrent
import Control.Lens ((^.))
import Auction.Types
import Auction.Client

main :: IO ()
main = do
    uid <- registerUser "bidderbot" 100000
    runAuctionSession (ClientSession uid) bidderBot

type AuctionBot = AuctionSessionT IO

bidderBot :: AuctionBot ()
bidderBot = loop
  where
    loop = do
        liftIO $ threadDelay $ 2 * 1000000
        user <- checkUser
        mAuctionItem <- viewAuctionItem
        case mAuctionItem of
            Nothing -> loop
            Just auctionItem ->
                if auctionItem ^. currentUserId ==
            Just (user ^. id)
                then loop
                else do
                    bid (auctionItem ^. currentPrice + 100)
                    loop
```

11.5 まとめ

　APIを型としてはじめに定義し、それに沿って実装するという方針でサーバサイド、クライアントサイド、対話式クライアントプログラムと実装をみてきました。見直してみればどれもその型に沿って実装していることがわかるかと思います。

　また、今回の実装はサンプルであり、実際にオークションシステムとして運用するには足りない部分が多々存在します。またパフォーマンスに関してもあまり考慮してはいません。仕様に関してもオークションは同時に1つしか開催されないなどかなり簡略化したものとなっています。興味があればそれらの問題に挑戦してみるのもいいでしょう。

引用・参考文献

● 書籍

『Haskellによる並列・並行プログラミング』
Simon Marlow著　山下伸夫・山本和彦・田中英行訳（2014）　オライリージャパン

『Types and Programming Languages』
Benjamin C. Pierce著（2002）　The MIT Press

『型システム入門 プログラミング言語と型の理論』
Benjamin C. Pierce著
住井英二郎監訳　遠藤侑介・酒井政裕・今井敬吾・黒木裕介・今井宜洋・才川隆文・今井健男訳（2013）　オーム社

『関数プログラミング実践入門』
大川徳之著（2014）　技術評論社

『すごいHaskellたのしく学ぼう!』
Miran Lipovaca著　田中英行・村主崇行訳（2012）　オーム社

『プログラミング言語の基礎概念』
五十嵐淳著（2011）　サイエンス社

● Webサイト（いずれも2017年8月閲覧）

『GHC Commentary』
https://ghc.haskell.org/trac/ghc/wiki/Commentary

『GHC User guilde』
https://downloads.haskell.org/~ghc/latest/docs/html/

『Haskell 2010 Language Report』
https://www.haskell.org/onlinereport/haskell2010/

『Haskell Wiki』
https://wiki.haskell.org/Haskell

（注）「Types and Programming Languages」「型システム入門　プログラミング言語と型の理論」は
　　　それぞれ原著、訳書ですが用語の邦訳等の参考に両書を活用させていただきました。

記号

!（正格性フラグ）	94
!!	64
#（カインド）	89
$	44
$!	48
&&	27
()	30
(,)（型コンストラクタ）	87
(:)	64
*（カインド）	88
--package	78
-Wall	313
.	43
/	126
/=	27
:	64
::	24, 82
:info	13, 108
:kind	88
:set prompt	112
:set prompt2	112
:type	13
?（型制約）	115
@	58
[]	63
_	57
||	27
~	59
~（型制約）	115
\&	30
++	66
<	123
<-	53
<=	123
<>	113
==	27, 123
=>	90, 115
->（カインド）	88
->（型コンストラクタ）	87
>>	136
>>=	133

A

ADT	91, 208
aeson	256
Alternative型クラス	178, 192
Applicative	176
Applicativeスタイル	250
as	75
ask	185, 196
asks	185
asTypeOf	120

async	301
asyncパッケージ	300
attoparsecパッケージ	246

B

BangPatterns拡張	49
bind	34
binding	34
Bool	27
Bounded	130
BufferMode	141
ByteString	147, 239

C

Cabal	11
Cabal Hell	11
cabal-install	11
cabalファイル	312, 332
case ~ of ~	56
catch	155
ceiling	126, 129
Char	27
class（予約語）	110
compare	123
Complex	126
concat	66
const	55, 120
Constraint（カインド）	112, 115
Consumer	277
Cont rモナド	194
containersパッケージ	102
Control.Concurrent	284
Control.Exception	155
curried	40
currying	40

D

data（予約語）	92
Data.Array	234
Data.Bits	230
Data.Char	232
Data.Complex	126
Data.Ix	130
Data.List	233
Data.Map	102
Data.Map.Strict	237
Data.Monoid	113
Data.Set	238
Data.Time	264
Debug.Trace	55
deriving	130
div	126
Double	24
do式	52, 55
DSL	271

DuplicateRecordFields 拡張	97

E

Either	68
Either e モナド	180
else	56
empty (Data.Map)	102
Enum	124
EQ	124
error	34
evaluate	22
Except e モナド	182
expression	22

F

fail	193
False	27
finally	157
First	114
FlexibleInstances 拡張	121
flip	45
Float	24
Floating	126
floor	126, 129
forkIO	284
forM	174
forM_	174
Fractional	126
fromEnum	124
fromInteger	126, 127
fromIntegral	128
fromJust	67
fromRational	126, 127
fst	66
Functional Programming	2
FunctionDependencies	228
Functor	175, 176

G

GADTs	379, 381, 387
GADTs 拡張	382
generalized algebraic data types	381
GeneralizedNewtypeDeriving 拡張	130
Generics	263
getArgs	138
getEnv	138
getFirst	114
getLast	114
getProduct	114
getSum	114
GHC	2, 8
GHC の標準ライブラリ	236
GPU	308
green threads	281
GT	124

H

Hackage	11, 211
Haddock	80
Handle	145
Haskell	2, 218
HDBC	337
head	65
hiding	75
Hindley-Milner	86
HRR	330, 339
HUnit	312

I

I/O	6
I/O アクション	31, 133
I/O アクションの持ち上げ	202
I/O 例外	154
Identity	202
if then else	56
if 式	56
immutable	34
ImplicitParams 拡張	115
import	75
insert (Data.Map)	102
instance (予約語)	111
Int	24
Int,Int8,Int16,Int32,Int64	24
Integer	24, 127
Integral	126
IO	87
IO a 型	132
IO 型	132
IO モナド	164
isInfinite	25
isNaN	25, 126
isPrefixOf	50
Ix	130

J・K・L

join	172
JSON	256
Just	67
kernel threades	281
kind	88
Last	114
lens	267
lens-aeson	320
let	37
let 〜 in 〜 式	36
lift	195
LISP	4
local	186
log	126
lookup (Data.Map)	102

lookupEnv	139
LT	124
LTS	11, 16, 332

M

main（main関数）	31, 52
mapM	174
mapM_	174
mappend	113
mask	296, 298
max	123
maxBound	24
Maybe	67, 87
Maybeモナド	167
mconcat	113
mempty	113
min	123
minBound	24
mod	126
Monad	133, 164
monad transformers	195
monad-parパッケージ	307
MonadTrans	195
Monoid	113
mustache	357
MVar	284
MVector	245

N

native threads	281
newtype	105
Nightly	16
non-strict function	47
not	27
Nothing	67
Num	125

O・P・Q

operationalパッケージ	271
Operationalモナド	271
Ord	123
OS threads	281
OSスレッド	281
parallelパッケージ	306
pipes	275
POSIX	162
Prelude	76, 95, 122, 230
print	122
Prism	270
Producer	275
Product	114
pure	177
qualified	75

R

RankNTypes拡張	90

Rational	126
Read	122
read	122
Reader rモナド	184
ReaderT r	196
Real	126
RealFloat	126
RealFrac	126
realToFrac	128
REPL	12, 20
REPLのコマンド	13
resolver	16, 332
return	133
round	129
runExcept	183
runReaderT	196

S

safe-exceptions	303
ScopedTypeVariables拡張	120
Scotty	330, 384
seq	48
sequence	173
setEnv	139
Show	122
show	122
Simon Marlow	9, 308
Simon Peyton Jones	2, 9
sin	126
singleton	272
snd	66
Software Transaction Memory	289
SomeException	156
Spock	329
ST sモナド	187
Stack	9
stack ghci	12
stack runghc	14
Stackage	211
STArray s i e	188
State sモナド	168
statement	22
static typing	4
STM	289
Strategy	307
strict function	47
StrictData拡張	95
Strict拡張	49
String	28, 103
subtract	51
Sum	114
System.Environment	53, 236

── T ──

tail	65
TemplateHaskell	340
Text	114, 240
time	264
toEnum	124
toInteger	126, 128
toRational	126, 128
toUpper	65
transformers パッケージ	169
True	27
truncate	129
type	103
type check	83
type system	83
TypeApplications 拡張	380
TypeFamilies 拡張	115
TypeSynonymInstances 拡張	121

── U・V・W・Y ──

undefined	34
Unit 型	30
unix-compat パッケージ	162
unmask	298
unsetEnv	139
vector パッケージ	242
Vector	242
void	31
WAI	328
Warp	328
Web アプリケーション	328
where	35, 74
Win32	162
Windows の実行ファイル名	154
Word,Word8,Word16,Word32,Word64	24
Writer w モナド	194
Yesod	329

── あ行 ──

アクション	166
アクションの持ち上げ	195
アズパターン	58
アドホック多相	85
アプリケーションサーバ	328
一般化代数的データ型	381
イミュータブル	5, 34
インスタンス	107
インスタンス宣言	223
インデント	36
インポート	75
エスケープ文字	28
演算	25
演算子	25

── か行 ──

ガード	61
カインド	88, 112
拡張性	225
型	82, 206
型クラス	107, 223
型コンストラクタ	87
型システム	83
型推論	85
型制約	90
型チェック	83
型付け規則	83
型の明記	86
型引数	6, 87
型変数	31, 90
カリー化	40
カレントディレクトリ	150
環境変数	138
関数	38, 47, 211
関数型プログラミング言語	22
関数合成	43
局所変数	35, 36
グローバルプロジェクト	15
軽量スレッド	5, 281
権限	151
検索	153
高階関数	220
コマンドライン	310
コマンドライン引数	138
コメント	79
コンストラクタ	75, 92

── さ行 ──

再帰	68
再帰型	208
サブクラス	116
左右結合	40
参照透過性	3
時間計算	265
式	22
識別子	76
純粋関数型プログラミング言語	2
純粋性	5
条件分岐	56
小数リテラル	127
状態	168
真偽値	27
数学的な関数	3
数値	24
スーパークラス	116
スクリプトの実行	14
ストリーム	275
スペースリーク	8

スレッド	280, 284
正格な関数	47
正格評価	45
整数リテラル	127
静的型付け	4
セクション	50
先行評価	7, 45
束縛	34
その他の例外	155

━━━ た行 ━━━

代数的データ型	91
代入	221
タイムスタンプ	152
多相性	84
タプル	66
単体テスト	19, 312, 374
遅延I/O	143
遅延評価	7, 45
遅延リスト	210
中値演算子	25, 49
直積型	208
直和型	208
ディレクトリ操作	150
データ型	23
データコンストラクタ	92
手続き型	22
デッドロック	290
テンプレートエンジン	330
テンプレート型プログラミング	212
同期例外と非同期例外の区別	303
ドキュメント	80, 211
独自の例外	160
トップレベル変数	35
トランザクション	292

━━━ な・は行 ━━━

内包表記	192
二分木	99
入出力	6
パーサ	246
バイナリ操作	147
配列	188, 235, 242
パスの相対・絶対	151
パターンマッチ	56, 62, 91
パッケージ	71, 77
バッファリングモード	147
パフォーマンス	220
パラメータ多相	84
反駁不可能パターン	59
非正格な関数	47
非正格評価	45
日付・時刻	264
日付計算	265

非同期実行	300
非同期例外	294
評価	22
標準入出力	139
標準ライブラリ	230, 236
ビルド	18, 374
ファイルシステム	149
ファイル操作	142, 149
フィールド	96
副作用	31
複数の例外の処理	158
部分適用	42
プロジェクト作成	16
文	22
並行	280
並列	306
並列・並行のビルド設定	282
変数	34, 221
変数の命名規則	38
変数パターン	57
ポイントフリースタイル	44, 324
ホームディレクトリ	150
ボトム	33

━━━ ま行 ━━━

マスク	296
ミュータブル	222
無名関数	39
メソッド	109
メタパッケージ	339
文字	27
モジュール	71
モジュールの定義	73
文字列	27, 239, 241
モナド	32, 164
モナドアクション	164, 166
モナドインスタンス	164, 225
モナド変換子	195

━━━ ら・わ行 ━━━

ラムダ計算	4
ラムダ式	39
ランダム	172
リスト	63, 70, 102, 191
リストモナド	191
リファクタリング	219
ループ	68
レイアウトルール	36
例外処理	154, 294
レコード記法	96, 106
ワイルドカードパターン	57

デザイン	西岡 裕二
レイアウト	五野上 恵美（技術評論社 制作業務部）
編集	野田 大貴

Haskell入門
関数型プログラミング言語の基礎と実践

2017年10月10日 初版　第1刷発行

著者	本間 雅洋、類地 孝介、逢坂 時響
発行者	片岡 巌
発行所	株式会社技術評論社
	東京都新宿区市谷左内町21-13
	電話　03-3513-6150　販売促進部
	03-3513-6160　書籍編集部
印刷／製本	港北出版印刷株式会社

● 定価はカバーに表示してあります。
● 本書の一部または全部を著作権法の定める範囲を超え、無断で複写、複製、転載、あるいはファイルに落とすことを禁じます。
● 造本には細心の注意を払っておりますが、万一、乱丁（ページの乱れ）や落丁（ページの抜け）がございましたら、小社販売促進部までお送りください。送料小社負担にてお取り替えいたします。

©2017　本間雅洋、類地孝介、逢坂時響
ISBN 978-4-7741-9237-6　C3055
Printed in Japan

問い合わせについて
ご質問は本書記載の内容のみとさせていただきます。本書の内容以外のご質問には一切お答えできませんのでご了承ください。お電話でのご質問は受け付けておりませんので書面、FAX、もしくは下記のWebサイトよりお問い合わせください。情報は回答のみに利用します。

問い合わせ先
〒162-0846
東京都新宿区市谷左内町21-13
株式会社技術評論社　書籍編集部
『Haskell入門
関数型プログラミング言語の基礎と実践』係
FAX：03-3513-6167
Web：gihyo.jp/site/inquiry/book

ご質問の際に記載いただいた個人情報は回答以外の目的に使用することはありません。使用後は速やかに個人情報を廃棄します。